高等职业教育教材

化工仪表及自动化

赵　乾　赵硕伟　主编
李喜鸽　张振宇　王俊娜　王　晔　副主编

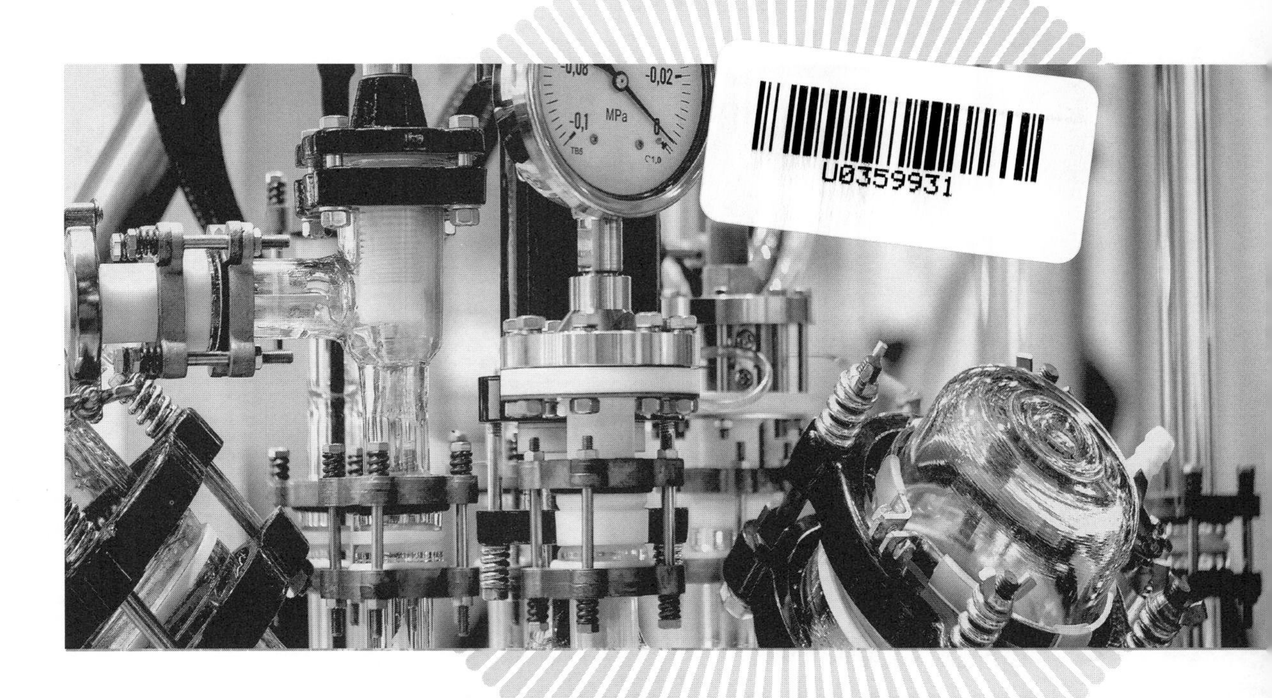

化学工业出版社
·北京·

内 容 简 介

本书基于“工学结合”和“岗课赛证”融通的理念进行编写。

本书按照化工自动化概述、化工检测仪表、化工自动化基础、典型化工单元的控制方案分析设计了四大模块，涵盖十四个任务。每个工作任务按照学习目标、知识链接、任务实施和任务评价进行设置，每个模块后有“直击工考”，便于学生练习，扫描二维码可以查看参考答案。本书配套微课视频，扫描二维码即可观看。本书有配套的电子课件，登录化工教育网站即可免费下载。

本书适合作为职业院校化工类、自动化类等专业的教材，也可供从事化工仪表的工程技术人员参考学习。

图书在版编目（CIP）数据

化工仪表及自动化 / 赵乾，赵硕伟主编. -- 北京：化学工业出版社，2024. 11. -- （高等职业教育教材）.
ISBN 978-7-122-41152-5

Ⅰ. TQ056

中国国家版本馆 CIP 数据核字第 2024RU8508 号

责任编辑：葛瑞祎　刘　哲　　　文字编辑：宋　旋
责任校对：宋　玮　　　装帧设计：张　辉

出版发行：化学工业出版社
（北京市东城区青年湖南街 13 号　邮政编码 100011）
印　　装：三河市航远印刷有限公司
787mm×1092mm　1/16　印张 17¼　字数 450 千字
2025 年 2 月北京第 1 版第 1 次印刷

购书咨询：010-64518888　　　售后服务：010-64518899
网　　址：http://www.cip.com.cn
凡购买本书，如有缺损质量问题，本社销售中心负责调换。

定　　价：49.00 元

前言

化学工业是国民经济支柱产业。生产化工原料，再以化工原料制造各种产品，是化学工业的核心。由于化工产品的特性，以及对产品质量、数量、生产效益的追求，再加上人们安全与环保意识的提高，因此，与化工生产过程密切相关的化工自动化，应用越来越普遍，发展越来越迅速，技术水平越来越高。同时，人们对其认知程度也越来越重视。

为了正确地指导生产操作，保证生产安全，保证产品质量和实现生产过程自动化，准确且及时地检测出生产过程中各有关参数是必不可少的。本书主要讲解以下四个方面的内容：化工自动化概述、化工检测仪表、化工自动化基础、典型化工单元的控制方案分析。学习的重点在于掌握参数测量的原理和方法，学会常用测量仪表的使用，对化工生产过程自动化技术有一个初步的认识。

本书以“工学结合”的基本理念为指导，系统介绍了完成任务所需掌握的安全知识和工作方法，通过具有典型性、代表性、可操作性的工作任务的实践，突出完成任务的过程、步骤和工作技能。每个工作任务按照学习目标、知识链接、任务实施和任务评价进行设置，每个模块后有“直击工考”，便于学生练习，扫描二维码可以查看参考答案。本书还有配套的课件及相关实训视频，有利于学生和社会学习者的学习和掌握。本书适合职业院校化工类专业、自动化类专业学生进行学习，也可用于员工培训。

本书主要由四个模块、十四个任务组成，分别为化工自动化概述、化工检测仪表（压力检测、流量检测、物位检测、温度检测、显示仪表的选用）、化工自动化基础（对象特征和建模、控制器搭建、执行器选用、简单控制系统设计、复杂控制系统设计）和典型化工单元的控制方案分析（流体输送设备的自动控制解析、传热设备的自动控制解析、精馏塔的自动控制解析、化学反应器的自动控制解析）。

本书由新疆轻工职业技术学院赵乾、赵硕伟主编，新疆轻工职业技术学院李喜鸽、张振宇、王俊娜、王晔任副主编，杨振元、关艳翠也参与了本书的编写。全书由赵乾、赵硕伟负责统稿。具体编写分工如下：赵硕伟编写了模块一，模块三的任务三；王晔编写了模块二的任务一，模块三的任务一；赵乾编写了模块二的任务二、任务五，模块三的任务二；李喜鸽编写了模块二的任务三、任务四；王俊娜编写了模块三的任务四、任务五部分；杨振元编写了模块三的任务五部分；张振宇编写了模块四的任务一、任务二、任务三、任务四部分；关艳翠编写了模块四的任务四部分。另外，北京华科易汇科技股份有限公司的魏文佳对于本书大纲和逻辑结构的确定给予了诸多指导，在此表示感谢。

由于编者水平有限，书中难免有不足之处，敬请读者批评指正。

编　者

目录

模块一 化工自动化概述 / 1

模块二 化工检测仪表 / 8

模块三　化工自动化基础 / 115

模块四　典型化工单元的控制方案分析 / 224

参考文献 / 268

模块一

化工自动化概述

自动化技术是当今世界举世瞩目的技术之一，也是我国重点发展的一个高科技领域。化工自动化是化工、炼油、食品、轻工等化工类型生产过程自动化的简称。在化工设备上，配备上一些自动化装置，代替操作人员的部分直接劳动，使生产在不同程度上自动地进行，这种用自动化装置来管理化工生产过程的办法，称为化工自动化。

学习目标

1. 了解和掌握化工自动化系统的主要内容。
2. 了解自动控制系统方块图。
3. 了解和掌握自动控制系统的过渡过程。
4. 培养科学精神和态度，以及大国工匠的基本素养。

单元一　自动控制系统概述

一、自动化系统的主要内容

化工仪表及自动化的发展概况

为了实现生产过程自动化，自动化系统一般包括自动检测、自动保护和自动控制等。

1. 自动检测系统

利用各种检测仪表对生产过程主要工艺参数进行测量、指示或记录的系统，称为自动检测系统。它可以代替操作人员对工艺参数的不断观察与记录，其作用相当于人的眼睛。

2. 自动信号与联锁保护系统

生产过程中，一些偶然因素可能导致工艺参数超出允许的变化范围而出现不正常情况，甚至引发事故，造成严重后果。由于化工生产高度危险，且生产工艺日益复杂，完全靠操作人员来避免和处理事故越来越困难，为此，需要对生产过程的部分关键参数设置自动信号联锁装置。当工艺参数超过了允许范围，在事故即将发生以前，信号系统就自动地发出声光信号，告诫操作人员注意，并及时采取措施，防止事故的发生和扩大。它是生产过程中的一种安全装置。

1

3. 自动操纵及自动开停车系统

自动操纵系统可以根据预先规定的步骤自动地对生产设备进行某种周期性操作。自动操纵系统可以代替人工自动地按照一定的时间程序完成相关操作，可以极大地减轻操作人员的重复性体力劳动。自动操纵系统在间歇式生产过程中运用较多。

自动开停车系统可以按照预先规定好的步骤，将生产过程自动地投入运行或自动停车。

4. 自动控制系统

生产过程中各种工艺条件不可能是一成不变的。特别是化工生产，大多数是连续性生产，各设备相互关联着，当其中某一设备的工艺条件发生变化时，都可能引起其他设备中某些参数或多或少的波动，偏离了正常的工艺条件，为此，就需要用一些自动控制装置，对生产中某些关键性参数进行自动控制，使它们在受到外界干扰（扰动）的影响而偏离正常状态时，能自动地控制而回到规定的数值范围内，为此目的而设置的系统就是自动控制系统。

由以上所述可以看出，自动检测系统只能完成“了解”生产过程的任务；信号联锁保护系统只能在工艺条件进入某种极限状态时，采取安全措施，以避免生产事故的发生；自动操纵系统只能按照预先规定好的步骤进行某种周期性操纵；只有自动控制系统才能自动地排除各种干扰因素对工艺参数的影响，使它们始终保持在预先规定的数值上，保证生产维持在正常或最佳的工艺操作状态。因此，自动控制系统是自动化生产中的核心部分。

化工自动化的意义及目的

二、自动控制系统的分类

自动控制系统有多种分类方法，可以按被控变量来分类，如温度、压力、流量、液位等控制系统；也可以按控制器具有的控制规律来分类，如比例、比例积分、比例微分、比例积分微分等控制系统。在分析自动控制系统特性时，最经常遇到的是将控制系统按照工艺过程需要控制的被控变量的给定值是否变化和如何变化来分类，这样可将自动控制系统分为三类，即定值控制系统、随动控制系统和程序控制系统。

1. 定值控制系统

所谓“定值”就是固定给定值的简称。工艺生产中，如果要求控制系统的作用是使被控制的工艺参数保持在一个生产指标上不变，或者说要求被控变量的给定值不变，那么就需要采用定值控制系统。图 1-1-1 中所示系统就是定值控制系统的例子，控制的目的是使各参数维持不变。化工生产中要求的大都是这种类型的控制系统，因此后面所讨论的，如果未加特别说明，都是指定值控制系统。

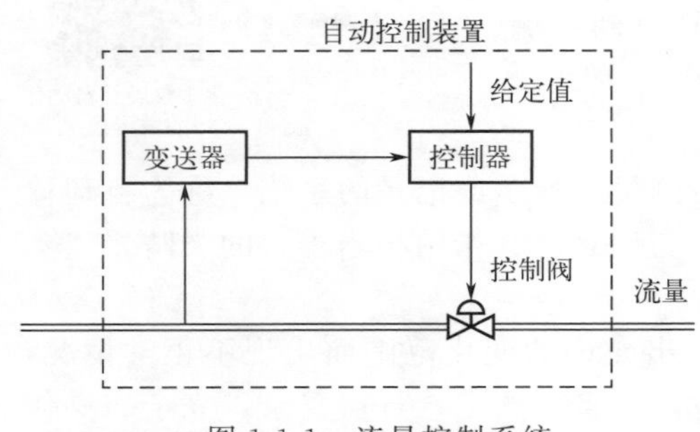

图 1-1-1　流量控制系统

2. 随动控制系统

随动控制系统也叫自动跟踪系统。这类系统的特点是给定值不断地变化，而且这种变化不是预先规定好了的。随动系统的目的就是使所控制的工艺参数准确而快速地跟随给定值的变化而变化。串级控制系统中的副回路就是一个随动控制系统。

3. 程序控制系统

程序控制系统也叫顺序控制系统。这类控制系统的给定值也是变化的，但它的变化是由预先设定的程序决定的。微型计算机在过程控制领域的广泛应用，使程序控制系统得到了越来越多的应用。

三、自动控制系统的组成

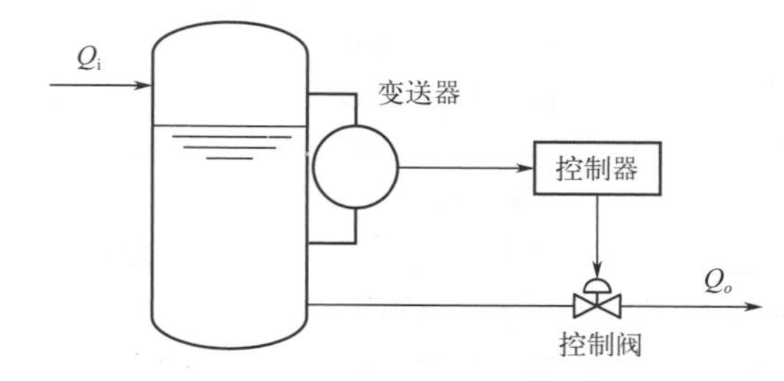

图 1-1-2　液位自动控制系统
Q_i—流入量；Q_o—流出量

由自动化装置实现自动控制与人工操作的过程是相同的。操作人员在进行操作之前，首先需要用眼睛（或其他感官）去了解或感知操作对象的现状，然后对观察到的结果进行分析、判断，再根据判断结果指挥手去进行具体的操作，也就是说，人工操作共经历了“感官”的感知、“大脑”的思考和“肢体”的执行三个过程。自动化装置一般也包含了相应的三个部分，分别用来模拟人的操作。如图 1-1-2 所示，自动化装置的三个组成部分分别如下。

1. 测量元件与变送器

它的功能是测量液位并将液位的高低转化为一种特定的、统一的输出信号（如气压信号或电压、电流信号等）。

2. 自动控制器

它接收变送器送来的信号，与工艺需要保持的液位高度相比较得出偏差，并按某种运算规律算出结果，然后将此结果用特定信号（气压或电流）发送出去。

3. 执行器

通常是各种控制阀，它与普通阀门的功能一样，只不过它能自动地根据控制器送来的信号来改变阀门的开启度。

上述自动化装置与该装置控制的生产设备构成自动控制系统。在自动控制系统中，将需要控制其工艺参数的生产设备叫作被控对象，简称对象。图 1-1-2 所示的液体储槽就是这个液位控制系统的被控对象。化工生产中的各种塔器、反应器、换热器、泵和压缩机，以及各种容器、储槽都是常见的被控对象。一些复杂设备，如精馏塔、加热炉等，有多个工艺参数，需要多个控制系统。这时，仅将与控制有关的部分作为一个控制系统的被控对象。例如，在讨论精馏塔进料流量的控制系统时，被控对象指的仅是进料管道及阀门等，而不是整个精馏塔本身。

4. 自动控制系统的方块图

在研究自动控制系统时，为了能更清楚地表示出一个自动控制系统中各个组成环节之间的相互影响和信号联系，便于对系统分析研究，一般都用方块图来表示控制系统的组成。例如图 1-1-2 的液位自动控制系统可以用图 1-1-3 的方块图来表示。每个方块表示系统的一个组成部分，称为“环节”。两个方块之间用一条带有箭头的线条表示信号的传输方向，箭头指向方块表示这个环节的输入，箭头离开方块表示这个环节的输出。线旁的字母表示信号的名称或代码。

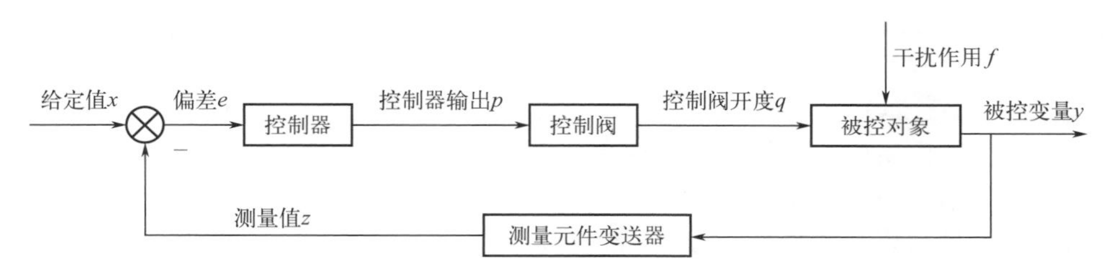

图 1-1-3　自动控制系统方块图

用同一种形式的方块图可以代表不同的控制系统。例如图 1-1-4 所示的蒸汽加热器温度控制系统，当进料流量或温度变化等因素引起出口物料温度变化时，可以将该温度变化测量后送至温度控制器 TC。温度控制器的输出送至控制阀，以改变加热蒸汽量来维持出口物料的温度不变。这个控制系统同样可以用图 1-1-3 的方块图来表示。这时被控对象是加热器，被控变量 y 是出口物料的温度。干扰作用可能是进料流量的变化、进料温度的变化、加热蒸汽压力的变化、蒸汽加热器内部传热系数或环境温度的变化等。而控制阀的输出信号即操纵变量 q 是加热蒸汽量的变化，在这里，加热蒸汽是操纵介质或操纵剂。

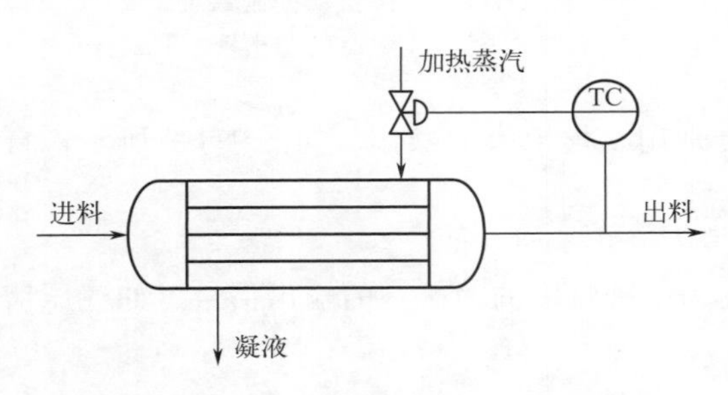

图 1-1-4 加热器出口温度控制系统

必须指出，方块图中的每一个方块都代表一个具体的装置。方块与方块之间的连接线，只是代表方块之间的信号联系，并不代表方块之间的物料联系。方块之间连接线的箭头也只是代表信号作用的方向，与工艺流程图上的物料线是不同的。工艺流程图上的物料线代表物料从一个设备进入另一个设备，而方块图上的线条及箭头方向有时并不与流体流向相一致。例如对于控制阀来说，它控制着操纵介质的流量（即操纵变量），从而把控制作用施加于被控对象去克服干扰的影响，以维持被控变量在给定值上。所以控制阀的输出信号 q，任何情况下都是指向被控对象的。然而控制阀所控制的操纵介质既可以是流入对象的（例图 1-1-4 中的加热蒸汽），也可以是由对象流出的（例图 1-1-2 中的出口流量）。这说明方块图上控制阀的引出线只是代表施加到对象的控制作用，并不是具体流入或流出对象的流体。如果这个物料确实是流入对象的，那么信号与流体的方向才是一致的。

5. *自动控制系统的反馈*

对于简单的自动控制系统，其中任何一个信号，只要沿着箭头方向前进，通过若干个环节后，最终又会回到原来的起点，就可以说，这个自动控制系统是一个闭环系统。

自动控制系统的输出变量是被控变量，但是它经过测量元件和变送器后，又返回到系统的输入端，与给定值进行比较。这种把系统（或环节）的输出信号直接或经过一些环节重新返回到输入端的做法叫作反馈。

反馈有正负之分。所谓负反馈是指，输入信号与反馈信号相减，产生偏差信号 $e=x-z$ 作为控制器的输入信号。负反馈能够使控制器的输入信号变小，最终使控制器处于稳定状态。所谓正反馈是指，输入信号与反馈信号相加，控制器的输入信号为 $e=x+z$。正反馈将使控制器的输入信号越来越大，最终导致控制器不稳定。

当被控变量 y 受到干扰的影响而升高时，反馈信号 z 也升高，负反馈使到控制器去的偏差信号 e 降低，此时控制器将发出信号而使控制阀的开度变小，使被控变量 y 下降回到给定值，从而达到控制的目的。如果采用正反馈，那么控制作用正好相反，即当被控变量 y 受到干扰升高时，z 亦升高，控制阀的动作方向是使被控变量进一步升高，而且只要有一点微小的偏差，控制作用就会使偏差越来越大，直至被控变量超出了安全范围而破坏生产。所以，在自动控制系统中都采用负反馈。

综上所述，自动控制系统是具有被控变量负反馈的闭环系统，它可以随时了解被控对象的情况，有针对性地根据被控变量的变化情况而改变控制作用的大小和方向，从而使系统的工作状态始终等于或接近于所希望的状态，这是闭环系统的优点。

单元二　自动控制系统的过渡过程

一、控制系统的动态和静态

当一个控制系统的输入信号恒定不变时，整个系统处于一种相对平衡的状态，系统的被控变量也保持不变，这种被控变量不随时间变化的平衡状态称为系统的静态，也称为稳态。如果系统的被控变量在输入变量的作用下随时间而变化，系统处于一种不平衡状态，这种状态称为系统的动态。

一个系统在静态受干扰的影响，平衡被破坏，被控变量就会偏离原先保持的恒定值，致使系统各环节改变原来平衡时所处的状态，以产生一定的控制作用来克服相应的影响，并力图使系统达到新的平衡。系统由一个平衡状态过渡到另一个平衡状态的过程，称为系统的过渡过程。过渡过程期间，整个系统的各个环节和信号都处于变动状态之中。

稳态是暂时的、相对的和有条件的，而动态是普遍的、绝对的和无条件的。由于干扰是客观存在的，是不可避免的，干扰作用随时都会发生，控制系统要不断地克服干扰的影响，控制系统一直处于运动过程中。所以，研究自动控制系统的重点是要研究系统的动态。

二、控制系统的干扰和阶跃干扰

控制系统受干扰的作用而发生动态变化，其变化规律与干扰的形式至关重要。控制系统面临的干扰没有固定的形式，多半具有随机性质。在研究控制系统时，为了安全和方便，常选择一些典型的干扰形式，其中最常用的是阶跃干扰，如图 1-2-1 所示。

所谓阶跃干扰，就是干扰在某一瞬间 t_0，突然阶跃式地达到其最大值 f，并持续保持在 f 值。采取阶跃干扰的形式来研究自动控制系统是因为考虑到这种形式的干扰比较突然，比较危险，它对被控变量的影响也较大。如果一个控制系统能够有效地克服这种类型的干扰，那么对于其他比较缓和的干扰也一定能很好地克服，同时，这种干扰的形式简单，容易实现，便于分析、实验和计算。

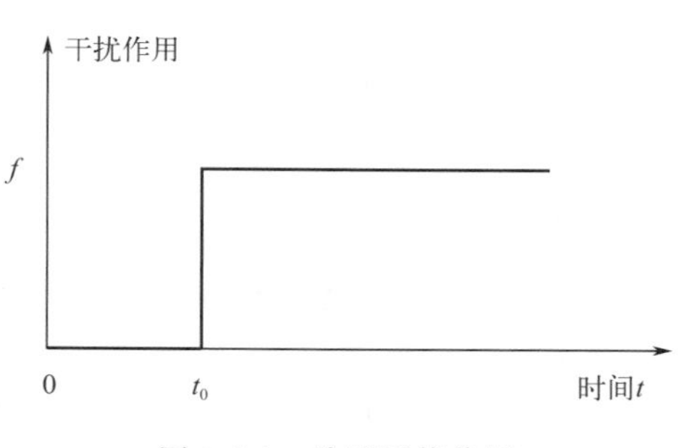

图 1-2-1　阶跃干扰作用

三、过渡过程的基本形式

控制系统在阶跃干扰的作用下，其过渡过程的曲线叫作阶跃响应曲线。阶跃响应曲线是研究控制系统性能的重要工具。不同的控制系统有不同的阶跃响应曲线，其基本形式如图 1-2-2 所示。

图 1-2-2 中，(b) 和 (c) 的阶跃响应曲线是衰减的，系统在经过过渡过程后进入了新的稳态，这样的系统是稳定的。(e) 和 (f) 的曲线是发散的，系统不能稳定在某个值上，这样的系统是不稳定的。(d) 的阶跃响应曲线不衰减，最后处于等幅振荡状态，系统是振荡的，介于稳定与不稳定之间。

发散的系统没有平衡状态，它最终将导致被控变量超越工艺允许范围，严重时会引起事故，这是生产上所不允许的。

振荡的系统一般被认为是不稳定的，生产上不宜采用。但在某些控制质量要求不高的场合，如果允许被控变量在工艺许可的范围内振荡，那么这种系统也是可以接受的。

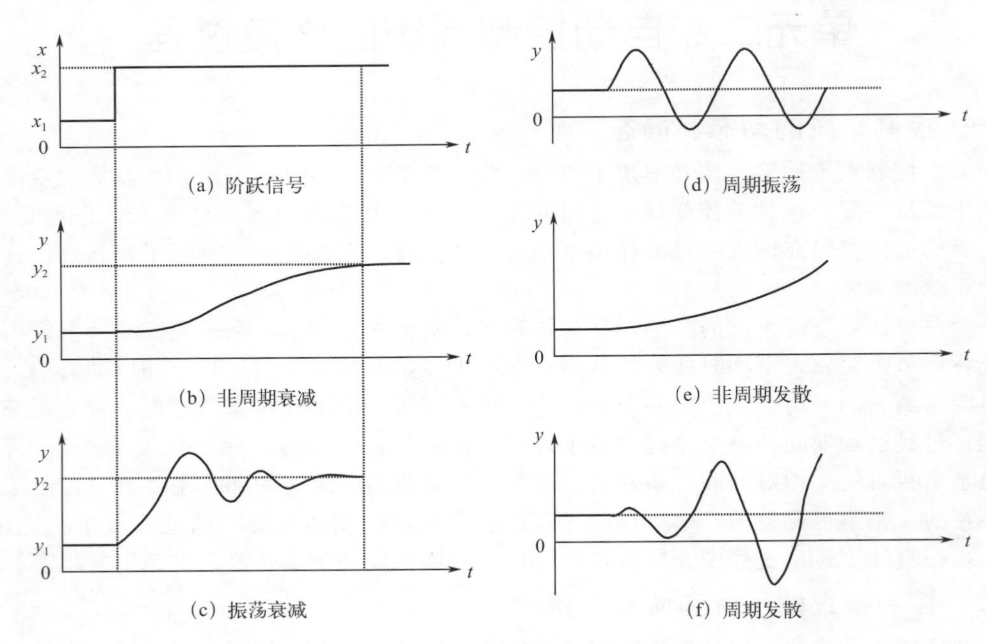

图 1-2-2　阶跃响应的几种基本形式

四、自动控制系统的品质指标

控制系统的过渡过程是衡量控制系统品质的依据。下面就稳定的控制系统的阶跃响应曲线来讨论控制系统的品质指标。

图 1-2-3 为控制系统被控变量的阶跃响应曲线。图上横坐标 t 为时间，纵坐标 y 为被控变量。假定在时间 $t=0$ 之前，系统稳定，且被控变量等于给定值，即 $y=x_0$；在 $t=0$ 瞬间，施加阶跃干扰，系统进入过渡过程，y 逐渐稳定在最终稳定值 y（∞）。

用阶跃响应曲线来衡量控制系统的品质时，常用到以下几个指标。

1. 最大偏差或超调量

最大偏差是指在过渡过程中，被控变量偏离给定值的最大幅度。在图 1-2-3 中以 A 表示。最大偏差越大，偏离的时间越长，表明系统离开规定的工艺参数指标就越远。最大偏差不能超过工艺对被控变量的规定，否则就可能影响产品质量或引发事故。

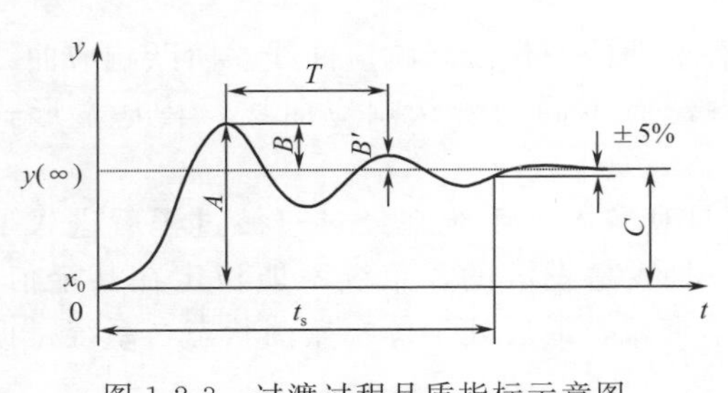

图 1-2-3　过渡过程品质指标示意图

有时也用超调量来表示被控变量偏离给定值的程度。超调量是被控变量超出最终稳定值的最大幅度。在图 1-2-3 中用 B 表示。

2. 衰减比

衰减比是前后两个相邻峰值的比，一般用 n 表示。在图 1-2-3 中衰减比为 $n=B:B'$。衰减比反映了系统过渡过程的振荡和衰减程度，体现了控制系统的稳定性。

衰减比等于 1，表示过渡过程为等幅振荡过程；衰减比小于 1，表示过渡过程为发散振荡过程；只有衰减比大于 1，过渡过程才是衰减过程。但如果衰减比很大，则接近于非振荡过程，过渡过程过于缓慢。一般来说，衰减比在 4∶1 到 10∶1 之间时，系统既有较快的响应速度，也有较高的稳定性。

3. 余差

余差是指过渡过程结束后，被控变量的最终稳态值 $y(\infty)$ 与给定值之间的偏差，在图 1-2-3 中以 C 表示。余差的值可正可负。余差的绝对值越小，说明被控变量越接近给定值，控制准确度越高。在实际生产中，余差不能超过工艺允许的范围。

4. 振荡周期或频率

通常把过渡过程的第一个波峰至第二个波峰之间的时间间隔叫作振荡周期，用 T 表示，其倒数称：振荡频率。在衰减比相同的情况下，一般希望振荡周期短一些为好。

5. 过渡时间

从阶跃干扰发生作用的时刻起，直到控制系统重新建立新的平衡时止，过渡过程所经历的时间叫过渡时间，用 t_s 表示。当指被控变量进入稳态值附近的一个很小的允许范围并不再越出时，就认为被控变量已经达到新的稳态值，或者说控制系统建立了新的平衡，过渡过程结束。这个允许范围一般定为稳态值的±5%（也有的规定为±2%）。过渡时间短，表示系统响应快，能有效地克服干扰造成的影响，系统控制质量就高；反之，过渡时间太长，则控制系统响应慢，就可能使系统满足不了生产的要求。

【直击工考】

1. 简述被控对象、被控变量、操纵变量、扰动（干扰）量、设定（给定）值和偏差的含义。
2. 自动控制系统按其基本结构形式可分为几类？其中闭环控制系统中按设定值的不同形式又可分为几种？简述每种形式的基本含义。
3. 自动控制系统主要由哪些环节组成？各部分的作用是什么？
4. 什么是自动控制系统的过渡过程？在阶跃扰动作用下，其过渡过程有哪些基本形式？哪些过渡过程能基本满足控制要求？
5. 衰减振荡过程的品质指标有哪些？各自的含义是什么？
6. 什么是自动控制系统的方块图？它与工艺管道及控制流程图有什么区别？
7. 什么是控制系统的静态与动态？为什么说研究控制系统的动态比其静态更有意义？
8. 在进行控制系统研究中，典型的输入信号形式有哪些？为什么常采用阶跃信号作为系统的输入信号？
9. 什么是反馈？什么是正反馈和负反馈？负反馈在自动控制中有什么重要意义？
10. 仪表位号由哪几部分组成？各表示什么意义？

模块一　直击工考
参考答案

模块二

化工检测仪表

过程检测仪表是实现工业生产过程自动化的重要工具，应用广泛。在自动控制系统中，过程检测仪表将被控制变量转换成电信号或气信号，去进行显示、记录、调节等，从而实现生产过程的自动化，并能通过控制和执行机构来调整工艺参数，调控设备运行到最佳状况。从而对生产过程进行监测、控制、优化、调度、管理和决策，达到增加产量、提高质量、降低消耗、确保安全等目标。

通过本模块的学习和训练，应达成如下目标。

1. 了解压力检测的概念、压力仪表的类型、压力的单位和表示方法、压力计的选择与安装。
2. 了解流量检测的概念，掌握常见的流量测量仪表的原理、使用方法和维修方法。
3. 了解物位检测的概念，掌握物位仪表使用，可以对物位仪表进行安装维护。
4. 了解温度检测的概念，熟悉常用测温仪表的使用方法，能对测温仪表进行安装维护。
5. 了解和掌握显示仪表结构原理、使用方法。

任务一 压力检测

学习目标

1. 了解压力概念、压力单位、压力测量仪表的分类。
2. 了解压力表的组成、基本结构和工作原理。
3. 能正确选择压力检测仪表并进行安装。
4. 学会使用标准表法（标准压力表值与被校压力表值之间对比）校验压力表。
5. 掌握引用误差、绝对误差、变差和精度等仪表性能指标的基本概念及其计算方法。
6. 培养创新思维和抗压能力。

案例导入

在化工生产过程中，压力是重要的操作参数之一。合成氨的反应中：氢气和氮气合成氨气时，要在15MPa或32MPa的压力下进行反应，必须对压力进行检测和控制。如果压力不符合要求，不仅会影响生产效率，降低产品质量，有时还会造成严重的生产事故。

问题与讨论：

讨论生活或工业中，哪些产品是通过压力进行控制生产的？

【知识链接】

一、压力单位及测压仪表

压力检测基本知识

在化工生产中，所谓压力是指由气体或液体均匀垂直地作用于单位面积上的力。在工业生产过程中，压力往往是重要的操作参数之一。压力既影响物料平衡关系，也影响化学反应速度。所以，压力的检测与控制，对保证生产过程正常进行，达到高产、优质、低消耗和安全是十分重要的。

1. 压力的概念和单位

（1）压力的概念　工程上统称介质垂直作用在单位面积上的力为压力。压力是由分子的质量和分子运动对器壁撞击而产生的，它由受力面积和垂直作用力的大小决定，方向则指向受压物体，其数学表达式为

$$p = F/S \tag{2-1-1}$$

式中，p 为压力；F 为垂直作用力；S 为受力面积。

（2）压力的单位　根据国际单位制（代号为 SD）规定，压力的单位为帕斯卡，简称帕（Pa），即 $1\text{Pa}=1\text{N/m}^2$。工程上经常使用兆帕（MPa），帕与兆帕之间的关系为 $1\text{MPa}=1\times10^6\text{Pa}$。

2. 压力的表示方法

检测过程与测量误差

仪表的精确度的计算与品质指标

压力测量中常有大气压力、表压力、绝对压力和负压力（或真空度）之分，如图 2-1-1 所示。

（1）绝对压力　以绝对真空为零点计算的压力，为介质的真实压力。

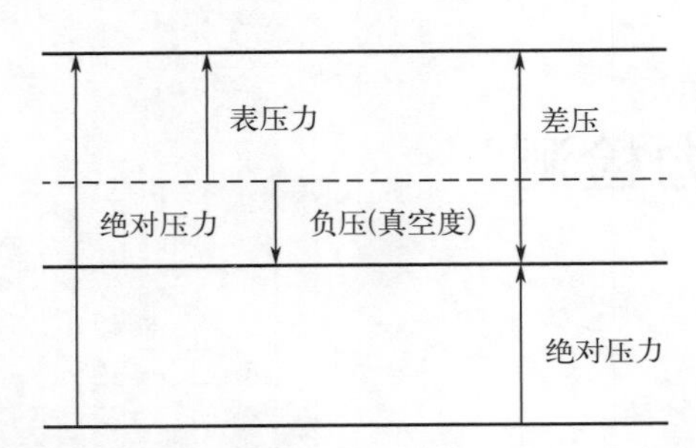

图 2-1-1　绝对压力、表压力、负压（真空度）的关系

（2）表压力　表压力为绝对压力与当地大气压力之差，即超出大气压力的那部分压力。表压力、绝对压力和大气压力之间的关系也可用数学式表示如下

$$p_{表压力}=p_{绝对压力}-p_{大气压力} \tag{2-1-2}$$

（3）负压力　由式（2-1-2）可见，当绝对压力低于当地大气压力时，表压力将出现负值，此时表压力称为负压力。

因为各种工艺设备和测量仪表都处于大气之中，为便于调零，压力仪表指示的压力均为表压力或真空，所以工程上都用表压力或真空表示压力的大小。如不特别说明，一般提到的压力均为表压力。需测量绝对压力时，可以将压力计表壳或差压变送器的低压室抽成真空来实现。

（4）差压　两个压力之差，用 Δp 表示。差压计和差压变送器广泛应用于节流式流量计和静压式液位计中。

3. 压力仪表的分类

压力检测仪表的分类

按测量原理的不同，可以将压力仪表分为以下四类。

（1）液柱式压力计　根据流体静力学原理，将被测压力转换成液柱高度进行测量。液柱式压力计有 U 形管压力计、单管压力计和斜管压力计三种。这类压力计结构简单，使用方便，测量范围较窄，一般用来测量较低压力、真空或压力差。

（2）弹性式压力计　利用弹性元件受到压力作用时产生的弹性变形的大小间接测量被测压力。弹性元件有多种类型，覆盖了很宽的压力范围，所以此类压力计在压力测量中的应用非常普遍。

（3）活塞式压力计　根据流体静力学原理，将被测压力转换成活塞上所加平衡砝码的质量进行测量。活塞式压力计的测量精度很高，可以达到 0.05～0.02 级。其结构复杂，价格较贵，一般作为标准仪表，校验其他压力计。

（4）电测式压力计　通过机械和电气元件将被测压力转换成电压、电流、频率等电量进行测量，实现压力信号的远传。电测式压力计一般由压力敏感元件、转换元件、测量电路等组成。压力敏感元件一般是弹性元件，被测压力通过压力敏感元件转换成一个与压力有确定关系的非电量（如弹性变形、应变力或机械位移），通过转换元件的某种物理效应将这一非电量转换成电阻、电感、电容、电势等电量。测量电路则将转换元件输出的电量进行放大与转换，变成易于传送的电压、电流或频率信号输出。

根据转换元件所基于的物理效应不同，电测式压力计有电阻式、电感式、电容式、霍尔式、应变式、压阻式、压磁式压力计等多种。

二、弹性式压力计

弹性式压力计

弹性式压力计是利用各种形式的弹性元件，在被测介质压力的作用下，使弹性元件受压后产生弹性变形的原理而制成的测压仪表。它的优点：结构简单、使用可靠、读数清晰、牢固可靠、价格低廉、测量范围广、有足够的精度。

1. 弹性元件

弹性元件是一种简易可靠的测压敏感元件。它不仅是弹性式压力计的测压元件，也经常用来作为气动单元组合仪表的基本组成元件。当测压范围不同时，所用的弹性元件也不一样。常用弹性压力计所使用的弹性元件的结构如图 2-1-2 所示。

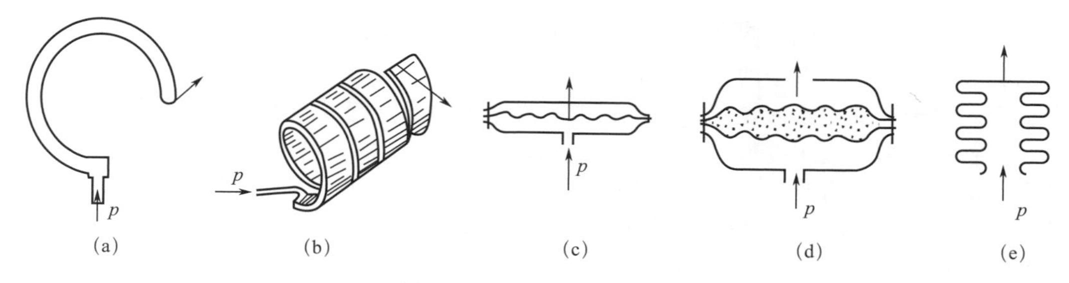

图 2-1-2　弹性元件示意图

（1）弹簧管式弹性元件　弹簧管式弹性元件的测压范围较宽，可测量高达 1000MPa 的压力。单圈弹簧管是弯成圆弧形的金属管子，它的截面做成扁圆形或椭圆形，如图 2-1-2（a）所示。当通入压力后，它的自由端就会产生位移。这种单圈弹簧管自由端位移较小，因此能测量较高的压力。为了增加自由端的位移，可以制成多圈弹簧管如图 2-1-2（b）所示。

（2）薄膜式弹性元件　薄膜式弹性元件根据其结构不同还可以分为膜片与膜盒等。它的测压范围比弹簧管式的低。图 2-1-2（c）为膜片式弹性元件，它是由金属或非金属材料做成的具有弹性的一张膜片（有平膜片与波纹膜片两种形式），在压力作用下能产生变形。有时也可以由两张金属膜片沿周口对焊起来，成一薄壁盒子，内充液体（例如硅油），称为膜盒，如图 2-1-2（d）所示。

（3）波纹管式弹性元件　波纹管式弹性元件是一个周围为波纹状的薄壁金属筒体，如图 2-1-2（e）所示。这种弹性元件易于变形，而且位移很大，常用于微压与低压的测量（一般不超过 1MPa）。

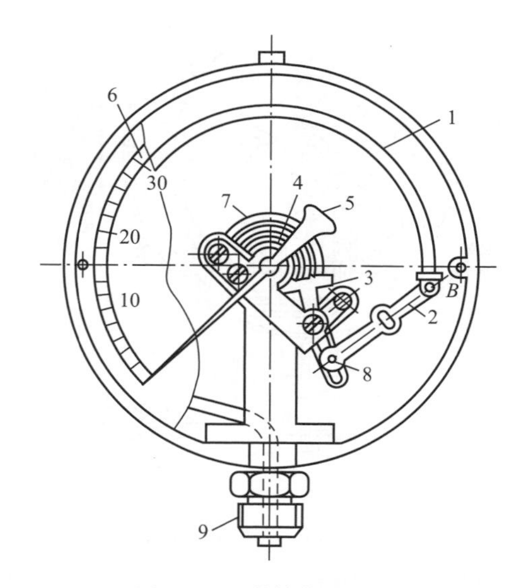

图 2-1-3　弹簧管压力表

1—弹簧管；2—拉杆；3—扇形齿轮；4—中心齿轮；5—指针；6—面板；7—游丝；8—调整螺钉；9—接头

2. 弹簧管压力表

弹簧管压力表的测量范围极广，品种规格繁多。按其所使用的测压元件不同，可有单圈弹簧管压力表与多圈弹簧管压力表。按其用途不同，除普通弹簧管压力表外，还有耐腐蚀的氨用压力表、禁油的氧气压力表等。它们的外形与结构基本上是相同的，只是所用的材料有所不同。弹簧管压力表的结构原理如图 2-1-3 所示。

弹簧管 1 是压力表的检测元件。图中所示为单圈弹簧管，它是一根弯成 270°圆弧的椭圆截面的空心金属管子。管子的自由端 B 封闭，管子的另一端固定在接头 9 上。当通入被测的压力后，由于椭圆形截面在压力的作用下，将趋于圆形，弯成圆弧形的弹簧管随之产生向外挺直的扩张变形。由于变形，弹簧管的自由端 B 产生位移。输入压力越大，产生的变形也越大。由于输入压力与弹簧管自由端 B 的位移成正比，所以只要测得 B 点的位移量，就能反映压力 p 的大小，这就是弹簧管压力计的基本测量原理。

弹簧管自由端 B 的位移量一般很小，直接显示有困难，所以必须通过放大机构才能指示出来。具体过程如下：弹簧管自由端 B 的位移通过拉杆 2（图 2-1-3）使扇形齿轮 3 作逆时针偏转，于是指针 5 通过同轴的中心齿轮 4 的带动而作顺时针偏转，在面板 6 的刻度标尺上显示出被测压力的数值。由于弹簧管自由端的位移与被测压力之间具有正比关系，因此弹簧管压力表的刻度标尺是线性的。

游丝 7 用来克服因扇形齿轮和中心齿轮间的传动间隙而产生的仪表偏差。改变调整螺钉 8 的位置（即改变机械传动的放大系数）可以实现压力表量程的调整。

3. 电接点压力表

在生产过程中，常常需要把压力控制在某一范围内，即当压力低于或高于给定范围时，就会破坏正常工艺条件，甚至可能发生危险。这时就应采用带有报警或控制触点的压力表。

将普通弹簧管压力表稍加变化，便可成为电接点信号压力表，它能在压力偏离给定范围时，及时发出信号，以提醒操作人员注意或通过中间继电器实现压力的自动控制。

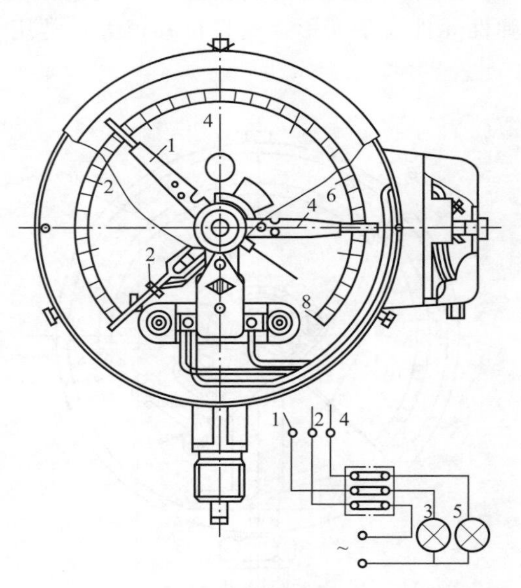

图 2-1-4 电接点信号压力表结构

1，4—静触点；2—动触点；3—绿色信号灯；5—红色信号灯

图 2-1-4 是电接点信号压力表的结构和工作原理示意图。压力表指针上有动触点 2，表盘上另有两个可调节的指针，上面分别有静触点 1 和静触点 4。当压力超过上限给定数值（此数值由静触点 4 的指针位置确定）时，动触点 2 和静触点 4 接触，红色信号灯 5 的电路被接通，使红灯发亮，若压力低到下限给定数值时，动触点 2 与静触点 1 接触，接通了绿色信号灯 3 的电路。静触点 1、4 的位置可根据需要灵活调节。

在实际应用中电接点式压力表的上下限的设定是重要工作之一。

对于压力变化不大的场合、电接点式压力表上下限可以根据工艺要求直接设定。

对于某些压力变化快的动态压力，是不适用按照工艺要求直接设定上下限的位置的。由于压力变化比较大，压力表指针会不停摆动，导致上下限设定不当，可能会引起误报。

在实际中，对这类问题的解决方法是适当调宽上下限指针的位置，或者在电接点式压力表前安装缓冲器，或加装一个小垫片来增加阻尼使得指针晃动减少。

实际应用时，可以在指示灯上并联电铃、继电器，以便在压力超限时，实现声光报警或联锁控制。

三、电气式压力表

把压力转换为电信号输出，然后测量电信号的压力表叫电气式压力计，这种压力计的测量范围较广，可测 7×10^{-5}Pa～5×10^{2}MPa 的压力，允许误差可至 0.2%。由于可以远距离传送信号，所以电气式压力表在工业生产过程中可以实现压力自动控制和报警，并可与工业控制机联用。

电气式压力计一般由压力传感器、测量电路和信号处理装置所组成。常用的信号处理装置有指示器、记录仪、应变仪以及控制器、微处理机等。图 2-1-5 是电气式压力计的组成方框图。

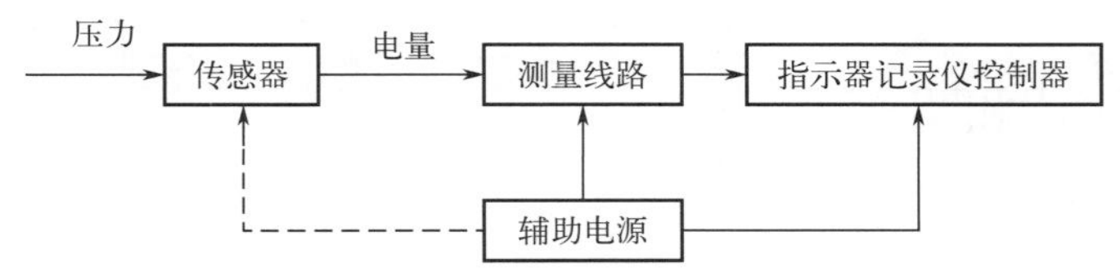

图 2-1-5　电气式压力计的组成方框图

电气式压力计

压力传感器的作用是把压力信号检测出来，并转换成电信号输出。为此，常在弹簧管压力计中附加一些变换装置，把弹簧管自由端的机械位移转换为某些电量的变化，从而构成各种弹簧管式的电气式压力计，如电阻式、电感式和霍尔片式等。但是，这类压力计都是先经弹簧管把压力变换成位移后再转化为电量而进行测量的。所以，它们不能适应快速变化的脉动压力，也不能在高真空、超高压等场合下进行检测。下面简单介绍应变片式、压阻式和电容式压力传感器。

1. 应变片式压力传感器

应变片式压力传感器是利用电阻应变原理制作而成的。电阻应变片有金属应变片（金属丝或金属箔）和半导体应变片两类。被测压力使应变片产生应变。当应变片产生压缩应变时，其阻值减小，当应变片产生拉伸应变时，其阻值增加。应变片阻值的变化，再通过桥式电路获得相应的毫伏级电势输出，并用毫伏计或其他记录仪表显示出被测压力，从而组成应变片式压力计。

应变片 R_1 和 R_2 与两个固定电阻 R_3 和 R_4 组成桥式电路，如图 2-1-6（b）所示。R_1 和 R_2 的阻值变化使桥路失去平衡，从而获得不平衡电压 ΔU 作为传感器的输出信号，在桥路供给直流稳压电源最大为 10V 时，可得最大 ΔU 为 5mV 的输出。传感器的被测压力可达 25MPa。由于传感器的固有频率在 25000Hz 以上，故有较好的动态性能，适用于快速变化的压力检测。传感器的非线性及滞后误差小于额定压力的 1%。

扩散硅压阻式压力传感器的压力测量实验

2. 压阻式压力传感器

压阻式压力传感器是利用单晶硅的压阻效应制作而成的。其工作原理如图 2-1-7 所示。

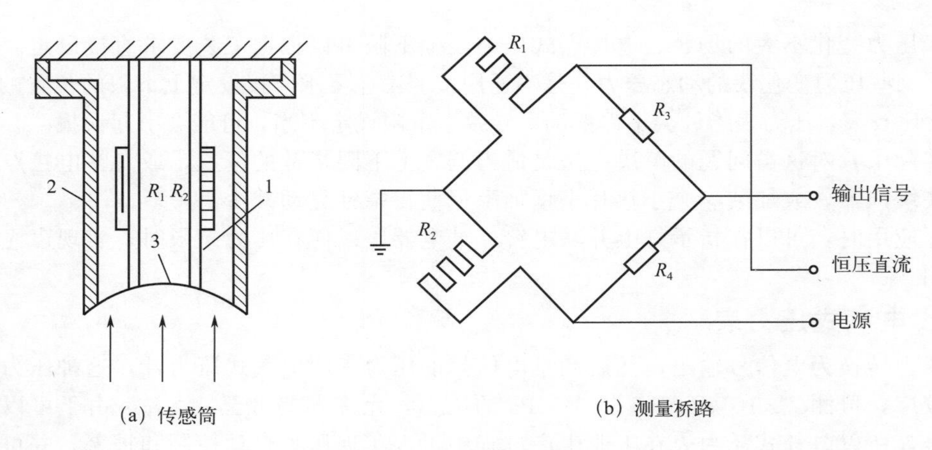

（a）传感筒　　（b）测量桥路

图 2-1-6　应变片式压力传感器

1—应变筒；2—外壳；3—密封膜片

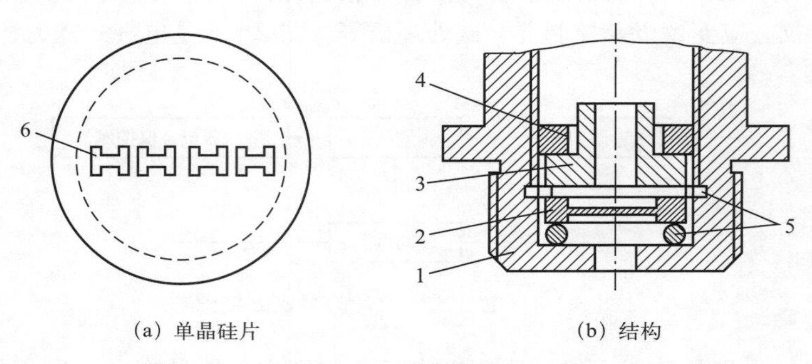

（a）单晶硅片　　（b）结构

图 2-1-7　压阻式压力传感器

1—基座；2—单晶硅片；3—导环；4—螺母；5—密封垫圈；6—等效电阻

采用单晶片为弹性元件，在单晶硅膜片上利用集成电路的工艺，在单晶面的特定方向扩散一组等值电阻，并将电阻接成桥路，单晶硅片置于传感器腔内。当压力发生变化时，单晶硅产生应变，使直接扩散在上面的应变电阻产生与被测压力成比例的变化，再由桥式电路获得相应的电压输出信号。

管道压力定值控制实训

压阻式压力传感器具有精度高、工作可靠、频率响应高、迟滞小、尺寸小、质量轻、结构简单等特点，可以在恶劣的环境条件下工作，便于实现显示数字化。压阻式压力传感器不仅可以用来测量压力，稍加改变，还可以用来测量差压、高度、速度、加速度等参数。

3. 电容式压力传感器

电容式压力传感器是将压力的变化转换为电容量的变化，然后进行测量的。图 2-1-8 所示是 CECY 型电容式压力变送器的测量部分。测量膜盒内充以填充液（硅油），中心感应膜片 1（可动电极）和其两边弧形固定电极 2 分别形成电容 C_1 和 C_2。当被测压力加在测量侧 3 的隔离膜片 4 上后，通过腔内填充液的液压传递，将被测压力引入中心感压膜片，使中心感压膜片产生位移，从而使中心感压膜片与两边弧形固定电极的间距不再相等，从而使 C_1 和 C_2 的电容量不再相等。通过转换部分的检测和放大，转换为 4～20mA 的直流电信号输出。

电容式压力传感器的精度较高，允许误差不超过量程的±0.25%。由于它的结构能经受振动和冲击，其可靠性、稳定性高。当测量膜盒的两侧通过不同压力时，便可以用来测量差压、液位等参数。

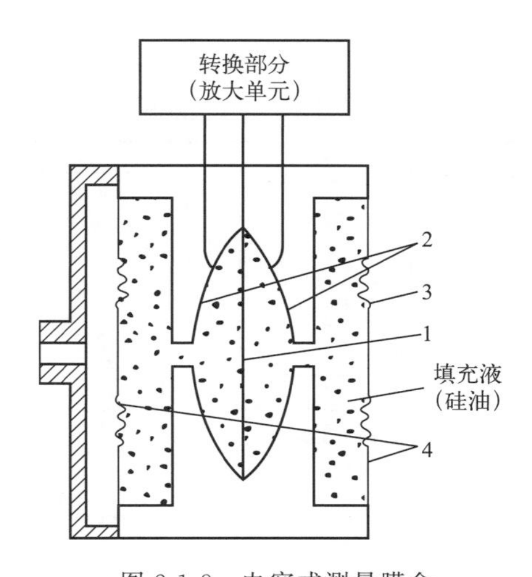

图 2-1-8 电容式测量膜盒

1—中心感应膜片（可动电极）；2—固定电极；3—测量侧；4—隔离膜片

四、智能变送器

目前智能变送器有两个层次：一种是真正的智能变送器，即现场总线型的全数字式智能变送器；另一种是混合式智能变送器，它既有数字信号输出，又有模拟信号输出。目前混合式智能变送器在市场应用较多。

1. 智能变送器的特点

① 性能稳定，可靠性好，测量精度高，基本误差仅为±0.1%。

② 量程范围可达 100∶1，时间常数可在 0～36s 内调整，有较宽的零点迁移范围。

③ 具有温度、静压的自动补偿功能，在检测温度时，可对非线性进行自动校正。

④ 具有数字、模拟两种输出方式，能够实现双向数据通信，可以与现场总线网络和上位计算机相连。

⑤ 可以进行远程通信，通过现场通信器，使变送器具有自修正、自补偿、自诊断及错误方式告警等多种功能，简化了调整、校准与维护过程，使维护和使用都十分方便。

2. 智能变送器的结构原理

智能变送器从整体上来看，由硬件和软件两大部分组成。硬件部分包括传感器部分、微处理器电路、输入输出电路、人-机联系部件等；软件部分包括系统程序和用户程序。不同品种和不同厂家的智能变送器的组成基本相同，只是在传感器类型、电路形式、程序编码和软件功能上有所差异。

智能变送器从电路结构上来看，包括传感器部件和电子部件两部分。传感器部分视变送器的功能和设计原理的不同而不同，例如，可以是热电偶或热电阻的温度变送器，也可以是电容式或压阻式压力（差压）变送器等。变送器的电子部件均由微处理器、模-数转换器和数-模转换器等组成。不同产品和不同厂家，在电路结构上也不完全相同。

下面以 3051C 型差压变送器为例对其工作原理作简单介绍。3051C 型智能差压变送器和 HART 手持通信器如图 2-1-9 所示，其中，3051C 型智能差压变送器由传感膜头和电子线路板组成。

被测介质压力通过电容传感器转换为与之成正比的差动电容信号。传感膜头还同时进行温度的测量，用于补偿温度变化的影响。上述电容和温度信号通过 A/D 转换器转换为数字信号，输入电子线路板模块。

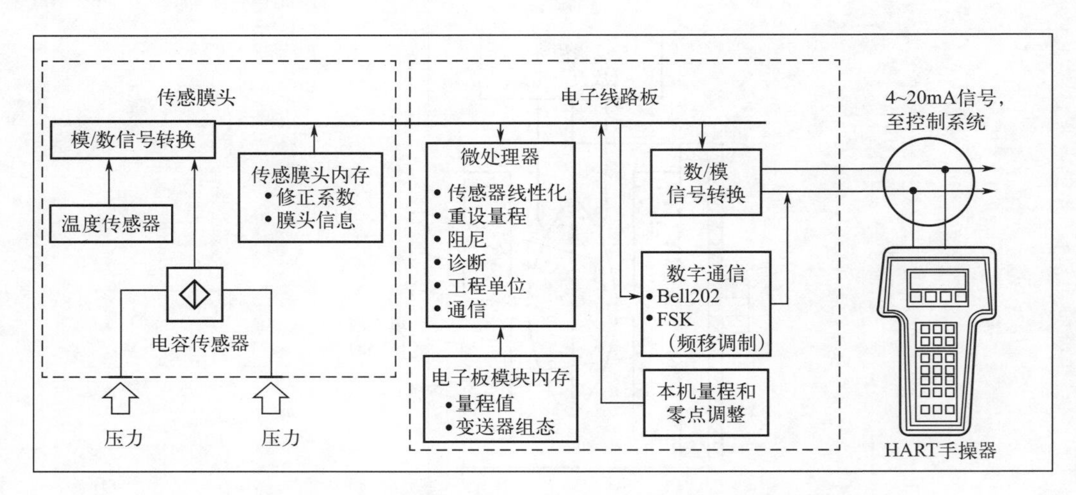

图 2-1-9　3051C 型智能差压变送器（4～20mA）方框图

在工厂的特性化过程中，所有的传感器都经受了整个工作范围内的压力与温度循环测试。根据测试数据所得到的修正系数，都储存在传感膜头的内存中，从而可保证变送器在运行过程中能精确地进行信号修正。

电子线路板模块接收来自传感膜头的数字输入信号和修正系数，然后对信号加以修正与线性化。电子线路板模块的输出部分将数字信号转换成 4～20mA DC 电流信号，并与手持通信器进行通信。

在电子线路板模块的永久性 EEPROM 存储器中存有变送器的组态数据，当遇到意外停电，其中数据仍可保存，所以恢复供电之后，变送器能立即工作。

数字通信格式符合 HART 协议，通过在 4～20mA DC 输出信号上叠加高频信号来完成远程通信。3051C 型差压变送器采用这一技术，能在不影响回路完整性的情况下实现同时通信和输出。

3051C 型差压变送器所用的 HART 手持通信器上有键盘及液晶显示器。它可以接在现场变送器的信号端子上，就地设定或检测，也可以在远离现场的控制室中，接在某个变送器的信号线上进行远程设定及检测。为了便于通信，信号回路必须有不小于 250Ω 的负载电阻。其连接示意图如图 2-1-10 所示。

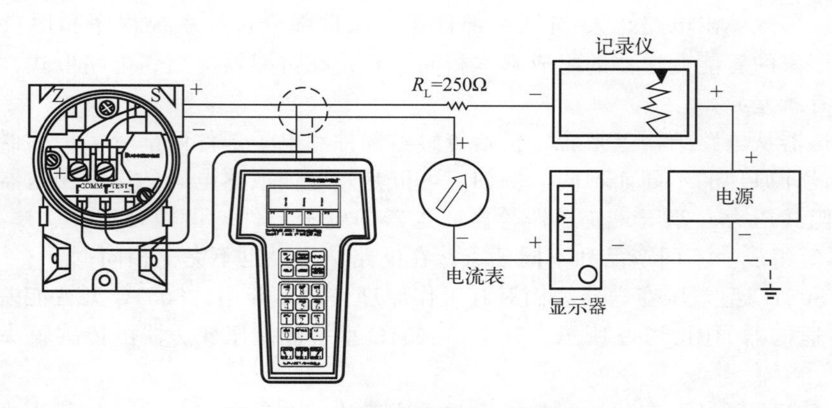

图 2-1-10　手持通信器的连接示意图

3. 手持通信器能够实现的功能

（1）组态　组态可分为两部分：首先，设定变送器的工作参数，包括测量范围、线性或平方根输出、阻尼时间常数、工程单位选择；其次，可向变送器输入信息性数据，以便对变送器进行识别与物理描述，包括给变送器指定工位号、描述符等。

（2）测量范围的变更　当需要更改测量范围时，不需到现场调整。

（3）变送器的校准　包括零点和量程的校准。

（4）自诊断　3051C型变送器可进行连接自诊断。当出现问题时，变送器将激活用户选定的模拟输出报警。手持通信器可以询问变送器，确定问题所在。变送器向手持通信器输出特定的信息，以识别问题，从而可以快速地进行维修。

智能型差压变送器具有良好的总体性能及长期稳定工作能力，所以每五年才需校验一次。智能型差压变送器与手持通信器结合使用，可远离生产现场，尤其是危险或不易到达的地方，给变送器的运行和维护带来了极大的方便。

五、压力仪表的选用

普通压力表的主要技术指标列于表2-1-1，压力表的选用应根据生产要求和使用环境做具体分析。在符合生产过程提出的技术条件下，本着节约的原则，进行种类、型号、量程、精度等级的选择。

表 2-1-1　普通压力表主要技术指标

<table>
<tr><th>型号</th><th>Y-40</th><th>Y-60</th><th>Y-100</th><th>Y-150</th><th>Y-250</th></tr>
<tr><td>公称直径/mm</td><td>φ40</td><td>φ60</td><td>φ100</td><td>φ150</td><td>φ250</td></tr>
<tr><td>接头螺纹</td><td>M10×1</td><td>M14×1.5</td><td colspan="3">M20×1.5</td></tr>
<tr><td>精度等级</td><td colspan="2">2.5</td><td colspan="3">1.5</td></tr>
<tr><td rowspan="3">测量范围/MPa</td><td colspan="4">0～0.1；0.16；0.25；0.4；0.6；1；1.6；2.5；4；6</td><td rowspan="3">0～0.6；1；1.6；2.5；4；6</td></tr>
<tr><td></td><td>0～10；16；25</td><td colspan="2">0～10；16；25；40；60</td></tr>
<tr><td colspan="4">−0.1～0；−0.1～0.06；0.15；0.3；0.5；0.9；1.5；2.4</td></tr>
</table>

选择压力仪表应根据被测压力的种类（表压力、负压或差压），被测介质的物理、化学性质和用途（指示、记录和远传），以及生产过程所提出的技术要求来选择。同时应本着既能满足精度要求，又要经济合理的原则，正确选择压力仪表的型号、量程和精度等级（图2-1-11）。

图 2-1-11　压力计选择与安装的流程

1. 选择压力计类型

压力计类型的选择必须满足工业生产的要求，例如是否需要远传变送、自动记录或报警；被测介质的性质（温度、黏度、腐蚀性、易燃易爆性）是否对仪表提出特殊要求；现场环境条件（湿度、温度、磁场、振动）对仪表的类型有无限制。因此根据工业要求正确地选用压力计类型是保证仪表正常工作及安全生产的重要前提。

压力表的选择。普通弹簧管压力表可用于大多数压力测量场合。压力表的弹簧管多采用铜合金、合金钢，而氨用压力计弹簧管不允许采用铜合金，因为氨对铜的腐蚀性极强。氧气压力表禁止和油接触，因为浓氧对油脂有强氧化作用，容易引发燃烧、爆炸，所以校验氧气压力表时，不能像普通压力表那样采用变压器油作工作介质。

(1) 考虑选择的因素　压力表在特殊测量介质和环境条件下的类型选择，可考虑如下因素。

① 在腐蚀性较强、粉尘较多和淋液等环境恶劣的场合，宜选用密闭式不锈钢及全塑压力表。

② 测量弱酸、碱、氨类及其他腐蚀性介质时，应选用耐酸压力表、氨压力表或不锈钢膜片压力表。

③ 测量具有强腐蚀性、含固体颗粒、结晶、高黏稠液体介质时，可选用隔膜压力表。

④ 在机械振动较强的场合，应选用耐振压力表或船用压力表。

⑤ 在易燃、易爆的场合，如需电接点信号时，应选用防爆电接点压力表。

⑥ 测量氨、氧、氢气、氯气、乙炔、硫化氢等介质时，应选用专用压力表。

(2) 选择变送器、传感器

① 需要标准信号（4～20mA）传输时，应选变送器。

② 易燃、易爆场合，应选用气动变送器或防爆型、本安型电动变送器。

③ 对于结晶、结疤、堵塞、黏稠及腐蚀性介质，应选用法兰式变送器。与介质直接接触的材质，必须根据介质的特性选择。

④ 根据测量环境、测量精度选取变送器类型。

2. 选择测量范围

压力计量程范围的选择根据被测压力的大小确定。一方面，为了避免压力计超压损坏，压力计的上限值应该高于工艺生产中可能出现的最大压力值，并留有波动余地；另一方面，为了保证测量值的准确性，所测压力不能接近于压力计的下限。

(1) 选择压力表量程　综合考虑上述因素，对于弹性式压力计，在被测压力比较平稳的情况下，最大工作压力不应超过量程的 2/3；在测量波动较大的压力时，最大工作压力不应超过量程的 1/2；测量高压压力时，最大工作压力不应超过量程的 3/5。但是，被测压力的最小值应不低于仪表全量程的 1/3 为宜。

(2) 选择压力变送器的量程　对于基于弹性元件的压力变送器，只是单纯用于压力测量时，其量程选择原则与上述压力表相同。如果压力变送器用于自动控制系统之中，考虑到控制系统会使参数稳定在设定值上，为使指示控制方便，上、下波动偏差范围相同，变送器量程一般是选用系统设定值的两倍。

根据以上公式计算的量程值选用压力计的量程。普通压力表下限一般为零，上限值应在国家规定的标准系列中选取。

(3) 选取压力计精度　一般地说，仪表的精度愈高，测量结果愈准确、可靠，而仪表的价格就会越贵，操作和维护要求越高。因此，在满足工艺要求的前提下，还必须本着节约的原则，选择仪表的精度等级。

所选压力计的精度等级值，应小于等于根据工艺允许的最大测量误差计算出的精度值，即

$$A_C \leqslant \frac{e'_{max}}{S_p} \times 100 \qquad (2\text{-}1\text{-}3)$$

式中，e'_{max} 为工艺允许的最大误差；S_p 为所选压力计量程。

根据式（2-1-3）计算出仪表精度后，应根据国家标准的精度系列选取合适的精度。常用精度等级一般有 2.5、1.5、1.0、0.5、0.4、0.25、0.2、0.1 级等。

3. 选择取压口

选择取压口的原则是取压口处压力能反映被测压力的真实情况，具体选用原则如下。

① 取压口要选在被测介质直线流动的管段上，不要选在管道拐弯、分岔、死角及流束形成涡流的地方。

② 就地安装的压力表在水平管道上的取压口，一般在顶部或侧面。

③ 引至变送器的导压管，其水平管道上的取压口方位要求如下：测量液体压力时，取压口应在管道横截面的下部，与管道截面水平中心线夹角在 45°以内；测量气体压力时，取压口应在管道横截面的上部，与管道截面水平中心线夹角在 45°以内；对于测量水蒸气压力，取压口可在管道的上半部及下半部。

④ 取压口在管道阀门、挡板前后时，与阀门、挡板的距离应大于 $2D$～$3D$（D 为管道直径）。

4. 导压管的安装

安装导压管应遵循以下原则。

特别提示：测量气体压力时，应优选压力计高于取压点的安装方案，以利于管道内冷凝液回流至工艺管道，也不必设置分离器；测量液体压力或蒸汽时，应优选压力计低于取压点的安装方案，使测量管不易集聚气体，也不必另加排气阀。当被测介质可能产生沉淀物析出时，在仪表前的管路上应加装沉淀器。为了检修方便，在取压口与仪表之间应装切断阀，并应靠近取压口。

① 在取压口附近的导压管应与取压口垂直，管口应与管壁平齐，不得有毛刺。

② 导压管不能太细、太长，防止产生过大的测量滞后，一般内径应为 6～10mm，长度一般不超过 60m。

③ 水平安装的导压管应有 1∶10～1∶20 的坡度，坡向应有利于排液（测量气体压力时）或排气（测量液体压力时）。

④ 当被测介质易冷凝或易冻结时，应加装保温伴热管。

5. 压力表的安装

压力表的安装应遵循以下原则。

① 压力表应安装在能满足仪表使用环境条件，并易观察、易检修的地方。

② 安装地点应尽量避免振动和高温影响，对于蒸汽和其他可凝性热气体，就地安装的压力表应选用带冷凝管的安装方式，如图 2-1-12（a）所示。

③ 测量有腐蚀性、黏度较大、易结晶、有沉淀物的介质时，应优先选取带隔膜的压力表及远传膜片密封变送器如图 2-1-12（b）所示。

④ 压力表的连接处应加装密封垫片，一般低于 80℃及 2MPa 以下时，用橡胶或四氟垫片；在 450℃及 5MPa 以下用石棉垫片或铝垫片；温度及压力更高时（50MP 以下）用退火紫铜或铅垫。选用垫片材质时，还要考虑介质的性质。例如，测量氧气压力时，不能使用浸油垫片、有机化合物垫片；测量乙炔压力时，不得使用铜制垫片。

⑤ 仪表必须垂直安装，若装在室外时，还应加装保护箱。

⑥ 当被测压力不高，而压力表与取压口又不在同一高度时，需要对由此高度差所引起的测量误差进行修正。

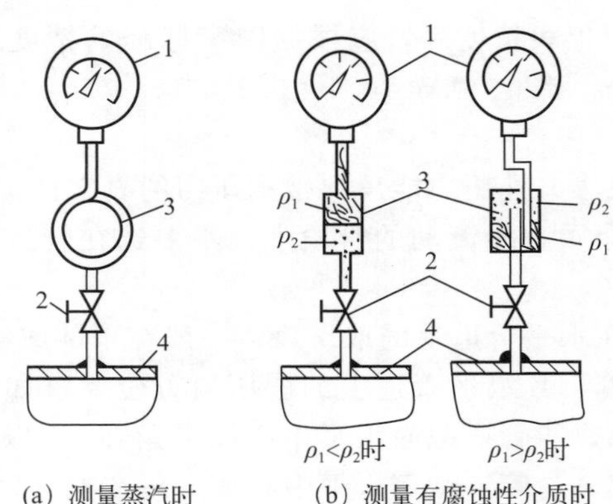

(a) 测量蒸汽时　(b) 测量有腐蚀性介质时

图 2-1-12　压力表安装示意图

1—压力表；2—切断阀；3—隔离罐；4—生产设备

【任务实施】

(一) 准备相关设备

标准弹簧管压力表一块（标准表）、普通弹簧管压力表一块（被校表）、压力表校验器一台、取针器一个、螺钉旋具一把。

(二) 具体操作步骤

1. 观察外观

观察实验室仪器设备的外观及标志，并记录于表 2-1-2。

表 2-1-2　实验室仪器设备的外观及标志

实验室仪器设备	型号	精度	测量范围	厂家
压力表校验器				
标准压力表				
被校压力表				

2. 观察弹簧管压力表的内部结构

① 用螺钉旋具小心打开压力表的表盖，取下压力表的刻度盘（此步须经实验教师同意）。

② 观察拉杆、齿轮传动的基本原理和调整传动比（即调整量程）的方法。

③ 观察弹簧管和游丝，弄清其特点和作用。

3. 弹簧管压力表的调整和校验（标准表法）

（1）准备工作

① 检查压力表校验器。将压力表校验器放在工作台上，保证标准表与被校表的受压点基本在同一水平面上，按图 2-1-13 安装连接。如果不在同一水平面，应考虑由液柱高度差所产生的压力误差。

② 检查油杯中的工作液。若压力泵的活塞及手轮未推入底部，首先打开进油阀 10，摇动手轮 6，将手摇泵活塞推到底部。揭开油杯盖，观察油杯中是否有工作液。若工作液不足，将适量工作液注入油杯至约 2/3 处。

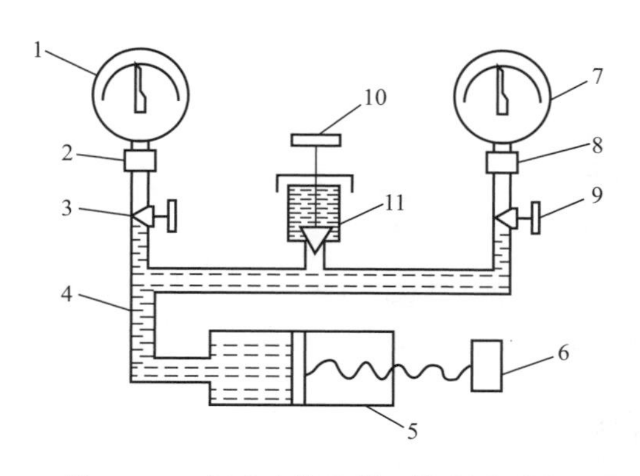

图 2-1-13 压力表校验器（校验原理图）

1—标准表；2，8—螺母；3，9—截止阀；4—油缸；5—压力泵；6—手轮；7—被校表；10—进油阀；11—油杯

注意：油污不易清洗，应小心操作。被校表的测量上限在 5.9MPa 以上者，用蓖麻油；相反，可用无酸变压器油；当被校表为氧气表时，则应用甘油与酒精混合液。

③ 将工作液注入压力泵。

a. 打开油杯的进油阀 10（注意不要取下，打开即可）。

b. 关闭两压力表的截止阀 3 和 9。

c. 逆时针方向转动压力泵的手轮 6，缓慢地把油从油杯中抽到压力泵的油缸中。注意观察标准表的指针位置，防止出现负压。

注意：应根据被校表测量范围确定油缸中的液体量，可咨询实验教师。

d. 再顺时针转动手轮 6，将油缸内的油压回油杯，同时观察是否有小气泡从油杯中升起；反复操作，直到油杯中不出现气泡为止。再将油缸内注入油后，关闭油杯内的进油阀。

（2）初校与零点调整

① 初校。

a. 保证油杯内的进油阀关闭，打开标准压力表和被检压力表的两个截止阀 3 和 9，使其与油路接通。

b. 缓慢顺时针方向转动压力发生器的手轮 6，给压力表加压，使得处在同一水平面的标准表与被校表的压力同步发生变化且相等。

c. 从小到大缓慢升压，升至满量程；再从大到小逐渐减压，减至零点。应无卡针、明显非线性、明显超差等现象，否则要调整、修理（可咨询实验教师）。

② 调校零点。

a. 在压力表压力减至零点后，关闭标准压力表和被校压力表的两个截止阀 3 和 9。

b. 打开进油阀 10，摇动手轮 6，将手摇泵活塞推到底部。

c. 打开标准压力表和被校压力表的两个截止阀。

d. 观察压力表的零点。如果零点的指示值在误差允许的范围内，关闭油杯的进油阀，继续下一步的实验。否则用取针器将指针取下对准零位，重新固定。

e. 调整好被校压力表的零点后，按前面准备工作中的步骤重新将工作液注入压力泵中，关闭油杯的进油阀，继续下一步的实验。

（3）正式校验

① 确定被校表的压力校验（检定）点以被校压力表为基准，在全量程范围内均匀取不少于5个的校验点。

注意：考虑到弹簧管压力表的特点及上下行测量的要求，实际所取的校验（检定）点不包括零点和上限点。

② 校验（检定）上行程。根据被校压力表的指示值，逐渐递增压力，使标准压力表依次指示到前面所选的校验点上。在被校压力表上读取所需数据。记录各校验点轻敲表壳前和轻敲表壳后的示值。

③ 校验（检定）下行程。按上述方法，逆时针方向转动压力计的手轮，并逐渐递减压力，让标准压力表依次指示到前面所选的校验点上，在被校压力表上读取所需数据。记录各校验点轻敲表壳前后的示值。

注意：具体以标准表为准读被校表，还是以被校表为准读标准表，可咨询实验教师，或都做以进行比较。是否需要轻敲前后的示值可咨询实验教师。

④ 记录数据。直至观察到测量数据稳定为止，并将最终数据填入数据实验报告内。

⑤ 结束实验。

a. 确保标准表和被校表指针指示在零点，然后关闭标准压力表和被校压力表的两个截止阀3和9。

b. 打开进油阀，顺时针旋转压力泵手轮，将油压回油杯中。

c. 打开标准压力表和被检压力表的两个截止阀，静置一会，确保标准压力表和被检压力表指针稳定回零，再关闭进油阀。

（三）任务报告

按照以下要求填写实训报告。

实训报告

弹簧管压力表校验（检定）记录

仪表编号：__________　　　　校验日期：________年____月____日

<table>
<tr><th rowspan="2"></th><th rowspan="2">序号</th><th rowspan="2">标准压力</th><th colspan="2">被校表压力值</th><th colspan="2">绝对误差</th><th rowspan="2">引用
误差/%</th><th rowspan="2">回差/%</th></tr>
<tr><th>轻敲前</th><th>轻敲后</th><th>轻敲前</th><th>轻敲后</th></tr>
<tr><td rowspan="5">上行</td><td>1</td><td></td><td></td><td></td><td></td><td></td><td></td><td></td></tr>
<tr><td>2</td><td></td><td></td><td></td><td></td><td></td><td></td><td></td></tr>
<tr><td>3</td><td></td><td></td><td></td><td></td><td></td><td></td><td></td></tr>
<tr><td>4</td><td></td><td></td><td></td><td></td><td></td><td></td><td></td></tr>
<tr><td>5</td><td></td><td></td><td></td><td></td><td></td><td></td><td></td></tr>
<tr><td rowspan="5">下行</td><td>1</td><td></td><td></td><td></td><td></td><td></td><td></td><td></td></tr>
<tr><td>2</td><td></td><td></td><td></td><td></td><td></td><td></td><td></td></tr>
<tr><td>3</td><td></td><td></td><td></td><td></td><td></td><td></td><td></td></tr>
<tr><td>4</td><td></td><td></td><td></td><td></td><td></td><td></td><td></td></tr>
<tr><td>5</td><td></td><td></td><td></td><td></td><td></td><td></td><td></td></tr>
<tr><td colspan="9">结论：</td></tr>
</table>

2

【任务评价】

任务评价以自我评价和教师评价相结合的方式进行，指导教师根据任务评价和学生学习成果进行综合评价，并将结果填写于表 2-1-3 中

表 2-1-3　压力检测评价表

班级：　　　　　　第（　　）小组　　　　　　姓名：　　　　　　时间：

评价模块	评价内容	分值/分	自我评价	教师评价	综合得分
理论知识	1. 了解压力概念与压力单位	10			
	2. 了解压力测量仪表的分类	10			
	3. 了解弹性式压力计和电气式压力表的结构与类型	10			
操作技能	1. 能正确操作压力表进行校验	30			
	2. 能正确计算引用误差、回差	30			
职业素养	1. 场地清洁、安全，工具、设备和材料使用得当	5			
	2. 培养创新思维和抗压能力	5			
总分（自我评价×40%＋教师评价×60%）					
综合评价： 实验指导教师签字：					

任务二 流量检测

学习目标

1. 掌握流量的概念。
2. 掌握流量仪表的分类。
3. 掌握常用流量仪表的原理及应用
4. 了解其他流量计的原理及应用。
5. 掌握流量计校验的方法，会对流量计的误差进行计算。
6. 培养科学、严谨的态度，培养大国工匠的基本素养。

案例导入

在日常生活中，流量检测也用在各个方面，如家用自来水的水表，天然气的气表，加油站加油量的计量表，都是常用的计量工具。

问题与讨论：

大家知道这些仪表的测量原理吗？企业生产过程中，要不要用到流量计量仪表，要用到哪些仪表？它们又是通过什么方式完成流量检测的？

【知识链接】

一、流量检测仪表的概念及分类

流量检测概述

流量是进行管道运输贸易交接，完成经济核算的重要参数。测量流量，为的是正确地指导生产操作，监控设备运行，确保安全、优质生产。流量仪表已成为不可缺少的检测仪表之一。

1. 流量的概念

流量是指流经管道或设备某一截面的流体数量。按工艺要求不同，可分为瞬时流量和累积流量。

（1）瞬时流量　单位时间内流经某一截面的流体数量称为瞬时流量，它可以分别用体积流量和质量流量来表示。

体积流量是指单位时间内流过某截面的流体体积。当截面上的流速均匀相等或已知平均流速 $\overline{v}$ 时，体积流量可以表示为

$$q_v = \overline{v}A \tag{2-2-1}$$

式中，q_v 为体积流量；A 为流体通过的有效截面积；$\overline{v}$ 为截面 A 上的平均流速。

根据国际单位，导出的体积流量单位为 m^3/s，流量计常用单位还有 m^3/h、L/h 等。

质量流量是指单位时间内流经某一截面的流体质量。若流体的密度是 ρ，则质量流量可由体积流量导出，表示为：

$$q_m = q_v\rho = \rho vA \tag{2-2-2}$$

式中，q_m 为质量流量；ρ 为介质密度。

（2）累积流量　累积流量是指一段时间内流经某截面的流体数量的总和，有时称为总量，可以用体积和质量来表示，即：

$$V=\int_{t_1}^{t_2} q_v \mathrm{d}t \tag{2-2-3}$$

$$m=\int_{t_1}^{t_2} q_m \mathrm{d}t \tag{2-2-4}$$

累积流量采用的单位分别为 m^3、L、t、kg 等。

测量瞬时流量的仪表称为流量计，一般用于生产过程的流量监控和设备状态监测。而测量累积流量的仪表称为计量表，一般用于计量物质消耗、产量核定和贸易结算。在流量计上配以累积机构，也可以得到累积流量。

2. 流量测量仪表的分类

流量测量的方法很多，按其测量原理和所采用仪表结构形式的不同，分类方法也不尽相同。按流量测量原理分类如下：

检测仪表的分类

（1）速度式流量计　主要是以测量流体在管道内的流动速度作为测量依据，根据 $q_v=\bar{v}A$ 原理测量流量，如差压式流量计、转子流量计、靶式流量计、电磁流量计、涡轮流量计等。

（2）容积式流量计　主要以流体在流量计内连续通过的标准体积 V_0 的数目 N 作为测量依据，根据 $V=NV_0$ 进行累积流量的测量，如椭圆齿轮流量计、腰轮（罗茨）流量计、刮板流量计等。

（3）质量式流量计　直接以测量流体的质量流量 q_m 为测量依据的流量仪表。量精度不受流体的温度、压力、黏度等变化影响的优点，如热式质量流量计、补偿式质量流量计、振动式质量流量计等。

差压式流量计

二、差压式流量计

1. 测量原理

差压式流量计也叫节流式流量计，是利用测量流体流经节流装置所产生的静压差来表示流量大小的一种流量计。目前，差压式流量计是工业生产中检测气体、蒸汽、液体流量最常用的一种检测仪表。因为其检测方法简单，没有可动部件，工作可靠，适应性强，可不经实流标定就能保证一定精度等优点，被广泛应用于生产过程中。

差压式流量计由节流装置、引压管路（导压管）和差压变送器（或差压计）三部分组成，如图 2-2-1 所示。

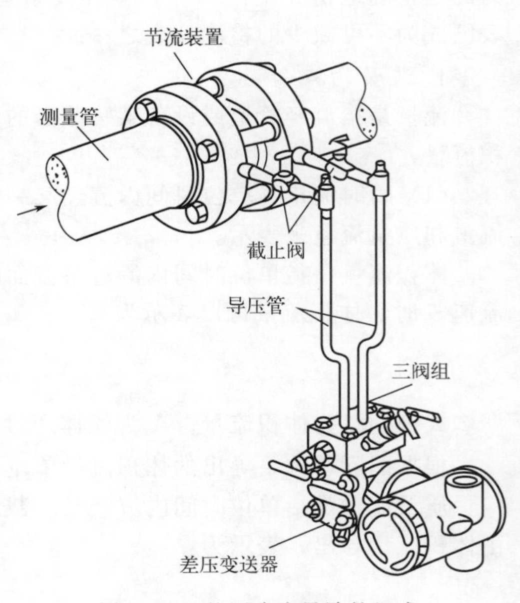

图 2-2-1　差压式流量计的组成

节流装置是使流体产生收缩节流的节流元件和压力引出的取压装置的总称，用于将流体的流量转化为压力差。节流元件的形式很多，如孔板、喷嘴、文丘里管等，但以孔板的应用最为广泛。

导压管是连接节流装置与差压计的管线，是传输差压信号的通道。通常，导压管上安装有平衡阀组及其他附属器件。

差压计用来测量压差信号，并把此压差转换成流量指示记录下来。可以采用各种形式的差压计、差压变送器和流量显示积算仪等。

流体之所以能够在管道内形成流动，是因为它具有能量。流体的能量有动压能和静压能两种形式。流体由于有压力而具有静压能，又由于有一定的速度而具有动压能。这两种形式的能量在一定的条件下，可以互相转化。根据能量守恒定律，流体所具有的静压能和动压能，连同克服流动阻力的能量损失，在无外加能量的情况下，总和是不变的，其能量守恒，对于水平管路，可以用伯努利方程表示

$$\frac{p_1}{\rho_1}+\frac{v_1^2}{2}=\frac{p_2}{\rho_2}+\frac{v_2^2}{2}+\zeta\frac{v_2^2}{2} \tag{2-2-5}$$

式中，p_1、ρ_1、v_1、p_2、ρ_2、v_2 分别为流体流经两个不同截面时的压力、密度和流速，$\frac{v^2}{2}$、$\zeta\frac{v^2}{2}$ 分别为单位质量流体所具有的静压能、动压能之和和流动阻力能量损失。因此，当流体流速增加、动压能增加时，其静压能必然下降，静压力降低。节流装置正是应用了流体的动压能和静压能转换的原理实现流量测量的。

目前，由于节流装置的计算非常复杂，在实际生产中有专门针对这种问题而设计出的计算软件来计算节流装置的各种参数。这种软件的作用如下：

① 在已知流体流量、差压、管道内径的情况下，计算节流件的开孔直径；

② 在已知流体流量、管道内径、节流件的开孔直径的情况下，计算差压；

③ 在已知差压、节流件的开孔直径、管道内径的情况下，计算流量。

2. 节流装置认识

节流装置包括节流元件、取压装置。标准节流装置是指国际（国家）标准化的节流装置，经历了近百年漫长的发展过程，1980 年 ISO（国际标准化组织）正式通过标准节流装置国际标准 ISO 5167。我国采用了 ISO 5167 标准，其国标代号为 GB/T 2624—2006。通常称 ISO 5167（GB/T 2624—2006）中所列节流装置为标准节流装置，其他节流装置称为非标准节流装置。

标准节流元件的结构、尺寸和技术条件都有统一标准，有关计算数据都经过大量的系统实验而有统一的图表，需要时可查阅有关的手册或资料。按标准制造的节流元件，不必经过单独标定即可投入使用。

(1) 标准节流元件

① 标准孔板。一块具有圆形开孔并与管道同心的圆形平板，如图 2-2-2 所示，图中 d 为孔板的开口喉部内直径。逆流方向的一侧是个具有锐利直角入口边缘的圆柱部分，顺着流向的是一段扩大的圆锥体。用于不同管径的标准孔板，其结构形式基本上是几何相似的。孔板对流体造成的压力损失较大，一般只适用于洁净流体介质的测量。

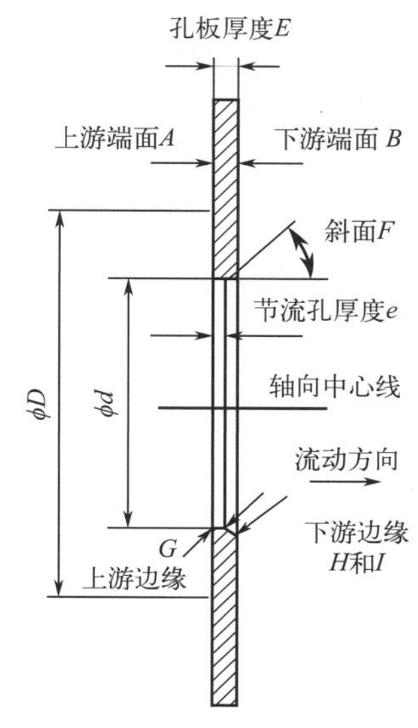

图 2-2-2　标准孔板

② 标准喷嘴。有 ISA 1932 喷嘴和长径喷嘴两种形式，如图 2-2-3 所示，是一个以管道喉部开孔轴线为中心线的

旋转对称体，由两个圆弧曲面构成的入口收缩部分及与之相接的圆筒形喉部所组成，图中 β 表示标准喷嘴喉部和管道直径之比。标准喷嘴可用多种材料制造，可用于测量温度和压力较高的蒸汽、气体和带有杂质的液体介质流量。标准喷嘴的测量精度较孔板要高，加工难度大，价格高，压力损失略小于孔板，要求工艺管径 D 不超过 500mm。

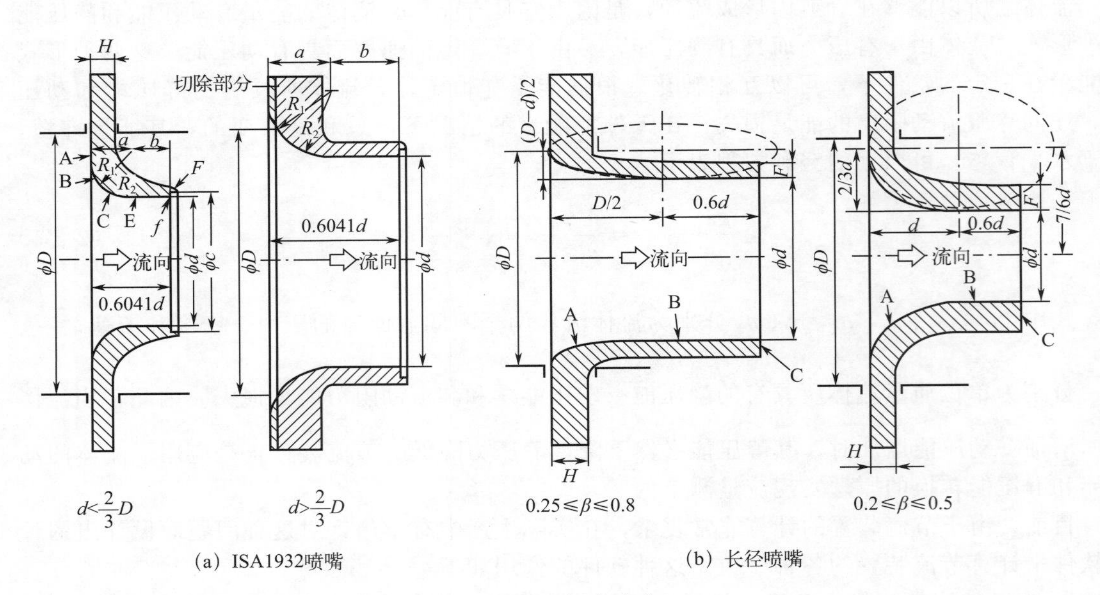

图 2-2-3 标准喷嘴

③ 标准文丘里管。由入口圆筒段、圆锥收缩段、圆筒形喉部、圆锥扩散段组成，如图 2-2-4 所示。压力损失较孔板和喷嘴都小得多，可测量有悬浮固体颗粒的液体，较适用于大流量气体流量的测量，但制造困难，价格昂贵，不适用于 200mm 以下管径的流量测量，工业应用较少。

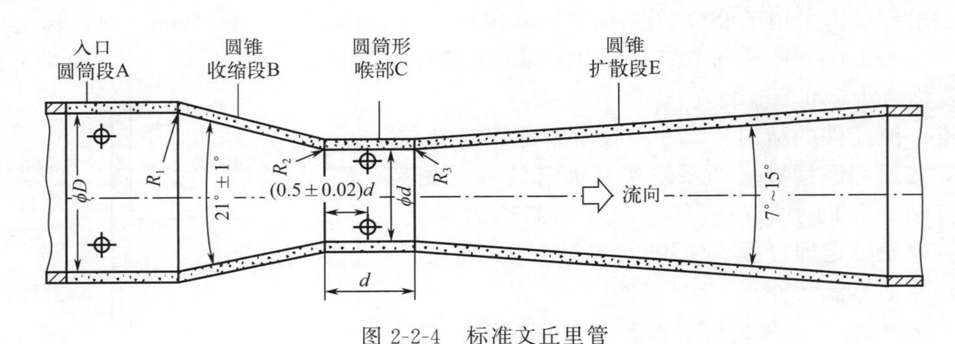

图 2-2-4 标准文丘里管

（2）非标准节流装置　常用于特殊环境和介质的测量。随着非标准节流装置现场应用的不断拓展，必然会提出标准化的要求，今后较为成熟的非标准节流装置会晋升为标准特殊介质用节流装置，如圆缺孔板、偏心孔板、环状孔板、楔形孔板、线性孔板等。

（3）取压装置　由图 2-2-5 可知，取压位置不同，即使是使用同一节流元件、在同一流量下所得到的差压大小也是不同的，故流量与差压之间的关系也将随之变化。标准节流装置规定的取压方式有角接取压、法兰取压、径距取压三种，标准孔板取压装置如图 2-2-5 所示，标准喷嘴取压方式如图 2-2-6 所示。

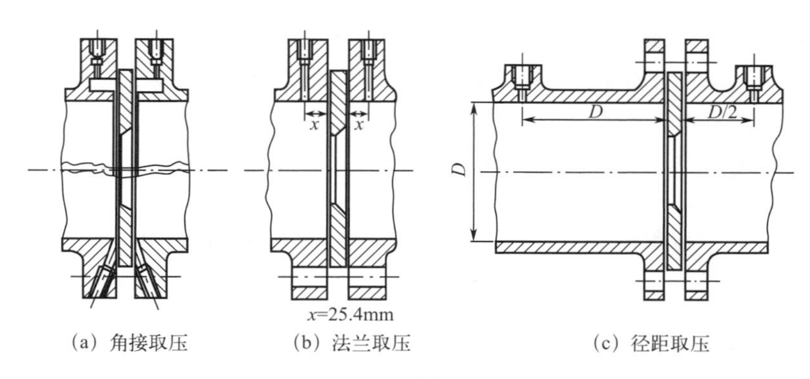

(a) 角接取压 (b) 法兰取压 (c) 径距取压

图 2-2-5 标准孔板取压方式

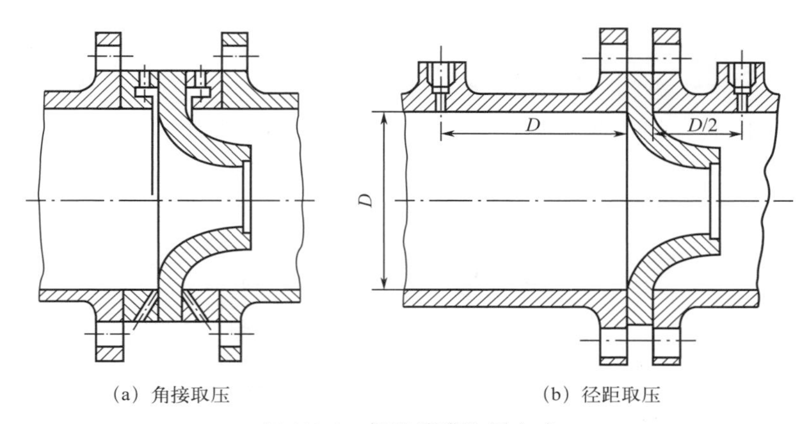

(a) 角接取压 (b) 径距取压

图 2-2-6 标准喷嘴取压方式

3. *差压式流量计的安装*

一般差压仪表均可作为差压式流量计中的差压计使用。目前工业生产中大多数采用差压变送器，它可将压差转换为标准信号。有关差压变送器的原理，请参见任务一中的有关内容。

一体式差压流量计，将节流装置、引压管、三阀组、差压变送器直接组装成一体，省去了引压管线，现场安装简单方便，可有效减小安装失误带来的误差。有的仪表将温度、压力变送器整合到一起，可以测量孔板前的流体压力、温度，实现温度压力补偿；可以显示瞬时流量、累积流量，直接指示流体的质量流量。一体式差压流量计如图 2-2-7 所示。

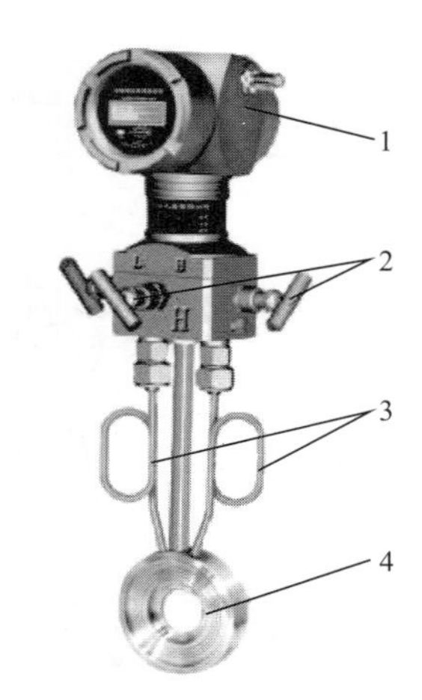

图 2-2-7 一体式差压流量计

1—变送器；2—三阀组；3—导压管；4—节流装置

必须引起注意的是，差压式流量计不仅需要合理的选型、准确的设计和精密的加工制造，更要注意正确的安装与维护，满足要求的使用条件，才能保证流量计有较高的测量精度。差压式流量计如果设计、安装、使用等各环节均符合规定的技术要求，则其测量误差应在 1%～2%范围以内。然而在实际工作中，往往由于安装质量、使用条件等造成附加误差，使得实际测量误差远远超出此范围，因此正确安装和使用是保证其测量精度的重要因素。

① 应保证节流元件前端面与管道轴线垂直，不垂直度不得超过±1°。

② 应保证节流元件的开孔与管道同心，不同心度不得超过 $0.015D(D/d-1)$。

③ 节流元件与法兰、夹紧环之间的密封垫片，在夹紧后不得凸入管道内壁。

④ 节流元件的安装方向不得装反，节流元件前后常以“＋”“－”标记。装反后虽然也有差压值，但其误差无法估算。

⑤ 节流装置前后应保证要求长度的直管段。直管段长度应根据现场情况，按国家标准规定确定最小直管段长度。

⑥ 引压管路应按最短距离敷设，一般总长度不超过 50m，最好在 16m 以内。管径不得小于 6mm，一般为 10～18mm。

⑦ 取压位置对不同检测介质有不同的要求。测量液体时，取压点在节流装置中心水平线下方；测量气体时，取压点在节流装置上方；测量蒸汽时，取压点从节流装置的中心水平位置引出。

⑧ 引压管沿水平方向敷设时，应有大于 1∶10 的倾斜度，以便排出气体（对液体介质）或凝液（对气体介质）。

⑨ 引压管应带有切断阀、排污阀、集气器、集液器、凝液器等必要的附件，以备与被测管路隔离维修和冲洗排污之用。测量液体、气体及蒸汽介质时，常用的安装方案如图 2-2-8 所示，切断阀、排污阀、集气器、集液器、凝液器等如图 2-2-9 和图 2-2-10 所示。如被测介质有腐蚀性时应在引压管上加隔离罐，如图 2-2-11 所示。

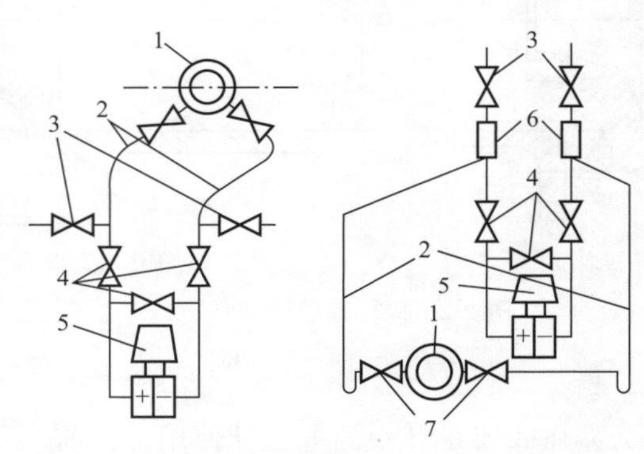

图 2-2-8 测量液体流量时的连接图

1—节流装置；2—引压管管路；3—放空阀；4—三阀组；5—差压变速器；6—储气罐；7—切断阀

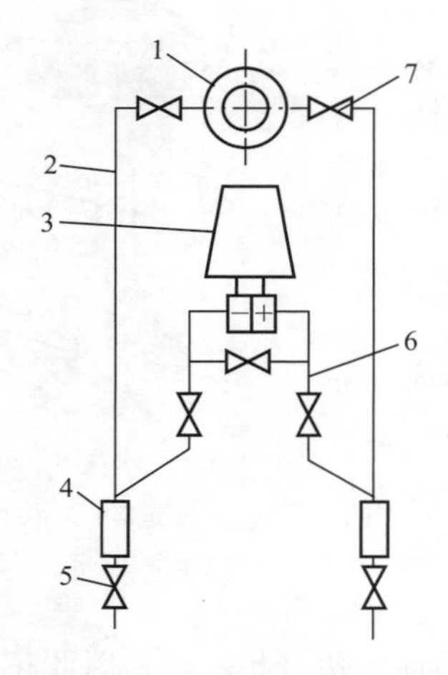

图 2-2-9 测量气体流量时的连接图

1—节流装置；2—引压管路；3—差压变速器；4—储液器；5—排放阀；6—三阀组；7—切断阀

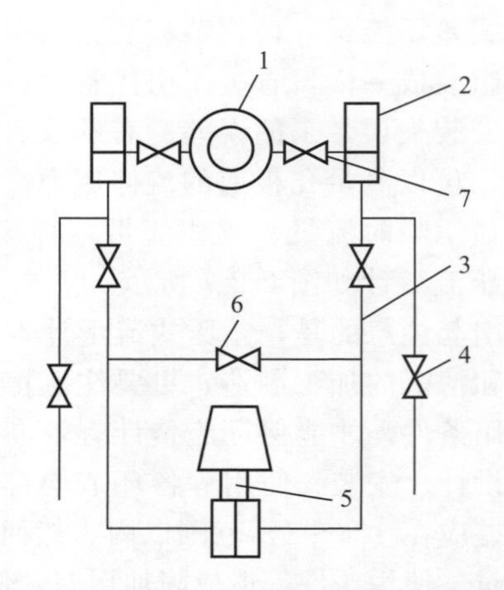

图 2-2-10 测量蒸汽流量时的连接图

1—节流装置；2—凝液器；3—引压管；4—排放阀；5—差压变速器；6—三阀组；7—切断阀

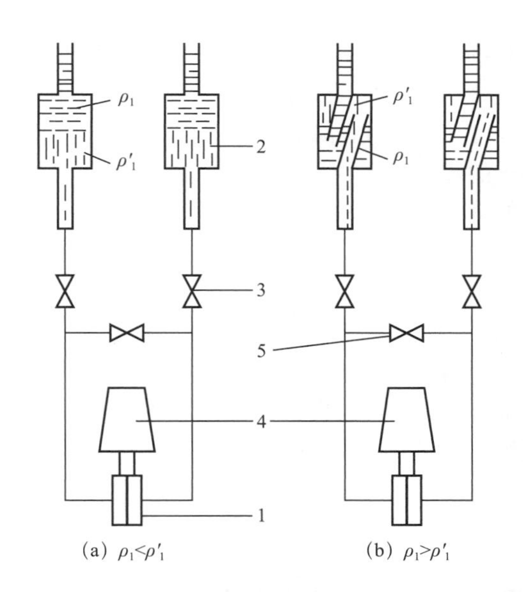

图 2-2-11 测量有腐蚀性液体流量时的连接图

1—节流装置；2—隔腐器；3—三阀组；

4—差压变速器；5—切断阀

⑩ 如果引压管路中介质有凝固或冻结的可能，则应沿引压管路进行保温或增加拌热。

三、转子流量计

转子流量计

大部分流量计对于小管径、低雷诺数流体的测量精度不高。差压式流量计受原理、结构等方面条件的限制，无法用于管径小于 50mm、低雷诺数流体的流量测量。而转子流量计则特别适合于测量管径 50mm 以下管道的小流量测量，最小口径可以做到 1.5～4mm。

1. 测量原理

转子流量计基本上由两个部分组成，一根自下而上逐渐扩大的垂直锥形管，和一个置于锥形管内、随流体流量大小可上下自由移动的转子，如图 2-2-12 所示。图中，h 为转子起升的高度，R 为转子最大迎流面直径，r 为转子下端面直径，ϕ 为锥形管锥度。锥形管通常用玻璃制成，锥形管锥度一般为 4°至 3°。透过锥管和透明介质可以看到其内转子位置。由于转子在流体中随流量变化而上下浮动，这种流量计又被称为浮子流量计。

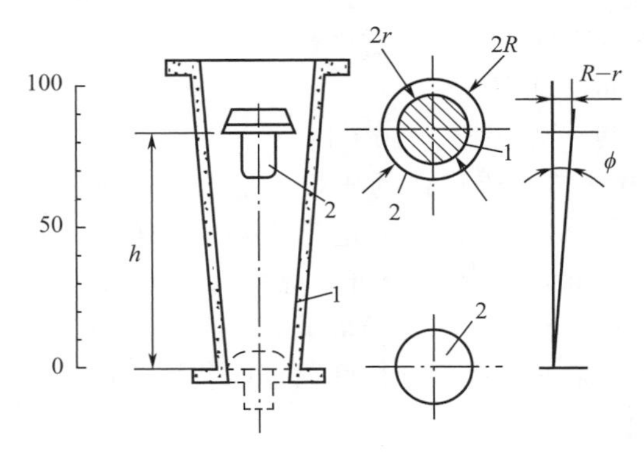

图 2-2-12 转子流量计的原理示意图

1—锥形管；2—转子

转子流量计垂直地安装于测量管路上，被测流体由锥形管下部进入上部流出。当一定流量的流体稳定地流过转子与锥形管之间的环隙时，位于锥形管中的转子会稳定地悬浮在某一高度上指示流量。此时转子主要受到以下几个力的作用而处于平衡状态：转子自身的重力 G，方向向下；流体对转子的浮力 F_1，方向向上；流体对转子的黏滞摩擦力，方向向上；由于转子的节流作用产生的静压差 Δp 的作用力和流体对转子的冲击力（动压力）F_2，其方向向上大小可表示为

$$F_2 = \xi \frac{1}{2}\rho v^2 A_1 \tag{2-2-6}$$

式中，ξ 为阻力系数；ρ 为被测流体密度；v 为流体在转子与锥管间的环形截面上的平均流速；A_1 为转子迎流面的最大横截面积。

转子自身的重力及流体对转子的浮力分别为

$$G = V_r \rho_r g \tag{2-2-7}$$

$$F_1 = V_r \rho g \tag{2-2-8}$$

式中，V_r 为转子的体积；ρ_r 为转子材料的密度；g 为重力加速度。

上述各力在确定的流量下处于平衡状态，若忽略流体对转子的黏滞摩擦力，则

$$G = F_1 + F_2 \tag{2-2-9}$$

转子上的重力 G 和浮力 F_1 均为常数。如果被测流体的流量增大，即流体流经环形流通面积的平均流速 v 增大时，流体作用力 F_2 随之增大，转子受力失去平衡，转子在向上的合力作用下上升。随着转子位置的升高，转子与锥形管间的环形流通面积增大，流体流速逐渐减小，转子受力 F_2 减小。当转子升高到某一高度，使作用在转子上的作用力再次平衡时，转子会在新的位置稳定下来。流量减小时情况相反，转子位置降低。

由式（2-2-6）可以看出，不管转子悬浮于什么位置，当转子受力平衡时 F_2 保持不变，所以流体通过环形流通面积的平均流速 v 是个常数。当流量发生变化时，转子进行位置调整，使流体的流通面积改变，维持流速不变，其转子高度随之变化。因此由转子位置高度即可确定流量大小。

2. 转子流量计的特点

① 适用于小管径和低流速测量。玻璃和金属管转子流量计的最大口径分别为 100mm 和 150mm。

② 可用于低雷诺数流体测量。如果选用对黏度不敏感的转子形状，则临界雷诺数只有几十到几百，这比其他类型流量计的临界雷诺数要低得多。

③ 对上游直管段长度的要求较低。

④ 有较宽的流量范围度，量程比为 10∶1。

⑤ 压力损失较低。玻璃转子流量计的压损一般为 2～3kPa，较高能达到 10kPa 左右；金属管转子流量计一般为 4～9kPa，较高能达到 20kPa 左右。

⑥ 流量计的测量精度受被测流体的密度和黏度等因素影响，所以测量精度不高，多用作直观流动指示或测量精度要求不高的现场指示。一旦实际被测流体的密度和黏度与厂家标定介质的情况不同，就应对流量指示值进行修正，以免给使用带来不便。

四、容积式流量计

容积式流量计测量流量的原理，是让被测流体充满具有固定容积的“计量室”，接着再把这部分流体排出，然后重复不断地进行。所有容积式流量计

其他流量计

内部都要形成计量室空间，这也是容积式流量计的基本结构特点。

鉴于其测量原理的容积性，容积式流量计一般用来计量累积流量。容积式流量计测量的精确度与流体的密度无关，也不受流动状态的影响，因而是流量计中精度最高的一类仪表之一，被广泛应用于石油、化工、涂料、医药、食品以及能源等工业部门的产品总量计量，并常作为标准流量计对其他类型的流量计进行标定。目前，应用较为普遍的容积式流量计有椭圆齿轮式、腰轮式、刮板式、活塞式等。

1. 椭圆齿轮流量计

（1）椭圆齿轮流量计的结构　椭圆齿轮流量计由测量主体、联轴耦合器、表头三部分组成。测量部分由壳体及两个相互啮合的椭圆截面的齿轮构成，如图 2-2-13 所示。在椭圆齿轮与壳体内壁、上、下盖板之间围成一个“月牙”形空腔，就是所谓的“计量室”。

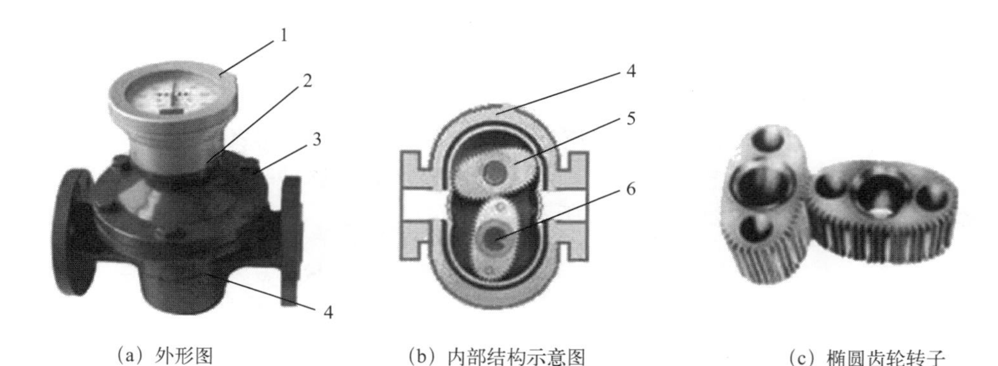

(a) 外形图　(b) 内部结构示意图　(c) 椭圆齿轮转子

图 2-2-13　椭圆齿轮流量计

1—表头；2—联轴耦合器；3—上盖；4—测量主体；5—椭圆齿轮；6—轴

（2）椭圆齿轮流量计的工作原理　如图 2-2-14 所示，流量测量的四个过程分析如下：当流体流经流量计时，因能量损失必有进口流体压力 p_1 大于出口流体压力 p_2，进出口处的压力差能够在椭圆齿轮上产生旋转力矩使之转动，从而不断地把进口处的流体经月牙形空腔计量后送到出口处，椭圆齿轮旋转一周将排出 4 个计量室体积的被测流体。

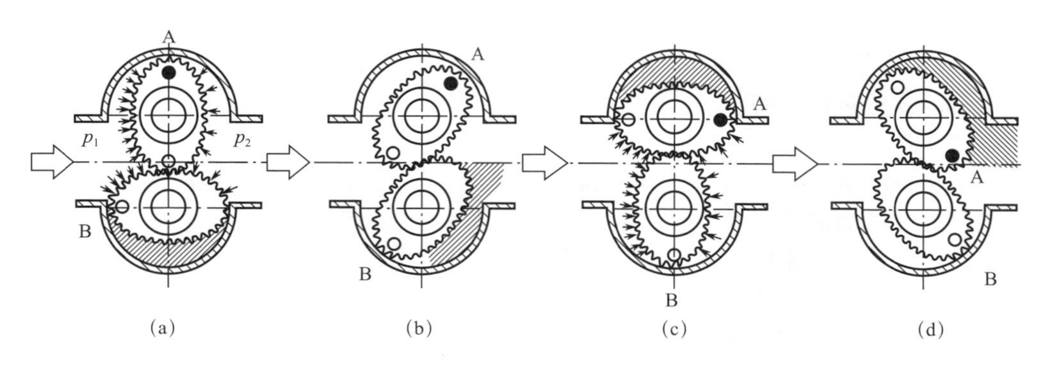

(a)　(b)　(c)　(d)

图 2-2-14　椭圆齿轮流量计的原理

椭圆齿轮流量计和体积流量计计量室容积如图 2-2-15 所示。通过椭圆齿轮流量计的累积流量 V 和体积流量 q_v 为

$$V=4NV_0=4N\left(\frac{1}{2}\pi R^2-\frac{1}{2}\pi ab\right)\delta=2\pi N(R^2-ab)\delta \qquad (2\text{-}2\text{-}10)$$

$$q_v = 4nV_0 = 2\pi n(R^2 - ab)\delta \qquad (2\text{-}2\text{-}11)$$

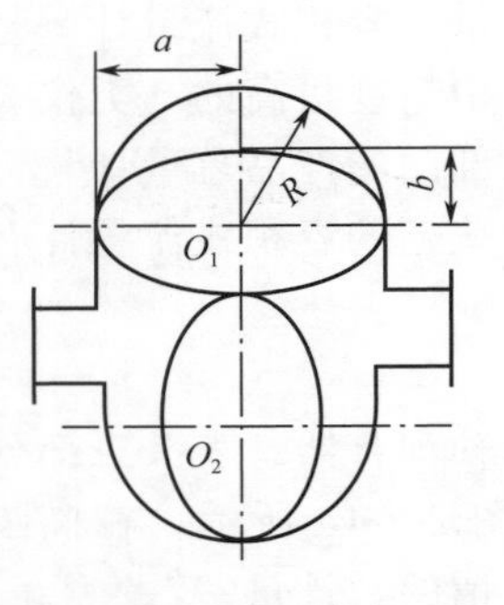

图 2-2-15 椭圆齿轮流量计计量室容积

式中，N 为椭圆齿轮的转数；n 为椭圆齿轮的旋转速度；V_0 为计量室容积；R 为壳体容室的半径；a，b 为椭圆齿轮的长半轴和短半轴；δ 为椭圆齿轮的厚度。

在计量室容积 V_0 一定且已知的条件下，只要测出椭圆齿轮的转速 n，就可以计算出被测流体的体积流量；测出椭圆齿轮的转数 N，就可以计算出被测流体的累积流量 V。

（3）椭圆齿轮流量计的流量指示　椭圆齿轮流量计的流量显示装置，有就地显示和远传显示两种。就地显示是将椭圆齿轮的转动通过磁性密封联轴器和一套传动减速机构传递给机械计数器，直接指示出流经流量计的总量。远传显示是附加发信装置后，再配以电显示仪表，实现远传指示瞬时流量或累积流量。

为了实现流量的远距离集中显示和流量计标定的需要，可以在表头内设置发信装置。将椭圆齿轮转数转换成相应的电脉冲数，远传后由显示仪表对脉冲信号进行累积、计数处理，以显示流体的流量与总量，如图 2-2-16 所示。

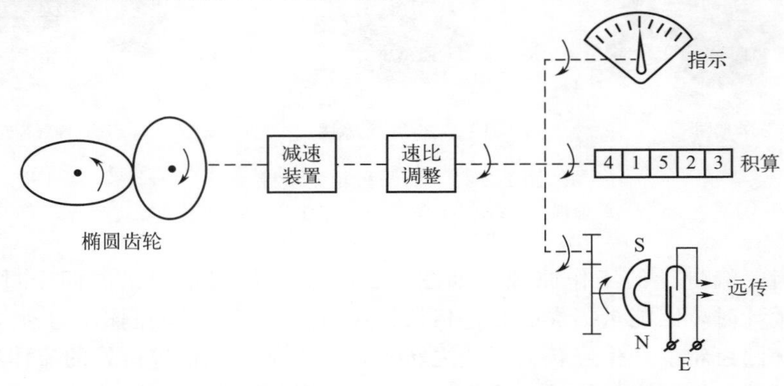

图 2-2-16 椭圆齿轮流量计流量指示原理示意图

2. 容积式流量计安装和使用

（1）容积式流量计安装

① 安装环境的要求。

a. 远离热源，避免高温环境，被测流体的温度不宜过高。一般规定环境温度为－15～40℃，被测介质最高温度一般小于 100℃，高温型不超过 150℃。当距离热源较近时，可采取隔热措施。因为被测流体温度过高，容积式流量计的零件容易发生热膨胀变形，有使转动部件发生卡死、造成断流的可能，所以一般不宜在高温下使用。

b. 尽量避开有腐蚀性气体、多灰尘和潮湿的场所，以防积算器减速齿轮等零部件被腐蚀、锈蚀损坏。

c. 避开有振动和冲击的场所。因为被测流体从仪表中流出是不均匀的，流量计本身就容易产生噪声及振动，管道和环境的振动和冲击很容易使转子等部件损坏。

② 被测流体的要求。

a. 容积式流量计比较适合于高黏度流体（例如重油、聚乙烯醇、树脂等）流量的测量。这是因为流体黏度越大时，产生的泄漏量越小；当被测流体黏度太低时，泄漏量过大，会降低测量精度。

b. 由于转动部件的间隙很小，椭圆齿轮流量计表面有齿啮合，流体中的颗粒杂质等会引起转动部件过早磨损，甚至会造成转子部件卡死，所以要求被测流体尽量洁净。

③ 安装工艺要求。

a. 为了滤除流体中的杂物，表前应安装过滤器，并定期清洗。为了避免液体中的气体进入流量计引起测量误差，表前应安装消气器。

b. 当对流体的流量有控制要求时，应在表后安装流量调节阀。

c. 为了在仪表故障及检修时不断流，必须设置旁通管路。此时需注意在水平管道上安装时，流量计一般安装在主管中，如图 2-2-17（a）所示，而在垂直管道上安装时，为防止垢屑等从管道上方落入流量计，应将其装在旁路管道中，如图 2-2-17（b）所示。当然也可采用流量计并联运行方式，一台流量计出故障时另一台可替换使用。

d. 旁通管路中安装阀门应工作可靠，若旁通阀泄漏，会造成非计量误差。为此旁通管路可由两个阀串联控制，在两个阀间的管路上，设置一个小阀检漏。

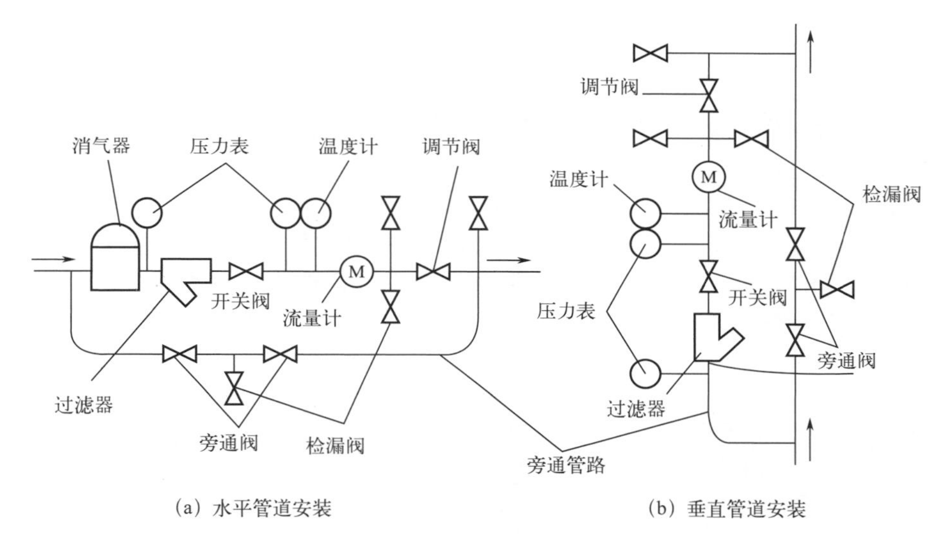

(a) 水平管道安装　　(b) 垂直管道安装

图 2-2-17　容积式流量计的安装

④ 安装配管要求。

a. 安装流量计前，管道必须进行清洗和吹扫，清除焊渣、铁屑等杂物。

b. 容积式流量计对前后直管段没有要求。

c. 容积式流量计通常要求安装在水平管道上，并且应位于管道中的较低位置。只有部分口径较小的容积式流量计允许在垂直管道上安装，流向应自下向上。

d. 连接管道一般应与流量计等径、同轴，不得有凸出物突入管道内。

（2）容积式流量计的常见故障与处理方法

① 常见故障。流量计不走字；表体内的椭圆齿轮卡；表体被冻裂。

② 故障原因分析。

a. 造成流量计不走字的原因有以下几点：椭圆齿轮卡、齿轮组卡、齿轮组排列出错、齿轮之间啮合不上。

b. 造成椭圆齿轮卡的原因有：工艺介质含有杂质（工艺的过滤器损坏造成）、中心轴上的磁轴或石墨环损坏。

c. 造成表体被冻裂的原因有：伴热突然停止，而仪表人员未被及时通知，巡检不及时，未及时发现表冻，造成严重后果。

③ 故障处理。针对流量计不走字，可采取以下措施：定期对齿轮组进行整理，清除齿轮组之间的油污，保证齿轮组啮合正常；同时要保证椭圆齿轮运转正常。找到椭圆齿轮卡的原因后，在处理椭圆齿轮卡时，首先要清理椭圆齿轮间的杂物，保证椭圆齿轮运转灵活，如清理后椭齿流量计还不正常，就要检查中心轴上的磁轴是否完好，石墨环是否有损坏，如有损坏，应及时更换。

由于椭圆齿轮流量计的工作环境是在室外，冬季运行面临天气寒冷的问题，所以在冬季，巡检的及时性尤为重要，要保证仪表伴热运行良好，仪表才能平稳运行。及时发现伴热不良的问题，及时解决，如装置蒸汽停了，应及时打开流量计的伴热放空阀，当蒸汽来时应及时把伴热投上，并要检查伴热是否有泄漏。

五、漩涡流量计

管道流量定值控制实训

漩涡流量计是基于流体振荡原理工作的，在一定的流动条件下，部分流体产生振动，且振动频率与流体流量成正比关系，将该振动频率信号输出，经转换就可得到被测流量。流量计无机械可动部件，安装维护方便，运行费用低，所以该测量方法越来越受到人们的重视。

漩涡流量计按工作原理可分为流体自然振荡型和流体强迫振荡型两种，前者称为涡街流量计，后者称为旋进漩涡流量计。

1. 涡街流量计的测量原理

在流体中垂直于流向放置一根非流线形柱状物体（如圆柱、三角柱或T形柱等）作为漩涡发生体，当流体流速足够大时，流体会在漩涡发生体的下游两侧交替产生如图 2-2-18 所示的旋转方向相反的漩涡，像这样两列平行的不对称的交替漩涡列称为卡门涡街。

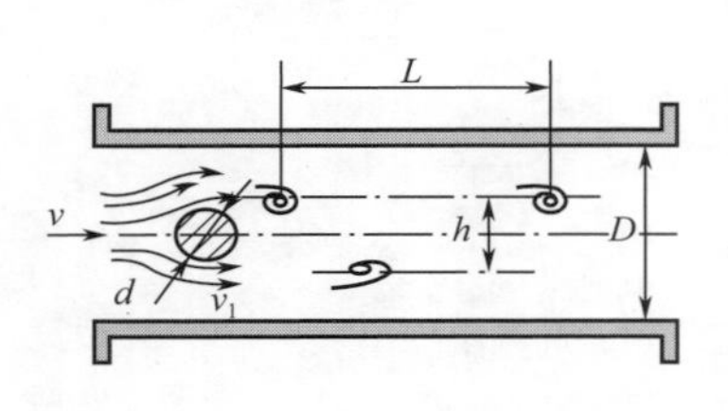

图 2-2-18 卡门涡街原理

由于漩涡之间相互影响，漩涡列一般是不稳定的。实验证明，当两列漩涡之间的距离 h 与同列的两个漩涡之间的距离 L 满足 $h/L=0.281$ 的关系时，卡门涡街才是稳定的。此时所产生的单列漩涡的频率 f 和漩涡发生体两侧流体的平均速度及漩涡发生体的宽度 d 之间存在如下关系

$$f=Sr\frac{v_1}{d} \tag{2-2-12}$$

式中，v_1 为漩涡发生体两侧流体的平均流速，m/s；d 为漩涡发生体迎流面最大宽度，m；f 为单列漩涡的频率，即单位时间内产生的单列漩涡的个数，Hz；Sr 为斯特劳哈尔数。

斯特劳哈尔数 Sr 是一个无量纲数。当漩涡发生体几何形状确定时，Sr 随雷诺数而变。只要管道内流体的雷诺数 Re 保持在 $2\times10^4\sim7\times10^6$ 范围内，Sr 便保持为一个常数，三角柱的 $Sr=0.16$，圆柱体的 $Sr=0.20$。

如果管道内径为 D，管道截面积为 A、漩涡发生体两侧弓形截面积为 A_1，流体在管道内的平均流速为 v，对于直径为 d 的圆柱形漩涡发生体有

$$\frac{A_1}{A}=1-\frac{2}{\pi}\left[\frac{d}{D}\left(\frac{d}{D}\right)^2+\arcsin\frac{d}{D}\right]$$

当 $d/D<0.3$ 时，可近似认为

$$\frac{A_1}{A} \approx 1 - 1.25\frac{d}{D}$$

根据流体连续性定律，有

$$q_v = A_v = A_1V_1 = \frac{\pi D^2}{4}\left(1 - 1.25\frac{d}{D}\right)\frac{fd}{Sr} = \frac{f}{K} \tag{2-2-13}$$

式中，K 为流量系数，也称仪表系数。$K = \left\{\frac{\pi D^2}{4}\left(1 - 1.25\frac{d}{D}\right)\frac{d}{Sr}\right\}^{-1}$ 表明管道尺寸和漩涡发生体尺寸一定，且流体雷诺数 Re 在一定范围内时，K 为一常数。其物理意义是流过每立方米体积流量产生的涡街脉冲数，此系数是仪表在出厂前经实验标定得出的。该仪表系数不受流体的压力、温度、黏度、密度、成分的影响，用水标定的仪表用于空气，仪表系数仅相差 0.5%，误差不是很明显。

2. 涡街流量计的结构

涡街流量计通常由检测器（也称传感器）和转换器组成，通常下部为检测器，上部为转换器。

图 2-2-19 所示为一体式涡街流量计，具有结构简单、安装容易、价格较低、使用维护方便等特点。有的将检测器与转换器分开安装。分离型流量计用于远程观察流量计读数，并需要就地显示的场合，适用于介质温度较高（>180℃）环境恶劣的场合。检测器包括漩涡发生体、检测元件、壳体等。转换器包括前置放大器、滤波整形电路、信号处理电路等。漩涡发生体是涡街流量计的关键部件，一般采用不锈钢材料，仪表的流量特性（仪表系数、线性度、范围度等）和阻力特性（压力损失）都与它密切相关。漩涡发生体，按柱形分，可分为有圆柱、三角柱、梯形柱、T 形柱、矩形柱等；按结构分，可分为单体和多体。图 2-2-20 所示为常见的漩涡发生体的截面形状，流体流动方向自左向右。

图 2-2-19　一体式涡街流量计

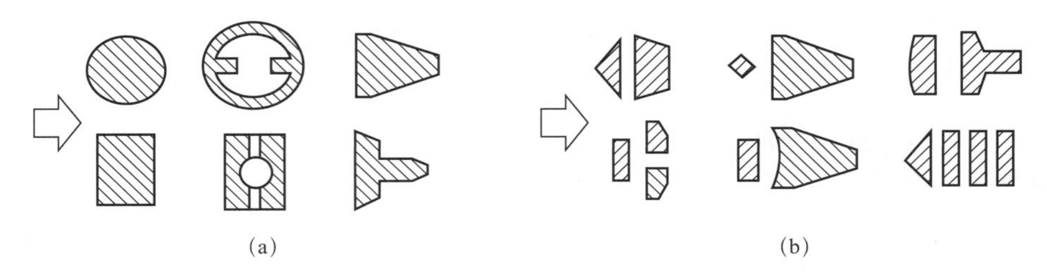

图 2-2-20　漩涡发生体基本形状

单体三角柱形漩涡发生体是应用最广泛的一种。多体漩涡发生体由主发生体和辅助发生体组成，位于上游的发生体起分流和起漩作用，位于下游的发生体可起到提高涡街强度和稳定漩涡的作用。检测元件大都安装在下游发生体内。

3. 漩涡频率的检测

漩涡频率信号 f 的检测方法有热敏式、差压式、超声波式、应变式等多种。

如图 2-2-21 所示，当漩涡发生体的右上方出现漩涡时，根据能量守恒原理，由于漩涡的反向回流，其他部分必然要产生与漩涡旋转方向相反的旋转运动——逆环流。逆环流与流体绕流流速叠加，造成漩涡一侧平均流速降低，静压升高，另一侧流速增高，静压降低。于

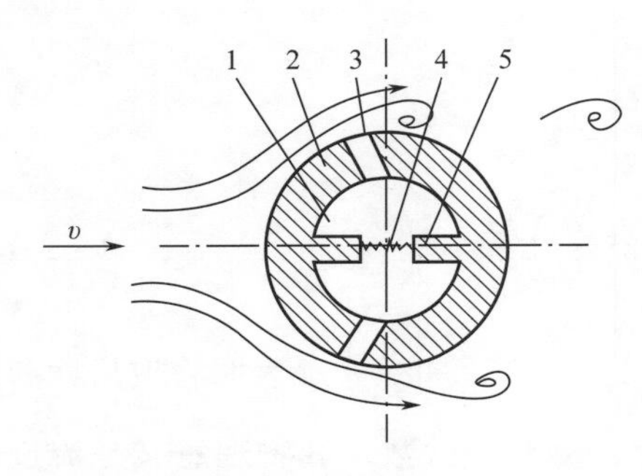

图 2-2-21 漩涡与逆环流

1—漩涡发生体；2—漩涡发生体外壁；3—侧面开孔；4—电热丝；5—漩涡发生体内腔

是在漩涡发生体两侧产生静压差，使漩涡发生体受到与流速方向相垂直的由上向下的力；当漩涡发生体的右下方有逆时针方向漩涡出现时，则环流方向相反，结果漩涡发生体受到由下向上的力。这种由逆环流产生的作用力称为茹科夫斯基升力。总之，伴随着漩涡发生体两侧交替产生漩涡，漩涡发生体就会周期性地受到方向相反的两个茹科夫斯基升力的交替作用，漩涡发生体周围流体还会同步发生流速及压力的变化。依据这些现象通过采用热学、力学、声学等方法，即可进行漩涡分离频率的测量。

4. 涡街流量计的转换器

由于检测元件检测到的电信号既微弱又含有不同成分的噪声，所以必须经过转换器对该信号进行放大、滤波、整形等处理，才能输出与流量成比例的脉冲信号。对于流量显示仪，还需转换成 4～20mA 的标准电信号。

普通涡街流量计转换器的原理框图如图 2-2-22 所示。

不同检测方式其滤波、整形 D/A（F/I）转换电路基本相同，只是配备的前置放大器不同，例如热敏式需配恒流放大器、超声式需配选频放大器、应力式需配电荷放大器等。

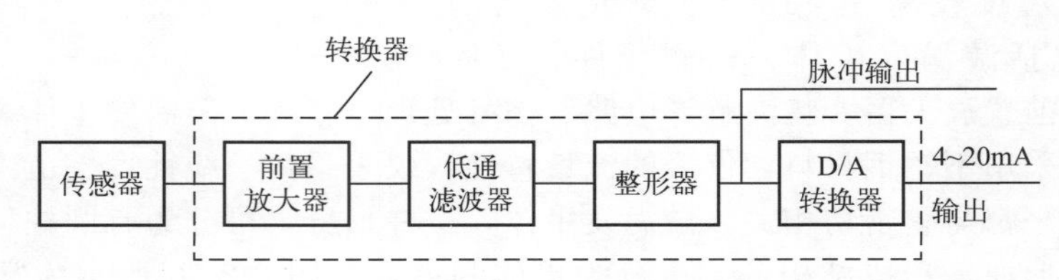

图 2-2-22 转换器的原理框图

智能漩涡流量变送器，其检测元件产生的电脉冲信号经抗干扰滤波、模/数转换后，送入数字式跟踪滤波器。它能跟踪漩涡频率（不能突变），对噪声信号进行抑制，使滤波后的数字信号正确地反映流量值。微处理器接收到跟踪滤波器的数字信号后，一方面经数/模转换输出 4～20mA，另一方面可从数字通信模块将 HART 通信数字编码脉冲信号叠加在直流信号上送往现场通信器。

变送器本身所带的显示器也由微处理器提供信息，显示以工程单位表示的流量值及组态状况。现场通信器的组态结果存入 EEPROM 中，在意外停电后仍然保持记忆，一旦恢复供电，变送器就立即按已设定的工作方式投入运行。以上措施和智能压力变送器大致相同。

5. 漩涡流量计的特点及应用

（1）漩涡流量计的特点　漩涡流量计中用得最多的是涡街流量计，广泛应用于石油、化工、轻工、动力供热等行业。总体来说，涡街流量计一般用于 $\varphi>150$mm 管道中的气体或液体流量的测量，其压力损失不大。但它只能测得局部漩涡的速度，因此测量精度相对低些，并且对仪表前后直管段的安装要求较高。

旋进漩涡流量计通过强制制造漩涡，测量整个漩涡的中心速度，所以测量精度较高，并且抗干扰能力强，对仪表前后直管段的长度要求低，近几年在天然气行业中得到了广泛的应用。旋进漩涡流量计从原理上讲能用于气体和液体的测量，但因它的压力损失较大，是涡街的 3～5 倍，一般仅用于 $\varphi150$mm 以下管道的气体流量测量。

(2) 流量计的安装

① 尽量避开强振动环境。流量计对管道机械振动较敏感，特别是管道的横向振动，会对漩涡的形成产生较大影响，降低仪表测量精度。如现场不能避免有振动，则需采取减振措施，如可在上游 $2D$ 附近加装管道支撑架，或在满足直管段要求的前提下，加挠性管过渡等。

② 流体中固体颗粒及杂质容易使漩涡发生体磨损或沉淀、结垢，改变漩涡发生体的形状和尺寸，影响到测量精度，因此需在流量计前安装过滤器以滤除杂质。

③ 流量计应设置旁通管路，以便不断流检修、清洗传感器。

④ 安装时必须根据流量计前阻流件（如阀门、弯头等）的形式确定直管段长度，以确保产生漩涡的必要流动条件。一般规定在涡街流量计前面至少要有 $15D$～$25D$ 长，后面要有 $3D$ 长的直管段长度。旋进漩涡流量计前面有 $3D$、后有 $1D$ 长度的直管段即可。

⑤ 流量计允许安装在水平、垂直或倾斜的管道上，但测量液体时，必须保证管道为满管流动。在垂直管道上安装时，流体流向必须是自下而上。测量气、液两相流时，最好垂直安装。

⑥流量计与管道的连接，管道内径应与流量计的内径一致或略大。管道、流量计必须安装同心，并防止密封垫片突出到管道中，否则会造成测量误差。

⑦ 若要在流量计附近安装温度计和压力计，则测温点、测压点均应安装在流量计的下游 $5D$～$8D$ 处。

⑧流量计接线时信号电缆应尽可能远离电力电缆线，信号传输线采用三芯屏蔽线，并应尽量单独穿在金属套管内敷设。电缆屏蔽层应遵循"一点接地"原则可靠接地，接地电阻应小于 10Ω。流量计应在传感器侧接地。

(3) 流量计的使用

① 被测流体的物理参数（如流速、黏度、压力等）必须符合流量计的使用范围。例如测量气体时流速范围为 4～60m/s，测量液体时流速范围是 0.38～7m/s，测量蒸汽时流速范围不超过 70m/s。

② 敏感元件要保持清洁，经常吹洗，防止检测元件被沾污后影响到测量精度。

③ 因为旋进漩涡流量计主要用来测量气体或蒸汽的流量，所以需要温度和压力补偿。

④ 投入运行时，应缓慢开启流量计的上、下游阀门，以免瞬间气流过急而冲坏起旋器。

六、质量流量计

目前在油田、化工和炼油生产过程中所用的流量仪表，所能直接测得的多是体积流量。但是，在工业生产中，在进行产量计量交接、经济核算和产品储存时需要直接测量介质的质量，而不是体积。因此能够用来直接测量质量流量的流量计在近些年得到了迅速发展。

1. 质量流量计的类型

质量流量计可分为如下两大类。

(1) 直接式质量流量计　直接式质量流量计是指其输出信号能直接反映流体的质量流量。直接式质量流量计又可分为差压式、科里奥利式和热式等几种，而其中真正商品化的只有科里奥利质量流量计和热式质量流量计两种，由于其在测量质量流量方面具有高准确度、高重复性和高稳定性的特点，在工业上得到了广泛应用。本书将重点介绍科里奥利质量流量计。

(2) 间接式质量流量计　间接式质量流量计是一种综合测量方法，由多种仪表组成质量流量测量系统。间接式质量流量计又可分为组合式和温度压力补偿式两类。

① 组合式。又称推导式质量流量计，可同时检测流体介质的体积流量值 q_v 和密度 ρ，或与密度有关的参数，然后通过运算单元计算出介质的质量流量信号输出。

② 温度压力补偿式。同时检测流体介质的体积流量和温度、压力值，再根据介质密度

与温度、压力的关系，由运算单元计算得到该状态下介质的密度值，最后计算得到介质的质量流量值输出。

2. 热式质量流量计

热式质量流量计利用流动中的流体与热源之间的热交换与质量流量有关的原理测量流体的质量流量，当前主要用于测量气体的质量流量。热式质量流量计具有无可动部件、压力损失低、精度高、可用于极低气体流量监测和控制等特点。

热式质量流量计主要有以下四种：托马斯流量计、热分布式、浸入式、边界层流量计。

（1）托马斯热式质量流量计　将加热元件和测温元件放入气体管路中与气体直接接触，如图 2-2-23（a）所示。当 $q_m=0$ 时，测量管上、下游的温度分布相对于测量管中心是对称的，上、下游温差 $\Delta T\rightarrow 0$，电桥处于平衡状态。随着气体质量流量的增加，流体将上游的部分热量带给下游，使得上游温度低于下游温度，温差 ΔT 也随之增加。如当 $q_m\rightarrow\infty$ 时，由于流经上、下游的流体都是未来得及被加热的流体，所以温差 $\Delta T\rightarrow 0$。温差 ΔT 与质量流量 q_m 之间的关系如图 2-2-23（b）所示。托马斯流量计只工作在曲线后半段，通过流量计的气体质量流量与前后温差成线性关系

$$q_m=\frac{p_E}{c_P\Delta T} \tag{2-2-14}$$

式中，c_P 为被测气体的定压比热容；p_E 为加热电功率。

由于加热及测量元件与被测流体直接接触，元件易受流体腐蚀和磨损，影响仪表的测量灵敏度和使用寿命，测量高流速、有腐蚀性的流体时受到很大限制。

（2）热分布式质量流量计　热分布式质量流量计属于非接触式流量计。如图 2-2-24 所示，在小口径薄壁测量管的外壁上，对称绕制两个兼作加热元件和测温元件的电阻线圈，并与另外两个电阻组成一直流电桥，由恒流电源供给恒定热量。热分布式质量流量计工作在如图 2-2-23（b）所示曲线的前半段，被测流体质量流量与测量管中上、下游电阻线圈的温差 ΔT 成正比。低流速、微小流量是热分布式流量计工作的前提条件。

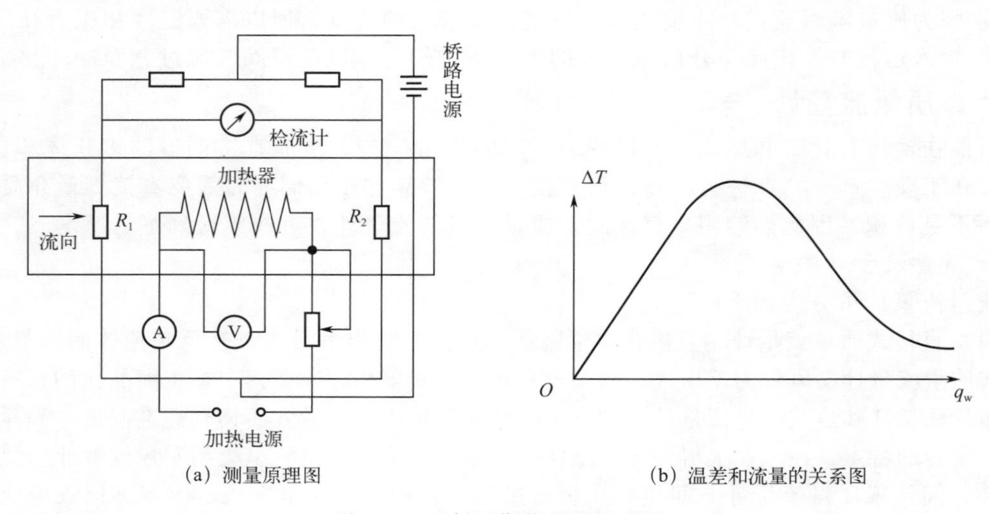

（a）测量原理图　　（b）温差和流量的关系图

图 2-2-23　托马斯流量及原理图

3. 科氏力质量流量计

科里奥利质量流量计（简称科氏力质量流量计）是目前发展较快和应用较广的一种质量

流量计，是利用与质量流量成正比的科里奥利力这一原理制成的一种直接式质量流量仪表。

（1）科里奥利力　如图 2-2-25 所示，一根直管以角速度 ω 绕旋转轴匀速旋转，管内通有以匀速 v 沿直管向外流动的流体。对于管内流体微元 dm，相对转动参照系做匀速直线运动。dm 受到惯性离心力和科里奥利惯性力的共同作用，科里奥利惯性力是一种切向力，方向垂直于 v 向上。因为切向方向的真实力只能是直管道施加给它的，流体微元 dm 也一定在切向方向上给直管道施加了一个反作用力 dF_c，该力与科里奥利惯性力大小相同，称为科里奥利力，简称科氏力。

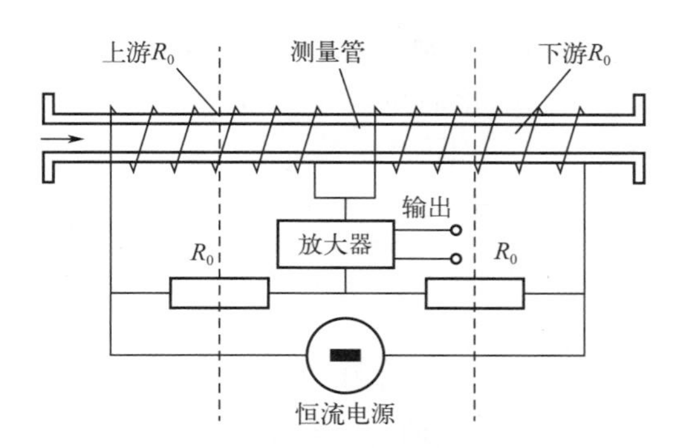

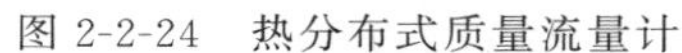
图 2-2-24　热分布式质量流量计

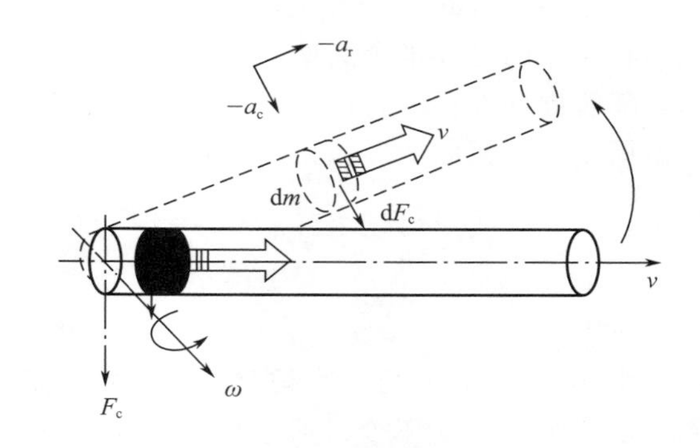

图 2-2-25　科里奥利力

科氏力 dF_c 的方向可由右手螺旋定则判断：大拇指与转轴同轴，四指与转动系旋转方向一致并且是由 dF_c 指向 v。若流向 v 反向，则 dF_c 方向也相反。

若在旋转管道中以匀速 v 流动的流体密度为 ρ，则管道受到流体所施加的科氏力的大小为

$$F_c=\int dF_c=\int_0^L 2\omega v\cdot\rho A\,dL=2\omega v\rho AL=2\omega L\cdot q_m \tag{2-2-15}$$

式中，A 为管道的流通截面积；L 为管道长度；q_m 为质量流量；$q_m=\rho vA$ 。

因此，测量旋转管道中流体产生的科氏力就能测出流体的质量流量。

（2）科氏力流量计的测量原理　不断旋转的管子不能用于实际测量。目前科氏力流量计均是使测量管道在一小段圆弧内做反复摆动，即由双向振动替代单向转动，连接管在没有流量时为平行振动，有流量时就变成反复扭动。利用科氏力构成的质量流量计有直管、弯曲管、单管、双管等多种形式。以单 U 形管结构为例（r 为 U 形管半径），如图 2-2-26 所示，分析它的工作原理。

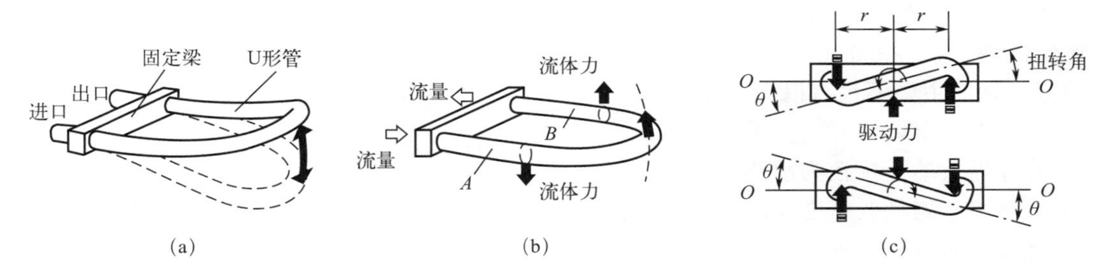

图 2-2-26　U 形管科里奥利力作用原理图

U 形管在外力驱动下，以固有振动频率绕固定梁做上、下振动，频率约为 80Hz ，振幅

接近1mm。当流体流过U形管时，可以认为管内流体一边沿管子轴向流动，一边随测量管绕固定梁正、反交替“转动”，对管子产生科里奥利力。

当流体按图示方向流入、U形管绕固定梁向上“转动”时，对管段A来说，质点是由转轴向外流动，质点的切向速度由零逐渐加大，表明流体质点受到了管子施加的与转动趋势一致的切向力，流体能量增加，其反作用力（科氏力F_c）必与管段转动趋势相反。对管段B来说，流体是从外端流向转轴，质点的切向速度逐渐减小至零，表明流体受到了管子施加的与转动趋势相反的切向力，流体则将能量释放给管子，科氏力F_c与管B转动趋势相同。U形管上A、B段方向相反的科氏力使U形管扭转变形。

2

在振动的另外半个周期，U形管向下“转动”，扭曲方向则相反。如图2-2-26（c）所示，随着周期性振动，U形管受到一方向和大小都随时间变化的扭矩M_c，使测量管绕O-O轴做周期性的扭曲变形。扭转角θ与扭矩M_c及刚度k有关，即

$$M_c=2F_cr=4\omega Lr\cdot q_m=k\cdot\theta \tag{2-2-16}$$

$$q_m=\frac{k}{4\omega Lr}\cdot\theta \tag{2-2-17}$$

由式（2-2-18）可知，被测流体的质量流量q_m与扭转角θ成正比。如果U形管振动频率一定，则ω恒定不变。所以只要在振动中心位置O-O上安装两个光电检测器，测出U形管在振动过程中，测量管通过两侧的光电探头的时间差，就能间接确定θ，即质量流量q_m。

（3）质量流量计的特点　科氏力质量流量计是一种新型的流量测量仪表，其开发始于20世纪50年代初，但直到70年代中期，才由美国高准（MicroMotion）公司首先推向市场。虽然开发成功的时间不长，但却获得了快速的发展，这是由于测量原理的先进性决定了这种科氏力质量流量计具有很大的优越性，表现在以下几个方面。

① 能够直接测量质量流量，仪表的测量精度高，可达到0.2级。从理论上讲，精度只同测量管的几何形状和测量系统的振荡特性有关，与被测介质的温度、压力、密度、电导率等无关。

② 可测量一般介质、含有固形物的浆液，以及含有微量气体的液体，中高压气体，尤其适合测量高黏度甚至难以流动的液体。

③ 不受管内流动状态的影响，对上游侧流体的流速分布也不敏感，因而安装时仪表对上、下游直管段无要求。

④ 测量管虽有微小振动，但可视作非活动件，可靠性高。测量管易于维护和清洗。

⑤ 流量范围宽，量程比可达10∶1到50∶1，有的高达100∶1。

⑥ 可做多参数测量，在测量质量流量的同时，还可获得流体的密度信号，可由质量流量和流体密度计算测量双组分溶液的浓度。如测量含有水分的油，不但给出其总的质量流量，还给出油、水各占的百分比。

该流量计的主要不足有以下几点。

① 零点不稳定，容易发生零点漂移。

② 对外界振动干扰较为敏感。

③ 不能用于测量低密度介质，如低压气体。

④ 有较大的体积和重量，压力损失也较大。

⑤ 价格昂贵，约为同口径电磁流量计的2～5倍或更高。

（4）质量流量计的安装与应用

① 质量流量计的安装注意事项。

a. 检测器部分的安装位置应远离能引起管道振动的设备（如工艺管线上的泵等），检测器两边管道用支座固定，但检测器外壳须为悬空状态，可以有效预防外界振动影响测量。

b. 检测器不能安装在工艺管线的膨胀节附近，要实现无应力安装。防止管道的横向应力，使检测器零点发生变化，影响测量精度。

c. 检测器的安装位置必须远离变压器、大功率电动机等磁场较强的设备。

d. 检测器的安装位置应使管道内流体始终保证充满测量管。

e. 需要时在传感器上游安装过滤器或气体分离器等装置以滤除杂质。

f. 流量计尽可能安装到流体静压较高的位置，以防止发生空穴和气蚀现象。

② 质量流量计的使用注意事项。

a. 检测器在完成最初安装或改变安装状态之后，一定要在现场重新调零。

b. 调零必须在接近工作温度的条件下进行，必须保证检测器完全充满被测流体。如果调零时阀门存在泄漏，将会给整个测量带来很大误差。

c. 测量管内壁有沉积物或结垢会影响测量精确度，因此需要定期清洗。

七、电磁流量计

电磁流量计是在 20 世纪 50～60 年代随着电子技术的发展而迅速发展起来的一种流量测量仪表。

电磁流量计根据电磁感应原理制成，主要用于测量导电液体（如工业污水，各种酸、碱、盐等腐蚀性介质）与浆液（泥浆、矿浆、煤水浆、纸浆及食品浆液等）的体积流量，广泛应用于水利工程给排水、污水处理、石油化工、煤炭、矿冶、造纸、食品、印染等领域。

1. 电磁流量计流量测量原理

根据电磁感应定律，当导体在磁场中做切割磁力线运动时，会在导体两端产生感生电势 $\boldsymbol{E}$，其方向由右手定则确定，其大小与磁场的磁感应强度 $\boldsymbol{B}$、导体切割磁力线的有效长度 L 及导体垂直于磁场的运动速度 $\boldsymbol{v}$ 成正比。如果 $\boldsymbol{B}$、L、$\boldsymbol{v}$ 三者互相垂直，则 $E=BLv$。

如果在磁感应强度为 $\boldsymbol{B}$ 的均匀磁场中，垂直于磁场方向放一个内径为 D 的不导磁管道，当导电液体在管道中以平均流速 $\boldsymbol{v}$ 流动时，导电流体就切割磁力线。如果在管道截面上且垂直于磁场的位置安装一对电极，如图 2-2-27 所示，$\boldsymbol{B}$、D、$\boldsymbol{v}$ 三者互相垂直，可以证明，只要管道内流速为轴对称分布，则在两电极之间产生的感应电动势为

$$E=BDv \tag{2-2-18}$$

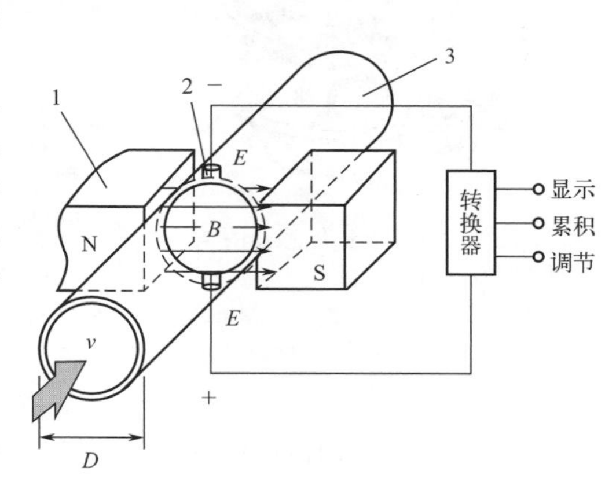

图 2-2-27 电磁流量计的原理
1—磁极；2—检测电极；3—测量管

式中，$\boldsymbol{E}$ 为两电极间的感应电动势，V；$\boldsymbol{B}$ 为磁感应强度，T；D 为测量管内直径，m；$\boldsymbol{v}$ 为导电液体的平均流速，m/s。

由此可知导电液体的瞬时体积流量（m^3/s）为

$$q_v=\frac{\pi D}{4B}E \tag{2-2-19}$$

由式（2-2-19）可知，在测量管结构一定、稳恒磁场条件下，体积流量 q_v 与感应电势 E 成正比，而与流体的物性参数和工作状态无关，因而电磁流量计具有均匀的指示刻度。

2. 电磁流量计的结构类型与特点

（1）电磁流量计的类型　电磁流量计按结构形式可分为一体式和分体式两种，均由电磁流量传感器和转换器两大部分组成。传感器安装在工艺管道上感受流量信号。转换器将传感器送来的感应电势信号进行放大，并转换成标准电信号输出，以便进行流量的显示、记录、累积或控制，如图 2-2-28 所示。

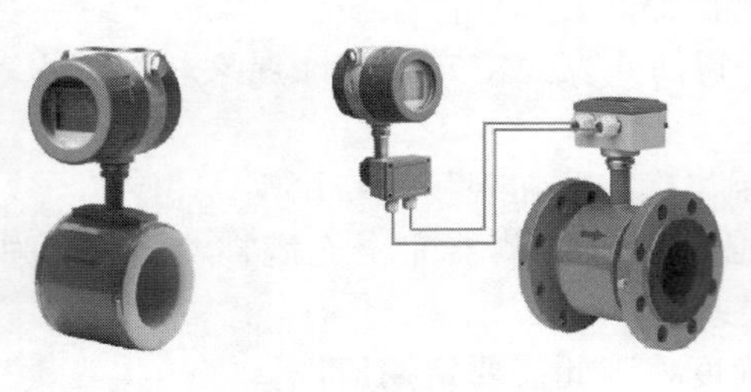

图 2-2-28　电磁流量计

分体式电磁流量计的传感器和转换器分开安装，转换器可远离恶劣的现场环境，仪表调试和参数设置都比较方便。一体式电磁流量计，可就地显示，信号远传，无励磁电缆和信号电缆布线，接线更简单，仪表价格便宜。现场环境条件较好时，一般都选用一体式电磁流量计。

电磁流量传感器主要由测量管组件、磁路系统、电极等部分组成，其典型结构示意图如图 2-2-29 所示。测量管上、下装有励磁线圈，通以励磁电流后产生磁场穿过测量管。一对电极装在测量管内壁与液体相接触，引出感应电势。

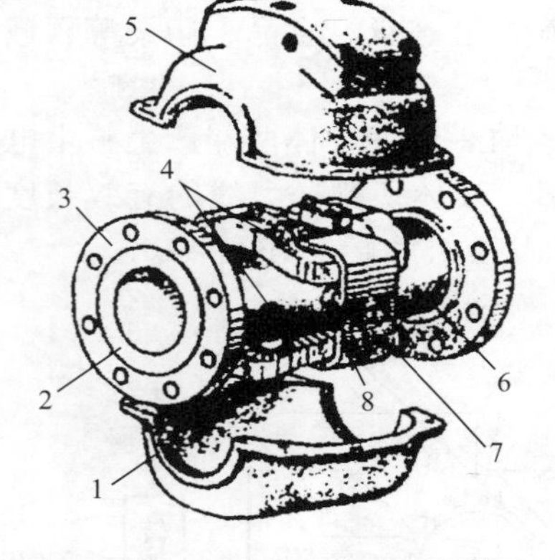

图 2-2-29　电磁流量传感器的结构
1—下盖；2—内衬管；3—连接法兰；4—励磁线圈；5—上盖；6—测量管；7—磁扼；8—电极

（2）电磁流量计的特点

① 电磁流量计的主要优点。

a. 传感器结构简单，测量管内无活动部件及阻流部件，所以测量中几乎没有附加压力损失。运行能耗低，对于要求低阻力损失的大管径供水管道最为适合。

b. 电磁流量计可用于各种导电液体流量的测量，尤其适用于脏污流体、腐蚀性流体及含有纤维、固体颗粒和悬浮物的液固两相流体。

c. 电磁流量计输出信号只与被测流体的平均流速成正比，而与流体的流动状态无关，所以电磁流量计的量程范围宽，其测量范围度可达 100：1，满量程流速范围为 0.3～12m/s。

d. 测量结果不受流体的温度、压力、密度、黏度等物理性质和工况条件变化的影响，因此，电磁流量计只需经水标定后，就可以用来进行其他导电液体流量的测量。

e. 电磁流量计没有机械惯性，所以反应灵敏，可测量正、反两个方向的流量，也可测量瞬时脉动流量。

f. 电磁流量计的口径范围极宽，测量管径从 6mm 一直到 2.2m。

② 电磁流量计的主要缺点。

a. 电磁流量计只能用来测量导电液体的流量，不能用来测量气体、蒸汽，以及含有铁磁性物质或较多、较大气泡的液体的流量；也不能用来测量电导率很低的液体的流量，如石油制品和有机溶剂等介质。

b. 电磁流量计内衬材料和电气绝缘材料的限制，不能用于测量高温液体，一般不能超过 120℃。

c. 通用型电磁流量计不经特殊处理，也不能用于低温介质、负压力的测量。

d. 电磁流量计容易受外界电磁干扰的影响。

3. 电磁流量计的安装与应用

（1）电磁流量计的安装

① 传感器的安装地点应远离大功率电机、大变压器、电焊机、变频器等强磁场设备，以免外部磁场影响传感器的工作磁场。

② 尽量避开强振动环境和强腐蚀性气体的场所，以免造成电极与管道间绝缘的损坏。

③ 对工艺上不允许流量中断的管道，在安装流量计时应加设截止阀和旁通管路，以便仪表维护和对仪表调零。在测量含有沉淀物流体时，为方便今后传感器的清洗可加设清洗管路。

④ 电磁流量传感器上游也要有一定长度的直管段，但其长度与大部分其他流量仪表相比要求较低。从传感器电极中心线开始向外测量，如果上游有弯头、三通、阀门等阻力件时，应有 $5D$～$10D$ 的直管段长度。

⑤ 电磁流量传感器可以水平、垂直或倾斜安装，但要保证测量管与工艺管道同轴，并保证测量管内始终充满液体。水平或倾斜安装时两电极应取左右水平位置，否则下方电极易被沉积物覆盖，上方电极易被气泡绝缘。

⑥ 尽量避免让电磁流量计在负压下使用。因为如测量管处于负压状态，衬里材料容易剥落。

⑦ 传感器的测量管、外壳、引线的屏蔽线，以及传感器两端的管道都必须可靠接地，使液体、传感器和转换器具有相同的零电位，绝不能与其他电器设备的接地线共用，这是电磁流量计的特殊安装要求。

a. 对于一般金属管道，若管道本身接地良好时，接地线可以省略。若为非接地管道，则可用粗铜线进行连接，以保证法兰至法兰和法兰至传感器是连通的，如图 2-2-30（a）所示。

b. 对于非导电的绝缘管道，需要将液体通过接地环接地，如图 2-2-30（b）所示。

c. 对于安装在带有阴极防腐保护管道上的传感器，除了传感器和接地环一起接地外，管道的两法兰之间需用粗铜线绕过传感器相连，即必须与接地线绝缘，使阴极保护电流与传感器之间隔离开来，如图 2-2-30（c）所示。

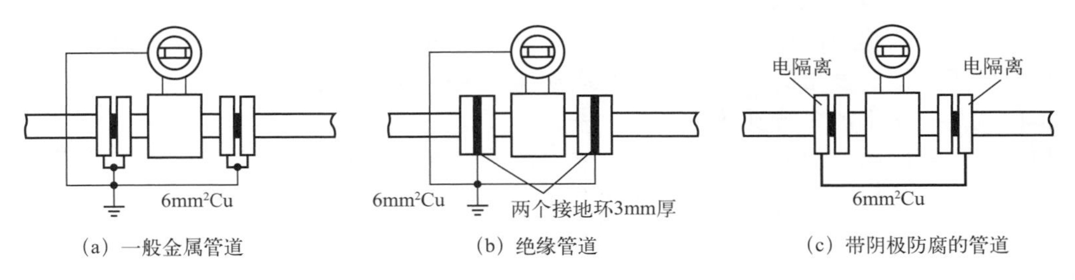

（a）一般金属管道　（b）绝缘管道　（c）带阴极防腐的管道

图 2-2-30　电磁流量计的接地

⑧ 分体式电磁流量计传感器与转换器之间接线，必须用规定的屏蔽电缆，不得使用其他电缆代替。而且信号电缆必须单独穿在接地保护钢管内，与其他电源严格分开。另外，信号电缆和励磁电缆越短越好。

（2）电磁流量计的使用　电磁流量计投入运行时，必须在流体静止状态下做零点调整。正常运行后也要根据被测流体及使用条件定期停流检查零点，定期清除测量管内壁的结垢层。

八、超声波流量计

频率在20000Hz以上的声波叫超声波。超声波流量计是通过检测流体流动时对超声波的作用来测量流体体积流量的一种速度式流量仪表。它从20世纪80年代开始进入我国工业生产和计量领域，近年来随着集成电路技术的迅速发展才得以快速发展。由于超声波流量计是一种非接触式仪表，使用该仪表时不会产生附加阻力和压力损失，仪表的安装及检修均不影响生产的运行，因而是一种理想的节能型流量计。它适于不易接触的流体及大管径的流量测量，尤其是在大口径天然气管道的流量测量上应用越来越多。

1. 超声波流量计的测量原理

超声波流量计测量流量的方法有多种，现在用得最多的是时差式和多普勒式。

(1) 时差式超声波流量计　声波在流体中传播，顺流方向声波的传播速度会增大，逆流方向声波的传播速度则会减小，相同的传播距离在顺流和逆流时会有不同的传播时间。时差式超声波流量计正是利用超声波在流体中顺流和逆流传播的时间差与流体流速成正比这一原理来测量流体流量的，其工作原理如图2-2-31所示。

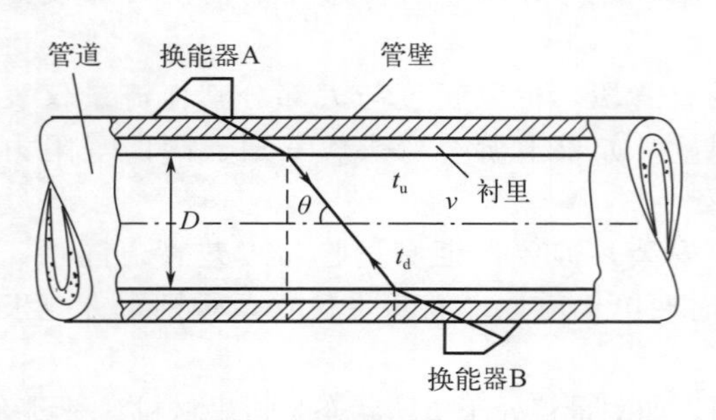

图2-2-31　时差式超声波流量计的原理示意图

因而时差式超声波流量计的流量计算公式可表示为

$$q_v=\frac{\pi D^2}{4k}\frac{D}{\sin 2\theta}\frac{t_d-t_u}{t_d t_u} \tag{2-2-20}$$

式中，k为流速分布修正系数，$k=v/u$；t_u，t_d分别为顺流和逆流超声波传播所用时间；D为管道内径；θ为超声波传播方向和管道水平线夹角。

由于，v为声道上的流体线平均流速，而不是体积流量计算公式需要的整个流通截面上的面平均流速u，二者的差值取决于流速分布状况，所以需要对线平均流速进行修正，才能求得相对准确的流体流量。k值与流体雷诺数有关。

可见，测得流体的顺流和逆流的传播时间，就能得到被测流体流量大小。

(2) 多普勒式超声波流量计　当声源和观察者之间有相对运动时，观察者所感受到的声频率将不同于声源所发出的频率。因相对运动而产生的频率变化（频移）与两物体的相对速度成正比就是声学上的多普勒效应。

如果把发射的超声波入射到流动的流体中，随流体一起运动的颗粒或气泡将其反射到接收器，接收到的反射声波与发射声波之间存在频率差，该频率差正比于流体流速，因此测量频率差即可求得流速，进而求得体积流量。这就是多普勒超声波流量计测量流量的工作原理。

因此，多普勒超声波流量计测量流量的一个必要条件是：被测流体必须是含有一定数量能够反射声波的固体颗粒或气泡等的两相介质，以便获得足够强度的信号使仪表正常工作。这个条件实际上也是它的一大优点，即这种流量测量方法适合于对两相流的测量，这正是其他流量计所难以做到的。

多普勒式超声波流量计的测量原理如图2-2-32所示，ϕ为折射角，c为出射速度。

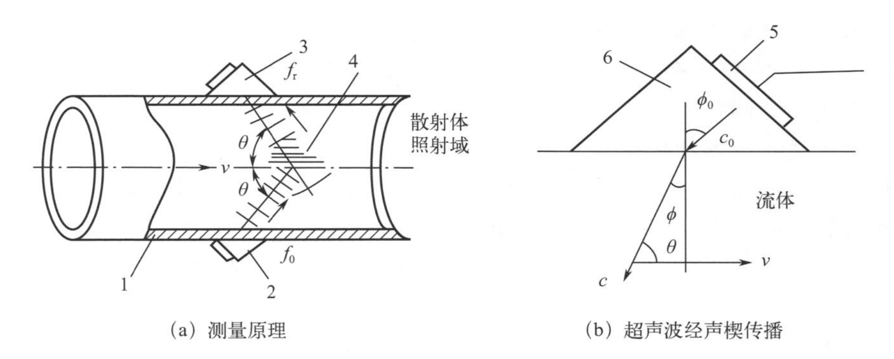

（a）测量原理　　（b）超声波经声楔传播

图 2-2-32　多普勒式流量计的测量原理

1—测量管；2—发射器；3—接收器；4—反射气泡或固体颗粒；5—换能元件；6—声楔

多普勒式超声波流量计的实际流量公式可表示为

$$q_v = \frac{Ac_0}{2\sin\varphi_0 f_0 k} f_d \tag{2-2-21}$$

式中，A 为管道内横截面积；c_0 为入射速度；k 为流速分布修正系数；f_d 为频率差，即发射的频率 f_0 与接收的频率 f_r 之差，$f_d = f_0 - f_r$；φ_0 为流体中的入射角。

由于所测得的多普勒照射域内散射体的流速与管道内流通截面上流体的平均流速在数值上是有差别的，并且也未能反映出管道雷诺数变化对流速分布的影响，所以需在流量方程中引入流速分布修正系数 k。

当管道条件、换能器安装位置、发射频率、声速都确定以后，流体的体积流量与多普勒频移成正比，通过测量频移就可得到流体的流量。

2. 超声波流量计的结构类型、特点及应用

（1）超声波流量计的结构　超声波流量计主要由安装在测量管道上的传感器和转换器组成，传感器和转换器之间由专用信号传输电缆连接。超声波流量计的传感器也称换能器，一般采用压电换能器，由压电元件固定放入声楔中构成。它利用电材料的压电效应，采用发射电路把电能加到发射换能器的压电元件上，使其产生超声波振动。超声波以某一角度射入流体中传播，然后由接收换能器接收，并经压电元件变为电能，供转换器检测、转换及显示。发射换能器利用的是压电元件的逆压电效应，而接收换能器利用的则是压电效应。

超声波流量计有分体式和一体式两种。传感器的安装方式有插入式、外夹式、管段式三种形式，其结构如图 2-2-33 所示。

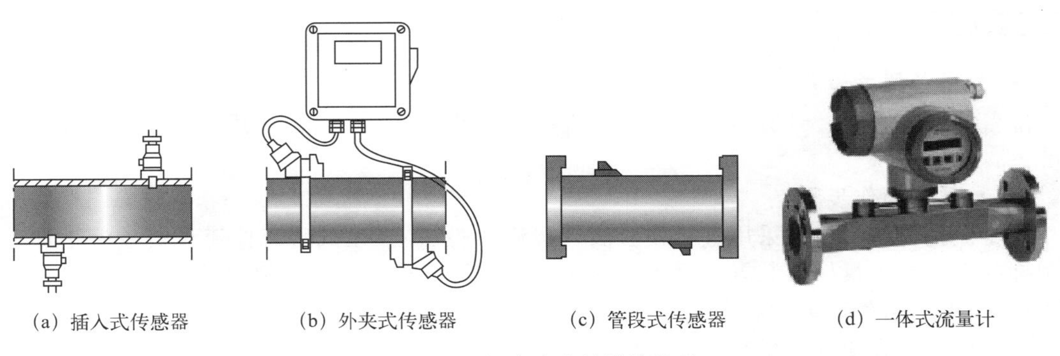

（a）插入式传感器　（b）外夹式传感器　（c）管段式传感器　（d）一体式流量计

图 2-2-33　超声波流量计的类型

安装外夹式传感器无须管道断流，即夹即用，安装简单，使用方便。当遇到管道因材质疏松而导声不良，或锈蚀严重使衬里和管道间有空隙，导致超声波信号衰减严重时，用外夹式传感器就无法正常测量。

管段式超声波传感器把传感器和测量管组成一体，解决了外夹式传感器在测量中的这一难题，而且测量精度高。但因为要切开管道安装传感器从而牺牲了外夹式不断流安装这一优点，并且随着管径的增大，成本也会明显增加。

插入式传感器结合了上述二者的优点，把传感器插入管道内。由于传感器在管道内，其信号的发射和接收只经过被测介质，而不经过管壁和衬里，故测量不受管质和管衬材料的限制，但安装麻烦。通常来说，中小口径选用管段式超声波传感器，大口径选用插入式超声波传感器较为经济。

(2) 超声波流量计的特点

① 无阻挡，无可动易损部件，无额外压力损失，用于大口径流量测量时可降低能耗。

② 外夹式传感器在测量管道外部安装，非接触测量，可用于其他类型仪表所难以测量的强腐蚀性、放射性、高压、高黏度、易燃易爆介质的流量测量问题。仪表造价与管道尺寸无关，理论上管径可不受限制，特别适用于大管径大流量测量，但不能用于管径小于 DN 25mm 的管道。

③ 检测件的维修更换方便，安装和维修时不影响生产。

④ 应用范围广，既可测液体，也可测气体及非导电性流体，优于电磁式流量计。在天然气工业贸易输送、气体分配、调和和控制等各方面广泛使用。

⑤ 测量精度中等，一般为 1.0～1.5 级。若为接触式安装，精度可提高为 0.5 级；非接触安装方式由于管道条件的不确定性，误差可能还要大一些。

⑥ 探头及耦合剂均不耐高温，目前国产超声波流量计只能用于200℃以下流体的流量测量。

⑦ 测量线路复杂，对于中小管道来说，超声波流量计的价格偏高。

(3) 超声波流量计的安装与应用

① 时差式超声波流量计只能用于清洁流体，多普勒式超声波流量计适于测量含有一定数量的颗粒或气泡的流体，但均不可测量脏污太重的流体。

② 传感器的安装对配管、环境的要求与其他流量计相似。

③ 流量计安装、使用时，应使测量管始终能充满流体。

④ 安装外夹式传感器前，应先把管外清理干净，除去铁锈、油漆，涂上耦合剂后将传感器紧贴管壁捆绑固定。

⑤ 使用时要坚持定期校核，定期维护，清理探头。

【任务实施】

(一) 准备相关设备

准备标准秤一台、计数器一台、被校表一部、计量容器一台等，质量法流量标准装置如图 2-2-34 所示。

(二) 具体操作步骤

校验流量计时，一般采用直接校验法（实流校验法）。让试验流体流过被校流量计，同时用标准表（或流量标准装置）测出标准流量，然后比较示值，得到测量误差。

1. 用液体流量计进行校验

(1) 用静态容积（质量）法进行校验

① 用静态容积法进行校验。装置如图 2-2-34 所示，静态容积法是通过计量在一段时间

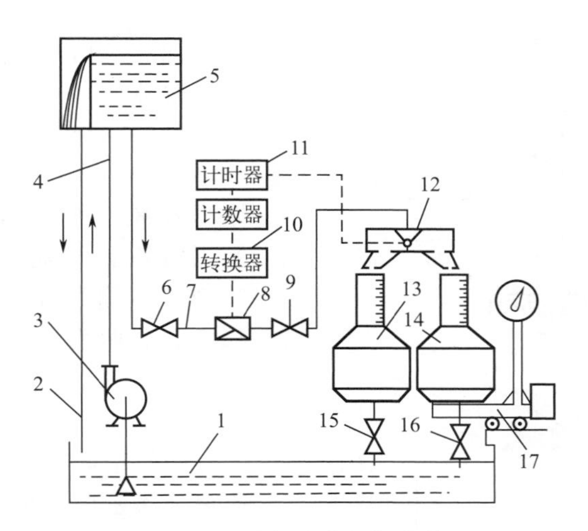

图 2-2-34　质量法流量标准装置

1—水池；2—溢流管；3—水泵；4—进水管；5—高位水塔；6—截止阀；7—直管段；
8—被校流量计；9—调节阀；10—脉冲转换器；11—电子计数器；12—换向器；
13，14—标准量器；15，16—放水底阀；17—标准秤

内流入标准计量容器的流体体积以求得流量。整个校验过程中水塔处于溢流状态，以维持系统压力不变。换向器 12 用来改变液体流向，使水流可以流入标准量器 13 或 14 中。换向器启动时能触发计时器，保证水量和时间的同步计量。

校验流量计时，待流量稳定后，迅速启动换向器，将水流由标准量器 14 切换到标准量器 13，在换向器动作的同时启动计时器计时、被校流量计的脉冲计数器计数。当达到预定的水量时，操作换向器，使水流切换到标准量器 14 上。记录标准量器 13 所收集的水量 V_t、计时器显示的测量时间 T 和脉冲计数器显示的脉冲数（或被校流量计的流量指示值），计算校验标准流量

$$q_{v0}=\frac{V_t}{T}$$

② 用静态质量法进行校验。装置如图 2-2-35 所示，开始校验时，换向器 12 使水流入标准量器 13 并立即排走，这时确定称量容器的初始质量 M_0。用调节阀 9 调节流量至稳定后，启动换向器，将液流迅速切换到标准量器 14。在换向器动作的同时，启动计时器计时和被校流量计 8 的脉冲计数器计数。当达到预定水量时，将换向器换回到 13。由所称总质量 M、计时器时间 T 计算校验标准流量。

$$q_{v0}=\frac{M-M_0}{\rho_w T}(1+\varepsilon)$$

式中，ε 为空气浮力修正系数；ρ_w 为水的密度。

静态质量法流量标准装置是精度最高的流量标准装置。装置的精确度一般可达（0.05～0.1）%。

（2）用动态容积（质量）法进行校验　动态法流量校验不用换向器切换流动方向。如图 2-2-35 所示，在计量容器 3 的上下两端缩径处设置液位开关 2 和 4，同步控制计时器和被校流量计流量积算器（计数器）的启停。校验时首先进入缓冲容器 5，通过调节阀控制校验流量。流量稳定后，液流从下到上进入计量容器 3，当液位到达下液位开关 4 时，发出启动信号，开始计时、计数。直到液位到达上液位开关 2 时，发出停止信号，停止计

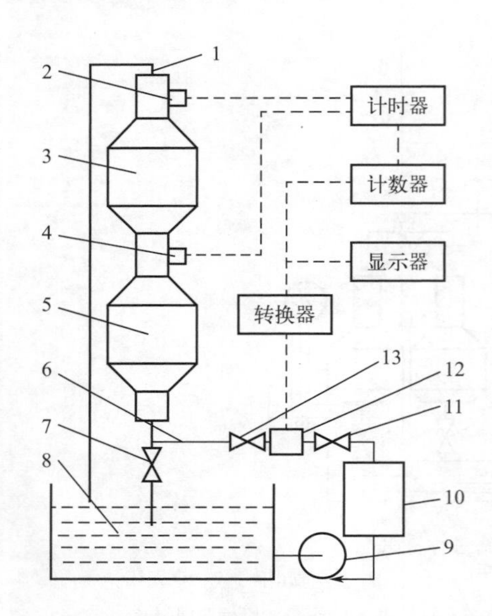

图 2-2-35 动态容积法流量标准装置

1—溢流管；2—上液位开关；3—计量容器；4—下液位开关；5—缓冲容器；6—连接管；7—截止阀；8—水池；9—水泵；10—稳压容器；11—截止阀；12—被校表；13—调节阀

时、计数。由计量容器 3 的标准体积 V_0 和计时器显示的测量时间 T 即可确定标准流量的大小。

（3）用标准体积管进行校验 标准体积管是校验流量计的一种标定装置，标准体积管按隔离件的结构有球型、活塞型。不同的标准体积管，结构上都有基准管、收发机构、标定球（活塞）、检测开关等部件，各体积管还有自己的特殊结构。

（4）用标准流量计法进行校验 标准流量计法是用精确度高一等级的标准流量计与被校验流量仪表串联，让流体同时通过标准表和被校表，比较两者的示值以达到校验或标定的目的。常用的标准流量计有涡轮流量计，容积式流量计、科里奥利质量流量计等。由于标准表特性随时间而变化，因此要定期校验复核标准表的精确度和稳定性。

2. 用气体流量计进行校验

（1）用钟罩法进行校验 钟罩式气体流量标准装置结构主要由钟罩、液槽、平衡锤和补偿机构组成，如图 2-2-36 所示。以经过标定的钟罩有效容积为标准容积的计量仪器。当钟罩下降时，钟罩内的气体经实验管排往被校表。每次校验中，气体以恒定流量排出钟罩，钟罩内的压力恒定。在测量时间 t 内钟罩排出的气体体积为 V_s，则经过被校流量计的标准体积流量为

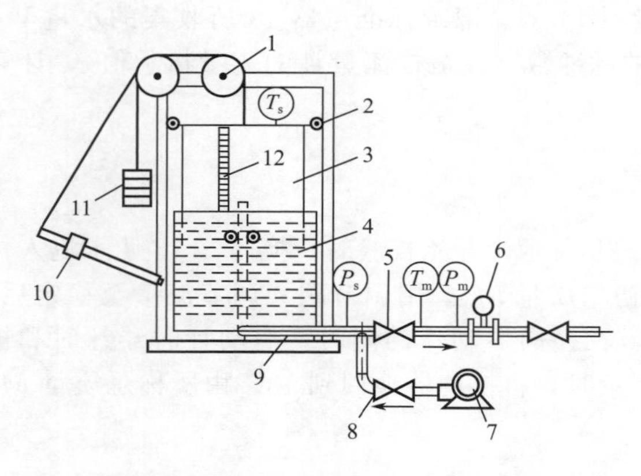

图 2-2-36 钟罩式气体流量标准装置

1—滑轮；2—导轮；3—钟罩；4—液槽；5—调节阀；6—被校流量计；7—风机；8—截止阀；9—实验管；10—补偿机构；11—平衡锤；12—标尺

$$q_{vm}=\frac{V_s P_s T_m Z_m}{tP_m T_s Z_s}$$

式中，P_s、T_s、Z_s 分别为钟罩处的绝对压力、绝对温度及压缩系数；P_m、T_m、Z_m 分别为流量计前的绝对压力、绝对温度及压缩系数。

将 q_{vm} 与被校流量计的显示值 q_v 比较，可计算出被校流量计示值相对误差。

（2）用标准流量计法进行校验 标准流量计法是利用精度较高的流量计的示值作为标准流量，校验被校流量计。可用作标准表的流量装置有音速喷嘴、涡轮流量计、容积式流量计等。

（三）任务报告

按照以下要求填写实训报告。

实训报告

1. 将所有原始数据及计算结果列成表格，并取其中一组并列出计算过程。

2. 计算出被校流量计的误差。

3. 标出被校流量计的现有的等级。

4. 讨论实验结果。

【任务评价】

任务评价以自我评价和教师评价相结合的方式进行，指导教师根据任务评价和学生学习成果进行综合评价，并将结果填写于表 2-2-1 中。

表 2-2-1 流量检测评价表

班级： 第（ ）小组 姓名： 时间：

评价模块	评价内容	分值/分	自我评价	教师评价	综合得分
理论知识	1. 了解流量概念与压力单位、流量测量仪表的分类	10			
	2. 掌握差压式流量计的原理	5			
	3. 掌握速度式流量计、容积式流量计、质量式流量计的原理及应用	15			
操作技能	1. 能对流量检测仪表进行正确的安装	25			
	2. 能正确进行流量检测仪表的校验	25			
职业素养	1. 场地清洁、安全，工具、设备和材料的使用得当	10			
	2. 团队合作与个人防护	10			
总分（自我评价×40%＋教师评价×60%）					
综合评价： 导师或师傅签字：					

任务三 物位检测

学习目标

1. 掌握物位检测的概念。
2. 掌握物位仪表的分类。
3. 掌握常用物位计的原理及应用。
4. 了解智能调节仪 AI-519AX3S-24VDC 的使用方法。
5. 通过实验熟悉单回路反馈控制系统的组成和工作原理。
6. 培养责任意识和团结合作的精神。

案例导入

物位测量与安全生产关系十分密切。例如合成氨生产中铜洗塔塔底的液位高低，是一个非常重要的安全因素。当液位过高时，精炼气就有带液的危险，会导致合成塔触媒中毒而影响生产；反之，当液位过低时，会失去液封作用，导致高压气冲入再生系统，造成严重事故。再如，油田原油电脱水器油水界面的过高或过低，不但影响脱水效果，甚至会造成电极水淹，酿成事故。炼油工艺中精馏塔中的液位也是影响生产的关键参数。因此工业生产中十分重视物位的测量。

问题与讨论：

日常生活中有哪些需要物位检测控制的场景？它们用了什么方法？

【知识链接】

一、物位测量的概念及特点

物位检测概述

1. 物位测量的概念

物位是指存放在容器或工业设备中物料的位置和高度，包括液位、界位和料位。液位、界位及料位的测量统称为物位测量。

(1) 液位测量　液体介质的液面（气液分界面）高度称为液位。常见于测量储存于各种罐、塔、槽、井中的液体以及江、湖、水库的水位等。

(2) 界位测量　两种密度不同且互不相溶的液体的分界面称为界位。常见于储罐、分馏塔、分离器中油水界面的位置或两种不同化工液体的分界面测量。

(3) 料位测量　固体粉末或颗粒状物质的堆积高度称为料位。常见于测量料斗、罐、堆场、仓库等处的水泥、滤料、粮食、污泥等固体颗粒、粉料等的堆积高度或表面位置。

2. 物位测量的特点

物位反映的是物料的堆积高度，具有实体感及直观性，且变化比较缓慢。可以用能感知物料存在与否的方法、测定长度的方法、测静压的方法等进行物位的测量、报警与检测。

在确定物位检测的方法时，必须明确物位检测的工艺特点。对于流动性好的流体，其液面通常是水平的。当物料流进流出时，液面会有波动。在生产过程中如出现沸腾或起泡沫的现象，会影响反射式、静压式仪表的测量，出现虚假液位。界位测量易受到界面不清、有浑浊的影响。固体料位因它的流动性差，在自然堆积时，出现安息角；由于容器结构而使物料不易流动形成的滞后区；固体颗粒间的空隙等，对物料的体积储量和质量储量的测量都会带来影响。

物位检测的另一个普遍性问题是盲位。例如用浮力法测液位时，浮子的底部触及容器底面之后就不能再降低。用放射线法测物位时，受到距离太小无法分辨的限制，也存在盲位。此外，用放射线法测量，有时因为容器几何形状或传感器的安装位置配合不当也会出现死角。

二、物位检测方法及仪表分类

1. 按工作原理分类

（1）直读式液位计　有玻璃管液位计、玻璃板液位计等。

（2）浮力式物位计　有恒浮力式和变浮力式两种。

（3）静压式物位计　也叫差压式液位计。

（4）电气式物位计　有电极式、电阻式、电容式、电感式、磁致伸缩式等。

（5）反射式物位计　有雷达式液位计、超声波液位计等。

（6）射线式物位计　也称为放射性同位素物位计。

2. 按传感器与被测介质是否接触分类

（1）接触式物位仪表　如直读式、浮力式、静压式、电容式等。

（2）非接触式物位仪表　如雷达式、超声波式、射线式等。

三、直读式液位计

1. 玻璃管液位计

直读式液位计是直接观察液面位置的仪表，利用连通器原理工作。这是一种使用最早、结构最简单的液位计，主要有玻璃管液位计、玻璃板液位计两种。图 2-3-1 所示为玻璃管液位计的结构及测量原理示意图。

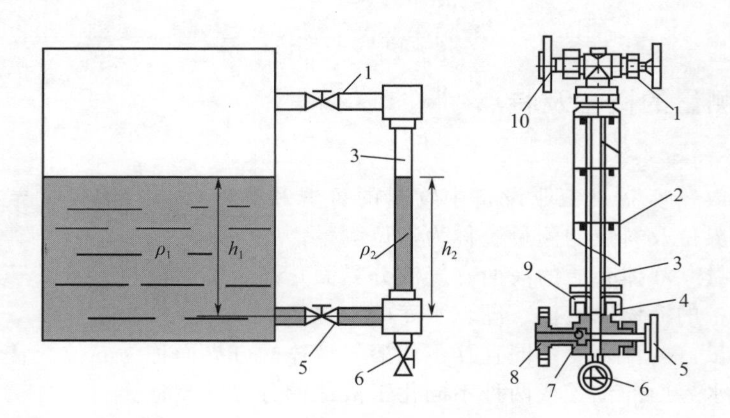

图 2-3-1　玻璃管液位计结构和原理

1，5—连通阀；2—标尺；3—玻璃管；4—密封填料；6—排污阀；7—防溢钢球；8—连接法兰；9—压盖；10—连接法兰

由于玻璃管液位计上下与被测介质的液相、气相连通，压力相等，若容器和液位计中液体的密度分别为 ρ_1、ρ_2，液面高度分别为 h_1、h_2，根据流体静力学原理

$$h_1\rho_1 g = h_2\rho_2 g \tag{2-3-1}$$

由于液位计与容器中为同一种液体，所以两者温度相同时，$\rho_1=\rho_2$，则 $h_1=h_2$，液位计

中的液位能正确反映被测液位。因此在液位计与容器中温差不大的情况下，一般不用考虑由液体密度不同造成的误差。但当两者温差很大，如测量高温锅炉汽包水位时，必须考虑采取保温措施，或进行液位换算。

玻璃管液位计的长度一般为 300～1200mm，工作压力≤1.6MPa，耐温 400℃。

玻璃管液位计中，玻璃管装在具有填料函的金属保护管中，玻璃管旁有带刻度的金属标尺。玻璃管液位计与容器连通管上有特殊针形阀，可以起到自动闭锁作用。阀内装有防溢钢球，一旦玻璃管被打碎、液体外溢时，钢球会借助管内液体的压力迅速贴紧在阀座上，达到自动密封的目的。玻璃节下的隔断阀可用于排污和清洗玻璃管。

2. 双色水位计

在测量高压锅炉汽包水位时，汽、水显示亮度基本相同，尤其当玻璃板上有污垢时不易判断水位。专用双色水位计解决了这一问题。这种水位计利用汽、水折光率的不同，使水位计的汽相呈红色，液相呈绿色，易于判别水位。双色水位计的结构和工作原理如图 2-3-2 所示。

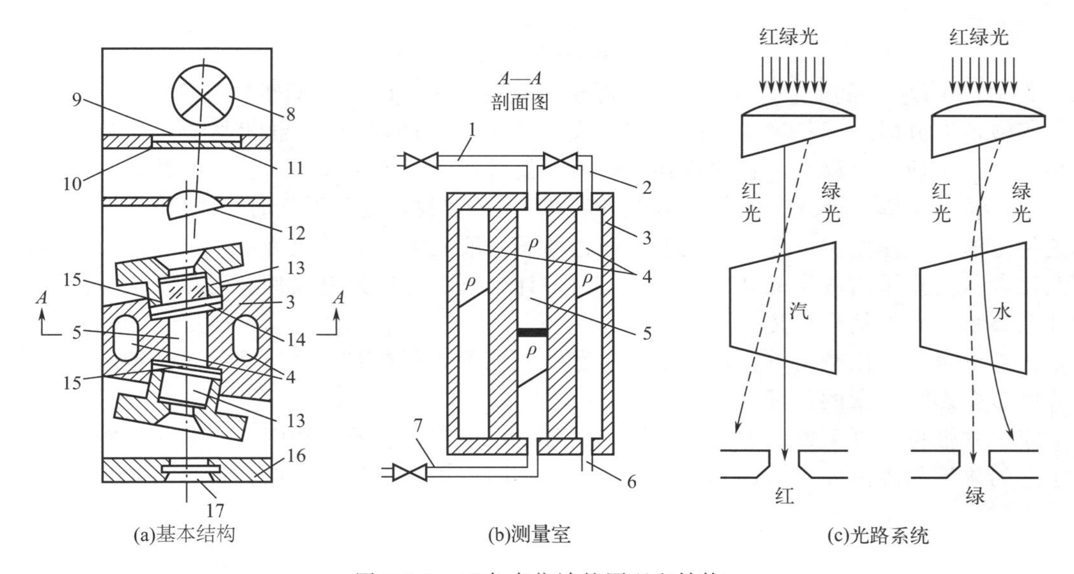

图 2-3-2　双色水位计的原理和结构

1，7—汽、水侧连通管；2，6—加热用蒸汽进、出口管；3—水位计钢座；4—加热室；5—测量室；8—光源；9—毛玻璃；10—红色滤光玻璃；11—绿色滤光玻璃；12—组合透镜；13—光学玻璃板；14—垫片；15—云母片；16—保护罩；17—观察窗

由图 2-3-2 可见，光源发出的白光经红、绿滤光玻璃后成为红光和绿光的混合光，再经组合透镜形成红、绿两股光束射入测量室。测量室有两块光学玻璃板，与测量室轴线呈一定角度，测量室储水部分形成了一段水棱镜。由于水中绿光折射率比红光大，所以在测量室储水部分，因棱镜作用，绿光折射角度较大，正好射到观察窗口，红光因折射角不同，而偏离观察窗口，因而在观察窗看到水位计中水呈绿色，如图 2-3-2（b）所示。在测量室储汽部分，无棱镜效应，红光正好达到观察窗口，而绿光偏斜，如图 2-3-2（c）所示，所以在观察窗看到水位计中蒸汽呈红色。图中的加热室是为了使水位表中水柱温度与锅筒中的热水温度保持相同，以提高测量精度。

双色水位计显示醒目，便于观察水位，夜间更加明显，但价格较贵。现有产品可在压力为 4～22MPa 的范围内应用。

四、浮力式物位计

浮力式物位计是应用最早的物位测量仪表之一，主要用于液位测量和界位测量。它结构简单，造价低廉，维护也比较方便。随着变送方法的改进，浮力式液位计至今仍然为工业生产所广泛采用。浮力物位计有恒浮力式液位计、变浮力式物位计两类。前者利用浮子随液位的升降来反映液位变化，后者利用浮筒所受浮力随液位、界位高度变化实现物位测量。

1. 恒浮力式液位计

恒浮力式液位计用一浮子漂浮在液面上，维持浮力不变。浮子的位置随着液面的高低而变化，检测出浮子的位移量，便可以知道液位的高低。常用的恒浮力式液位计有浮子式液位计、浮子钢带式液位计、编码钢带式液位计、浮球式液位计、磁翻板式液位计等。

(1) 浮子式液位计　目前，大型储罐多使用浮子式液位检测仪表，如图 2-3-3 (a) 所示。将一浮子由钢索经滑轮与容器外的平衡重物相连，使浮子所受的重力和浮力之差与平衡重物的拉力相平衡，浮子可以随液面停留在任一位置上。在忽略钢索的重力及滑轮摩擦力时的平衡关系为

$$W - F = G \tag{2-3-2}$$

式中，W 为浮子所受的重力；F 为浮子所受的浮力；G 为平衡重物的重力。

当液位上升时，浮子被浸没的体积增大，浮子所受的浮力 F 也随之增加，破坏了原有的平衡，浮子便向上移动。直到达到新的力平衡时，浮子停止移动，反之亦然，从而实现了浮子对液位的跟踪。由式 (2-3-2) 可见 W、G 都是常数，达到平衡时 F 也是一个常数，故称这种方法为恒浮力法。此法实质上是通过浮子把液位的变化转化为平衡锤与指针的机械位移变化，从而指示出液位的高度。浮子式液位计也可以通过光电元件、码盘及机械齿轮等进行计数显示，并将信号远传。

这种测量方法比较简单，缺点是由于滑轮与轴承间存在着机械摩擦，以及钢丝绳热胀冷缩等因素会影响测量的精度。

浮子式液位计既可以用于敞口容器，也可以用于密闭容器，如图 2-3-3 (b) 所示。通过浮子上的磁钢与隔离导管内铁芯的磁性耦合保持同步移动。但无法保证很高的同步精度。

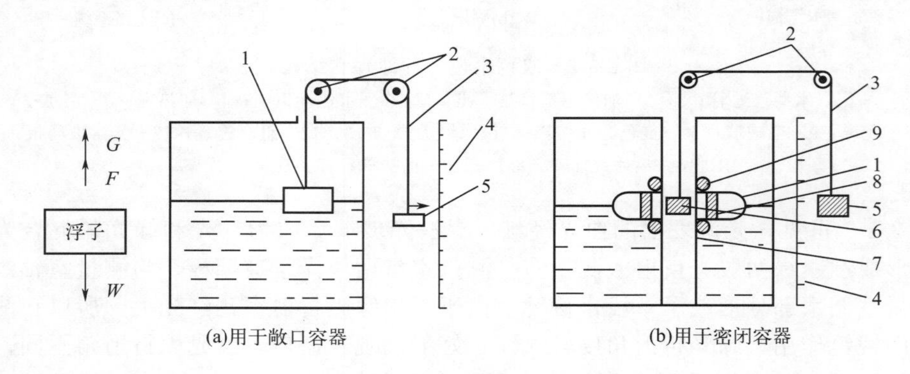

图 2-3-3　浮子式液位计

1—浮子；2—滑轮；3—钢索；4—标尺；5—平衡锤；6—铁芯；7—非导磁导管；8—磁铁；9—导轮

(2) 编码钢带式液位计　编码钢带式液位计是在浮子式液位计的基础上改进制成的。通过在连接钢带上打孔编码，用光电变送器转换为数字编码信号输出，因此又称为光电液位计。

编码钢带式液位计的结构如图 2-3-4 所示，其钢带上标有刻度，并打有按格雷码编码的

小孔（有孔表示 1，没有孔表示 0）。格雷码的特点是相邻的两组编码只有一位取值不同，对光电检测电路的设计及钢带的制作要求不高，抗干扰能力强。

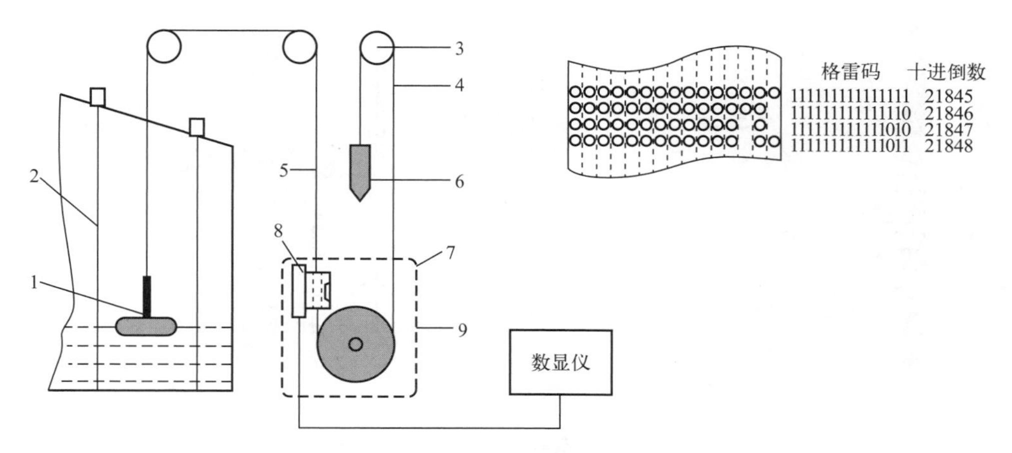

图 2-3-4 编码钢带式液位计的结构

1—浮子；2—导向钢丝；3—滑轮；4—连接钢带；5—码带；6—重锤；7—仪表箱；8—变送器；9—过带轮

当液位变化时，浮子和重锤带动码带向下位移，反映了液位的变化。在现场可以直接读取码带上标注的液位值，同时由变送器中的红外光电器件将码带上的 15 位格雷码孔转换成对应的数字编码信号，再由微处理器完成对信息的甄别、纠错，并由软件根据液位的高低对钢带自重进行自动补偿，减小系统的测量误差，最后进行 D/A 转换，输出 4～20mA 的电流。

编码钢带式液位计与普通浮子式液位计相比具有以下特点：

① 测量精度高，绝对误差小于 2mm；

② 无复杂的齿轮传动机构，寿命长，系统运行平稳可靠；

③ 4～20mA 的标准信号输出，便于远传；

④ 采用红外光电技术及格雷码带，抗干扰能力强。

(3) 磁翻板式液位计 如图 2-3-5 所示为磁翻板式液位计。在与设备连通的连通器 4 内，有一个自由移动的带磁铁的浮子 2。连通器一般由不锈钢管制成，连通器外一侧有一个铝制翻板支架 3，支架内纵向均匀安装了多个磁翻板 1。磁翻板可以是薄片形，也可以是小圆柱形。支架长度和翻板数量随测量范围及精度而定。翻板支架上有液位刻度标尺。每个磁翻板都有水平轴，可以灵活转动，翻板的一面是红色，另一面为白色。每个磁翻板内都镶嵌有小磁铁，磁翻板间小磁铁彼此吸引，使磁翻板总保持垂直，即红色朝外或白色朝外。

当磁浮子在旁边经过时，由于浮子内磁铁较强的磁场对磁翻板内小磁铁的吸引，就会迫使磁翻板转向。若从图 2-3-5 (b) 箭头方向看过去，磁浮子以下翻板为红色，磁浮子以上翻板为白色，图中 A、B、C 三块翻板表示正在翻转的情形。这种液位计需垂直安装，连通容器 4 与被测容器 7 之间应装连通阀 6，以便仪表的维修、调整。磁翻板式液位计结构牢固，工作可靠，显示醒目。利用磁性传动，不需电源，不会产生火花，宜在易燃易爆的场合使用。其缺点是当被测介质黏度较大时，磁浮子与器壁之间易产生粘贴现象。严重时，可能使浮子卡死而造成指示错误并引起事故。

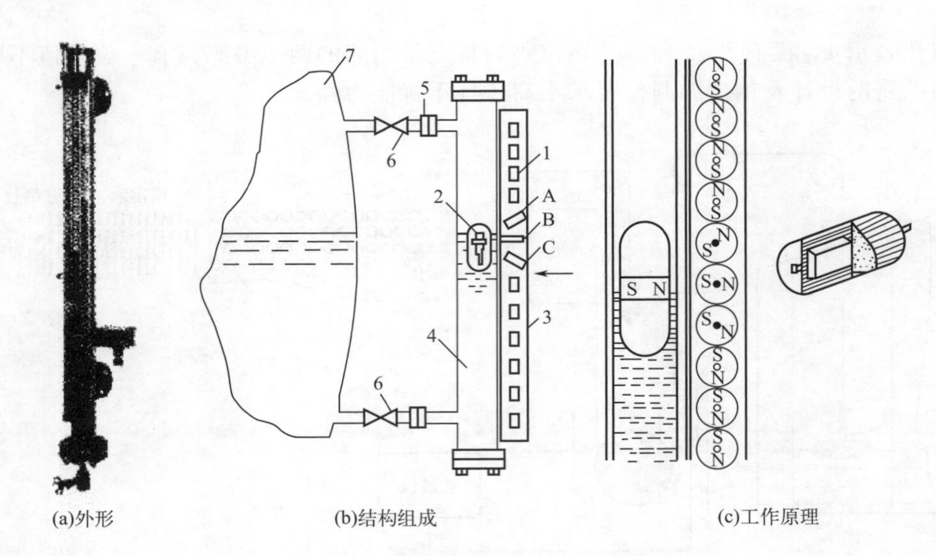

图 2-3-5 磁翻板液位计的结构及原理

1—磁翻板；2—内装磁铁的浮子；3—翻板支架；4—连通容器；5—连接法兰；6—连通阀；7—被测容器

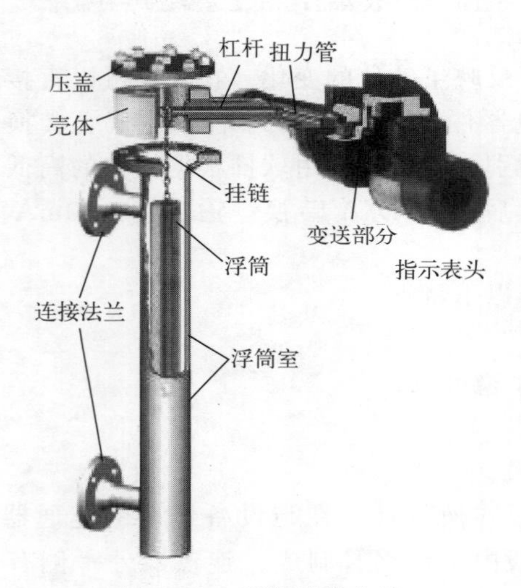

图 2-3-6 浮筒式物位计

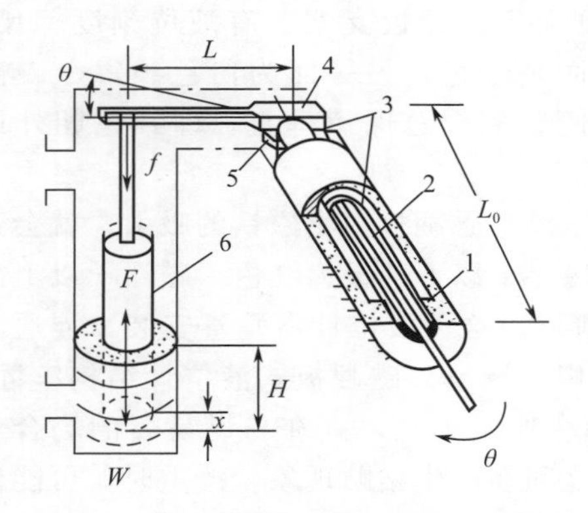

图 2-3-7 扭力管平衡的浮筒测量原理

1—外壳；2—芯轴；3—扭力管；4—杠杆；5—支点；6—浮筒

2. 变浮力式物位计

根据阿基米德定律，当物体被浸没的体积不同时，物体所受的浮力也不同。换言之，对形状已定的物体，其所受到的浮力随被浸没的高度变化而变化。因此，可以利用悬挂于液体中的柱形检测元件所受的浮力来求得液位，也可以测量两种密度不同的液体的界位高度。根据这一原理制成的物位计就是变浮力式物位计，称为浮筒式物位计。

（1）浮筒式物位计的原理　浮筒式物位计的实物图如图 2-3-6 所示。

浮筒一般是由不锈钢制成的空心长圆柱体，垂直地悬挂在被测介质中浮筒的质量大于同体积的液体质量，筒的重心低于几何中心，使浮筒不能漂浮在液面上，总是保持垂立而不受液体高度的影响，故也称沉筒。

浮筒式物位计的原理如图 2-3-7 所示。浮筒 6 悬挂在杠杆 4 的一端，杠杆的另一端与扭力管 3、芯轴 2 的一端固定连接在一起，并由固定支点 5 所支撑。扭力管的另一端通过法兰固定在仪表外壳 1 上。芯轴的另一端伸出扭力管是自由的，用来输出位移。扭力管 3 是一种密封式的输出轴，它一方面能将被测介质与外部空间隔压，另一方面又能利用扭力管的弹性扭转变形把作用于扭力管一端的力矩变成芯轴的转动。

当杠杆悬挂浮筒处的拉力为 f 时，在扭力管上产生的力矩为 M，扭力管产生的扭角变形用 θ 表示，其大小为

$$\theta=\frac{32L_0M}{\pi C(d_2^4-d_1^4)}=\frac{32L_0L}{\pi C(d_2^4-d_1^4)}\cdot f=K_\theta f \qquad (2\text{-}3\text{-}3)$$

式中，M 为作用在扭力管上的扭力矩；d_1，d_2 分别为扭力管的内径和外径；C 为扭力管横向弹性系数；L_0 为扭力管的长度；L 为浮筒中心到扭力管中心的距离；K_θ 为常数，$K_\theta=\frac{32L_0L}{\pi C(d_2^4-d_1^4)}$。

由图（2-3-7）可知，当液位为零，即低于浮筒下端时，浮筒的重力 W 全部作用在杠杆上，f 达到最大，$f=W$，扭力管变形达到最大，θ 约为 7°。

当液位上升时，浮筒受到液位的浮力增大，杠杆悬挂浮筒处的拉力减小，扭力管上的力矩减小，扭力管变形 θ 减小通过杠杆，会使浮筒略有上升 $X=-\Delta\theta\cdot L$，浮力减小，最终达到扭矩平衡。

当液位为 H 时，浮筒的浸没深度为 $H-X$（X 为浮筒上移的距离），作用在杠杆上的力为

$$f=W-A(H-X)\rho g \qquad (2\text{-}3\text{-}4)$$

式中，ρ 为液体的密度；A 为浮筒的截面积；W 为浮筒所受的重力；g 为重力加速度。

与 $H=0$ 时相比。力 f 的变化为

$$\Delta f=-A(H-X)\rho g \qquad (2\text{-}3\text{-}5)$$

Δf 就是液位从 0 升高到 H 时，浮筒受到的浮力变化量。

随着液位的升高，扭力管产生的扭角减小，在液位最高时，扭角最小（约为 2°）。其扭角变化 $\Delta\theta=k_\theta\Delta f$，也就是输出芯轴角位移的变化量

$$\Delta\theta=k_\theta\Delta f \qquad (2\text{-}3\text{-}6)$$

由上式可导出

$$\Delta\theta=-\frac{K_\theta A\rho g}{1+K_\theta A\rho gL}\cdot H \qquad (2\text{-}3\text{-}7)$$

$\Delta\theta$ 与液位 H 成正比关系，负号表示液位 H 越高，扭角 θ 越小。

浮筒式液位计的测量范围由浮筒的长度决定，受仪表的结构限制，测量范围为 300～2000mm。

应当注意，浮筒式液位计的输出信号不仅与液位高度有关，还与被测介质的密度有关，因此在密度发生变化时，必须进行密度修正。浮筒式液位计还可以用于两种密度不同的液体的界面测量。

（2）变送环节　如果将角位移 $\Delta\theta$ 通过喷嘴挡板机构转换成气压信号，再经放大、反馈机构的作用，输出 20～100kPa 的标准气压信号，就组成了 BYD 系列气动液位变送器。

五、静压式液位计

静压式物位计

1. 静压式液位计的测量原理

由流体静力学原理可知，一定高度的液体介质自身的重力作用于底面积上，所产生的静 压力与液体层高度有关。静压式液位检测方法是通过测量液位高度所产生的静压力来实现液位测量的。如图 2-3-8 所示，A 代表实际液面，B 代表零液位，p_A 和 p_B 为容器中 A 点和 B 点的静压，H 为液位高度，根据流体静力学原理，A、B 两点的压差为

$$\Delta p=p_B-p_A=H\rho g \qquad (2\text{-}3\text{-}8)$$

其中 p_A 应理解为液面上方气相的压力，当被测对象为敞口容器时，则 p_A 为大气压，则

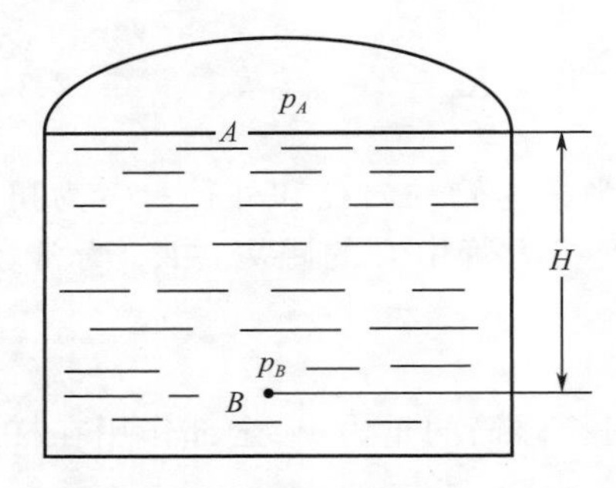

图 2-3-8 静压法测液位的原理

式（2-3-8）变为

$$p=p_B-p_A=H\rho g \tag{2-3-9}$$

式中，p_B 为 B 点的表压力；p_A 为当地大气压力。

通常被测介质的密度是已知的，则由式（2-3-8）和式（2-3-9）可知，当 ρ 为定值时，A、B 两点的压力差 Δp 或 B 点的表压力 p_B 与液位高度 H 成正比，这样就把液位的检测转化为压力差或压力的检测。因此，各种差压计和差压变送器，压力计和压力变送器，只要量程合适，都可以用来测量液位。

利用差压变送器测密闭容器的液位时，变送器的正压室通过引压管与容器下部取压点相通，负压室则与容器气相相通。若测敞口容器内的液位，则差压变送器的负压室应与大气相通或用压力变送器。

2. *差压式液位计的迁移问题*

水箱液位定值控制实训

前面已提到，无论是密闭容器还是敞口容器，都要求取压口（液位零点）与检测仪表在同一水平线上，否则会产生附加静压误差。但是，在实际安装时，不一定能满足这个要求。如地下储槽，为了读数和维护的方便，压力检测仪表就不能安装在零液位处的地下。再者，当被测介质是高黏、易凝液体或腐蚀性液体时，为了防止被测介质进入变送器，造成管线堵塞或腐蚀，并保证负压室的液柱高度恒定，往往在变送器正、负压室与取压点之间分别装有隔离罐，并充以隔离液，这样就会造成附加静压。为了使差压变送器能够正确地指示液位高度，必须对压力（差压）变送器进行零点调整，使它在液位为零时输出信号为“零”，这种方法称为“零点迁移”。下面以差压变送器检测液位为例进行介绍，如图 2-3-9 所示。

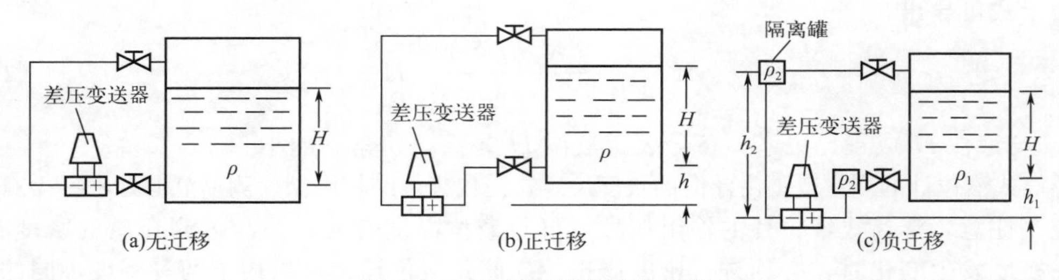

图 2-3-9 差压式液位计的应用

（1）无迁移 如图 2-3-9（a）所示，差压变送器的正压室与液位零点在同一水平面上，负压室引压管中充满气体。设差压变送器正、负压室所受到的压力分别为 p_+ 和 p_-，则正、负压室所受的压力分别为

$$p_+=p_A+H\rho g \tag{2-3-10}$$

$$p_-=p_A$$

$$\Delta p=p_+-p_-=H\rho g \tag{2-3-11}$$

可见，当 $H=0$ 时，$\Delta p=0$，差压变送器未受任何附加静压。此时 DDZ-Ⅲ型差压变送器的输出为 4mA，当 $H=H_{max}$ 最高液位时，$\Delta p=H_{max}\rho g$，DDZ-Ⅲ型差压变送器的输出为 20mA，说明差压变送器无须迁移。

（2）正迁移 在实际安装差压变送器时，往往不能保证变送器和零液位在同一水平面上，如图 2-3-9（b）所示。设连接负压室的引压管中充满气体，并忽略气体产生的静压力，

则差压变送器所受压力差为

$$\Delta p = p_{+} - p_{-} = H\rho g + h\rho g \tag{2-3-12}$$

由式（2-3-12）可知：当 $H=0$ 时，$\Delta p = h\rho g$，差压变送器受到一个附加正差压作用，差压变送器的输出 $I>4\text{mA}$；当 $H=H_{max}$ 时，$\Delta p = H_{max}\rho g + h\rho g$，此时差压变送器的输出 $I>20\text{mA}$。为了使仪表输出的上、下限与液位的零点、量程相对应，必须设法抵消固定差压 $h\rho g$ 的作用，使得 $H=0$ 时，差压变送器的输出仍然为 4mA；而当 $H=H_{max}$ 时，变送器的输出为 20mA。

同时改变差压变送器上、下限输出，以抵消固定差压的做法叫零点迁移。如果抵消的固定差压为正值则叫正迁移，如果抵消的固定差压为负值则叫负迁移。各种差压变送器均设有零点迁移装置，如力平衡式差压变送器上有迁移弹簧来实现零点迁移，而电容式差压变送器则采用增减零点电流的方法来实现零点迁移。

（3）负迁移　如图 2-3-9（c）所示，为了保持负压室所受的液柱高度恒定，常常在差压变送器正、负压室与取压点之间分别装上隔离罐，并充以隔离液。如被测介质的密度为 ρ_1，隔离液的密度为 ρ_2，这时差压变送器正、负压室所受到的压力分别为

$$\begin{aligned} p_{+} &= p_{A} + H\rho_1 g + h_1\rho_2 g \\ p_{-} &= p_{A} + h_2\rho_2 g \\ \Delta p &= p_{+} - p_{-} = H\rho_1 g + h_1\rho_2 g - h_2\rho_2 g \end{aligned} \tag{2-3-13}$$

当 $H=0$ 时，$\Delta p = -(h_2-h_1)\rho_2 g$，差压变送器受到一个附加负差压的作用，使变送器输出 $I<4\text{mA}$。当 $H=H_{max}$ 时，$\Delta p = H_{max}\rho_1 g - (h_2-h_1)\rho_2 g$，差压变送器的输出 $I<20\text{mA}$，此时必须设法抵消固定差压 $-(h_2-h_1)\rho_2 g$ 的作用，进行零点迁移。由于要迁移的量为负值，因此称负迁移，迁移量为 $(h_2-h_1)\rho_2 g$。

从以上分析可知，正、负迁移的实质是通过调整变送器的零点，同时改变量程的上、下限，而不改变量程的大小。例如，差压变送器的测量范围为 0～5kPa，当差压由 0 变化到 5kPa 时，变送器的输出由 4mA 变化到 20mA，这是无迁移的情况，如图 2-3-10 中曲线 a 所示。当有负迁移时，假定固定压差为 $(h_2-h_1)\rho_2 g=2\text{kPa}$，则通过负迁移使 Δp 从 -2kPa 变化到 3kPa 时，变送器的输出从 4mA 变化到 20mA，如图 2-3-10 中曲线 b 所示。它维持原来的量程 5kPa 不变，只是向负方向迁移了一个 2kPa 的固定压差。当出现正迁移的情况时，假定固定差压为 $h\rho g=2\text{kPa}$，如图 2-3-10 中曲线 c 所示。Δp 从 2kPa 到 7kPa 变化时，变送器的输出从 4mA 变化到 20mA，同样量程没变，只改变了上、下限。

3. 静压式液位计的安装

利用流体静压原理测量液位，实质上是测量压力或差压。因此，静压式液位计的安装规则基本上与压力表、压力计的要求相同。前面已经介绍过压力表的安装，这里主要介绍液位检测中差压（压力）变送器的安装。

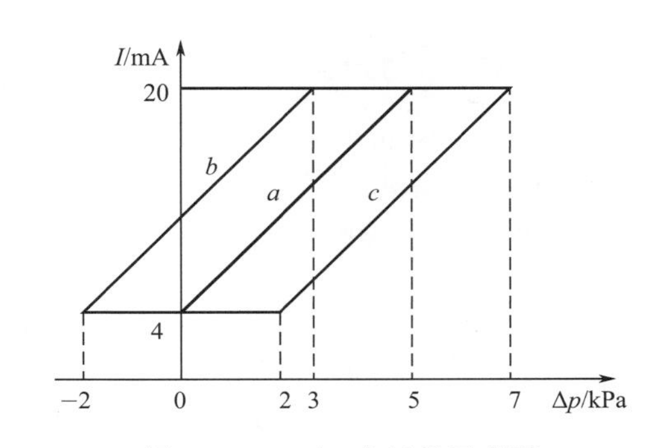

图 2-3-10　正、负迁移示意图

（1）引压导管的安装　取压口至差压计之间必须由引压导管连接，才能把被测压力正确地传递到差压计的正、负测量室。引压管的安装要求如下：

① 引压导管应按最短距离敷设，总长度不应超过 50m。管线的弯曲处应该是均匀的圆角，拐弯曲率半径不小于管径的 10 倍。

② 引压管路水平安装时，应该保持不小于 1∶10 的倾斜度，并加装集气器、凝液收集器和沉淀器等，并定期排出。

③ 引压导管要注意保温、防冻。

④ 对有腐蚀作用的介质，应加装充有中性隔离液的隔离罐，在测量锅炉汽包水位时，则应加装冷凝罐。

⑤ 全部引压管路应保持密封，而无泄漏现象。

⑥ 引压管路中应装有必要的切断、冲洗、排污等所需要的阀门，安装前必须将管线清理干净。

(2) 变送器的安装　压差（压力）变送器的安装环境条件（例如温度、湿度、腐蚀性、振动等）应符合仪表额定的工作条件，否则，应采取相应的预防措施。

六、电容式物位计

其他物位计

两个导电材料做成的平行平板、平行圆柱面，甚至不规则面，中间隔以不导电介质，就组成了电容器。在平行板电容器之间，充以不同介质，电容量的大小也有所不同。因此可以通过测量电容量的变化来测量液位、料位和两种不同液体的分界面。

电容式物位计由电容传感器和测量电路组成。被测介质的物位通过电容传感器转换成相应的电容量，利用测量电路测得电容变化量，即可间接求得被测介质物位的变化。电容式物位计适用于测量各种导电或非导电液体的液位及粉末状物料的料位，也可用于测量界面。

1. 电容式物位计的测量原理

圆柱形电容式物位计的结构如图 2-3-11 所示，它是由两个同轴圆柱形极板 1 和 3 组成的圆筒电容器，其电容器的电容量为

$$C=\frac{2\pi\varepsilon H}{\ln(D/d)} \tag{2-3-14}$$

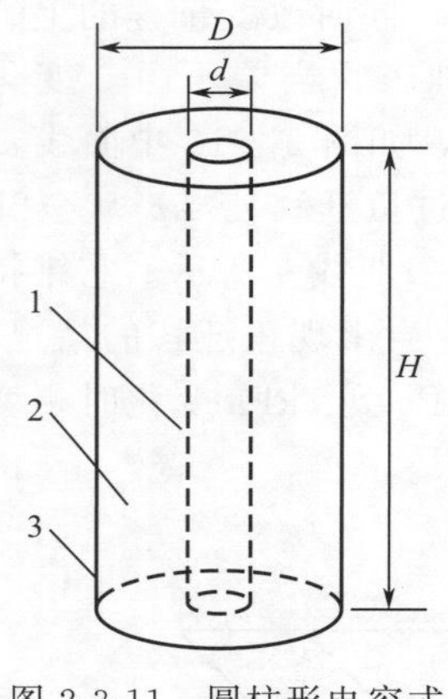

图 2-3-11　圆柱形电容式物位计的结构
1—内极板；2—被测物质；3—外极板

式中，H 为两极板的长度；ε 为两极板中间介质的介电常数；d 为圆筒形外电极的内径；D 为圆筒形内电极的外径。

由式（2-3-14）可知，当 D 和 d 一定时，电容量 C 的大小与极板的高度 H、中间介质的介电常数 ε 的乘积成比例。只要 H 或 ε 发生变化，就会引起电容量的变化。

2. 电容物位计测量方式

(1) 被测介质为非导电介质的液位

① 直接将裸金属管电极插入非导电待测液体中，金属容器作为外电极。根据前述的测量原理，电容器的电容变化量为

$$\Delta C=\frac{2\pi H(\varepsilon_x-\varepsilon_0)}{\ln(R/r)}=KH \tag{2-3-15}$$

式中，ε_x 为被测介质的介电常数，ε_0 为空气的介电常数。当 K 为常数时，测得 ΔC 便可明确液位 H 的高低。

② 当容器为非金属，如图 2-3-12 所示，或容器直径 D 远远大于电极直径 d 时，可采用同轴电极结构。图中，C_x 为电容器最后的电容量，H 为被测介质的液面高度。单独制成一个电容器置于被测介质中，中间为内电极，外面的金属管为外电极，内外极之间用绝缘材料固定。因此外电极的直径远远小于容器直径而仅比内电极直径略大，由式（2-3-15）得到，此时测量的灵敏度可大大提高，测量的准确度也更有保证。

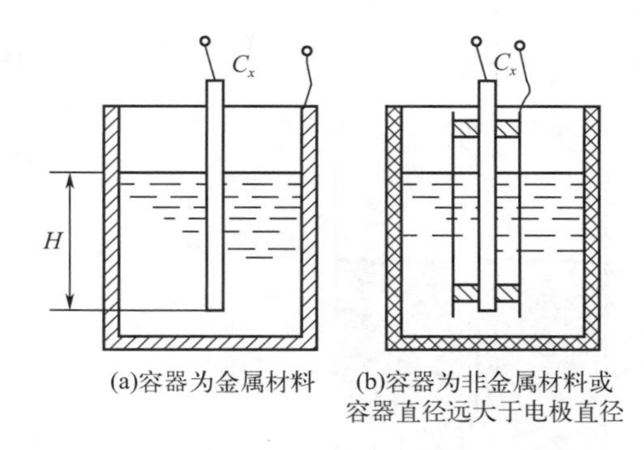

图 2-3-12 非导电介质的测量

(2) 被测介质为导电介质的液位 如果被测介质为导电液体，为防止内、外电极被导电的液体短路，内电极必须要加一层绝缘层，导电液体与金属容器壁一起作为外电极。

测量导电液体的电容式液位计的原理如图 2-3-13 所示。直径为 d 的不锈钢电极，外套聚四氟乙烯塑料套管作为绝缘层，导电的被测液体作为外电极，因而外电极内径就是塑料套管的外直径 D。如果容器是金属的，外电极可直接从金属容器壁上引出，但外电极直径仍为 D。由于容器直径 D_0 与内电极外径的比 D_0/d 很大，上部气体部分所形成的电容可以忽略不计。该电容器的电容与液位的关系可表示为

$$C_x=\frac{2\pi\varepsilon}{\ln(D/d)}h \tag{2-3-16}$$

式中，D 为绝缘套管的外直径；d 为内电极的外径；ε 为绝缘层介电常数；h 为电极被导电液体浸没的高度。

① 若容器为导体时，电容器的外电极可借助于容器引出，电极的有效长度即为导电液体的液位高度。这样的电极结构为套管式。

② 若容器为非导电体时，须另加辅助电极（铜棒），下端浸至被测容器底部，上端要与电极的安装法兰有可靠的导电连接。两电极中要有一个与大地及仪表地线相连，保证测电容的仪表能正常工作。这样的电极结构为复合式。

③ 在测量黏性导电介质时，由于介质沾染电极相当于增加了液位的高度，出现虚假液位，也就是测量误差出现，如图 2-3-14 所示。消除虚假液位常用的方法有：

a. 尽量选用与被测介质亲和力较小的套管及涂层材料，这是最理想的方法。目前常用聚四氟乙烯或聚四氟乙烯加六氟丙烯的套管。

b. 采用隔离型电极，如图 2-3-14 所示。

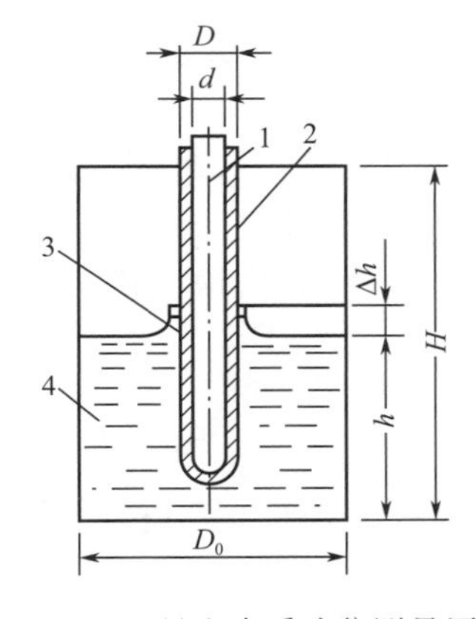

图 2-3-13 导电介质液位测量原理

1—内电极；2—绝缘套管；3—虚假液位；4—容器

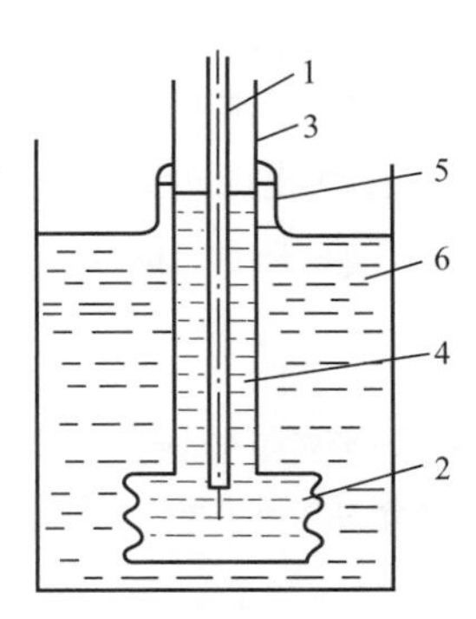

图 2-3-14 采用隔离型电极消除虚假液位的影响

1—内电极；2—隔离波纹管；3—外电极；4—波纹管内充介质；5—虚假液位；6—被测液体

隔离型电极由同心的内电极 1 和外电极 3 组成，在外电极 3 的下端有隔离波纹管 2，在

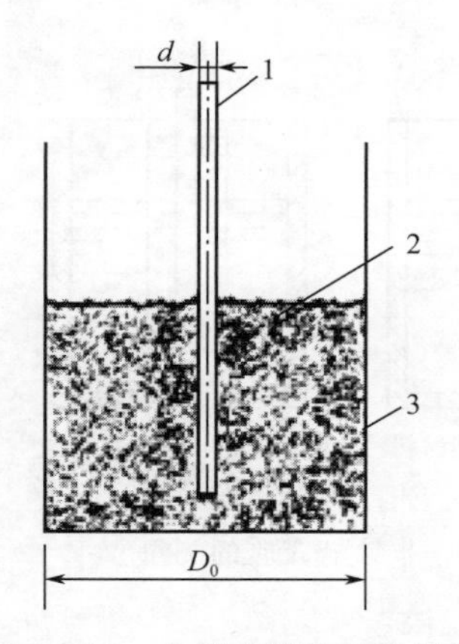

图 2-3-15 非导电固体物位测量
1—内电极；2—绝缘套管；
3—虚假液位

波纹管和内外之间充以部分非导电液体 4，液体应选用具有较高介电系数，黏性很小且不易受温度变化影响的。

当被测容器中黏性导电介质 4 液位升高时，作用于波纹管的压力增大，波纹管受压体积缩小，因而内外电极间的液体的液位升高，改变了内外电极的电容量，测出此电容量的变化，就可知道容器的液位，而容器中被测黏性导电介质在外电极的黏附（即虚假液位 5）对测量结果影响很小，可以忽略不计。

（2）测量固体颗粒料位　由于固体物料的流动性较差，故不宜采用双筒式电极。对于非导电固体物料的料位测量，通常采用一根金属电极棒与金属容器壁构成电容器的两电极，如图 2-3-15 所示。以金属棒作为内电极，以容器壁作为外电极，其电容变化量 ΔC 与被测料位 h 的关系与式（2-3-15）相似

$$\Delta C=\frac{2\pi(\varepsilon-\varepsilon_0)}{\ln(D_0/d)}h \tag{2-3-17}$$

式中，ε、ε_0 分别为固体物料和空气的介电常数；D_0、d 分别为容器的内径和内电极的外径。

电容物位计的传感元件结构简单，使用方便。但电容式物位计电容的变化量很小（约为 pF 的数量级），一般难以准确地进行测量。因此，在测量电路中应采取相应的措施，借助于较复杂的电子线路。此外，还应注意，当介质的浓度、温度发生变化时，其介电常数也要发生变化，应及时调整仪表，进行修正。

七、超声波式液位计

声波在穿过不同密度的介质分界面处会产生反射和透射。如果两介质的密度相差很大，大部分超声波会从分界面上反射回来，仅有一小部分能透过分界面继续传播。利用超声波的这些特性，可以构成两类物位测量方法，即透射式和反射式。根据设置超声波探头的位置，超声波液位计可分为气介式、液介式和固介式三种。

1. 超声波式液位计的测量原理

超声波式液位计是利用超声波在液面的反射和透射传播特性来测量液位的。

（1）透射式测量方式　一般是利用有液位或无液位时对超声波透射的显著差别作为超声液位开关，产生开关量信号，作为液位高、低限报警信号使用。

（2）反射式测量方式　通过测量入射波和反射波的时间差，从而计算出液位高度。如图 2-3-16 所示，超声波探头向液面发射一短促的超声脉冲，经过时间 t 后，探头接收到从液面反射回来的反射波脉冲。设超声波在介质中传播的速度为 v_c，则探头到液面的距离为

$$h=\frac{1}{2}v_c t \tag{2-3-18}$$

式中，v_c 为超声波在被测介质中的传播速度，即声速；t 为超声波从探头到液面的往返时间。

对于确定的介质，声速 v_c 是已知的，因此，只要精确测量出时间 t，即可知被测液位的高度

$$H=L-\frac{1}{2}v_c t \tag{2-3-19}$$

式中，L 为超声波发射器到底部的距离。

超声波速度 v_c 与介质的性质、密度及温度、压力有关。介质成分及温度的不均匀变化都会使超声波速度发生变化，引起测量误差。因此，在利用超声波进行物位测量时，要考虑

采取补偿措施。气介式的传播速度比液介式受介质及温度影响小得多，且气介式安装比液介式方便，所以，气介式应用较多。

2. 超声波的发射和接收

无论透射式还是反射式，产生超声波和接收超声波的探头（换能器）如图 2-3-17 所示，都是利用压电元件构成的。发射超声波是利用了逆压电效应，接收超声波是利用了正压电效应。反射和接收两探头的结构是相同的，只是工作任务不同。

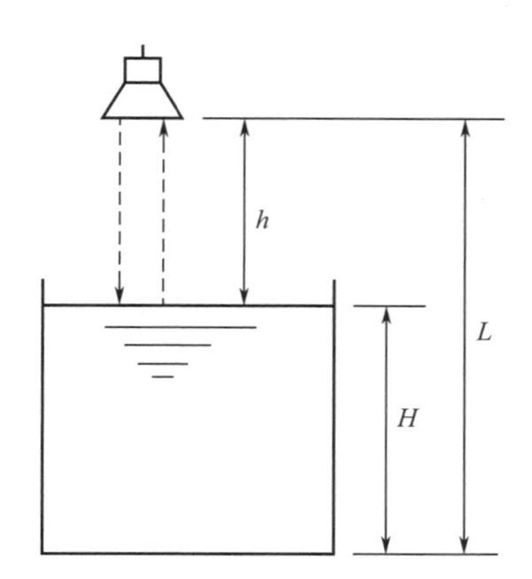

图 2-3-16　超声波液位计的测量原理

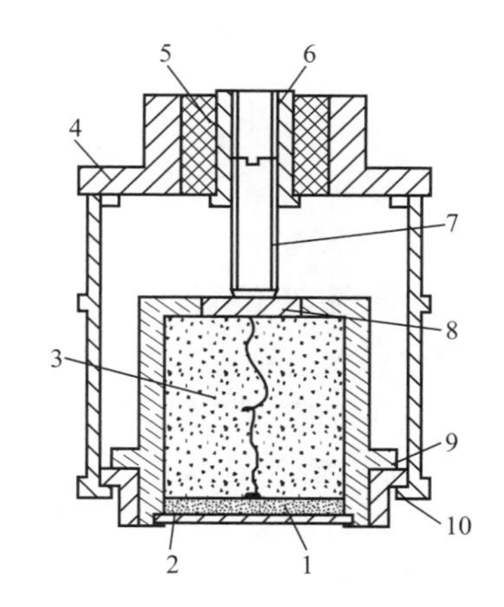

图 2-3-17　压电晶体探头的结构形式

1—压电片；2—保护膜；3—吸收块；4—盖；5—绝缘柱；6—接线座；7—导线螺杆；8—接线片；9—座；10—外壳

（1）逆压电效应　利用压电晶体的电致伸缩效应，在压电晶片的两个电极上施加频率高于 20kHz 的交流电压，压电晶体就会产生高频机械振动，实现电能与机械能的转变，从而发出超声波。

（2）正压电效应　是压电晶体在受到声波声压的作用时，晶体两端会产生与声压同步的电荷，从而把声波（机械能）转换成电能，以接收超声波。

由于压电晶体的可逆特性，用同一个压电晶体元件：电晶体元件，即可实现超声波发射和超声波接收。

超声换能器主要由外壳、压电元件、保护膜、吸收块及外接线组成。压电片 1 是换能器中的主要元件，大多做成圆形。压电片的厚度与超声频率成反比。

为了避免压电片与被测介质直接接触而磨损，在压电片下黏合一层保护膜 2。保护膜可用薄塑料膜、不锈钢片或陶瓷片，通常为了使声波穿透率最大，保护膜的厚度取二分之一波长的整倍数。

阻尼块又称吸收块，用于降低压电片的机械品质因数，吸收声能量。如果没有阻尼块，电振荡脉冲停止时，压电片因惯性作用，仍继续振动，会加长超声波的脉冲宽度，使分辨率变差。

3. 超声波液位计的特点和安装

（1）超声波液位计的特点

① 超声波液位计无可动部件，结构简单，寿命长。

② 仪表不受被测介质的黏度、介电系数、电导率、热导率等性质的影响。

③ 可测范围广，液体、粉末、固体颗粒的物位都可测量。

④ 换能器探头不接触被测介质，因此，适用于强腐蚀性、高黏度、有毒介质和低温介质的物位测量。

⑤ 超声波液位计的缺点是检测元件不能承受高温、高压。声速又受传输介质的温度、压力的影响，有些被测介质对声波的吸收能力很强，故其应用有一定的局限性。另外电路复杂，造价较高。

(2) 超声波液位计的安装

① 液位计安装应注意基本安装距离，与罐壁的距离为罐直径的1/6较好。液位计室外安装应加装防雨、防晒装置。

② 不要装在罐顶的中心，因罐中心液面的波动比较大，会对测量产生干扰，更不要装在加料口的上方。

③ 在超声波波束角 α 内避免安装任何装置，如温度传感器、限位开关、加热管、挡板等，均可能产生干扰。

④ 如测量粒料或粉料，传感器应垂直于介质表面。

八、磁致伸缩液位计

磁致伸缩传感器，是一种高精度超长行程绝对位置的测量传感器，采用磁致伸缩原理，不但可以测量各种介质的液位，还可以测量运动物体的直线位移。

1. 磁致伸缩传感器的工作原理

磁致伸缩位移传感器的原理示意图如图2-3-18所示。其核心元件是外形细长的“磁致伸缩管”。磁致伸缩管是由软磁性材料制成的薄壁毛细管，外径0.7mm，内径0.5mm，又称波导管。磁致伸缩管外套一个不导磁的不锈钢保护管，内穿一条用于产生脉冲磁场的铜导线，下部安装信号检测线圈。保护管外可移动的永久磁铁是被测目标。

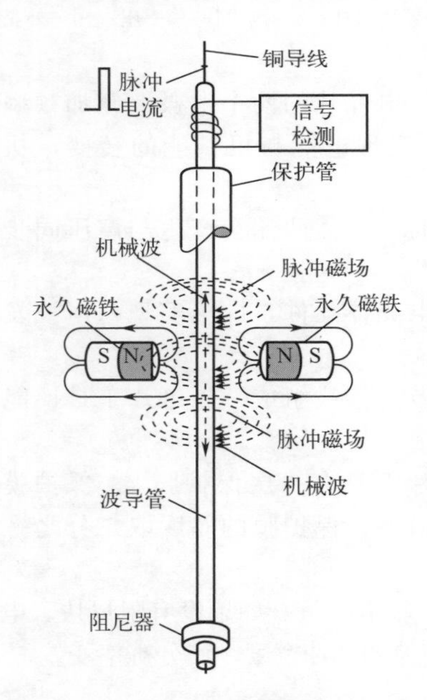

图2-3-18 磁致伸缩传感器的原理

脉冲发生器给铜导线通入10Hz左右的脉冲电流，称为电流询问脉冲，沿波导管周围产生脉冲磁场，此磁场与磁钢的磁场相互作用，使磁场分布改变，交汇处形成螺旋磁场，对软磁性波导管产生瞬时扭力，导致波导管产生伸缩，使波导管产生张力脉冲波，并以固定的速度（约2830m/s）沿波导管上、下传播。

由于波导管在张力脉冲波向上、下传播时，波导管的伸缩会“携带”螺旋磁场的轴向分量沿波导管轴向移动。返回的张力脉冲波磁场会在检测线圈上产生感应电压脉冲，即返回脉冲。返回脉冲信号由检测电路进行处理，通过测量电流询问脉冲与返回脉冲之间的时间来精确地确定永久磁铁的位置。而沿电流方向向下传播的张力脉冲波，通过阻尼器衰减掉，以确保在波导管的末端不会产生反射，干扰正常的“返回脉冲”。由于测量两脉冲间的时间间隔可以非常精确，因此可获得高精度（一般分辨率小于1mm）、高重复性（一般重复性小于或等于满量程的0.002%）、宽量程（可达30m）等优良性能。如果将永久磁铁由一浮子携带，即可测量液位。

磁致伸缩液位（位移）传感器的不足之处是有较大的盲区，一般上盲区小于或等于80mm，下盲区小于或等于10mm。

2. 磁致伸缩液位计的组成

磁致伸缩液位计，由磁致伸缩液位传感器、显示仪表组成。传感器结构示意图如图2-3-19

所示。有的传感器，在保护管外，安装两个磁性浮子，一个漂浮在液面之上，另一个处于两种液体的分界面处，可以同时测量液位和界位。例如在检测储油罐时，选用磁致伸缩物位计，可以同时测量油水界面高度和液位总高度。与单纯测液位的传感器的区别就是信号处理器，需要测量两个浮子传回来的前后两个张力脉冲的时间差。在大致相同或较低的成本下，磁致伸缩液位计比其他液位测量仪表可以提供更高的精度，获得更佳的经济效益。磁致伸缩液位计，除浮子外无其他可动元件，纯电子信号处理，工作比较可靠。此外，磁致伸缩液位无须定期维修或重新标定，安装成本较低。

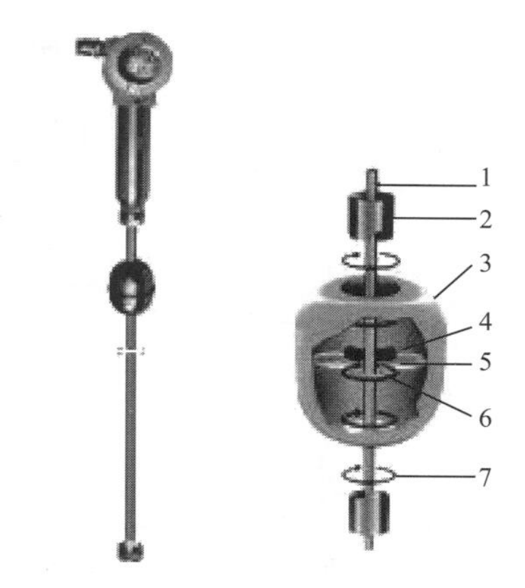

图 2-3-19　磁致伸缩液位传感器的结构

1—波导管；2—外管浮子；3—浮子磁铁；4—浮子磁场；5—波导扭曲装置；6—询问脉冲磁场；7—机械波

【任务实施】

（一）准备相关设备

工业仪表自动化实训台，离心泵 M2 1 台，变频器 1 个，液位变送器 YWWG 0-100kPa 1 个，智能调节仪 AI-519AX3S-24VDC 1 块，电动阀 QS 1 个，250Ω 高精度电阻一个，螺钉旋具若干，导线若干。

（二）具体操作步骤

图 2-3-20 为单回路水箱液位控制系统。本系统的控制任务是控制水箱液位等于给定值所要求的高度。根据控制框图，采用工业智能仪表进行控制。确定方案后，单回路系统设计安装就绪之后，整定调节器的参数，控制质量的好坏与控制器参数选择有着很大的关系。合适的控制参数，可以带来满意的控制效果。反之，控制器参数选择得不合适，则会使控制质量变差，达不到预期效果。

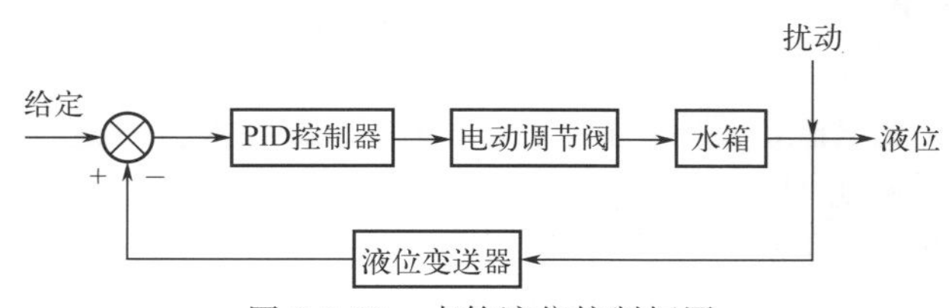

图 2-3-20　水箱液位控制框图

由流体静力学原理可知，一定高度的液体介质自身的重力作用于底面积上，所产生的静压力与液体层高度有关。静压式液位检测方法是通过测量液位高度所产生的静压力来实现液位测量的。根据液位和压力的对应关系 $\Delta p=\rho g H$ 可知，液位和差压成正比，测得差压，就可以实现液位检测。

步骤 1 系统连线。

① 将系统的所有电源开关打在关的位置。

② 按照图 2-3-21 实训电气图将系统接好。

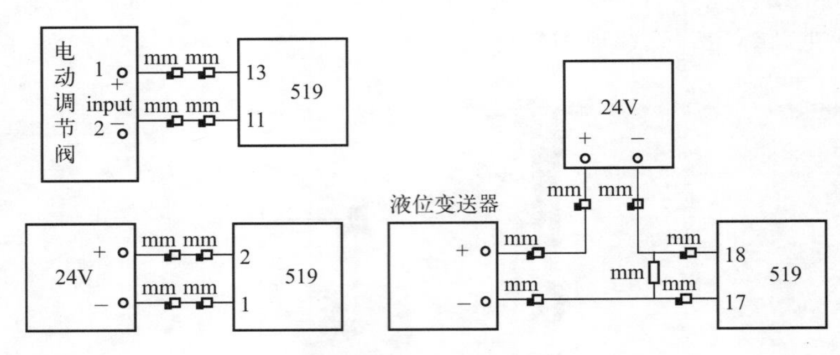

图 2-3-21 实训电气图

步骤 2 启动实训装置。

① 将实训装置的对象部分和控制柜部分的电源插头分别接到单相 220V 的电源上。

② 开启系统对象电源。依顺序打开对象部分的总电源空气开关、电源总开关、离心泵电源开关，则电源指示灯亮。

③ 开启控制柜电源。打开控制柜的总电源空气开关，总电压指示表指示 220V，打开总电源开关，总电源指示灯亮。

步骤 3 智能调节仪操作。

实训仪表参数设置如表 2-3-1 所示。

表 2-3-1 智能调节仪参数表

序号	参数名称	参数值
1	InP	33
2	dPt	0.00
3	SCL	0
4	SCH	100
5	Scb	0
6	OPt	4～20

步骤 4 变频器操作。

打开变频器电源，按下 RUN 按钮，转动旋钮调节变频器频率，使离心泵工作。

步骤 5 改变液位设定值，观察智能调节仪液位显示与液位变送器显示是否变化，记录测量数据，完成液位检测实训。

步骤 6 实训完毕，关闭所有电源开关。

注意事项：

① 实验设备连线时，要关闭所有电源。

② 实验线路接好后，必须经指导老师检查认可后方可接通电源。

③ 在实验暂停期间，应将阀门关闭，防止水箱内的水回流。

（三）任务报告

按照以下要求填写实训报告。

实训报告

1. 画出水箱液位控制系统的方块图。

2. 用接好线路的单回路系统进行投运练习，并叙述无扰动切换的方法。

3. 记录测量数据并进行数据分析。

4. 实验心得体会。

【任务评价】

任务评价以自我评价和教师评价相结合的方式进行，指导教师根据任务评价和学生学习成果进行综合评价，并将结果填写于表 2-3-2 中。

表 2-3-2 物位检测评价表

班级： 第（ ）小组 姓名： 时间：

评价模块	评价内容	分值/分	自我评价	教师评价	综合得分
理论知识	1. 了解物位检测概念与压力单位、物位测量仪表的分类	5			
	2. 掌握直读式物位计的测量原理和用途	5			
	3. 掌握浮力式物位计的原理和用途	5			
	4. 掌握静压式物位计的用途和原理	5			
	5. 了解弹性式压力计和电气式压力表的结构与类型	10			
操作技能	1. 能正确选择物位检测仪表	25			
	2. 能正确进行物位检测仪表的安装和校验	25			
职业素养	1. 场地清洁、安全，工具、设备和材料的使用得当	10			
	2. 团队合作与个人防护	10			
总分（自我评价×40%＋教师评价×60%）					

综合评价：

导师或师傅签字：

任务四 温度检测

1. 掌握温度、温标的概念。
2. 掌握测温仪表的分类。
3. 掌握常用温度计的原理及应用。
4. 了解温度变送器的结构和原理，能对温度变送器进行校验。
5. 掌握温度变送器的校验及数据分析处理的方法。
6. 培养创新意识和安全意识，培养爱岗敬业的精神。

案例导入

在生活中大多数时候用的是摄氏温度，但有时候还会见到华氏温度、热力学温度，那么它们之间有什么关系？

问题与讨论：

大家都知道用体温计可以完成对体温的测量，那么更高的温度呢？比如开水的温度、加热炉的温度、炼钢炉的温度又该如何测量？

【知识链接】

一、温度、温标及温度测量仪表的分类

温度检测概述

1. 温度和温标

(1) 温度　是表征物体冷热程度的物理量。从微观上讲，温度表示物质内部分子热运动平均动能的大小。温度越高，表示物体内部分子热运动越剧烈。

(2) 温标　是用来量度物体温度数值的标尺。目前国际上用得较多的温标有摄氏温标、华氏温标、热力学温标和国际实用温标。

2. 温度测量仪表的分类

温度测量仪表的分类方法有很多。

(1) 按测温方式　可分为接触式和非接触式两大类。接触式测温仪表比较简单、可靠，测量精度较高。但因其测温元件与被测介质需要进行充分的热交换，需要一定的时间才能达到热平衡，所以存在测温的延迟现象，同时受耐高温材料的限制，不能应用于很高温度的测量。非接触式仪表测温是通过热辐射原理来测量温度的，测温元件不需与被测介质接触，测温范围广，不受测温上限的限制，也不会破坏被测物体的温度场，反应速度一般也比较快。但受到物体的发射率、测量距离、烟尘和水汽等外界因素的影响，其测量误差较大。

(2) 按工作原理　可分为膨胀式、电阻式、热电式、辐射式等。

(3) 按输出方式　可分为自发电型、非电测型等。

(4) 按用途　可分为基准温度计和工业温度计。

常用的工业测温方法有以下几种。

可以根据成本、精度、测温范围及被测对象的不同，选择不同的温度测量仪表。表 2-4-1 所示为常用测温仪表类型、测温范围和特点。

表 2-4-1　常用测温仪表类型、测温范围和特点

<table>
<tr><th>测温方式</th><th colspan="3">温度计或传感器类型</th><th>测温范围/℃</th><th>精度/%</th><th>特点</th></tr>
<tr><td rowspan="10">接触式</td><td rowspan="4">热膨胀式</td><td colspan="2">玻璃水银</td><td>-50～650</td><td>0.1～1</td><td>简单方便，易损坏（水银污染）</td></tr>
<tr><td colspan="2">双金属</td><td>0～300</td><td>0.1～1</td><td>结构紧凑，牢固可靠</td></tr>
<tr><td rowspan="2">压力</td><td>液体</td><td>-30～600</td><td rowspan="2">1</td><td rowspan="2">耐振，坚固，价格低廉</td></tr>
<tr><td>气体</td><td>-20～350</td></tr>
<tr><td>热电偶</td><td colspan="2">铂铑-铂
其他</td><td>0～1600
-20～1100</td><td>0.2～0.5
0.4～1.0</td><td>种类多，适应性强，结构简单，经济方便，应用广泛。需注意寄生热电动势及动圈式仪表电阻对测量结果的影响</td></tr>
<tr><td rowspan="2">热电阻</td><td colspan="2">铂
镍
铜</td><td>-260～600
-500～300
0～180</td><td>0.1～0.3
0.2～0.5
0.1～0.5</td><td>精度及灵敏度均较好，需注意环境温度的影响</td></tr>
<tr><td colspan="2">热敏电阻</td><td>-50～350</td><td>0.3～0.5</td><td>体积小，响应快，灵敏度较高，线性差</td></tr>
<tr><td rowspan="2">非接触式</td><td colspan="3">辐射式温度计
光学高温计</td><td>800～3500
700～3000</td><td>1
1</td><td>非接触测温，不干扰被测温场，辐射率影响小，应用简便</td></tr>
<tr><td colspan="3">热探测器
热敏电阻探测器
光子探测器</td><td>200～2000
-50～3200
0～3500</td><td>1
1
1</td><td>非接触测温，不干扰被测温场，测温范围大，适于测温度分布，易受外界干扰，标定困难</td></tr>
<tr><td>其他</td><td>示温涂料</td><td colspan="2">碘化银、二碘化汞、氯化铁、液晶等</td><td>-35～2000</td><td><1</td><td>测温范围大，经济方便，特别适于大面积连续运转零件上的测温，精度低，人为误差大</td></tr>
</table>

二、膨胀式温度计

膨胀式温度计是利用液体、气体或固体热胀冷缩的性质，即利用测温敏感元件在受热后尺寸或体积发生变化，并根据尺寸或体积的变化值得到温度的变化值，膨胀温度计分为液体膨胀式温度计和固体膨胀式温度计两大类。

1. 液体膨胀式温度计

玻璃管液体温度计是利用液体受热后体积随温度膨胀的原理工作的，是应用最广泛的一种温度计，其结构简单、使用方便、准确度高、价格低廉。

如图 2-4-1 所示，玻璃管液体温度计主要由玻璃温包、毛细管、工作液体和刻度标尺等组成。玻璃温包和毛细管连通，内充工作液体。当玻璃温包插入被测液体中时，由于被测介质温度的变化，温包中的液体膨胀或收缩，因而沿毛细管上升或下降，由刻度标尺显示出温度的数值。

玻璃管温度计按用途分类，可分为工业用玻璃管液体温度计、标准玻璃管液体温度计两类，可用来检定其他温度计，准确度高，测量绝对误差可达 0.05～0.1℃。工业用玻璃管液体温度计为了避免使用时被碰碎，在玻璃管外通常罩有金属保护套管，仅露出标尺部分，供操作人员读数，如图 2-4-1 所示。另外，保护管上还有安装到设备上的固定连接装置（一般采用螺纹连接）。

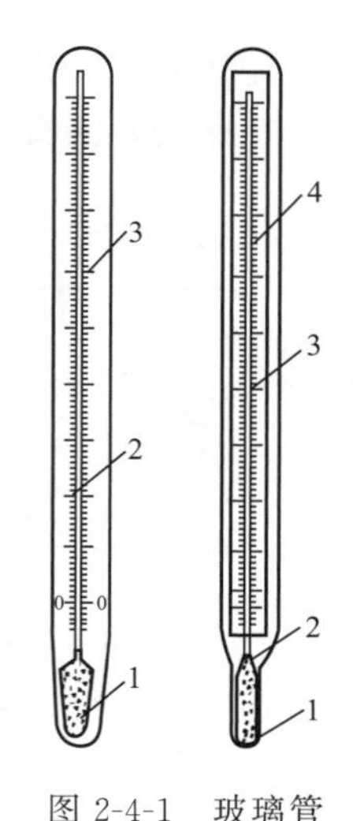

图 2-4-1 玻璃管液体温度计

1—玻璃漏包；2—毛细管；3—刻度标尺；4—工作液体

2. 双金属温度计

双金属温度计是利用两种线胀系数不同的金属元件的膨胀差异来测量温度的。双金属片是由两种线胀系数不同的金属薄片叠焊在一起制成的测温元件，如图 2-4-2（a）所示，其中双金属片的一端为固定端，另一端为自由端。当 $t=t_0$ 时，两金属片都处于水平位置；当 $t>t_0$ 时，双金属片受热后由于两种金属片的线胀系数不同而使自由端产生弯曲变形，弯曲的程度与温度的高低成正比，即

$$x=G\frac{l^2}{d}(t-t_0) \tag{2-4-1}$$

式中，x 为双金属片自由端的位移；l 为双金属片的长度；d 为双金属片的厚度；G 为弯曲率，取决于双金属片的材料。

双金属片常被用作温度继电控制器、温度开关或仪表的温度补偿器。

工业上应用的双金属温度计为了提高仪表的灵敏度，将双金属片制成螺旋形，如图 2-4-2（b）所示。实际的双金属温度计的结构如图 2-4-3 所示，螺旋形双金属片的一端固定在测量管的下部，另一端为自由端，与指针轴焊接在一起。当被测温度发生变化时，双金属片自由端发生位移，使指针轴转动，由指针指示出被测温度值。

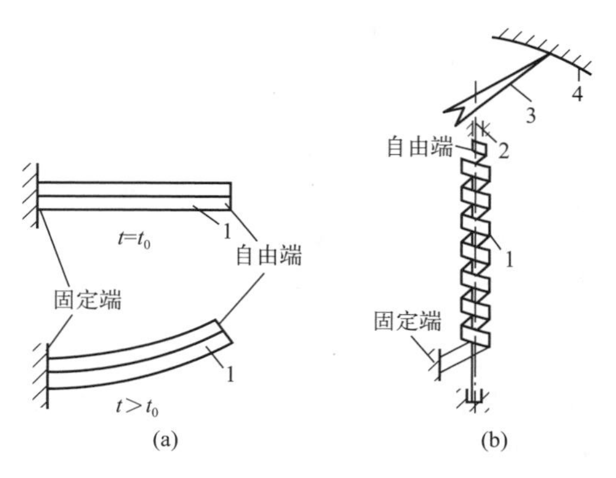

图 2-4-2 双金属温度计测温原理

1—双金属片；2—指针轴；3—指针；4—刻度盘

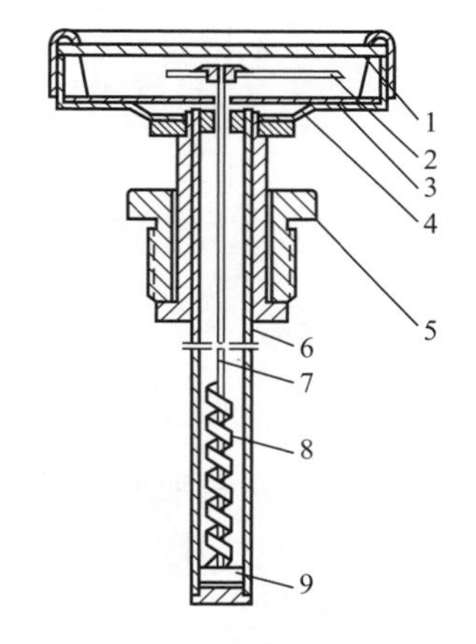

图 2-4-3 双金属温度计

1—表玻璃；2—指针；3—刻度盘；4—表壳；5—安装压帽；6—金属保护管；7—指针轴；8—双金属螺旋；9—固定端

双金属温度计结构简单、耐振动、耐冲击、使用方便、维护容易、价格低廉，适于振动较大场合的温度测量。目前国产双金属温度计的使用温度范围为 $-80\sim600$℃，可部分取代水银温度计，用于气体、液体及蒸汽的温度测量，准确度等级为 1～2.5 级，但测量滞后较大。

三、热电偶温度计

热电偶温度计是利用热电偶传感器的热电效应实现温度测量的仪表。

热电偶温度计（一）

热电偶能将温度转换成毫伏级热电势信号输出，通过导线连接显示仪表和记录仪表，进行温度指示、报警及温度控制等，如图 2-4-4 所示。

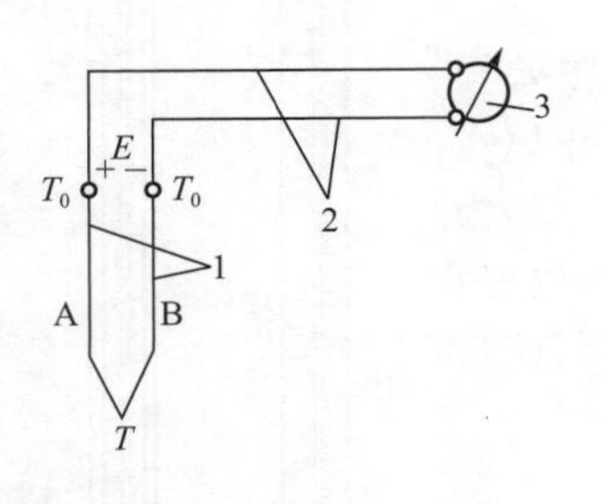

图 2-4-4 热电偶温度计
1—热电偶；2—连接导线；3—显示仪表

由于热电偶性能稳定、结构简单、使用方便、测温范围广、有较高的准确度，信号可以远传，所以在工业生产和科学实验中应用十分广泛。

1. 热电偶测温原理

（1）热电效应 将两种不同成分的导体组成一个闭合回路，当闭合回路的两个节点分别置于不同的温度场中时，回路中将产生一个电势，这种现象称为"热电效应"。热电偶由两根不同的导体材料将一端焊接或绞接而成。组成热电偶的两根导体称为热电极：焊接的一端称为热电偶的热端，又称测量端；与导线连接的一端称为热电偶的冷端，又称参考端。

热电偶产生热电动势由温差电动势和接触电动势两部分组成。

① 温差电动势。当同一导体的两端温度不同时，由于高温端（T）的电子能量比低温端（T_0）大，因此导体内的自由电子将从温度高的一端向温度低的一端扩散，如图 2-4-5 (a) 所示，则高温端失去电子带正电，低温端得到电子带负电。电子电荷的积累，在导体内建立一静电场 E_S。当电场对电子的作用力与扩散力平衡时，扩散作用达到动态平衡。温差电势与材料性质和导体两端的温度有关。如果两接点的温度相同，温差电势为零。

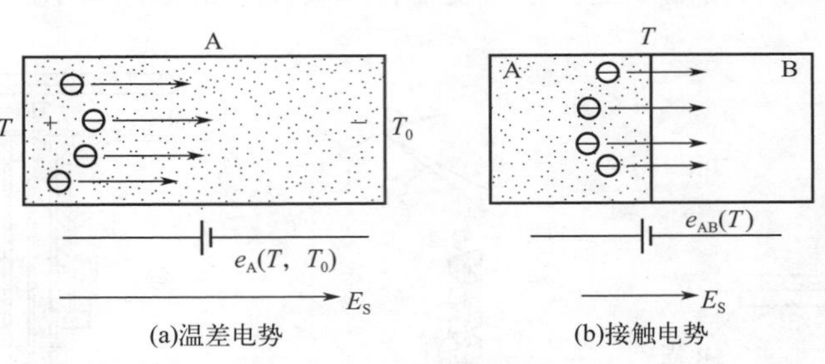

图 2-4-5 温差电势与接触电势

加热水箱温度定值控制实训

② 接触电势。在两种不同导体 A、B 接触时，由于材料不同，两者有不同的电子密度，则在单位时间内，从导体 A 扩散到导体 B 的自由电子数比相反方向的多，即自由电子主要从导体 A 扩散到导体 B，这时导体 A 因失去电子而带正电，导体 B 因得到电子而带负电，如图 2-4-5（b）所示。因此，在接触面上形成了自 A 到 B 的内部静电场。此静电场将阻止电子的扩散运动，并加速电子从 B 到 A 的反方向扩散，最后达到动态平衡。所产生的电位差，即为接触电动势。其大小与温度、材料的电子密度有关。温度越高，接触电势越大，两金属电子密度比值越大，接触电势也越大。

热电偶回路总电势对于导体 A 和 B 组成的热电偶回路，如图 2-4-6 所示。当接点温度不同时，回路中总热电势为

$$E_{AB}(T, T_0)=E_{AB}(T)-E_{AB}(T_0)+E_A(T, T_0)-E_B(T, T_0) \tag{2-4-2}$$

在总电动势中，由于温差电动势比接触电动势小很多，可忽略不计，又由于 $T>T_0$，$N_A>N_B$，因此，回路总电势 $E_{AB}(T, T_0)$ 中，热端处接触电势 $E_{AB}(T)$ 占主导地位，且 A 为正极，B 为负极。

对于已选定的热电偶，材料 A、B 的电子密度为已知函数，由式（2-4-2）可得到

$$E_{AB}(T, T_0)=f(T)-F(T_0) \qquad (2\text{-}4\text{-}3)$$

当参考端的温度 T_0 恒定时，$F(T_0)=C$ 为常数，则

$$E_{AB}(T, T_0)=f(T)-C=\phi(T) \qquad (2\text{-}4\text{-}4)$$

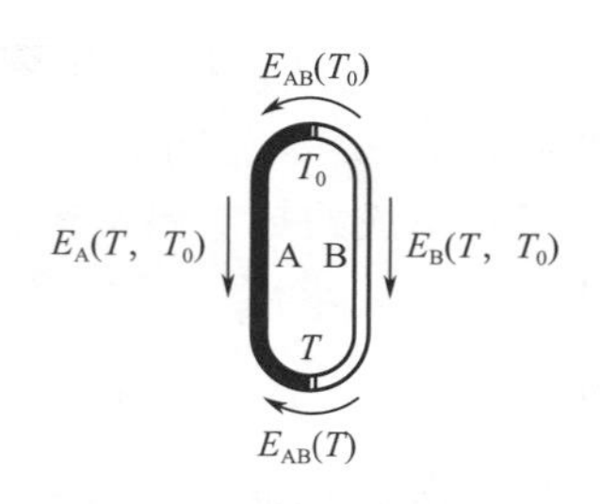

图 2-4-6 热电偶回路电势

由此可知，当热电偶回路的冷端保持温度不变，则热电偶回路总电势只随热端的温度变化而变化。两端的温差越大，回路总电势也越大，回路的总电势为 T 的函数。这就是热电偶测温的基本原理。

在实际应用中，热电势与温度之间的关系是通过热电偶分度表来确定的。分度表是在参考端温度为 0℃时，通过实验建立的热电势与工作端温度之间的数位对应关系。

（2）热电偶的基本定律

① 均质导体定律。两种均质导体组成的热电偶，其电势大小与热电极直径、长度及沿热电极长度上的温度分布无关，只与热电极材料和两端温度有关。

如果材质不均匀，则当热电极上各处温度不同时，将产生附加电动势，造成无法估计的测量误差，因此，热电极材料的均匀性是衡量热电偶质量的重要指标之一。

② 中间导体定律。若在热电偶回路中插入中间导体（第三种导体），则只要中间导体两端温度相同，就对热电偶回路的总热电势无影响，如图 2-4-7 所示。

利用热电偶来实际测温时，连接导线、显示仪表和接插件等均可看成是中间导体，只要保证这些中间导体两端的温度各自相同，则对热电偶的热电势没有影响。因此中间导体定律对热电偶的实际应用是十分重要的。在使用热电偶时，应尽量使上述元器件两端的温度相同，才能减少测量误差。

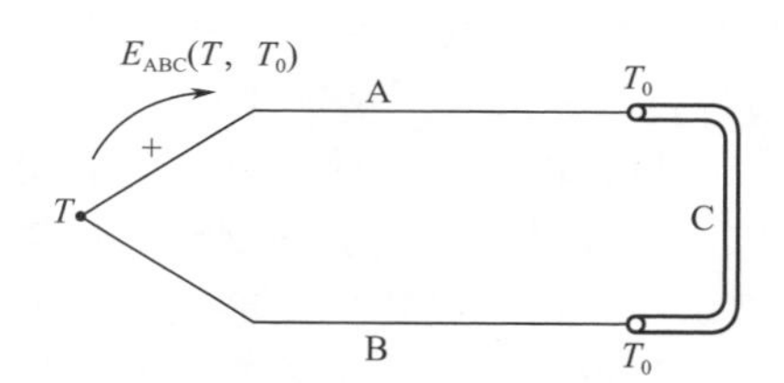

图 2-4-7 具有中间导体的热电偶回路

③ 中间温度定律。热电偶 A、B 两接点的温度分别为 T、T_0 时所产生的热电势 $E_{AB}(T, T_0)$ 等于该热电偶在 T、T_n 及 T_n、T_0 时的热电势 $E_{AB}(T, T_n)$ 与 $E_{AB}(T_n, T_0)$ 的代数和，这就是中间温度定律，如图 2-4-8 所示。可用式（2-4-5）表示

$$E_{AB}(T, T_0)=E_{AB}(T, T_n)+E_{AB}(T_n, T_0) \qquad (2\text{-}4\text{-}5)$$

根据这定律，只要给出自由端为 0℃时的“热电势—温度”关系，就可以求出冷端为任意温度 T_0 时热电偶的热电势。

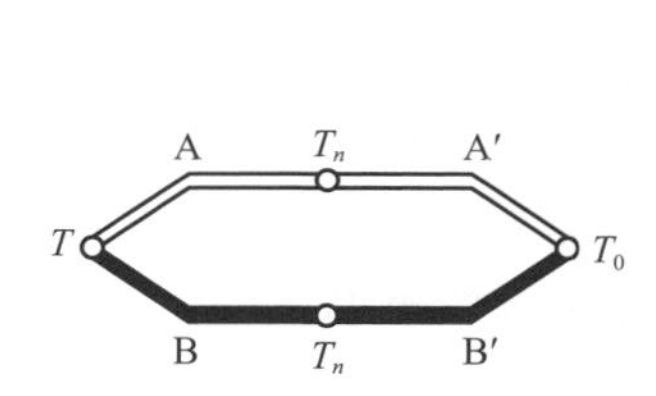

图 2-4-8 热电偶中间温度分布影响

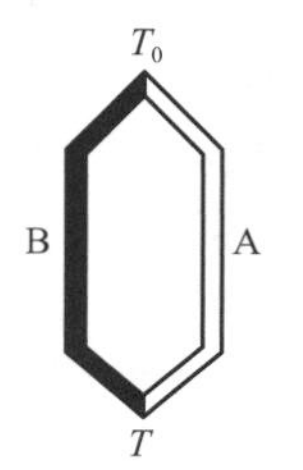

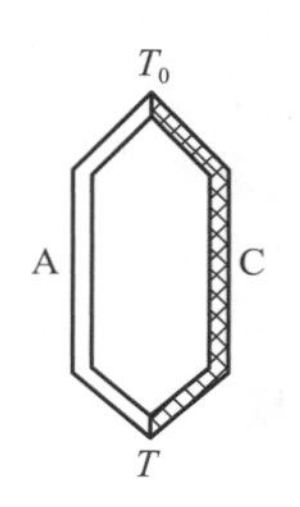

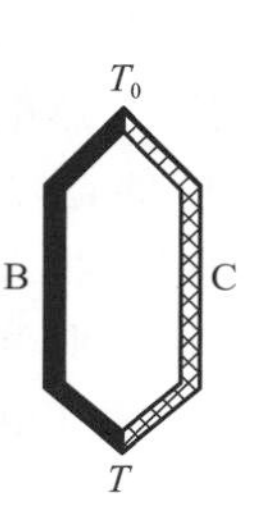

图 2-4-9 标准电极定律

④ 标准电极定律。由 3 种材料成分不同的热电极 A、B、C 分别组成 3 对热电偶如图 2-4-9 所示。在相同节点温度（T，T_0）下，如果热电极 A 和 B 分别与热电极 C（称为标准电极）组成的热电偶所产生的热电势已知，则由热电极 A 和 B 组成的热电偶的热电势可按式（2-4-6）求出

$$E_{AB}(T, T_0)=E_{AC}(T, T_0)-E_{BC}(T, T_0) \tag{2-4-6}$$

标准电极 C 通常用纯度很高、物理化学性能非常稳定的铂制成，称为标准铂热电极。用标准电极定律可大大简化热电偶的选配工作，只要已知任意两种电极分别与标准电极配对的热电势，即求出这两种热电极配对的热电偶的热电势，而不需要测定。

例 1： 当 T 为 100℃，T_0 为 0℃时，铬合金-铂热电偶的 E（100℃，0℃）=4.13mV，铝合金-铂热电偶的 E（100℃，0℃）=－1.02mV，求铬合金-铝合金组成热电偶的热电动势 E（100℃，0℃）。

解：设铬合金为 A，铝合金为 B，铂为 C。

$$E_{AC}(100℃, 0℃)=3.13\text{mV} \qquad E_{BC}(100℃, 0℃)=-1.02\text{mV}$$

根据标准电极定律：

则 E_{AB}（100℃，0℃）$=E_{AC}$（100℃，0℃）$-E_{BC}$（100℃，0℃）=3.13+1.02=4.15（mV）

2. 常用热电偶的结构类型及特点

（1）热电偶的类型及特点　任何不同的导体或半导体构成的回路均可以产生热电效应，但并非所有导体或半导体均可用热电极来组成热电偶，必须对它们进行严格选择。作为热电极的材料应满足如下基本要求：

① 材料的热电性能不随时间而变化，即热电特性稳定。

② 电极材料有足够的物理、化学稳定性，不易被氧化和腐蚀。

③ 产生的热电势要足够大，热电灵敏度高。

④ 热电势与温度关系要具有单调性，最好呈线性或近似线性关系，便于仪表均匀刻度。

⑤ 材料复现性好，便于大批生产和互换。

⑥ 材料组织均匀，力学性能好，易加工成丝。

⑦ 材料的电阻温度系数小，电阻率要低。

能够完全满足上述要求的材料是很难找到的，因此在应用中应根据具体应用情况选用不同的热电极材料。国际电工委员会（IEC）对其中公认的性能较好的热电极材料制定了统一标准。我国大部分热电偶按 IEC 标准进行生产。

① 标准热电偶。热电偶名称由热电极材料命名，正极写在前面，负极写在后面。下面简要介绍各种标准热电偶的性能和特点。

a. 铂热电偶（S 型）。这是一种贵重金属热电偶，其分度号为 S。正极为铂铑合金，负极是商用纯铂，热电极直径为 0.5mm 以下。

S 型热电偶在热电偶系列中准确度最高，常用于科学研究和测量准确度要求比较高的生产过程中。它的物理和化学性能良好，热性能和高温下抗氧化性能好，适于在氧化和惰性气氛中使用。在工业测温中，一般可长期用在 1300℃以下测量温度，在良好的使用环境下，可短期测量 1600℃的温度。S 型热电偶的热电势偏小，热电动势率也比较小，因而灵敏度低。此外材料价格昂贵。

b. 铂铑 13-铂热电偶（R 型）。这种热电偶也是贵重金属热电偶，分度号为 R。它的正极为铂锗合金，负极为商用纯铂。其性能和使用温度范围与 S 型热电偶基本相同，其

热电动势比S型热电偶稍大，灵敏度也较高些。我国较少生产这种热电偶，所以目前使用也较少。

c. 铂铑30-铂铑6热电偶（B型）。这种热电偶是比较理想的测量高温的热电偶，也是一种贵重金属热电偶，其分度号为B。它的热电极均为铂铑合金。可长期测量1600℃的高温，短期可测量1800℃。

B型热电偶宜在氧化性和惰性气氛中使用，也可短时间用于真空中。应注意，它不适用于还原性气氛或含有金属或非金属蒸汽的气氛中，除非使用密封性非金属保护管保护。它的高温稳定性主要取决于保护管材料的质量，最好使用低铁高纯氧化铝做保护管或绝缘材料。

这种热电偶热电势极小、灵敏度低，不能应用于0℃以下温度测量。这种热电偶当冷端温度在0～50℃范围内使用时可以不必修正，查阅分度表可知50℃时其热电势只有2μV。

d. 镍铬-镍硅热电偶（K型）。镍铬-镍硅热电偶是目前使用十分广泛的廉价金属热电偶，分度号为K。其正极为镍铬合金，负极为镍硅锰合金，热电极直径为1～4.2mm。

K型热电偶测温范围－270～＋1300℃，长期使用最高温度为900℃。在500℃以下可在还原性、中性和氧化性气氛中可靠地工作，但在500℃以上只能在氧化性或中性气氛中工作。镍铬-镍硅热电偶具有热电势率大，灵敏度高；线性度好，显示仪表刻度均匀；抗氧化性能比其他廉价金属热电偶好；价格便宜等优点，虽然其测量精度较低，但能满足工业测温要求，是工业上最常用的廉价热电偶。

e. 镍铬硅-镍硅热电偶（N型）。这种热电偶是一种很有发展潜力的标准化镍基合金热电偶，是国际新认定的标准热电偶，其分度号为N。N型热电偶是一种比K型热电偶更好的，能用于1200℃环境下的廉价金属热电偶，其抗氧化能力强，不受短程有序化的影响。除非有保护管保护，这种热电偶也像K型热电偶一样，不能在高温下用于硫、还原性或还原与氧化交替的气氛中，高温下不能用于真空中。

f. 镍铬-康铜热电偶（E型）。它是一种能测量低温的廉价金属热电偶，分度号为E，测量低温精度很高。它的正极与K型正极相同，负极为铜镍合金，热电极直径一般为1～4.2mm。

E型热电偶是应用比较普遍的热电偶，测温范围为－200～＋800℃。这种热电偶稳定性好，常用于氧化性或惰性气氛中；热电动势率很大，可测量微小变化的温度；价格便宜。

g. 铜-康铜热电偶（T型）。铜-康铜热电偶是一种测量精度较高的廉价金属热电偶，广泛用于－248～＋370℃温度范围测量。其分度号为T，正极为铜，负极为铜镍合金。T型热电偶的热电势率较大，热电特性良好，材料质地均匀，价格低廉。特别是在－200～0℃范围内，性能稳定性高，可作为二等计量标准热电偶。

h. 铁-康铜热电偶（J型）。这种热电偶也是一种工业中广泛应用的廉价金属热电偶，分度号为J。其正极为商用铁，负极为铜镍合金，与E、T型热电偶相似，但含有略多一些的铅、铁和锰，它不能用E、T型负极来替换。

J型热电偶热电率较高，热电特性线性好，它不仅可以在氧化性、惰性气氛及真空中使用，还可以在还原性气氛中使用。其测量温区可覆盖－210～＋1200℃，由于铁高温下易氧化，这种热电偶常用于0～760℃测温范围。

② 非标准热电偶。非标准化热电偶在生产工艺上还不够成熟，在应用范围和数量上均不如标准化热电偶。它没有统一的分度表，也没有与其配套的显示仪表。但这些热电偶具有某些特殊性能，能满足某些特殊条件下测温的需要，如超高温、极低温、高真空或核辐射环境，因此在应用方面仍有重要意义。非标准化热电偶有铂铑系、铱铑系、钨铼系及金铁热电偶、双铂钼热电偶等。

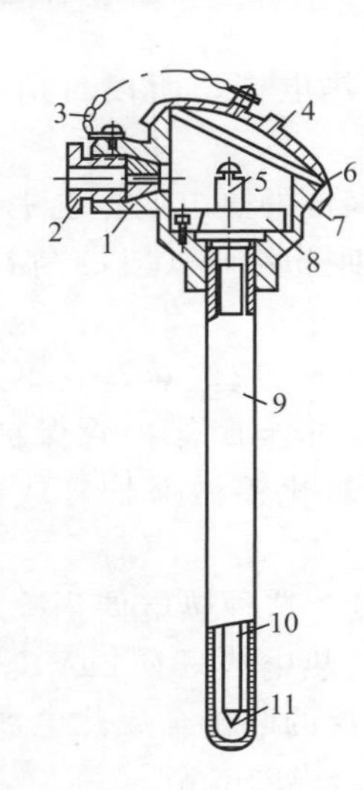

图 2-4-10 普通热电偶结构

1—出线孔密封圈；2—出线孔压紧螺母；3—防掉链；4—接线盒盖；5—接线柱；6—密封圈；7—接线盒座；8—接线绝缘座；9—保护套管；10—绝缘管；11—热电极

(2) 普通热电偶的结构

热电偶温度计（二）

① 普通型热电偶的组成。普通型热电偶的结构主要包括热电极、保护套管、绝缘子、接线盒和安装固定件等，如图 2-4-10 所示。主要用于测量气体、蒸汽、液体等介质的温度。由于使用的条件基本相似，所以这类热电偶结构已有通用标准，其组成基本相同。

a. 热电极。热电极为感温元件，其中一端焊接在一起，用于感受被测的温度；另一端接在接线盒内接线柱上，与外部接线连接，输出感温元件产生的热电势。贵金属热电极的直径为 0.015～0.5mm，普通金属热电极的直径为 0.2～4.2mm。热电极的长度根据测温的要求，一般为 0.35～2m。

b. 绝缘管。绝缘管套在热电极上，用以防止热电极短路。常用绝缘材料见表 2-4-2。

为了使用方便，常将绝缘材料制成圆形或椭圆形管状绝缘套管，其结构形式通常为单孔、双孔、四孔以及其他规格。

c. 保护管。为延长热电偶的使用寿命，使之免受化学和机械损伤，通常将热电极（含绝缘套管）装入保护管内，起到保护、固定和支撑热电极的作用。作为保护管的材料应有较好的气密性，不使外部介质渗透到保护管内；有足够的机械强度，抗弯抗压；物理、化学性能稳定，不产生对热电极的腐蚀；高温环境使用，耐高温和抗振性能好。常用保护管的材料及其适用温度见表 2-4-3。保护管选用一般根据测温范围、加热区长度、环境气氛以及测温滞后要求等条件决定。

表 2-4-2 常用绝缘材料使用温度

材料名称	使用温度上限/℃	材料名称	长期使用温度/℃
聚乙烯	80	高纯氧化铝	1600
聚四氟乙烯	250	石英	1100
天然橡胶	60～80	陶瓷	1200
硅橡胶	250～300	氧化钍	2500
玻璃和玻璃纤维	400		

表 2-4-3 常用保护管材料

材料名称	熔点/℃	长期使用温度/℃	材料名称	熔点/℃	长期使用温度/℃
铜	1084	350	石英（$SiO_2$99%）	1705	1100
低碳钢（20[#]）	1400	600	氧化铝（$Al_2O_3$99%）	2050	1600
不锈钢（1Cr18Ni9Ti）	1480	900	氧化镁（MgO99.8%）		2000
高铬铸铁（28Cr）		1100	氧化铍（BeO99.8%）	2530	2100
高温钢（Cr25Ti）		100	氧化锆（ZrO_2）	2600	2400
高温不锈钢（CH40）		1200	碳化硅	2300	1700

d. 接线盒。热电偶的接线盒用来固定接线座和连接外接导线，起着保护热电极免受外界侵蚀，以及使外接导线与接线柱良好接触的作用。热电极、绝缘套管和接线座组成热电偶的感温元件，如图 2-4-11 所示，一般制成通用性部件，可以装在不同的保护管和接线盒中。接线座作为热电偶感温元件和热电偶接线盒的连接件，将感温元件固定在接线盒上，其材料一般使用耐火陶瓷。

② 普通型热电偶的结构。普通型热电偶的结构形式根据保护管形状、固定装置形式和接线盒类型组装而成，如图 2-4-12 所示为直形螺纹连接防溅式热电偶的构造。

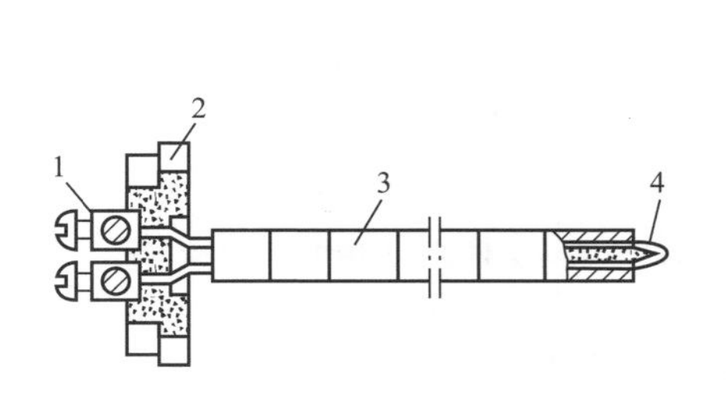

图 2-4-11　热电偶感温元件

1—接线柱；2—接线座；3—绝缘套管；4—热电极

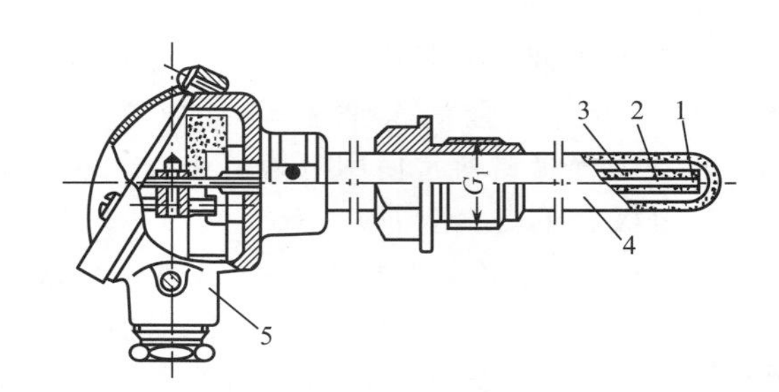

图 2-4-12　直形螺纹连接防溅式热电偶的构造

1—测量端；2—热电极；3—绝缘套管；4—保护管；5—接线盒

下面介绍几种常见结构形式。

a. 直形无固定装置热电偶。如图 2-4-13 所示，L 表示热电偶的总长度，l 表示插入深度，l_0 表示不插入部分长度。图 2-4-13（b）为非金属保护管，不插入部分加装金属加固管。

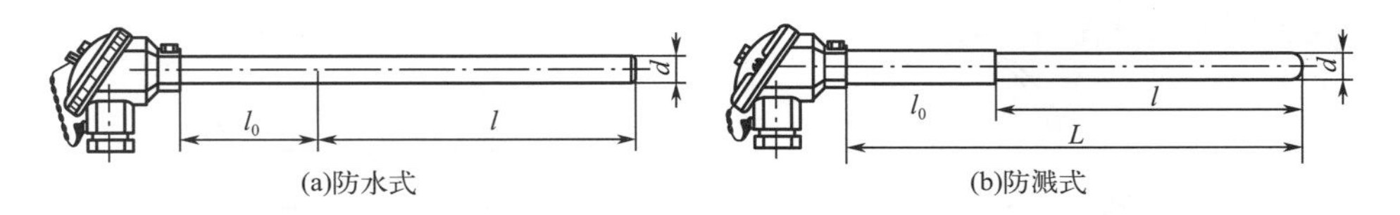

图 2-4-13　直形无固定装置热电偶

b. 直形螺纹连接头固定热电偶。螺纹连接头固定，一般适用于无腐蚀介质的管道安装，具有体积小、安装紧凑的优点，可耐一定压力（0～6.3MPa），结构形式如图 2-4-14 所示。

c. 锥形螺纹连接头固定热电偶。结构形式如图 2-4-15 所示，适用于在压力达 19.6MPa，液体、气体或蒸汽流速达 80m/s 的管道上进行温度测量。

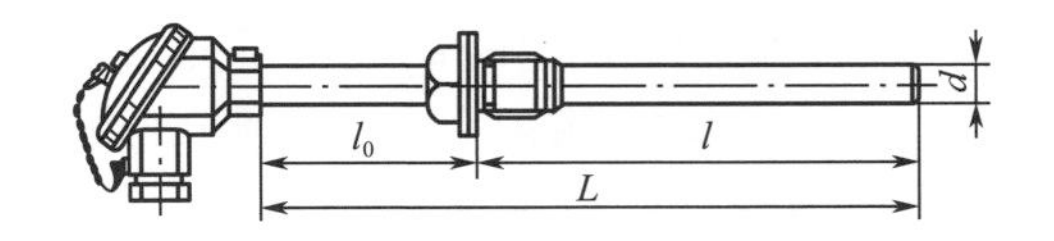

图 2-4-14　直形螺纹连接头固定热电偶

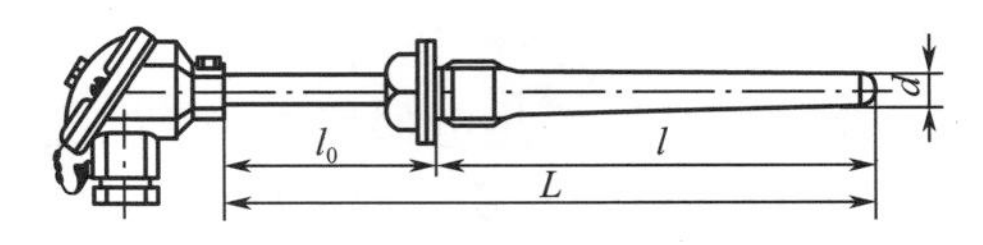

图 2-4-15　锥形螺纹连接头固定热电偶

d. 直形法兰固定热电偶。结构形式如图 2-4-16 所示，固定法兰热电偶适用于在设备上以及高温、腐蚀性介质的中、低压管道上安装，具有适用性广、防腐蚀、方便维护等特点。活动法兰热电偶的活动法兰在金属保护管上，可以移动调节，改变插入深度，适用于常压设备及需要移动或临时性的测温场所。

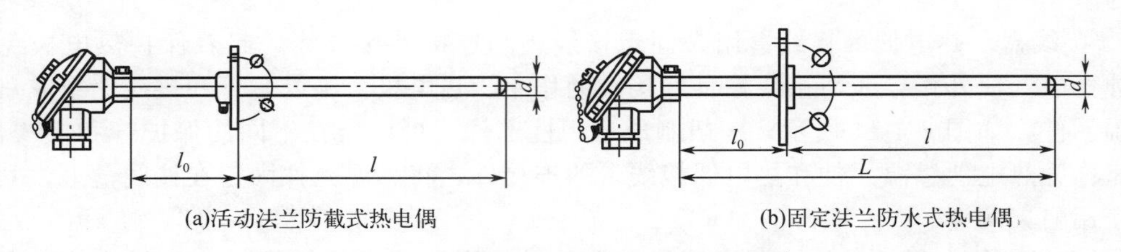

图 2-4-16 直形法兰固定装置热电偶

③ 特殊热电偶。

a. 铠装热电偶。它是由金属套管、绝缘材料和热电极经焊接、密封和装配等工艺制成的坚实的组合体。金属套管材料通常为铜、不锈钢（1Cr18NigTi）和镍基高温合金（GH30）等，绝缘材料常使用电熔氧化镁、氧化铝、氧化铍等的粉末，热电极无特殊要求。套管中热电极有单支（双芯）、双支（四芯）之分，彼此间互不接触。我国已生产 S 型、R 型、B 型、K 型、E 型、J 型和铱锗 40-铱等铠装热电偶，套管长达 100m 以上。铠装热电偶已达到标准化、系列化。铠装热电偶体积小，热容量小，动态响应快，可挠性好，具有良好的柔软性，强度高，耐压、耐振、耐冲击，因此被广泛应用于工业生产过程。

如图 2-4-17 所示为铠装热电偶结构图，其结构特点是热电偶可做得很细很长，并且可弯曲。热电偶的套管外径最细能达 0.25mm，长度可达 10m 以上，便于在复杂场合安装，特别适用于结构复杂（如狭小弯曲管道内）的温度测量。

b. 薄膜型热电偶。薄膜热电偶如图 2-4-18 所示。它是用真空蒸镀的方法，把热电极材料蒸镀在绝缘基板上而制成的。测量端既小又薄，厚度约为几个微米，热容量小，响应速度快，便于敷贴，适用于测量微小面积上的瞬变温度。

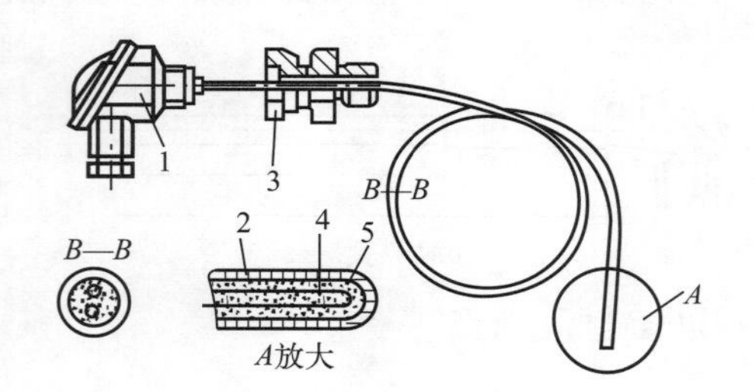

图 2-4-17 铠装热电偶

1—接线盒；2—保护管；3—固定装置；4—绝缘材料；5—热电极

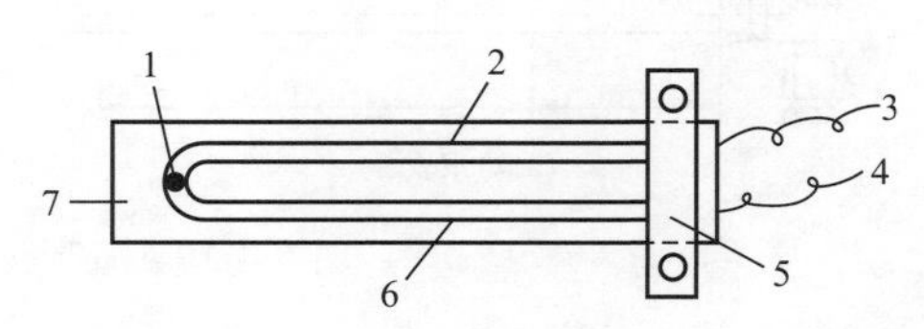

图 2-4-18 铁镍薄膜热电偶

1—测量接点；2—铁膜；3—铁丝；4—镍丝；5—接头夹具；6—镍膜；7—衬架

c. 快速微型热电偶。快速微型热电偶是一种一次性的专门用来测量钢水和其他熔融金属温度的热电偶，其结构如图 2-4-19 所示。当热电偶插入钢液后，保护钢帽迅速熔化，此时 U 形管和被保护的热电偶工作端暴露于钢液中，在 4～6s 内测出温度。在测出温度后，热电偶和石英保护管以及其他部件都被烧坏，因此也称为消耗式热电偶。

3. 热电偶的冷端补偿

由热电偶测温原理可知，热电偶的输出热电势是热电偶两端温度 T 和 T_0 差值的函数。当冷端温度 T_0 不变时，热电势才与工作端温度成单值函数关系。各种热电偶温度与热电势关系的分度表都是在冷端温度为 0℃时做出的，因此用热电偶测量时，若要直接应用热电偶的分度表，就必须满足 $T_0=0$℃的条件。但在实际测温时，由于热电偶长度有限，自由端温度将直接受到被测物温度和周围环境温度的影响。例如，热电偶安装在电炉壁上，而自由端放在接线盒内，电炉壁周围温度不稳定，波及接线盒内的自由端，造成测量误差。这样 T_0 不但不是 0℃，而且也不恒定，因此将产生误差。

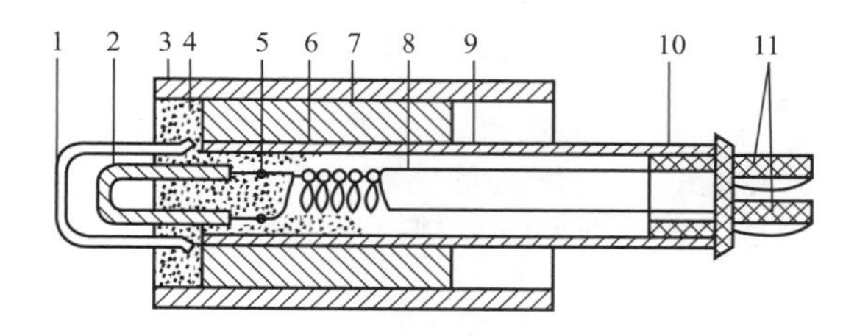

图 2-4-19　快速微型热电偶

1—钢帽；2—石英管；3—纸环；4—绝热水泥；5—电热极；6—棉花；7—绝热纸管；8—补偿导线；9—纸管；10—塑料插座；11—簧片

一般情况下，冷端温度均高于 0℃，热电势总是偏小。常用的消除或补偿这个损失的方法有以下几种。

（1）补偿导线法　一般温度显示仪表安装在远离热源、环境温度较稳定的地方（如控制室），而热电偶通常做得较短（满足插入深度即可），其冷端（即接线盒处）在现场。用普通铜导线连接，冷端温度变化将给测量结果带来误差。若将热电极做得很长，一方面对于贵重金属热电偶很不经济，另一方面热电极线路不便于敷设且易受干扰影响，显然是不可行的。解决这一问题的方法是使用补偿导线。

补偿导线接线方式如图 2-4-20 所示，补偿导线是由两种不同性质的廉价金属材料制成的，在一定温度范围内（0～100℃）与所配接的热电偶具有相同的热电特性的特殊导线。补偿导线将热电极延伸至显示仪表的接线端，使回路热电势仅与热端和补偿导线与仪表接线端（新冷端）温度 T_0 有关，而与热电偶接线盒处（原冷端）温度变化无关，起到了延伸热电极的作用。由于使用补偿导线，在测温回路中产生了新的热电势，实现了一定程度的冷端温度自动补偿。

若新冷端温度不能恒定为 0℃，则不能实现冷端温度的“完全补偿”，还需要配以其他补偿方法。必须指出，补偿导线本身不能消除新冷端温度变化对回路热电势的影响，只能使新冷端温度恒定。补偿导线分为延伸型（X）补偿导线和补偿型（C）补偿导线。延伸型补偿导线选用的金属材料与热电极材料相同；补偿型补偿导线所选金属材料与热电极材料不同。常用热电偶补偿导线见表 2-4-4。

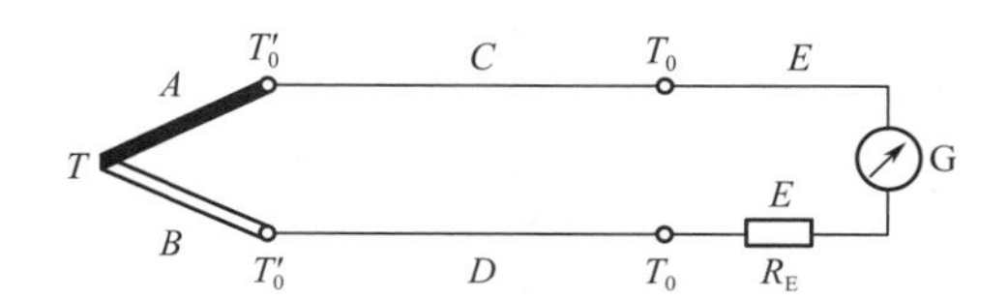

图 2-4-20　补偿导线连接方式

表 2-4-4　常用热电偶补偿导线

补偿导线型号	配用热电偶	补偿导线材料		补偿导线绝缘层着色	
		正极	负极	正极	负极
SC	S	铜	铜镍合金	红色	绿色
KC	K	铜	铜镍合金	红色	蓝色
KX	K	镍铬合金	镍硅合金	红色	黑色
EX	E	镍硅合金	铜镍合金	红色	棕色
JX	J	铁	铜镍合金	红色	紫色
TX	T	铜	铜镍合金	红色	白色

在使用补偿导线时，要注意补偿导线型号与热电偶型号匹配，正负极与热电偶正负极对应连接，补偿导线所处温度不超过 100℃，否则将造成测量误差。

（2）计算修正法　配用补偿导线，将冷端延伸至温度基本恒定的地方，但新冷端若不恒为 0℃，配用按分度表刻度的温度显示仪表，必定会引起测量误差，须予以校正。已知冷端

温度 t_0，根据中间温度定律，应用式（2-4-7）进行修正

$$E(t, 0)=E(t, t_0)+E(t_0, 0) \tag{2-4-7}$$

式中，$E(t, t_0)$ 为回路实际热电势。

例 2：某加热炉用 S 型热电偶测温，仪表指示 1210℃，冷端温度为 30℃，求炉子的实际温度。

解：查 S 型热电偶分度表可知 $E_S(1210, 0)=12.071\text{mV}$，$E_S(30, 0)=0.173\text{mV}$。仪表指示 1210℃，说明回路实际热电势 $E_S(t, 30)=12.071\text{mV}$。

根据中间温度定律可知：

$$E_S(t, 0)=E_S(t, 30)+E_S(30, 0)=12.071+0.173=12.244(\text{mV})$$

查 S 型热电偶分度表可知炉子实际温度 $t=1224.3$℃。

这种对冷端温度进行校正的方法称为计算修正法。计算修正法需要反复查表，只适用于实验室不经常测量时使用。

（3）机械零位调整法　当冷端温度比较恒定时，工程上常用仪表机械零位调整法。如动圈仪表的使用，可在仪表未工作时，直接将仪表机械零位调至冷端温度处。由于外线路电势输入为零，调整机械零位相当于预先给仪表输入一个电势 $E(t_0, 0)$。当接入热电偶后，外电路热电势 $E(t, t_0)$ 与表内预置电势 $E(t, 0)$ 叠加，使回路总电势正好为 $E(t, 0)$，仪表直接指示出热端温度 t。使用仪表机械零位调整法简单方便，但冷端温度发生变化时，应及时断电，重新调整仪表机械零位，使之指示到新的冷端温度上。

使用冷端温度校正法，要求冷端温度基本恒定，工业上常用加装补偿热电偶的方法。为节省补偿导线和投资费用，常用多支热电偶配用一台公用显示仪表，通过转换开关实现多点测量，并采用补偿热电偶来恒定冷端温度，如图 2-4-21（a）所示。

加装补偿热电偶的原理如图 2-4-21（b）所示，即中间导体定律的实际应用。AB 表示测温热电偶；CD 表示补偿热电偶，它可以是与测温热电偶相同的热电偶，也可以是测温热电偶的补偿导线。补偿热电偶测量端必须在恒温 t_0 处，如地下 2～3m 处，恒温器、恒温控制室、冰槽中等。

（4）冰浴法　为避免冷端温度校正的麻烦，实验室常采用冰浴法使冷端温度保持为恒定 0℃。通常把补偿导线与铜导线连接端放入盛有变压器油的试管中，然后将试管再放入盛有冰水混合物的容器（如保温瓶、恒温槽）中，使冷端保持 0℃，如图 2-4-22 所示。为减少传热对冰水混合物温度影响，应使冰面略高于水面，并用带双试管插孔的盖子密封（图中未画出）。

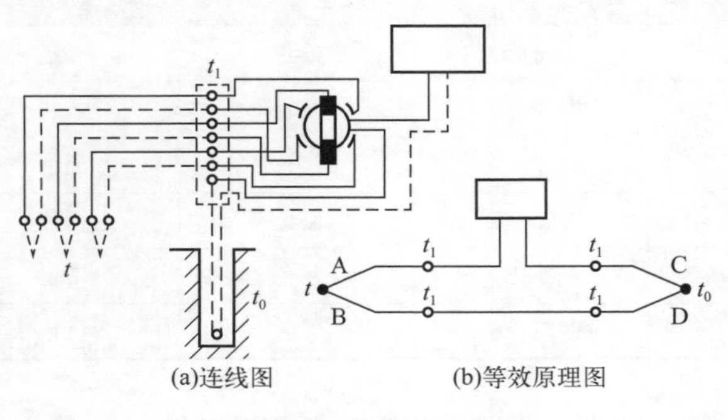

图 2-4-21　补偿热电偶法

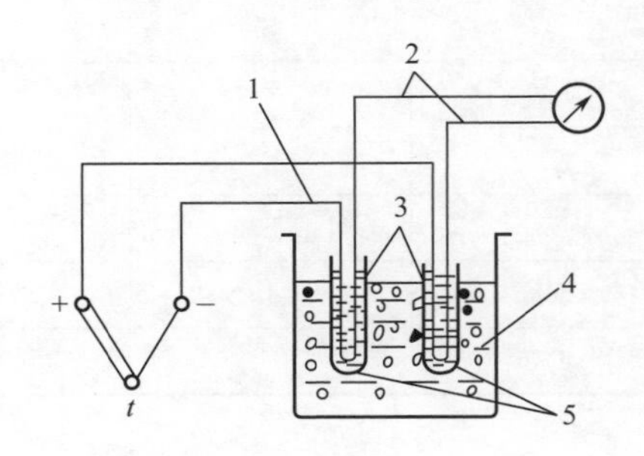

图 2-4-22　冰浴法

1—补偿导线；2—铜导线；3—试管；4—冰水混合物；5—变压器油

（5）补偿电桥法　前面讲的计算修正法虽然很精确，但不适合连续测温，为此，有些仪表的测温线路中带有补偿电桥，利用不平衡电桥产生的电势补偿热电偶因冷端温度波动引起的热电势的变化。

动圈仪表的补偿器应用如图 2-4-23 所示。桥臂电阻 R_1、R_2、R_3、R_{Cu}。与热电偶冷端处于相同的温度环境，R_1、R_2、R_3 均为锰铜电阻，其电阻值不随温度变化，R_{Cu} 是用铜导线绕制的温度补偿电阻。一般选择 R_{Cu} 阻值，使不平衡电桥在 20℃（平衡点温度）时处于平衡，当冷端温度 t_0 变化，此时电桥不平衡，会输出一个不平衡电压，与热电偶热电势叠加，则外电路总电势保持 $E(t, 20)$，不随冷端温度变化而变化。如果配用仪表机械零位调整法进行校正，则仪表机械零位应调至冷端温度补偿器的平衡点温度（20℃）处，不必因冷端温度变化重新调整。

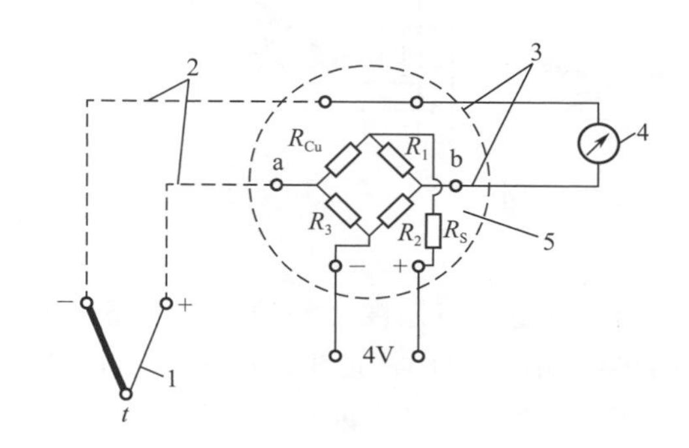

图 2-4-23　具有补偿电桥的热电偶测温线路

1—热电偶；2—补偿导线；3—铜导线；4—指示仪表；5—冷端补偿器

有很多显示仪表的内部电路中根据补偿电桥原理或其他原理设置了冷端温度自动补偿功能，如配热电偶的电子电位差计（如 XWC 仪表）、数字显示仪表等，其电路设计相当于在表内自动预置热电势 $E(t_0, 0)$，使仪表能够直接指示被测温度值，此时不必使用冷端温度补偿器。

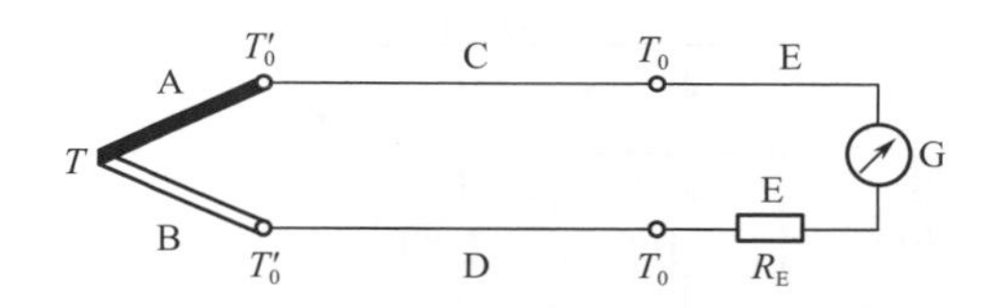

图 2-4-24　测量某点温度的基本电路

4. 热电偶常用测温电路

（1）测量某点温度的基本电路　图 2-4-24 所示是测量某点温度的基本电路，图中 A、B 为热电偶，C、D 为补偿导线，t_0 为使用补偿导线后热电偶的冷端温度，E 为铜导线，在实际使用时就把补偿导线一直延伸到配用仪表的接线端子。这时冷端温度即为仪表接线端子所处的环境温度。

（2）测量两点温度差的测温电路　图 2-4-25 所示是测量两点之间温度差的测温电路，用两个相同型号的热电偶，配以相同的补偿导线 C、D。这种连接方法应使各自产生的热电动势互相抵消，仪表可测出 T_1 和 T_2 之间的温度差。

（3）测量多点温度的测温电路　多个被测温度用多个热电偶分别测量，但多个热电偶共用一台显示仪表，它们是通过专用的切换开关来进行多点测量的，测温电路如图 2-4-26 所示。各个热电偶的型号要相同，测温范围不要超过显示仪表的量程。多点测温电路多用于自动巡回检测中，此时温度巡回检测点可达几十个，可以轮流显示或按要求显示某点的温度，而显示仪表和补偿热电偶只用一个就够了，这样就可以大大地节省显示仪表和补偿导线。

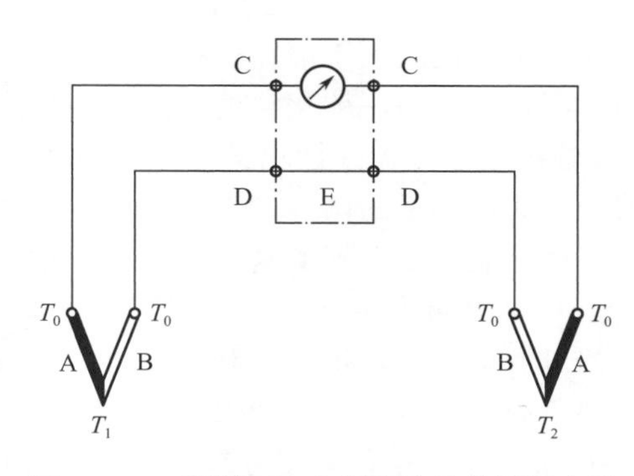

图 2-4-25　测量两点之间温度差的测温电路

（4）测量平均温度的测温电路　用热电偶

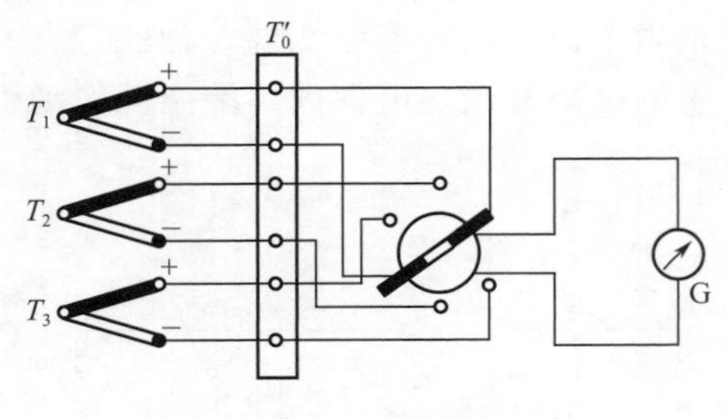

图 2-4-26　多点测温电路

测量平均温度一般采用热电偶并联的方法，如图 2-4-27 所示。仪表输入端的毫伏值为三个热电偶输出热电势的平均值，即 $E=(E_1+E_2+E_3)/3$。如三个热电偶均工作在特性曲线的线性部分时，则 E 代表了各点温度的算术平均值。为此，每个热电偶需串联较大电阻。此种电路的特点是，仪表的分度仍旧和单独配用一个热电偶时一样。其缺点是，当某一热电偶烧断时，不能很快地察觉出来。

(5) 测量多点温度之和的测温电路　用热电偶测量几点温度之和的测温电路的方法一般采用热电偶的串联，如图 2-4-28 所示，输入到仪表两端的热电动势之总和，即 $E=E_1+E_2+E_3$ 可直接从仪表读出三个温度之和。此种电路的优点是，热电偶烧坏时可立即知道，还可获得较大的热电动势。应用此种电路时，每一热电偶引出的补偿导线必须回接到仪表中的冷端处。

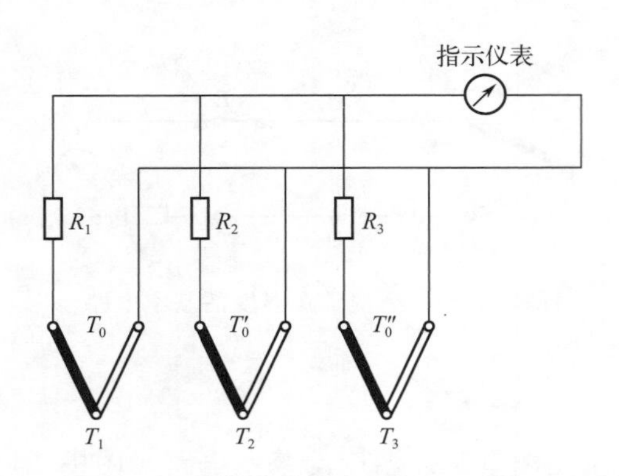

图 2-4-27　热电偶测量平均温度的并联电路

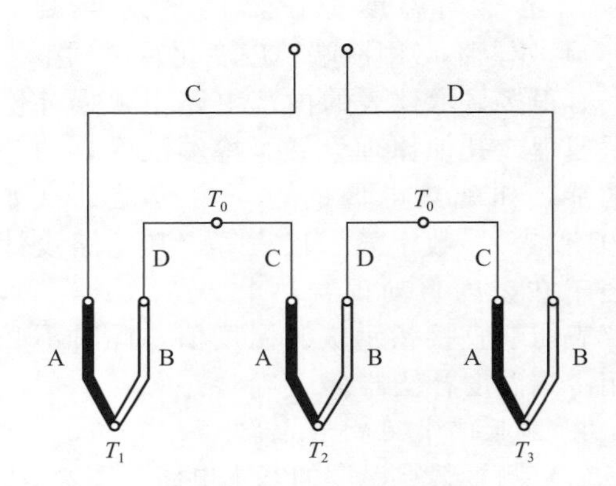

图 2-4-28　热电偶测量多点温度之和的串联电路

5. 一体化热电偶温度变送器

一体化温度变送器由测温元件和变送器模块两部分构成。变送器模块把测温元件的输出信号 E_t 或 R_t，转换成为统一标准信号。所谓一体化温度变送器，是指将变送器模块安装在测温元件接线盒或专用接线盒内的一种温度变送器。一体化温度变送器采用两线制，电源为 24V DC，输出信号是 4～20mA DC 标准电流信号，就是变送器的工作电流。它作为新一代测温仪表被广泛应用于冶金、石油、化工、电力、轻工、纺织、食品、国防以及科研等工业部门。配热电偶的一体化温度变送器型号为 SBWR 型，有不同的分度号，如 E、K、S、B、T。按输出信号有无线性化又分为与被测温度呈线性关系的、与输入电信号（热电动势或电阻值）呈线性关系的两种。

一体化温度变送器的基本误差不超过量程的±0.5%，环境温度影响约为每 1℃变动不超过 0.05%，可安装在－25～80℃的环境中。电源电压额定值虽为 24V，但允许用于 12～35V 的电源电压下，不过负载电阻应适当改变。额定负载电阻为 250Ω，如电源保持额定电压，则负载电阻可在 0～600Ω 间选用。一体化温度变送器的主要特点是：

① 节省了热电偶补偿导线或延长线的投资，只需两根普通导线连接。

② 由于其连接导线中的信号较强，比传递微弱的热电动势具有明显的抗干扰能力。

③ 体积小巧紧凑，通常为直径几十毫米的扁圆形，安装在热电偶或热电阻套管接线端子盒中，不必占用额外空间。

④ 不需调整维护，因为全部采用硅橡胶或树脂密封结构，适应生产现场环境，耐环境性较好，但损坏后只能整体更换。

在仪器仪表里如需输入温度信号时，也可将一体化温度变送器作为输入接口部件使用。但因为所适配的热电偶或热电阻规格固定，测量范围不可调整，所以其通用性较差。

一体化热电偶温度变送器的原理框图如图 2-4-29 所示。热电偶将被测温度转换成电信号，该信号送入一体化热电偶温度变送器的输入网络。经调零后的信号输入到滤波放大器进行信号的滤波、放大、非线性校正、V/I 转换等电路处理后，变成与温度成线性关系的 4～20mA 标准电流信号输出。

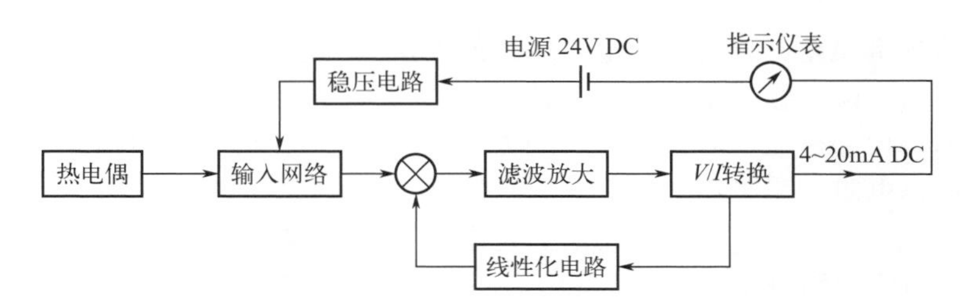

图 2-4-29 一体化电偶温度变送器的工作原理

一体化热电偶温度变送器的变送单元（模块）置于热电偶的接线盒里，取代接线座。安装后的一体化热电偶温度变送器外观结构如图 2-4-30（b）所示，与普通热电偶传感器外形没有什么区别。有的一体化温度变送器，本身具有液晶数字显示表头，可就地显示温度，外形结构差别较大，各不相同。

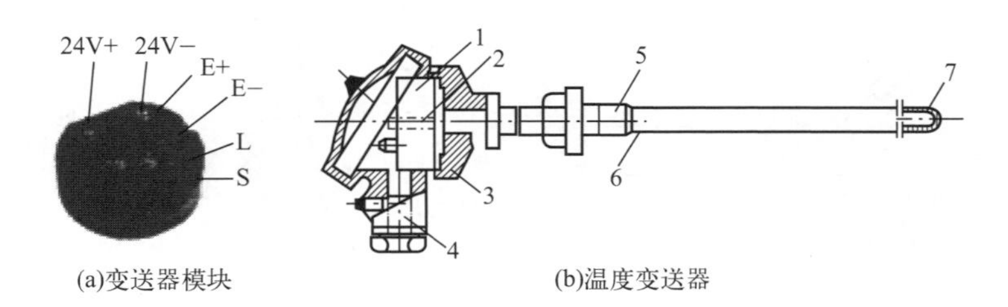

(a)变送器模块 (b)温度变送器

图 2-4-30 一体化温度变送器

1—温度变送模块；2—固定螺钉；3—接线盒；4—密封出线孔；5—固定装置；6—保护管；7—电热偶

一体化热电偶温度变送器的安装与其他热电偶安装要求基本相同，但特别要注意感温元件与大地间应保持良好的绝缘，否则将直接影响检测结果的准确性，严重时甚至会影响到仪表的正常运行。

四、热电阻温度计

热电阻温度计在工业生产中被广泛用来测量－200～960℃范围内的温度。按热电阻性质不同，热电阻温度计可分为金属热电阻和半导体热电阻两大类。

1. 热电阻的测温原理

热电阻温度计是利用导体或半导体的电阻值随温度变化的性质来测量温度的，由热电阻（感温元件）、连接导线和显示仪表构成。

热电阻温度计

热电阻主要是利用物质的电阻值随温度变化这一特性来测量温度的。作为测温用的热电阻材料，希望其具有电阻温度系数大、线性好、性能稳定、使用温度范围宽、加工容易等特点。在所能利用的材料中，铂和铜的性能较好，被用来制作热电阻。工业用铂电阻的适用温度范围为$-200\sim850$℃；铜电阻价格低廉并且线性好，但温度过高易氧化，故只适用于$-50\sim150$℃的较低温度环境中，目前已逐渐被铂热电阻所取代。

(1) 热电阻的测温原理　对于金属材料，当温度升高时，金属内部原子晶格的振动加剧，从而使金属内部的自由电子通过金属导体时的阻力增大，宏观上表现出电阻率变大，电阻值增大，即电阻值与温度的变化趋势相同，具有正温度系数。

(2) 热电阻温度计的测温电路　热电阻温度计的测量电路常用电桥电路。由于工业用热电阻安装在生产现场，离控制室较远，热电阻的引线暴露在室外，环境温度的变化能够使引线电阻发生变化。而引线电阻与热电阻串联，因此对测量结果有较大影响。为了减小或消除引线电阻产生的测量误差，目前，热电阻引线的连接方式通常采用三线制。在电阻体的一端连接两根引线，另一端连接一根引线，此种引线形式称为三线制。

当热电阻和电桥配合使用时，这种引线方式可以较好地消除引线电阻的影响，提高测量精度，所以工业热电阻多半采用这种方式。

如图 2-4-31 所示，R_1、R_2、R_3 为桥路固定电阻，R_p 为零位调节电阻，热电阻通过三根导线和电桥连接。引线电阻分别为 r_1、r_2 和 r_3，一般引线相同，则 $r_1=r_2=r_3=r$，其中 r_1、r_3 分别接在相邻的两臂内，并与电源相接。桥路输出电压 $V_{CD}=V_{CA}-V_{DA}$。当环境温度变化时，引线电阻 r_1、r_3 的变化产生的桥路电压 $\Delta V_{CA}=\Delta V_{DA}$，相互抵消，对桥路输出没有影响，不会产生温度误差。而 r_2 接在电源的回路中，其电阻变化也不会影响电桥的平衡状态。三线连接法的缺点是可调电阻 R_p 的触点接触电阻和电桥臂的电阻相连，可能导致电桥的零点不稳。

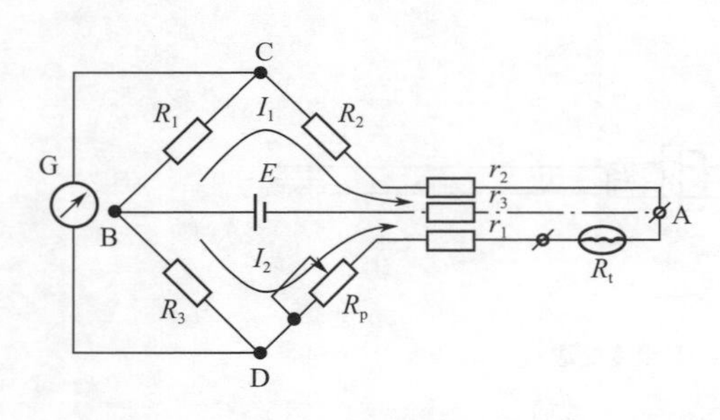

图 2-4-31　热电阻测温电桥的三线连接法

热电阻式温度计和其他类型测温变换器相比有许多优点，它的性能最稳定，测量范围很大，精度也高，特别是在低温测量中得到广泛的应用。其缺点是需要辅助电源，热电阻的热容量较大，即热惯性大，限制了它在动态测量中的应用。

在设计电桥时，为了避免热电阻中流过电流的加热效应，要保证流过热电阻的电流尽量小，一般希望小于 10mA。尤其当测量环境中有不稳定气流时，工作电流的热效应有可能产生很大的误差。

2. 常用热电阻的种类及结构

(1) 常用热电阻的种类

① 铂热电阻。铂的物理、化学性能非常稳定，铂金属易于提纯，是目前制造热电阻的最好材料。铂电阻作为标准电阻温度计来复现温标，广泛应用于温度基准、标准的传递，其长时间稳定的复现性可达 10^{-4}。

工业用铂电阻工作范围为$-200\sim850$℃。铂电阻与温度之间的关系，即特性方程如下。

在$-200\sim0$℃温度范围内

$$R_t=R_0[1+Ar+Br^2+C(t-100)t^3] \tag{2-4-8}$$

在 0～850℃温度范围内

$$R_{t}=R_{0}(1+At+Bt^{2}) \tag{2-4-9}$$

式中，R_t 为 t℃时的铂电阻值；R_0 为 0℃时的铂电阻值；$A=3.90803\times10^{-3}$，℃；$B=-5.775\times10^{-7}$，℃$^{-2}$；$C=-4.183\times10^{-12}$，℃$^{-4}$。

② 铜热电阻。由于铂是贵重金属，因此，在一些测量精度要求不高且温度较低的场合，普遍采用铜电阻进行温度测量。铜电阻测量范围一般为－50～150℃。在此温度范围内线性好，灵敏度比铂电阻高，容易提纯、加工，价格便宜，复现性能好。但是铜易于氧化，一般只用于 0℃以下的低温测量。与铂相比，铜的电阻率低，所以铜电阻的体积较大。铜电阻的阻值与温度之间的关系为

$$R_{T}=R_{0}(1+a_{0}t) \tag{2-4-10}$$

式中，R_T 为 t℃时的铜电阻值；R_0 为 0℃时的铜电阻值；a_0 为系数，$a_0=4.28\times10^{-3}$，℃$^{-1}$。

目前，我国工业上用的铜电阻有两种，分度号分别为 Cu50 和 Cu100，R_0 分别为 50Ω 和 100Ω。

（2）热电阻的结构

① 普通热电阻。工业用普通热电阻的结构形式如图 2-4-32 所示，它主要由电阻体、绝缘管、保护管和接线盒等部分组成。绝缘管、保护管、接线盒的作用、材料及结构与热电偶的类似。电阻体是由细铂丝或铜丝绕在支架上构成的。由于铂的电阻率较大，而且相对机械强度较大，通常铂丝的直径在 0.05mm 以下，且电阻丝不是太长，因此往往只绕一层，而且是裸丝，每匝间要留有空隙以防短路。铜的机械强度较低，电阻丝的直径需较大，一般为 0.1mm，由于铜电阻的电阻率很小，要保证 R_0 需要很长的铜丝，因此，需将铜丝绕成多层，这就必须用漆包铜丝或丝包铜线。为了使电阻感温体没有电感，无论哪种热电阻都必须采用无感绕法，即先将电阻丝对折起来双绕，使两个端头都处于支架的同一端。

连接电阻体引出端和接线盒之间的线称为内引线，它位于绝缘管内，铜电阻内引线材料也是铜，铂电阻的内引线为镍丝或银丝，其接触电势较小，以免产生附加电势。同时内引线的线径应比电阻丝大很多，一般在 1mm 左右，以减少引线电阻的影响。

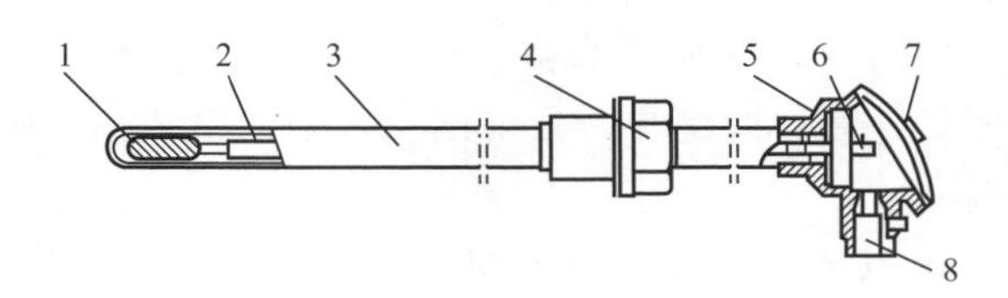

图 2-4-32 热电阻结构

1—电阻体；2—绝缘管；3—保护套管；4—安装固定件；5—接线盒；6—接线端子；7—盖；8—出线口

热电阻体的结构，随用途的不同，也有很多种结构，如图 2-4-33 所示即为常见的电阻体结构形式。图 2-4-33（a）所示为玻璃管架铂丝电阻体，它是把 ϕ（0.03～0.04）mm 的细铂丝双绕在 ϕ（4～5）mm 的玻璃棒上，在最外层再套以薄玻璃管，烧结在一起，以便起保护作用。引线也烧结在玻璃棒上，根据不同需要可有 2～4 根引出线。

如图 2-4-33（b）所示是陶瓷管架的电阻体，工艺特点与玻璃管架相似。只是在这里为了减小惯性采用陶瓷管，而外护层采用涂釉烧结而成。上述两种结构的共同特点是体积小、惯性小、电阻丝密封良好。但缺点是电阻丝热应力较大，对稳定性、复现性影响大，易碎，尤其是引线易断，要特别注意。

另外一种常见的结构就是如图 2-4-33（c）所示的云母管架热电阻。铂丝绕在双面带有锯齿形的云母片上，这样可以避免细的铂丝滑动短路。在绕有铂丝的云母片两面再盖以一层

绝缘保护云母片。为了改善传热条件，增加强度，一般在云母片两边再压上具有弹性的金属夹片，如图 2-4-33 中断面图所示。这样一方面起到固定作用，另一方面也改善了动态特性。

图 2-4-33（d）为热电阻电阻体的结构，采用 ϕ（0.07～0.1）mm 的漆包铜线，双绕在圆柱形塑料管架上。由于铜的电阻率较小，所以需要多层绕制，因此它的热惯性要比前边几种大很多。但它的价格便宜，结构简单，在较低的温度下可以可靠地工作。

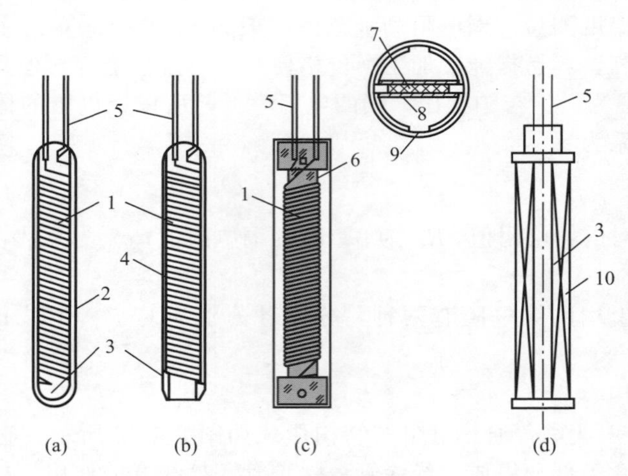

图 2-4-33 电阻体结构形式

1—铂丝；2—薄玻璃层；3—基体；4—釉层；5—引出线；6—云母基体；
7—绕好的云母片；8—金属夹片；9—外保护管；10—铜电阻

② 铠装热电阻。铠装热电阻是在铠装热电偶基础上发展起来的热电阻新品种。它的特点与铠装热电偶相近，外径尺寸可以做得很小（最小直径可达 1.0mm），因此反应速度快。有良好的力学性能、耐振性和冲击性。引线和保护管做成一体，具有较好的挠性，便于使用安装。电阻体封装在金属管内，不易受有害介质的侵蚀。

如图 2-4-34 所示为铠装热电阻的结构示意图，一般首先把电阻体焊封在保护管内，电阻体与外套很好绝缘。目前国产定型的铠装热电阻外径为 3～8mm，其基本特性与相应的电阻温度计相同。

③ 薄膜热电阻。目前研制生产的薄膜型铂热电阻如图 2-4-35 所示。它是利用真空镀膜法或用糊浆印刷烧结法使铂金属薄膜附着在耐高温基底上。其尺寸可以小到几平方毫米，可将其粘贴在被测高温物体上，测量局部温度，具有热容量小、反应快的特点。薄膜型铂热电阻 R_0 有 100Ω、1000Ω 等多种。

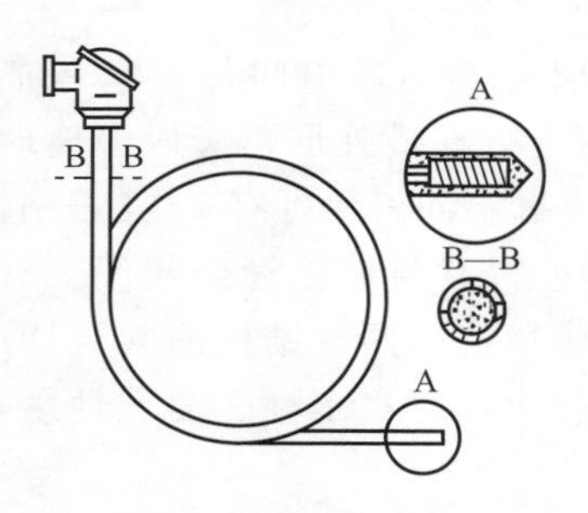

图 2-4-34 铠装热电阻的结构

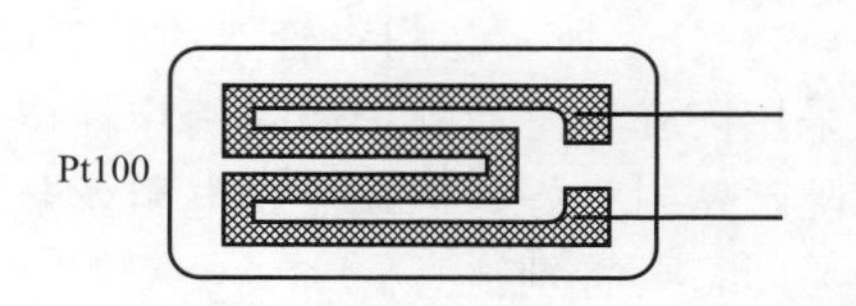

图 2-4-35 薄膜型铂热电阻

五、非接触式温度计

光学高温计

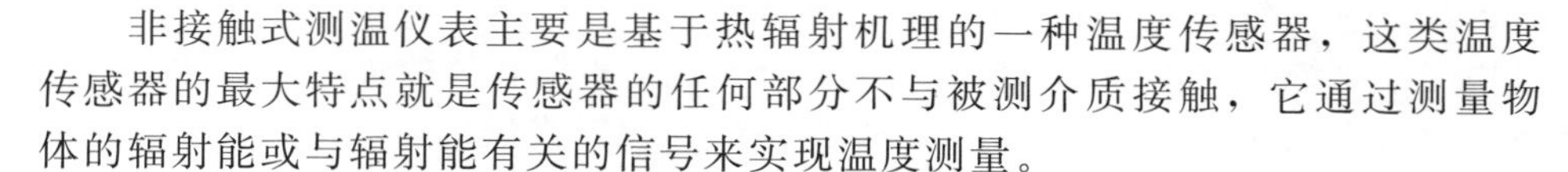

1. 非接触式测温的优缺点

非接触式测温仪表主要是基于热辐射机理的一种温度传感器，这类温度传感器的最大特点就是传感器的任何部分不与被测介质接触，它通过测量物体的辐射能或与辐射能有关的信号来实现温度测量。

由于不必与被测介质接触，非接触式测温仪表具有以下优点：

① 不存在因接触产生的传热而附加引起的测温传热误差；

② 不破坏被测温度场，可以测量热容量较小的物体；

③ 理论上测温上限不受测温传感器材料的限制；

④ 动态性能好，响应速度快，可测量运动物体的温度；

⑤ 可以测出二维的温度分布。

非接触测温仪表也存在着一些缺点：

① 测量误差较大，仪表示值一般只代表表面外观温度；

② 在辐射通道上介质吸收及反射光干扰将影响仪表示值；

③ 被测温度表面发射率变化会影响仪表的测量数值；

④ 结构较复杂，价格较昂贵。

2. 光学高温计

光学高温计是基于光谱辐射原理的测温仪表，物体在高温状态下会发光，在可见光的波长范围（0.35～0.75μm）内，高温物体的热辐射以光的形式表现出来，其辐射的强度与光的亮度之间有一定的关系。实际物体在某一波长 λ 下的光谱辐射亮度 L_λ 和光谱辐射出射度 M_λ 是成正比的，即

$$L_\lambda=\frac{1}{\pi}M_\lambda \qquad (2\text{-}4\text{-}11)$$

对一个确定的物体［可近似认为 ε_λ（ε_λ 为物体在特定波长 λ 下的辐射率）固定不变］，在可见光波长范围内的某一波长下，因为实际物体的光谱辐射出射度 M_λ 与物体温度呈单值函数关系，所以光谱辐射亮度 L_λ 必定与温度之间也呈现出单值对应关系。这就是光学高温计测温的基本原理。

通过直接测量光谱辐射亮度来确定物体的温度比较困难，所以光学高温计采用的是亮度比对法，具体的实现原理为：光学高温计中装有一只亮度可调的灯泡，作为比较光源。测温时，在某一波长下用灯泡灯丝的光谱辐射亮度与被测物体的光谱辐射亮度进行比较，通过改变灯丝电流、人工调整灯丝的亮度，使二者亮度相等，该灯泡亮度与其灯泡灯丝的电气参数（电流或电阻）之间有一一对应关系，因此测出其电气参数就测量出物体的亮度，从而测量出物体的温度值，最终实现非接触的温度测量。

光学高温计存在不宜测量反射光很强的物体，测量精度比热电偶和热电阻低，亮度比较的判断及调整均要人工进行，不能连续自动进行测量，存在主观误差等缺陷。

3. 光电高温计

光电高温计是利用光敏传感器配以电子电路自动进行亮度比对，在光学高温计的基础上发展起来的能自动连续工作的测温仪表。

光电高温计依据的是光谱辐射亮度的原理，采用光电器件作为仪表的感受件，替代人眼来感受辐射源的亮度变化，并转换成与亮度成比例的电信号，该信号对应于被测物体的温度。随着光电检测元器件及光谱滤光片、单色器等材料性能的提高与技术的进步，光电高温

计已能做得很准确。因此1990年的国际温标规定在961.78℃以上温度，采用它代替光学高温计作为测温基准器。不同的光电高温计有不同的测量方式，结构方案也不相同。简单介绍WDH-Ⅱ型光电高温计的工作原理，具体如图2-4-36所示。

光电高温计由光学系统与测量、放大显示两大部分组成。被测物体的辐射光由物镜、孔径光阑、调制盘上的进光孔和视场光阑投射到感受器件［硫化铅光敏电阻（测量低于700℃温度时）或硅光电池（测量高于700℃温度时）］上，调制盘为圆形铁片，边缘均匀等分八齿八槽，调制盘由电动机带动，当电动机以3000r/min转动时，可实现400Hz的光调制。视场光阑上有两个进光孔分别通过被测物体和灯泡钨丝的辐射线，孔上安装有两块不同透过率的滤光片。旋转调制盘变成交变的辐射光，经过视场光阑变成交变的单色光，最终到达光敏电阻，同时参比灯泡产生的参比光经滤光片变成同样波长下的单色光，最终也到达光敏电阻。调制盘的旋转，交替通断参比光和被测光的光路，光电元件接收的是两个交变单色光信号的脉冲信号。此光信号照射到光电元件上产生一个差值交变电信号，经相敏检波后变成直流电信号，再经过放大最终转换成直流电流信号（0～10mA或4～20mA）。该电流信号的改变经反馈电路能自动调整参比灯的亮度，使其自动与被测光亮度相平衡，实现温度测量和亮度自动跟踪。

光电高温计既可在可见光下工作，又可在红外光波长下工作，有利于用辐射法测低温，除此之外，光电高温计还具有分辨率高（光学高温计最高为0.5℃，而光电高温计可达0.01～0.05℃）、精确度高和连续自动测量、响应快等优点。

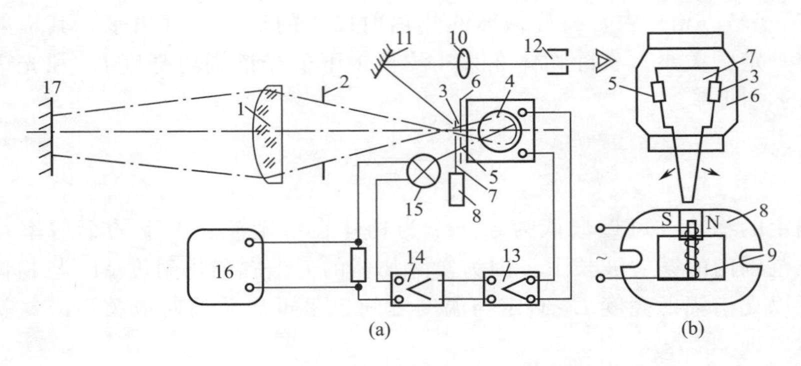

图2-4-36 光电温度计的工作原理

1—物镜；2—孔径；3，5—孔；4—光电器件；6—遮光板；7—调制片；8—永久磁铁；9—励磁绕组；10—透镜；11—反射镜；12—观察孔；13—前置放大器；14—主放大器；15—反馈灯；16—电位差计；17—被测物体

4. 比色高温计

根据维恩定律，当温度发生变化时，被测物体的最大辐射出射度将向波长增加或波长减少的方向移动，使在波长λ_1和λ_2下的光谱辐射出射度比值发生变化。比色高温计就是根据被测物体在两个不同波长下的光谱辐射出射度的比值与被测物体温度的关系，通过测出两者的比值从而测量得到被测温度的。

根据维恩公式，同一物体在波长分别为λ_1和λ_2下的光谱辐射出射度的比值为

$$\frac{M_{\lambda_2}}{M_{\lambda_1}}=\frac{\varepsilon_{\lambda_2} c_1 \lambda_2{}^{-5} \mathrm{e}^{-c_2/\lambda_2 T}}{\varepsilon_{\lambda_1} c_1 \lambda_1{}^{-5} \mathrm{e}^{-c_2/\lambda_1 T}} \tag{2-4-12}$$

式中，M_{λ_1}、M_{λ_2}分别为在波长λ_1和λ_2下的光谱辐射出射度；ε_{λ_1}、ε_{λ_2}分别为物体在波长

λ_1 和 λ_2 时的光谱发射率；c_1 为第一辐射常数，$c_1=3.74132\times10^{-6}\text{W}\cdot\text{m}^2$；$c_2$ 为第二辐射常数，$c_2=1.438786\times10^{-2}\text{m}\cdot\text{K}$；$T$ 为物体的温度。

经整理，可得

$$T=\frac{c_2\left(\frac{1}{\lambda_2}-\frac{1}{\lambda_1}\right)}{\ln\frac{M_{\lambda_1}}{M_{\lambda_2}}\frac{\varepsilon_{\lambda_2}}{\varepsilon_{\lambda_1}}-5\ln\frac{\lambda_2}{\lambda_1}} \tag{2-4-13}$$

波长 λ_1 和 λ_2 是测量前的规定数值，式（2-4-13）表明，如发射率 ε_{λ_1} 和 ε_{λ_2} 已知，则被测温度 T 与光谱辐射出射度的比值 $M_{\lambda_2}/M_{\lambda_1}$ 有单值对应关系，测出 $M_{\lambda_2}/M_{\lambda_1}$ 即可获得被测物体的温度数值。

下面具体介绍比色高温计的工作原理。光路系统中设有两个光电检测元件（硅光电池）分别接收并检测两种不同波长的光谱辐射能。被测物体的辐射线经物镜聚焦后，经平行平面玻璃、中间有通孔的回零硅光电池，再经透镜到达分光镜。分光镜能反射可见光（$\lambda_1\approx0.8\mu\text{m}$），而让 $\lambda_2\approx1.0\mu\text{m}$ 的红外线通过。波长为 λ_1 的可见光部分的能量经可见光滤光片，滤去其中长波的辐射能，其余部分能量被硅光电池接收并转换成电信号。波长为 λ_2 的红外线部分的能量则通过分光镜，经红外滤光片滤去其中的可见光，其余被硅光电池（即 E_2）接收并转换成电信号。两个硅光电池 E_1 和 E_2 的输出电信号经过运算，求取比值，最终由显示部分指示出温度值。

以上介绍的为双色光电比色高温计，目前已有多色的光电比色高温计，它所测得的温度更接近于被测物体的实际温度。

【任务实施】

（一）准备相关设备

标准毫伏信号发生器，精度 0.2 级、0～30mA 直流毫安表，精度 0.1 级、直流数字电压表，精度 0.01 级、热电偶温度变送器、热电阻温度变送器，精度 0.01 级、精密直流电阻箱，250Ω 电阻。

（二）具体操作步骤

用标准毫伏信号发生器、标准电阻箱代替不同温度下的热电势、热电阻值，用手动电位差计输出标准电势代替热电势、热电阻作为变送器输入，以检查变送器输出，通过调节零点电位器、量程电位器使变送器的输出满足要求，再按温度变送器量程的 0%、25%、50%、75%、150%处检验点校验，以便确定其性能。

1. 热电偶温度变送器的检验

（1）按照图 2-4-37 进行接线

（2）调校

① 温度变送器接线后，经检查确认无误，即可通电。预热半小时，即可开始校验。

② 根据温度变送器的量程范围查出对应的毫伏值。

③ 用标准毫伏信号发生器，给出输入信号的下限毫伏值，调整零点电位器使温度变送器的输出为 1V 或 4mA。

④ 用标准毫伏信号发生器给出输入信号的上限毫伏值。调整量程电位器，使温度变送器的输出为 5V 或 20mA。

⑤ 调整完量程后必须重新检查零点。如此反复多次，确认零点与量程时输出都在允许

误差（0.5%）范围内。

⑥ 将毫伏值或输入温度分为五等份，即0%、25%、50%、75%和100%，找出相应的毫伏值，由标准毫伏信号发生器发出相应的毫伏信号，检查温度变送器的输出应为1V、2V、3V、4V、5V或4mA、8mA、12mA、16mA、20mA。

⑦ 将毫伏值由小至大（即上行程）和由大到小（即下行程）变化，记录各点的输出，并计算出各校验点的误差和变差。

⑧ 全部校验合格后，按规定填写校验记录，并断电，拆除标准仪器等。

2. 热电阻温度变送器的校验

（1）按照图2-4-38进行接线

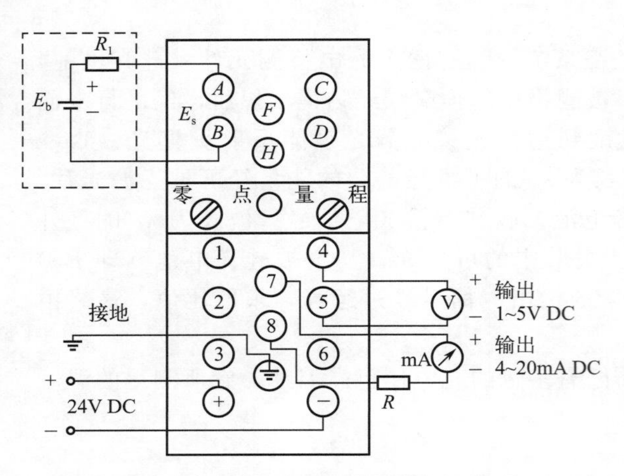

图2-4-37 热电偶温度变送器校验接线

E_b—标准毫伏信号发生器；V—直流数字电压表；mA—0～30mA直流毫安表；R—250Ω电阻

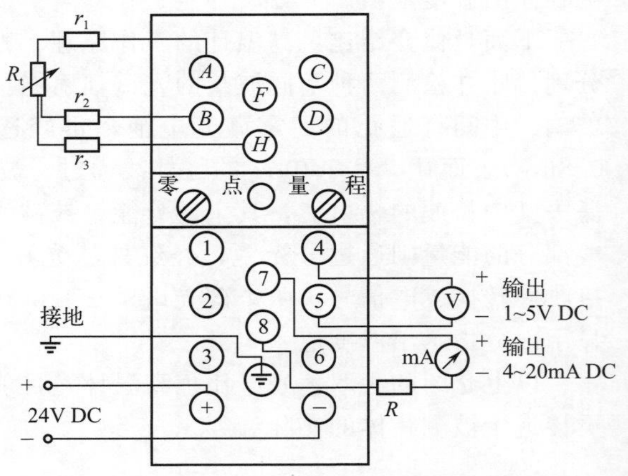

图2-4-38 热电阻温度变送器校验接线

mA—0～30mA直流毫安表；R_t—精密直流电阻箱；V—直流数字电压表；R—电阻

（2）调校

① 温度变送器按图2-4-38接线后，经检查确认无误，即可通电。预热半小时后，开始校验。

② 根据温度变送器的量程范围查出对应的电阻值。

③ 用R_t给出输入信号的下限电阻值。调整零点电位器使温度变送器的输出为1V或4mA。

④ 用R_t给出输入信号的上限电阻值。调整量程电位器使温度变送器的输出为5V或20mA。

⑤ 调整完量程后，必须重新检查零点。如此反复多次，确认零点和量程时温度变送器的输出都在允许误差（0.5%）范围内。

⑥ 将温度变送器的测量范围分成五等份，即0%、25%、50%、75%、和100%，查出相应的电阻值，改变R_t，逐点送入电阻值，检查温度变送器的输出应为1V、2V、3V、4V、5V或4mA、8mA、12mA、16mA、20mA。

⑦ 将电阻值由小至大（即上行程）和由大至小（即下行程）变化，记录各点的输出，并计算出各校验点的误差和变差。

⑧ 全部校验合格后，按规定填写校验记录。断电，拆除标准仪器等。

（三）任务报告

按照以下要求填写实训报告。

实训报告

1. 记录测量数据并进行数据分析。

2. 完成校验结果分析。

3. 实验心得体会。

【任务评价】

任务评价以自我评价和教师评价相结合的方式进行，指导教师根据任务评价和学生学习成果进行综合评价，并将结果填写于表 2-4-5 中。

表 2-4-5 温度检测评价表

班级： 第（ ）小组 姓名： 时间：

评价模块	评价内容	分值/分	自我评价	教师评价	综合得分
理论知识	1. 了解温度概念、温标的含义和温度单位	5			
	2. 掌握温度测量仪表的分类	5			
	3. 掌握热电偶和热电阻测温原理和结构类型	10			
	4. 掌握非接触测温的原理和方法	10			
操作技能	1. 能正确选择温度检测仪表	25			
	2. 能正确进行温度变送器的调校	25			
职业素养	1. 场地清洁、安全，工具、设备和材料的使用得当	10			
	2. 团队合作与个人防护	10			
总分（自我评价×40%＋教师评价×60%）					

综合评价：

导师或师傅签字：

任务五　显示仪表的选用

学习目标

1. 掌握数字显示仪表的基本组成。
2. 掌握动圈式仪表的组成与原理。
3. 掌握数字显示仪表的工作原理。
4. 掌握无纸记录仪的工作原理。
5. 能够对无纸记录仪进行操作。
6. 培养家国情怀精神，培养使命担当意识和艰苦奋斗精神。

案例导入

数字式显示仪表是一种具有模/数转换器并以十进制数码形式显示被测变量值的仪表，它与各种传感器、变送器配套，可以显示出各种不同的参数。与模拟显示仪表相比，数字式仪表具有精度高、功能全、速度快、抗干扰能力强等优点，它体积小、耗电低、读数直观，且能将测量结果以数字形式输入计算机，从而实现生产过程自动化。

问题与讨论：

显示仪表显示读数的过程中，最重要的环节是什么？

【知识链接】

显示仪表直接接收检测组件、变送器、传感器（或经过处理）送来的信号，经过测量线路和显示装置，最后对被测变量予以指示或记录，或用字、字符、数、图像显示。显示仪表按显示方式分为模拟显示、数字显示和屏幕显示三大类。

一、模拟式显示仪表

显示仪表概念

模拟式显示仪表又称为动圈式显示仪表，是以标尺、指针、曲线等方式，显示被测变量连续变化的仪表。就其测量线路而言，又分为直接变换式和平衡式两种

1. 动圈式显示仪表的作用原理

动圈式仪表的测量机构是一个磁电系的表头，动圈处于永久磁钢所产生的空间磁场中。测量电路所产生的毫伏信号使动圈中流过一个相应的电流，该载流线圈受磁场力而转动。同时，支承动圈的张丝由于扭转所产生的反力矩与动圈的转动力矩相平衡。此时，动圈的转角与输入的毫伏信号一一对应。指针即可在刻度标尺上指示出毫伏或温度数值。

2. 动圈式显示仪表的类型

（1）与热电偶配套的动圈式显示仪表　动圈式显示仪表可以配用热电偶进行温度测量。它是由热电偶热电势的电流使动圈表的指针发生偏转而指示温度的，从图 2-5-1 可知，流经动圈的电流不仅与热电势有关，且与回路中的电阻也有关。由于热电偶的偶丝粗细不一，安装位置不同致使补偿导线的长度不一，因此很难使外线路电阻恒定，为此设定一个 $R_{调}$ 电阻，用以调整外线路电阻为一恒值，一般为 15Ω，这样就能保证动圈仪表的指针偏转只与热电势的电流有关。

为保证用热电偶测温时的准确性，常常使用补偿导线将热电偶的冷端引到安装动圈显示仪表的地方。这时冷端只是得到了迁移并未得到补偿，为此动圈仪表采用了以下的冷端温度补偿办法：

① 冷端补偿器法。如图 2-5-1 所示。冷端补偿器中有一个铜导线绕制的电阻 R_{Cu}，利用铜电阻的阻值会随着温度变化而会发生相应变化的性质，从而使冷端补偿器能够产生一个补偿电势，其补偿电势的大小是随着冷端温度的增加而增加的，从而起到了冷端温度补偿的作用。

② 机械调零法。由于动圈式显示仪表常安装在仪表控制室内，温度较恒定，因此常常把动圈仪表的机械零点调整到室温，以补偿冷端温度增加而使仪表的示值偏低。

③ 热敏电阻补偿法。在动圈表的动圈上串联一个由半导体热敏电阻 R_T 和锰铜丝绕制的电阻 R_B 并联的电阻，利用半导体热敏电阻负温度特性来补偿热电偶的冷端温度变化。

（2）与热电阻配套的动圈式显示仪表　热电阻的阻值会随着被测温度变化而发生变化，但它本身并不能产生电流或电压，因此必须外加电源并和适当的电路相配合，才能把热电阻随温度的变化值转化成直流电压信号，再由动圈仪表指示出被测温度。

用热电阻测量温度时，其电阻值可用电桥测量，将热电阻置于一个桥臂，热电阻阻值的变化，将会使电桥失去平衡，从而使流过动圈表的电流发生相应变化，通过标尺和指针就可以得知相应的温度。

热电阻用导线直接与电桥的一个桥臂相接，连接方法如图 2-5-2（a）所示。这种连接方法由于测量结果包含两根导线的电阻 $2r$，因此测量结果误差较大，一般都采用三线制接法，如图 2-5-2（b）所示。与两线制比较，它将 2 个导线电阻分置于相邻的两个桥臂，因此对测量结果没有影响。

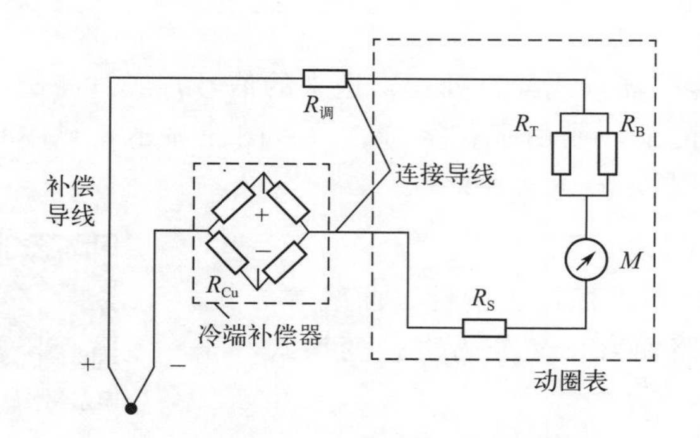

图 2-5-1　冷端补偿器法

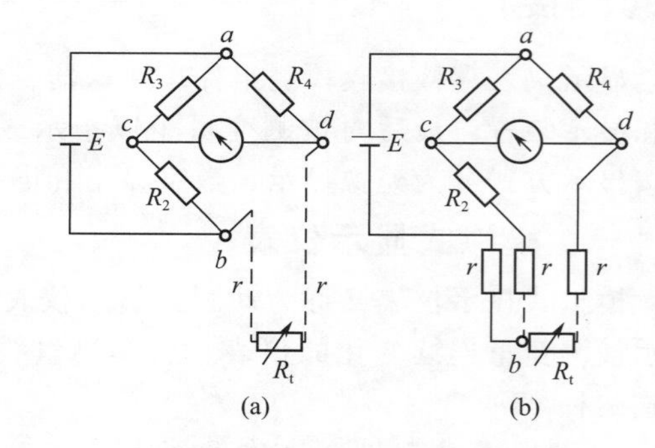

图 2-5-2　二线制和三线制电桥

动圈仪表指针偏转角度的大小与流入动圈的电流成正比，而流入动圈的电流是由不平衡电桥的输出电压提供的。其电流的大小不仅与输出电压有关，且与不平衡电桥等效电路有关，因此不同量程的动圈显示仪表其桥臂电阻是不相同的，当要进行量程微调时，常可以调整与动圈并联的分流电阻或与动圈串联的调整电阻的阻值。

二、数字式显示仪表

模拟式显示仪表中的信号都是随时间连续变化的模拟量，用电流、电压、电阻等信号的大小表示被测参数的高低，与其相应的显示方式是指针或记录笔的位移、记录曲线等。如用热电偶测温度，热电势是随着时间连续变化的，自

数字显示仪表

动平衡显示记录仪中的测量电桥、放大器等也都是模拟电路。数字式显示仪表采用数字电路，所处理的数字信号只有“0”“1”两种状态。通过数字信号的编码、频率等表示参数值，不以信号的幅值高低表示参数的大小。但数字仪表也需要用传感器或变送器将被测参数，如压力、物位、流量、温度等转换成模拟电信号，再经模/数（A/D）转换器转换成数字信号，由数字电路处理后直接以数字形式显示被测结果。

1. 主要技术指标

（1）显示位数　数字仪表以十进制显示的位数称为显示位数。一般常用三位、四位，有的可达 $5\frac{1}{2}$位。所谓 $5\frac{1}{2}$位指最高位只显示 0 或 1，其余 5 位可显示 0 到 9 十个数字。

（2）精确度　数字显示仪表的精度表示法有三种：满度的 $\pm a\% \pm n$ 字；读数的 $\pm a\% \pm n$ 字；读数的 $\pm a\% \pm$ 满意的 $b\%$。

系数 a 是由仪表中的基准电压源和测量线路的传递系数所决定的；系数 b 是由放大器的零点漂移、量化误差等引起的；系数 n 是显示读数最末一位数字变化，一般 $n=1$。这是由于在把模拟量转换成数字量的过程中，至少要产生±1 个量化单位的误差，它和被测量的大小无关。显然，数字表的位数越多，这种量化所造成的相对误差就越小。

（3）分辨力和分辨率

① 分辨力是指数字仪表在最低量程上最末位数字改变一个字时所对应的物理量数值，它表示了仪表能够检测到的被测量中最小变化的能力。数字仪表能稳定显示的位数越多，则分辨力越高。但是，数字显示仪表的分辨力高低应与其精度相适应。

② 分辨率是指数字仪表显示的最小数和最大数的比值。例如一台四位数字仪表，其最小显示是 0001，最大显示是 9999，它的分辨率就是 9999 分之一，即约 0.01%。显然把分辨率与最低量程相乘即可得分辨力。例如一台 0～999.9℃ 的数字温度仪表，分辨率约为 0.01%，则分辨力约为 0.1℃。

（4）干扰抑制比　干扰抑制比表示数字仪表的抗干扰能力。干扰分为串模干扰和共模干扰，对串模干扰的抑制能力用串模抑制比表示

$$SMR=\frac{20\lg e_n}{e_n'} \tag{2-5-1}$$

式中，e_n 为串模干扰电压；e_n' 为 e_n 所造成的最大显示决定误差。

$$CMR=\frac{20\lg e_c}{e_c'} \tag{2-5-2}$$

式中，e_c 为共模干扰电压；e_c' 为 e_c 引起的串模干扰电压。

SMR 和 *CMR* 以分贝为单位，数值越大，表明数字仪表的抗干扰能力越强。一般直流电压型数字仪表的串模干扰抑制比为 20～60dB；共模抑制比为 120～160dB。

（5）输入阻抗　数字式显示仪表是一种高输入阻抗的仪表，输入阻抗可高达 1012Ω。

（6）采样周期　由于数字仪表对信号的处理是不连续的，仪表将所有信号采集一遍所需要的时间称为采样周期。从测量失真度考虑，采样周期越短越好，但是采样周期受到抗干扰性、模/数转换器速度和器件成本的限制。由于一般工业参数的变化通常不是太快，所以几百毫秒的采样周期就能满足绝大多数工业场合的需要。

2. 数字显示仪表的分类和组成

（1）数字显示仪表的分类　数字式显示仪表的分类方法较多。按输入信号的形式来分，有电压型和频率型两类：电压型数字仪表输入信号是电压或电流，频率型输入信号是频率、

脉冲及开关信号。按测量信号的点数来分，分为单点和多点两种。根据仪表所具有的功能，又分为数字显示仪、数字显示报警仪、数字显示记录仪，以及具有复合功能的数字仪表。

（2）数字显示仪表的组成 它是由前置放大器、模拟/数字（A/D）信号转换器、非线性补偿、标度变换以及显示装置等部分组成的。由变送器送来的电信号通常需进行前置放大，然后进行模拟/数字转换，把连续输入的电信号转换成数码输出，而由变送器送来的电信号与被测变量之间有时为非线性函数关系，而在数字式显示仪表中，所观察到的是被测变量的绝对数字值，因此对 A/D 输出的数码必须进行数字式的非线性补偿，以及各种系数的标度变换，最后送往计数器计数并显示，同时还送往报警系统和打印机构打印出数字来，在需要时也可把数码输出，供其他计算装置等使用。此类仪表应用面较广，可与单回路数字调节器以及 SPC（即计算机设定值控制）等配套使用，精度较高，如图 2-5-3 所示。

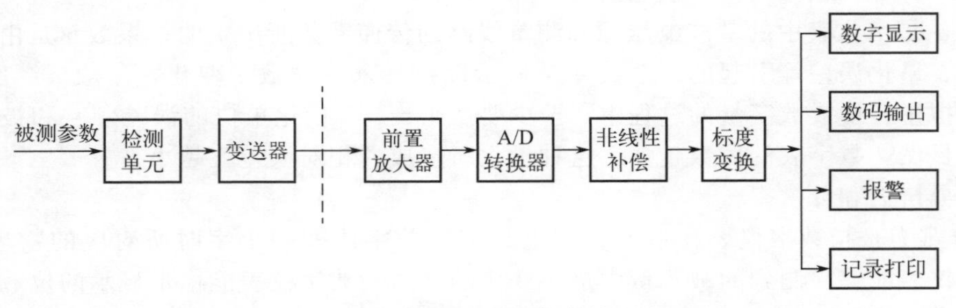

图 2-5-3 数字式显示仪表的组成

3. 仪表各部分工作原理

（1）A/D 转换器 A/D 转换是数字显示仪表的重要组成部分，任务是使连续变化的模拟量转换成离散变化的数字量，便于进行数字显示。要完成这一任务必须用一定的计量单位使连续量整量化，才能得到近似的数字量。量化单位越小，整量化的误差也就越小。A/D 转换的过程可用图 2-5-4 来说明。图 2-5-4（a）是模拟式仪表的指针读数与输入电压的关系；图 2-5-4（b）表示将这种关系进行了整量化，即用折线代替了直线。显然，分割的阶梯（即一个量化单位）越小，转换精度就越高。

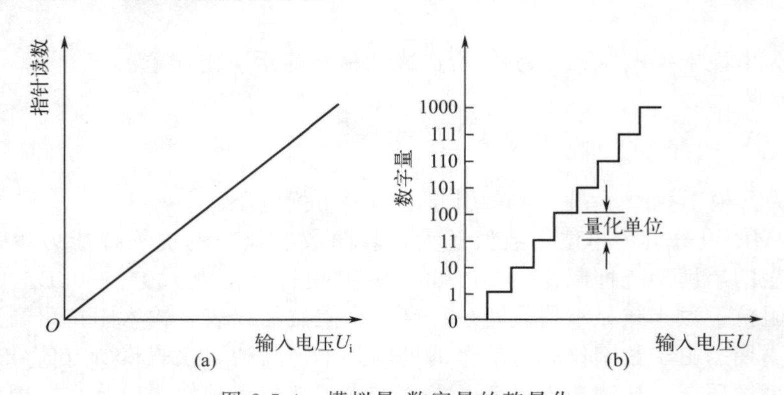

图 2-5-4 模拟量-数字量的整量化

将电压转换为数字信号的 A/D 转换的方法有双积分型、逐位逼近型及电压-频率型等。

① 双积分型 A/D 转换器。双积分型 A/D 转换器实质上是先将输入电压转换为时间 t，再利用固定频率为 f 的脉冲在时间 t 内计数，脉冲计数器上得到的脉冲数 N，即为量化结果的数字量。双积分型 A/D 转换器原理图如图 2-5-5 所示。

双积分型 A/D 转换器由基准电压 V_s，模拟开关 K_1、K_2、K_3，积分器，检零比较器，控制逻辑电路，时钟发生器，计数器和显示器等组成。A/D 转换器是在控制逻辑电路协调之下工作的，整个过程分为采样积分和比较测量两个阶段。

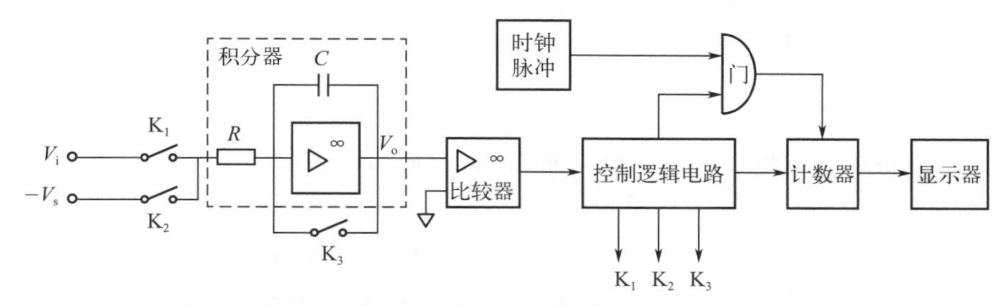

图 2-5-5 双积分型 A/D 转换器原理框图

a. 采样积分阶段。控制逻辑电路发出一个清零脉冲，使计数器置零，同时使 K_1 接通，K_2、K_3 断开，积分器在一固定时间 t_1 内对 V_i 积分。积分器从原始状态 $V_o=0V$ 开始积分，经 t_1 时间积分后其输出电压 V_o 达到新的值 V_A。

$$V_o=-\frac{1}{RC}\int_0^{t_1}V_i\mathrm{d}t=V_A \tag{2-5-3}$$

令 $\overline{V}_i$ 为输入模拟电压 V_i 在 t_1 时间内的平均值，即

$$\overline{V}_i=\frac{1}{t_1}\int_0^{t_1}V_i\mathrm{d}t \tag{2-5-4}$$

所以

$$V_A=-\frac{1}{RC}\overline{V}t_1 \tag{2-5-5}$$

积分器输出电压 V_o 波形图如图 2-5-6 所示。

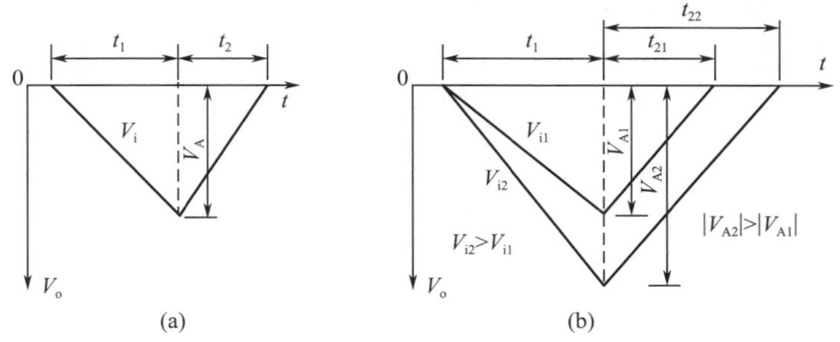

图 2-5-6 积分器输出电压波形

b. 比较测量阶段。在 t_1 结束时控制逻辑电路使 K_2 接通，K_1、K_3 断开，将与输入电压极性相反的基准电压 V_s 接入积分器，并使计数器开始计数。积分器进行反向积分，输出电压 V_o 下降。当积分器输出下降至零电平时，比较器输出一个信号使控制逻辑电路发出复位信号，使 K_3 接通，K_1 和 K_2 断开，积分器输出复位到零；同时使计数器停止计数，这时计数器计数 N。这一阶段经历的时间为 t_2，积分器输出变化为

$$V_o=-\frac{1}{RC}\int_{t_1}^{t_1+t_2}(-V_s)\mathrm{d}t \tag{2-5-6}$$

因此
$$V_A+\frac{1}{RC}V_2t_2=0 \tag{2-5-7}$$

解出
$$t_2=\frac{V_A}{-V_s}RC \tag{2-5-8}$$

把式（2-72）中 V_A 代入得

$$\overline{V}=\frac{t_2}{t_1}V_s \tag{2-5-9}$$

如果时钟脉冲的固定频率为 f，则 t_2 时间内计数器的计数为

$$N=ft_2 \tag{2-5-10}$$

可见，比较测量时间间隔 t_2 与输入电压 V_i 的平均值 $\overline{V}_i$ 成正比，即与计数器显示数字量 N 成正比，从而实现了电压-数字量的转换。并且，输入电压 V_i 越大，如图 2-5-6（b）所示，固定时间 t_1 内积分输出值 V_A 越大，t_2 间隔越长，计数器所计的数 N 也就越大。

由于这种 A/D 转换器在一次转换过程中进行了两次积分，故称双积分型转换器。由于是根据 t_1 时间内 V_i 的平均值进行转换的，如果测量时有干扰信号，不论干扰的瞬时值有多大，只要干扰的平均值为零，就不会引起误差。特别是工频干扰，只要 t_1 为工频周期的整数倍，就可大大提高抗干扰能力，因此 t_1 常取 20ms、40ms、100ms 等。这种转换器的转换周期为 t_1+t_2，由于转换速度慢，不适用于快速测量场合。

② 逐位逼近型 A/D 转换器。逐位逼近型 A/D 转换器的基本原理在于“比较”，用一套标准电压与被测电压进行逐次比较，不断逼近，最后达到一致。标准电压的大小，就表示了 A/D 转换过程。图 2-5-7 所示为逐位逼近型 A/D 转换器的原理线路。它由寄存器 SAR、比较器、基准电源 E_R 和时钟发生器等组成。SAR 是一个特殊设计的移位寄存器，在时钟作用下，从最高位 Q_7 开始输出第一个移位脉冲。此脉冲激励电流开关 S_7 接通，使 $I/2$ 电流流入运算放大器 A_1，在其输出端产生 $I/2\times R_f$ 的电压 Vs_7，它与被测电压 V_i 比较。若 $V_{S_7}<V_i$，则 S_7 保持接通状态，该位 Q_7 置“1”。然后在时钟脉冲作用下，从 Q_6 输出第二个移位脉冲，激励电流开关 S_6 接通，使放大器输出端电压增加 $V_{S_6}=I/4\times R_f$，连同最高位电压一起与 V_i 比较。若（$V_{S_7}+V_{S_6}$）$>V_i$，则 Q_6 置“0”。然后 SAR 的 Q_5 端输出第三个移位脉冲激励 S_5 接通，在放大器输出端又产生 $1/8\times R_f$ 的电压 V_{S_5}，则 $V_{S_7}+V_{S_6}+V_{S_5}$ 与 V_i 相比较，由比较器判别两者大小，决定 Q_5 置“1”还是置“0”。其他依次类推，直至最末位 Q_0。当所有位都参与了比较，产生各位相应的“0”“1”状态，则转换结束。

在图 2-5-7 中，取 $R=R_f=10\text{k}\Omega$，则

$$V_i=\left(\frac{I}{2}Q_7+\frac{I}{4}Q_6+\frac{I}{8}Q_5+\cdots+\frac{I}{2^8}Q_0\right)R_f=\frac{E_R}{R}\left(\frac{1}{2}Q_7+\frac{1}{2^2}Q_6+\frac{1}{2^3}Q_5+\cdots+\frac{1}{2^8}Q_0\right)R_f$$

即

$$V_i=E_R\times\sum_{i=1}^{8}\frac{Q_{8-1}}{2^i}$$

$$V_i=E_R\left(\frac{1}{2}+\frac{1}{2^3}+\frac{1}{2^4}+\frac{1}{2^8}\right)=6.914(\text{V}) \tag{2-5-11}$$

如上所述 8 位逐位比较型 A/D 转换器，设 $E_R=10\text{V}$，输出数字量为 10110001，对应输入电压。

逐位逼近型 A/D 转换器的转换过程是逻辑电路的判断过程，它完成一次转换需要（$n+1$）个时钟脉冲（n 为转换器的位数），因而具有高速转换的性能，转换精度高。它的电路复杂，抗干扰能力差，要求精密元件多。尽管如此，目前仍广泛用于高速多点检测和计算机测量系统。

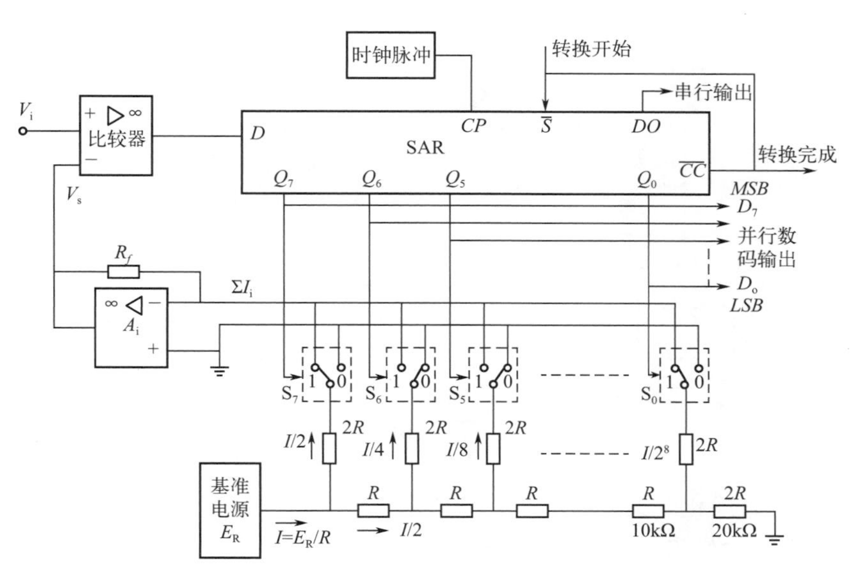

图 2-5-7　逐位逼近型 A/D 转换器原理线路

③ 电压-频率型 A/D 转换器。电压-频率型 A/D 转换器先将直流电压转换成与其频率成正比的频率，然后再在选定的时间间隔内对该频率进行计数，可将电压转换成数字量。图 2-5-8 为电压-频率型 A/D 转换器的原理图。转换器由积分器、电平检出器、间歇振荡器和标准脉冲发生器等组成。整个转换电路分上、下两个通道，接成闭环形式。

当输入电压 V_i 为正时，下通道工作。若输入正电压加在积分器上，由于积分器反向端输入，产生反向积分，积分器输出电压 V_o 线性下降。当输出电压下降到负电平检出器的检出电压值 V_P 时，负电平检出器发出一跳变信号触发间歇振荡器，使之发出一个振荡脉冲。该脉冲一方面经变压器耦合输出到计数器去计数：另一方面又触发标准脉冲发生器，使之产生幅值远大于 V_i，且极性相反、宽度为 t_1 的标准脉冲电压 V_s。该电压经 R_2 引入积分器，在 V_s 固定周期 t_1 时间内，积分器同时对 V_i 和 V_s 积分，从而使积分器输出电压回升，直至标准脉冲结束、V_s 电压消失。然后积分器又开始仅对 V_i 积分，积分器输出电压 V_o 又开始负向斜变，直到降至检出电平值，又重复前一过程。输入电压 V_i、积分器输出 V_o 和下标准脉冲发生器电压 V_s 波形如图 2-5-9 所示。

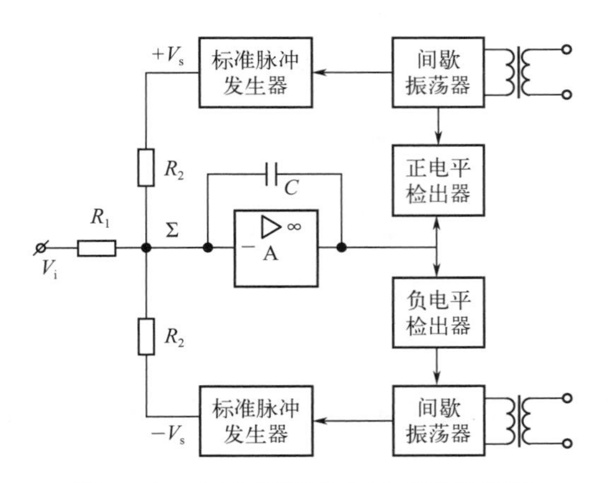

图 2-5-8　电压-频率型 A/D 转换器原理

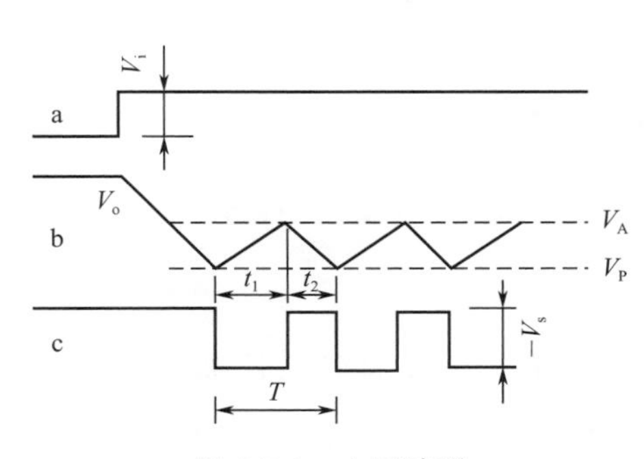

图 2-5-9　电压波形

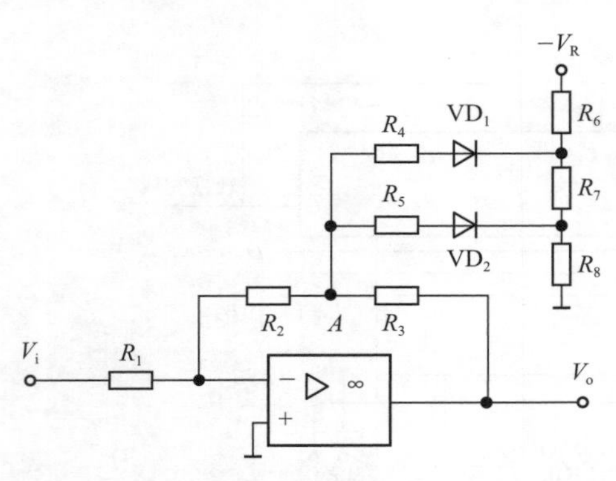

图 2-5-10　折线线性化电路

被测电压 V_i 大时 V_o 斜率大，产生标准脉冲的时间 t_2 间隔小，即标准脉冲的频率高。由此可见，由这种转换器所构成的闭环系统完成了电压/频率的转换。

(2) 非线性补偿环节　数字式显示仪表非线性补偿的目的是使数字显示值与被测量之间呈线性关系。目前常用的方法有：模拟式非线性补偿法、非线性 A/D 转换补偿法、数字式非线性补偿法。

① 模拟式非线性补偿。模拟式非线性补偿法是直接输出已线性化的模拟信号，精度较低。常用的是折线逼近法，即用连续有限的折线代替曲线的直线化方式。如图 2-5-10 所示，V_R 经 R_6、R_7、R_8 接地，在 A 点形成的折点电压 V_{A1}、V_{A2} 分别由 V_1、V_2 的通断形成。

$$V_{A1}=0.7-\frac{R_8}{R_6+R_7+R_8}V_R \tag{2-5-12}$$

$$V_{A2}=0.7-\frac{R_7+R_8}{R_6+R_7+R_8}V_R \tag{2-5-13}$$

当 $V_A>V_{A1}$ 时，V_1、V_2 皆导通，满足

$$V_o=-\frac{R_2\|R_4\|R_5+R_3}{R_1}V_i \tag{2-5-14}$$

当 $V_{A2}\leqslant V_A\leqslant V_{A1}$ 时，V_2 截止，V_1 导通，满足

$$V_o=-\frac{R_2\|R_4+R_3}{R_1}V_i \tag{2-5-15}$$

当 $V_A\leqslant V_{A2}$ 时，V_1、V_2 皆截止，满足

$$V_o=-\frac{R_2+R_3}{R_1}V_i \tag{2-5-16}$$

对非线性输入特性曲线进行校正，校正关系示意图如图 2-5-11 所示。

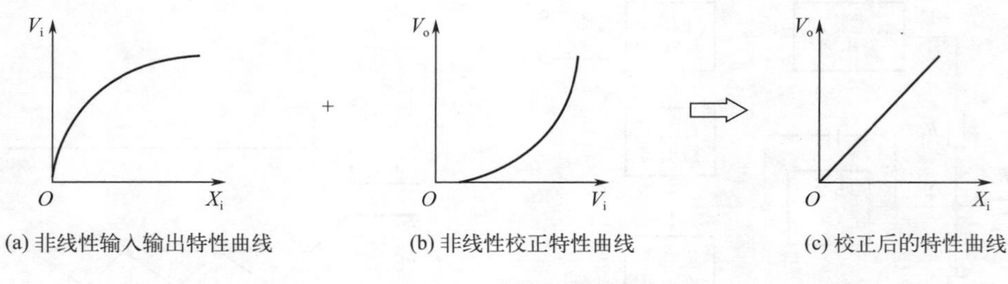

图 2-5-11　曲线校正关系

② 非线性 A/D 转换补偿法。线性 A/D 转换补偿法是在将模拟量转换成数字量的过程中完成非线性补偿的。该方法结构简单，精度高。

双积分型非线性 A/D 转换器，利用反向积分期间改变 R，实现积分速率改变，形成 n 段折线模拟非线性的函数关系，实现非线性补偿，如图 2-5-12 所示。

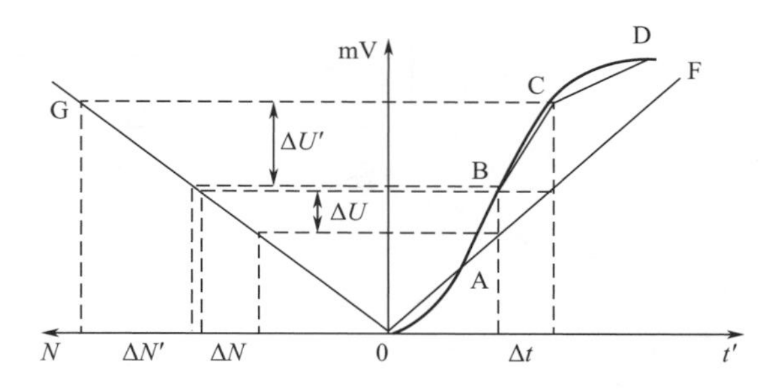

图 2-5-12　非线性 A/D 积分器输出波形

如图 2-5-13 所示是分挡改变积分电阻的 A/D 转换器电路方框图。图中 $K_1 \sim K_n$ 为场效应管开关，由逻辑开关门控制；$R_1 \sim R_n$ 是阻值不同的积分电阻，阻值由E-t 非线性特性来确定。

当有一个输入电压 V_i 时，在 t_1 时间内对 V_i 积分。待 t_1 结束，采样阶段完成，进入比较阶段，开关 K 断开，K_1 接通，经 R_1 对 V_s 反向积分，同时计数器开始计数。当计数时间达到 t_{21} 时，逻辑开关门使 K_1 断开，K_2 接通，经 R_2 对 V_s 继续反向积分，计数器继续计数一段时间 t_{22} 依次类推。由于 $R_1 \sim R_n$ 阻值不同，积分斜率不同。反向积分直至使 V_o 回零为止，计数停止。在积分过程中开关 $K_1 \sim K_n$ 是否全部动作一次，由输入信号大小决定。

③ 数字式非线性补偿法。数字式非线性补偿是先把被测参数的模拟量经 A/D 转换成数字量后，再进入非线性补偿环节。实现非线性补偿的依据，仍是采用以折线代替曲线的方法，将不同斜率的折线段乘上不同的系数变为同一斜率的线段而取得补偿。

例如用热电偶测温，如果前置放大部分的放大倍数固定，则 A/D 转换后获得的数字量 N 与 mV 输入之间呈线性关系，而与温度 t 呈非线性关系。如图 2-5-12 所示，可将 t 与 mV 之间关系曲线 OD 用折线逼近，如图所示划分 OA、AB、BC、CD 四段，每一段斜率不同。以 OA 斜率为基础，延伸出 OF，其他各段斜率乘以不同的系数 K_i 获得修正。例如温度变化 Δt，实际热电势 mV 变化 $\Delta U'$，A/D 转换后得到的数字量为 $\Delta N'$。$\Delta N'=K\Delta U'$，其中 K 为电压数字转换系数。$\Delta U'$变化对应 OF 射线电势变化 ΔU，$\Delta U=K_i\Delta U'$按 ΔU 得到的折算数字量 ΔN，显然

$$\Delta N=K_i\Delta N' \tag{2-5-17}$$

闪光报警仪实验

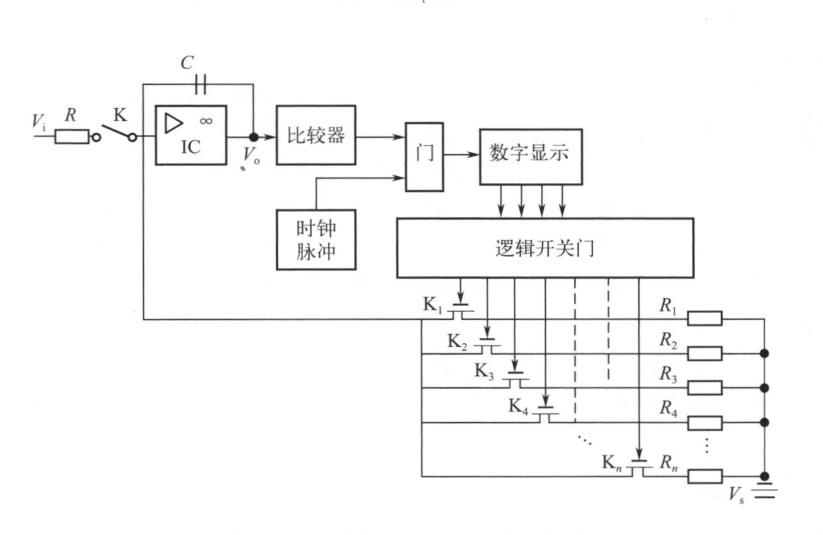

图 2-5-13　非线性 A/D 电路方框图

根据各折线段的变换系数 K_i 值，应用如图 2-5-14 所示逻辑原理实现系数值的自动变换。

综上所述，数字仪表的非线性参量的线性化问题，其基本方法是首先用直线代替曲线，把非线性特性曲线用线性的折线来分段逼近，然后使各段折线的斜率变换成同一斜率，得到

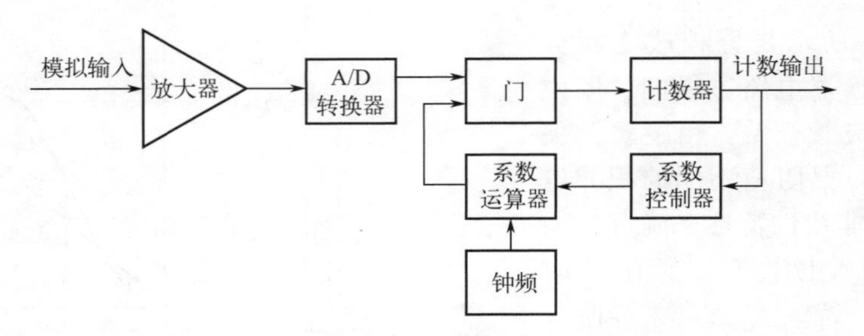

图 2-5-14 数字式线性化器的方框图

近似的线性补偿。

(3) 标度变换 标度变换实质的含义就是比例尺的变更。测量信号值与工程值之间往往存在一定的比例关系，测量值必须乘上某一常数，才能转换成数字式仪表所能直接显示的工程值。

智能变送器的参数设置

标度变换器与非线性补偿器一样，可以将模拟量先进行标度变换后，再送至 A/D 转换器变成数字量，也可以先将模拟量转换成数字量后，再进行数字式标度变换。

① 模拟量标度变换。以下举例说明标度变换过程。热电阻在测温时，其阻值变化是通过不平衡电桥转化为不平衡电压 U_0 输出的。此处可通过选择桥路电阻和电压，达到实际值和显示值统一的目的。例如，某数显仪表的仪表常数 $C=20$，表示输入 1mV 直流信号，数字显示字 20。用分度号 Pt100 的热电阻测温，其测温范围为 0～100℃时，由分度表可知 $\Delta R_t=38.50\Omega$ 。如果适当选择测量桥路参数，使桥路输出电压变化 50mV，此数显仪表显示字 1000。如果将小数点定义到第二位，仪表显示温度单位值 100.0℃，仪表显示工程单位值和被测温度一致，达到标度变换的目的。

当用热电偶测温时，热电势可将信号直接送入仪表，通过适当选取前置放大器的放大倍数实现标度变换。

例如，K 分度热电偶测温数字仪表，当前置放大器输出 5V 时，经 A/D 转换后仪表显示 999.9℃，即 5mV/℃。其 K 型热电偶的热电率约为 0.041mV/℃，则只要使该仪表的前置放大器的放大倍数为 5/0.041≈122 倍时，就可使仪表直接显示被测温度值。

② 数字量标度变换。数字量标度变换是模拟量经过 A/D 转换之后，进入计数器之前的数字量，通过系数运算，使被测物理量和显示数字的单位得到统一。系数的运算，可以使用倍频或分频的方法来乘或除以一个系数（系数范围 0.001～0.999），也可以采用如图 2-5-15 所示的扣除脉冲的方法来实现。由图可知，只有当与门的 A、B 输入端均为高电平时，F 输出端才为高电平；A、B 端中如有一端为低电平，则 F 端为低电平。因此，只要控制 B 端的电位，就可实现扣除脉冲的运算。图中每 4 个计数脉冲就扣除了一个脉冲，其效果相当于乘了 0.75 的系数。例如，被测温度为 750℃，经模-数转换后送出 1000 个计数脉冲，送入此运算器后，输出 750 个计数脉冲，再送至计数、显示电路，显示值 750 和被测的实际值取得了一致。

三、无纸记录仪

记录仪作为一种重要的数据记录仪表，一直被广泛地应用于各种工业现场。但自动平衡式记录仪等机械式记录仪结构复杂，可靠性差，易出现机械故障，在使用过程中，需要定时更换记录纸和记录笔，比较麻烦，长期运行费用较高。进入 20 世纪 90 年代，市场上出现了一种新型记录仪表——无纸记录仪。由于使用了微处理器、大容量存储介质和液晶显示屏等先进技术，彻底地解决了机械式记录仪存在的诸多问题，具有可靠性高、长期运行费用低、

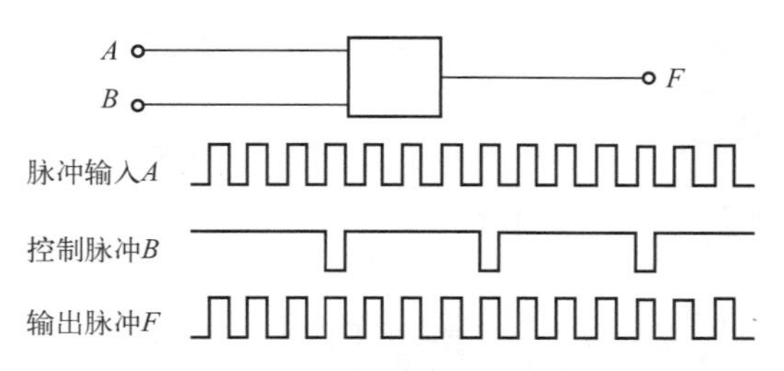

图 2-5-15　扣除脉冲法系数的运算原理

可对记录数据进行分析处理等优点，因而迅速被广大用户所接受。

无纸记录仪是简易的图像显示仪表，属于智能仪表范畴。图像显示是随着超大规模集成电路技术、计算机技术、通信技术和图像显示技术的发展而迅速发展起来的一种显示方式。它将过程变量信息按数值、曲线、图形和符号等方式显示出来。如图 2-5-16 所示为某系列无纸记录仪的外形图。

无纸记录仪以微处理器为核心，内有大容量存储器，可以存储多个过程变量的大量历史数据。它能够用液晶屏幕显示数字、曲线、图形，代替传统记录仪的指针显示，直接在屏幕上显示出过程变量的百分值、工程单位当前值、变量历史变化趋势曲线、过程变量报警状态、流量累积值等，提供多个变量值显示的同时，还能够进行不同变量在同一时间段内变化趋势的比较，便于进行生产过程运行状况的观察和故障原因分析。

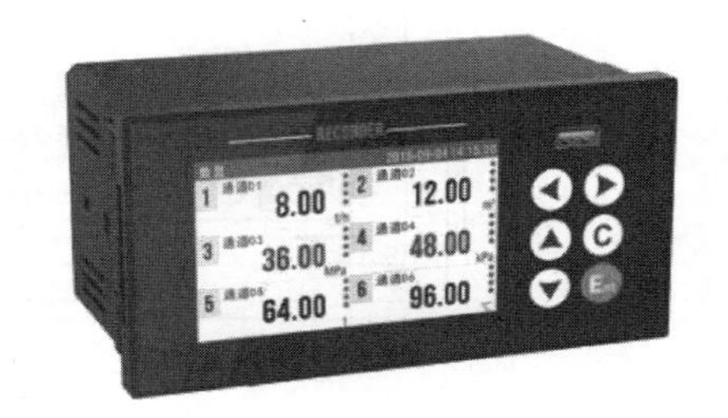

图 2-5-16　无纸记录仪外形图

无纸记录仪用大规模存储器件代替传统的记录纸进行数据的记录与保存，避免了纸和笔的消耗与维护。无纸记录仪无任何机械传动部件，仪表性能和可靠性大大提高，功能更加丰富，可以与计算机连接，将数据存入计算机，进行显示、记录和处理。

【任务实施】

（一）准备相关设备

无纸记录仪内部跳线位置及背面端子，如图 2-5-17 所示，与热电偶和热电阻的接线如图 2-5-18 所示。

（二）具体操作步骤

1. 无纸记录仪操作

无纸记录仪实训

无纸记录仪的操作画面可以充分发挥其图像显示的优势，实现多种信息的综合显示。无纸记录仪的显示方式有多种，如工程单位或满量程百分数数值显示、实时曲线图显示、棒图形式显示、多参数比较同步显示、历史记录曲线显示等。

下面以 MC-200R 型无纸记录仪的显示画面和操作为例做简单说明。操作步骤如下所示。

（1）显示画面介绍　单通道显示是无纸记录仪在使用中最常见的显示形式，该显示画面如图 2-5-19 所示。

（2）组态操作　所谓组态，就是组织仪表的工作状态，类似软件编程。但此处不使用计算机编程语言，而是借助于记录仪本身携带的组态软件，根据组态画面提出的组态项目内

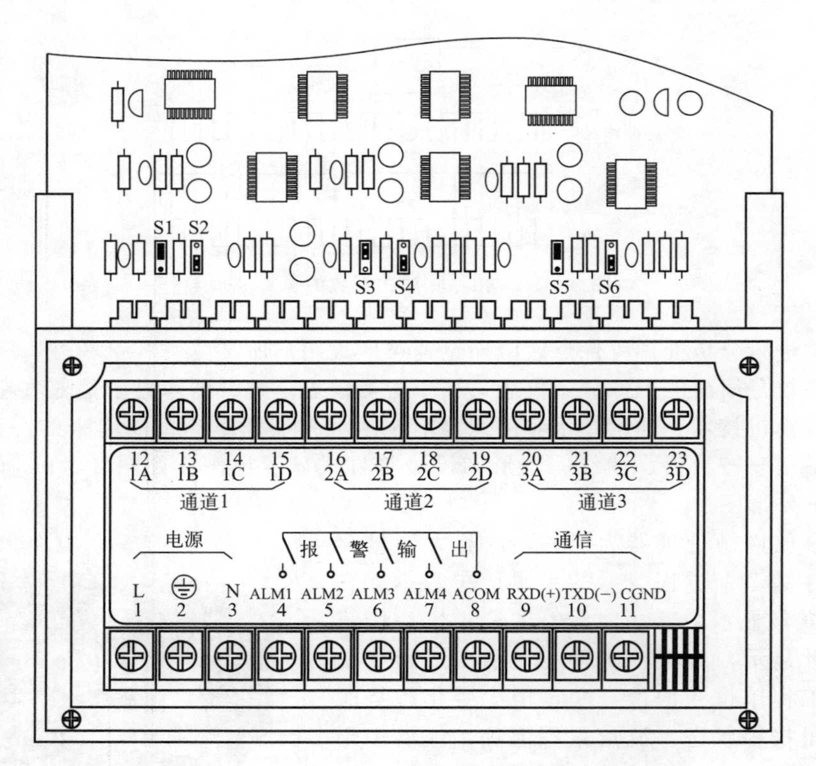

图 2-5-17　MC-200R 无纸记录仪内部跳线位置及背面端子

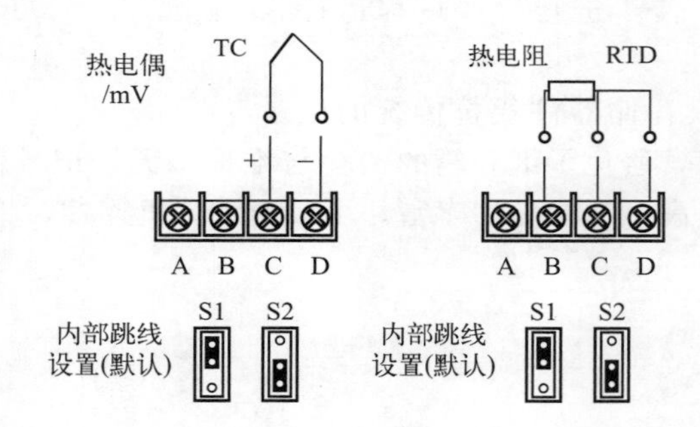

图 2-5-18　MC-200R 无纸记录仪与热电偶和热电阻的接线

容，进行具体的选择和相应参数的选择，完成画面显示的设定和修改。无纸记录仪的组态画面简单明了，操作方便。MC200R 为三通道万能输入的无纸记录仪。仪表可组态选择输入标准电流、标准电压、热电偶、热电阻、频率等信号，可提供传感器配电输出和四路继电器报警输出。直接连接微型打印机，打印用户指定时间的实时、历史数据和曲线；通过 RS232 通信接口与便携计算机、掌上电脑（PDA）连接，直接读取仪表历史数据，用户通过 PG2003 数据管理软件，对所取数据进行分析、存档、打印处理。多台仪表通过 RS485 通信组网，可与 MCGS、组态王、iFIX 等专业组态软件组成实时监控系统。

① 密码校验，同时按住“翻页”键和“＜追忆”键 2s，进入密码校验，组态前仪表会询问密码，只有输入正确密码才允许进入组态画面，如图 2-5-20 所示。

② 进入组态画面，具体如图 2-5-21 所示。

③ 输入组态。如图 2-5-22 所示，输入组态设置输入通道的类型、单位、量程。只有设定了输入信号的类型和量程后，仪表才能正常显示。

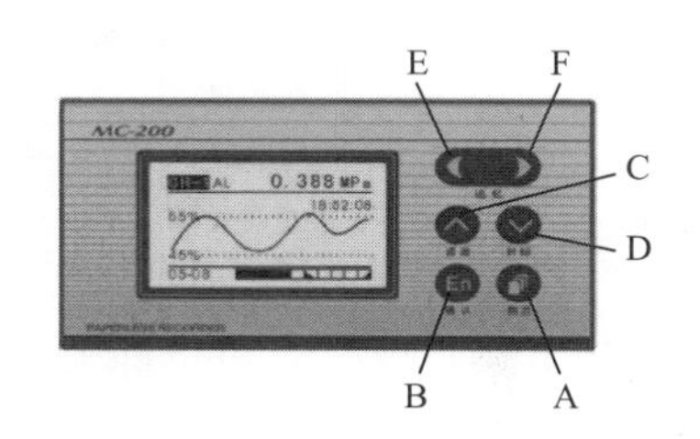

位置	键名	显示操作时的功能	组态时的功能
A	“翻页”键	切换功能页面	
B	“En 确认”键	切换追忆方式	确认；修改小数点位置
C	“∧ 通道”键	切换通道；增加光标所在位置的数值	增加被组参数的值
D	“∨ 时标”键	缩放曲线；减小光标所在位置的数值	减少被组参数的值
E	“< 追忆”键	回放较早的历史曲线	左移光标
F	“> 追忆”键	浏览较近的历史曲线	右移光标

图 2-5-19　实时单通道显示画面

图 2-5-20　密码校验画面

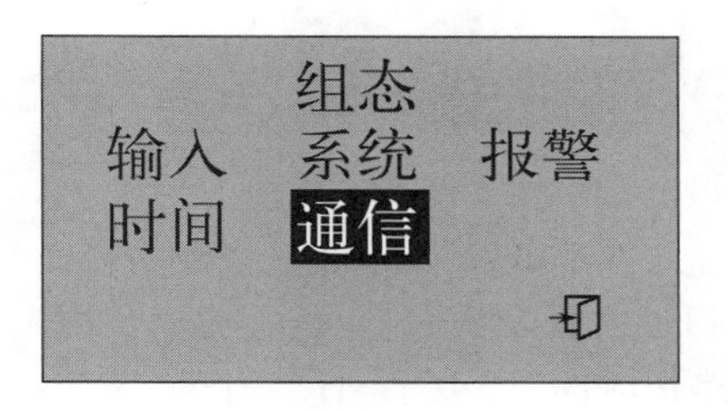

图 2-5-21　组态画面

A：通道号，“CH1”表示输入通道 1 组态。

B：工程单位，选择顺序为℃、°F、%、m^3/h、Nm^3/h、kg/h、t/h、l/h、kPa、MPa、Pa、bar、kgf/cm^2、mmH_2O、r/min、Hz、kHz、mm、m、pH、ppm、μs/cm、kJ、MJ、A、V、kW·h、mA、mV 等。

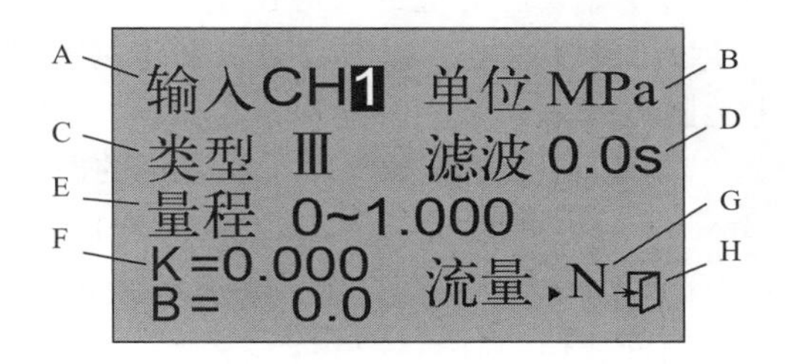

图 2-5-22　输入组态画面

C：信号类型，类型顺序为 Fr 型、Ⅲ型、S、B、K、T、E、J、350Ω、Pt100、Cu50、20mV、100mV、10mA、5V。

其中，各信号量程说明如下。Fr 型（频率信号）：0～10kHz；Ⅲ型：4～20mA，1～5V；S 型热电偶：－100～1600℃；B 型热电偶：500～1800℃；K 型热电偶：－100～1300℃；T 型热电偶：－100～380℃；E 型热电偶：－100～1000℃；J 型热电偶：－100～1000℃；350Ω：0～350Ω；Pt100：－200～600℃；Cu50：－50～140℃；20mV：0～20mV；100mV：0～100mV；10mA：0～10mA；5V：0～20mA，0～5V。

D：数字滤波，范围 0～9.9s。数字滤波使显示和记录的曲线更平滑。

E：量程，范围－9999～19999（下限～上限），按“En 确认”键修改量程中小数点位置。

F：显示调整，本仪表的显示精度为 0.2 级，一般情况下不需调整，当系统误差较大，或多台仪表显示同一参数不一致时，用户可以线性调整显示值的偏差。

G：流量设置，设置为“Y”时，该通道进行流量累积。光标在“Y”上按“En 确认”键，进入流量组态菜单。

H：退出，将光标移到这里，按“En 确认”键，可退回上一级组态画面。

④ 通道选择，如图 2-5-23 所示。

按“翻页”键切换功能。按“∧通道”键切换通道。按“En 确认”键，每隔 5s 自动循环切换通道；按“∧通道”键解除自动循环。同时按住“翻页”键和“＜追忆”键 2s，进入组态画面。

⑤ 历史追忆。如图 2-5-24 所示，在这组画面里，分页显示三个通道输入信号的历史数据与曲线，画面内容介绍如下。

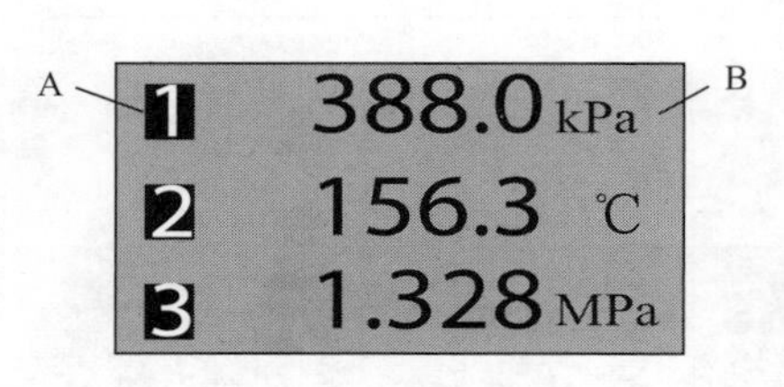

图 2-5-23 通道选择

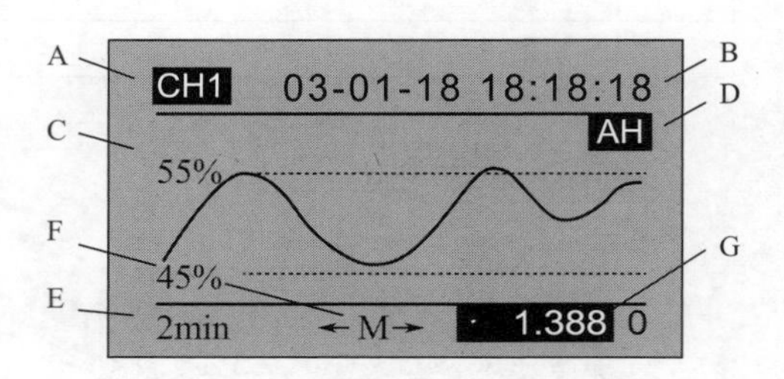

图 2-5-24 历史曲线追忆画面

A：通道代号，“CH1”表示通道 1 的历史曲线。

B：追忆时间，“年-月-日 时-分-秒”，对应曲线最右端的点的时间。

C：百分比量程。历史追忆曲线采用智能全动态显示，能够根据本屏数据的实际波动范围进行自动缩放，在 LCD 显示器有限的分辨率下，保证有最大的显示精度。屏中虚线处数字显示该虚线所对应的百分比量程。

D：报警标志。历史数据如果超过报警限，就会出现报警标志。低于下限出现 AL，高于上限出现 AH。

E：显示的是本幅画面所能追忆的时间段。右端“0”对应屏幕上端的历史时间，左端“2min”对应此时间以前 2min 的时间值，此值会随记录间隔的变化而变化。

F：追忆方式。分为自动追忆“←A→”和手动追忆“←M→”以及定位追忆“←L→”方式。按“En 确认”键切换。

G：历史追忆时间下的记录值，对应该通道所显示的历史追忆时间的记录值。“CH1”画面下为通道 1 信号的记录值。对应曲线最右端的点。

2. 热电阻、热电偶与无纸记录仪的连接

① 根据接线图首先对仪表进行供电。

② 连接输入信号。

③ 按照组态过程进行组态。

（三）任务报告

请各位学习者按照以下实训报告的要求来进行实训报告内容的填写。

实训报告

1. 无纸记录仪与热电阻、热电偶配用的接线图。

2. 写出无纸记录仪组态过程的步骤。

3. 记录无纸记录仪检测的数据。

4. 实验心得体会。

【任务评价】

任务评价以自我评价和教师评价相结合的方式进行，指导教师根据任务评价和学生学习成果进行综合评价，并将结果填写于表 2-5-1 中。

表 2-5-1　显示仪表的选用评价表

班级：　　第（　）小组　　姓名：　　时间：

评价模块	评价内容	分值/分	自我评价	教师评价	综合得分
理论知识	1. 掌握数字式显示仪表的组成	10			
	2. 掌握数字式显示仪表的工作原理	10			
	3. 掌握无纸记录仪的组成及原理	10			
操作技能	1. 能正确使用数字显示仪表	25			
	2. 能正确使用无纸记录仪并完成组态	25			
职业素养	1. 场地清洁、安全，工具、设备和材料的使用得当	10			
	2. 团队合作与个人防护	10			
总分（自我评价×40%＋教师评价×60%）					
综合评价：					
导师或师傅签字：					

【直击工考】

一、填空题

1. 弹簧管自由端的位移需通过（　　）指示出来。
2. 弹簧管压力计中弹簧管的作用是（　　）。
3. 弹簧管压力计的弹性元件有（　　）、（　　）和（　　）。
4. 压力传感器的作用是（　　）。
5. 表压＝（　　　　　），真空度＝（　　　　　　　）。
6. 电气式压力计一般由（　　）、（　　）和（　　）组成。
7. 弹簧管压力计中游丝的作用是（　　）。
8. 测量氨气的压力表，其弹簧管应用（　　）材料。
9. 根据化工自控设计技术规定，在测量稳定压力时，最大工作压力不应超过测量上限值的（　　），测量脉动压力时，最大工作压力不应超过测量上限值的（　　）。
10. 若一台压力变送器在现场使用时发现量程偏小，将变送器量程扩大，而二次显示仪表量程未做修改，则所测压力示值比实际压力值（　　）。
11. 差压式流量计是由（　　）、（　　）和（　　）三部分组成的。
12. 节流式流量计是基于流体流动的节流原理工作的，利用流体流经节流装置时所产生的（　　）实现流量测量的。
13. 孔板式流量计属于恒节流面积（　　）式流量计，而转子流量计属于恒差压（　　）式流量计。

二、选择题

1. 已知一椭圆齿轮流量计的齿轮转速为30r/min，计量室容积为75cm^3，则其所测流量为（　　）m^3/h。
A. 0.135　　B. 9　　C. 540　　D. 0.54
2. 电磁流量计的传感器要有良好的接地，接地电阻应小于（　　）Ω。
A. 30　　B. 20　　C. 10　　D. 5
3. 孔板弯曲会造成流量示值（　　）。
A. 偏高　　B. 偏低　　C. 不受影响　　D. 可能偏低或偏高
4. 转子流量计中的流体流动方向是（　　）。
A. 自上而下　　B. 自下而上　　C. 自左到右　　D. 自右到左
5. 涡街流量计的测量原理是，在流体流动的方向上放置一个非流线型物体时，在某一雷诺数范围内，当流体流速足够大时，流体因边界层的分离作用，在物体的下游两侧将交替形成非对称的（　　）。
A. 波浪　　B. 流线　　C. 漩涡　　D. 漩涡列
6. 在蒸气流量阶跃增大的扰动下，汽包水位（　　）。
A. 出现“虚假水位”　　B. 立即上升　　C. 立即下降　　D. 不变
7. 液-液相界面不能选择（　　）测量。
A. 浮球法　　B. 浮筒法　　C. 差压法　　D. 辐射法
8. 用压力法测量开口容器液位时，液位的高低取决于（　　）。
A. 取压点位置和容器横截面　　B. 取压点位置和介质密度
C. 介质密度和容器横截面　　D. 取压点位置
9. 用差压法测量容器液位时，液位的高低取决于（　　）。
A. 容器上、下两点的压力差和容器截面　　B. 压力差、容器截面和介质密度
C. 压力差、介质密度和取压点位置　　D. 容器截面和介质密度
10. 浮子钢带液位计出现液位变化，指针不动故障，下面的原因错误的是（　　）。
A. 链轮与显示部分轴松动　　B. 显示部分齿轮磨损
C. 导向钢丝与浮子有摩擦　　D. 活动部分冻住
11. 电阻温度计是借金属丝的电阻随温度变化的原理工作的，下述有关与电阻温度计配用的金属丝的说法，（　　）是不合适的。

A. 经常采用的是铂丝　　B. 也有利用铜丝的
C. 通常不采用金丝　　D. 有时采用锰铜丝

12. 补偿导线的正确敷设，应该从热电偶起敷到（　　）为止。
A. 就地接线盒　　B. 仪表端子板
C. 二次仪表　　D. 与冷端温度补偿装置同温的地方

13. 用热电偶和动圈式仪表组成的温度指示仪，在连接导线断路时会发生（　　）。
A. 指示到机械零点　　B. 指示到0°
C. 指示的位置不定　　D. 停留在原来的测量值上

14. 用电子电位差计测热电偶温度，如果热端温度升高2℃，室温（冷端温度）下降2℃，则仪表的指示（　　）。
A. 升高2℃　　B. 下降2℃　　C. 不变　　D. 升高4℃

15. 显示仪表和测温元件连接时，为了使连接导线或外线路电阻阻值符合要求，常带有不同数目的调整电阻，配热电偶的动圈式仪表带有（　　）个调整电阻。
A. 0　　B. 1　　C. 2　　D. 3

16. 现要对一台1151AP绝对压力变送器进行检定，已知当地的大气压力为80kPa，仪表的测量范围为20～100kPa，则上电后仪表可能指示在（　　）左右。
A. 4mA　　B. 8mA　　C. 12mA　　D. 16mA

17. 对使用中的电动压力变送器进行检定时，其中无需检定的项目为（　　）。
A. 基本误差　　B. 绝缘电阻　　C. 绝缘强度　　D. 密封性

18. 工业用弹簧管压力表校验方法采用（　　）。
A. 示值比较法　　B. 标准信号法　　C. 标准物质法　　D. 以上三种方法均可

19. 差压变送器在进行密封性检查时，引入额定工作压力，密封15min，在最后5min内，观察压力表压力下降值不得超过测量上限值的（　　）。
A. 1%　　B. 1.5%　　C. 2%　　D. 2.5%

20. 检定差压计时，供给的气源压力最大变化量为气源压力的（　　）。
A. 1%　　B. 1.5%　　C. 2%　　D. 3%

21. 数显仪的不灵敏区是指（　　）显示变化1个字所对应的电量。
A. 任何一位　　B. 头位　　C. 末位　　D. 第二位

22. 数字仪表的（　　）是指数字显示的最小数与最大数的比值。
A. 分辨力　　B. 灵敏度　　C. 分辨率　　D. 不灵敏限

23. 有一台智能型温度显示仪，测量范围设定为0～600℃，其允许误差为±0.5%FS±1个字，则最大误差不超过（　　）。
A. 4℃　　B. 1℃　　C. 6℃　　D. 10℃

24. 数字式仪表的双积分型A/D转换器是在（　　）电路下工作，整个过程分为三个阶段。
A. 反馈积分　　B. 控制逻辑　　C. 控制运算　　D. 逻辑运算

25. 双积分型A/D转换器采用的是间接法，电模拟量不是直接转换成数字量，而是首先转换成中间量即（　　），再由中间量转换成数字量。
A. 时间　　B. 时序　　C. 时间间隔　　D. 脉冲间隔

三、判断题

1. 测量氨气压力时，可以用普通的工业用压力表。（　　）

2. 波纹管式弹性元件可以用来测量高压。（　　）

3. 弹簧管压力表只能就地指示压力，不能远距离传送压力信号。（　　）

4. 压力表的选择只需要选择合适的量程就行了。（　　）

5. 单圈弹簧管自由端产生的位移比多圈弹簧管的位移大。（　　）

6. 转子流量计在实际使用中，由于实际被测介质与标定介质不同，转子流量计的指示值产生误差，所以必须根据具体情况进行修正。（　　）

7. 靶式流量计的靶板插入管道中，当流体流过时，便对靶板有一股冲击力，其力的大小和靶板面积成正比例。 （ ）

8. 静态容积法水流量标定装置的组成：稳压水源，管路系统，阀门，标准器，换向器，计时器和控制台。标准器是用标准容器，即用高位水槽来产生恒压头水源，以保证流量的稳定。 （ ）

9. 电磁流量计是不能测量气体介质流量的。 （ ）

10. 若流量测量的孔板装反，将导致流量的测量值减小。 （ ）

11. 在测量具有腐蚀性、结晶性、黏稠性、易汽化和含有悬浮物的液体时宜选用电容差压变送器。 （ ）

12. 一台安装在设备内最低液位下方的压力式液位变送器，为了测量准确，压力变送器必须采用正迁移。 （ ）

13. 差压式液位计进行负向迁移后，其量程不变。 （ ）

14. 雷达液位计的微波发射频率一般为1～5GHz。 （ ）

15. 超声波物位计是通过测量声波发射和反射回来的时间差来测量物位高度的。 （ ）

16. 浮筒式液位变送器在现场调节零位时，应采取的措施是在浮筒内充满轻质介质。 （ ）

17. 对于双室平衡容器，当汽包压力高于额定值时，将使差压计指示水位偏高。 （ ）

18. 吹气式液位计属于压力式液位计。 （ ）

19. 用电容式液位计测量导电液体的液位时，介电常数是不变的，那么液位变化相当于电极面积在改变。 （ ）

20. 用差压变送器测量液位，仪表在使用过程中，上移一段距离，量程大小不变。 （ ）

21. 直读式液位仪表是根据连通器原理工作的。 （ ）

22. 锅炉汽包水位以最低水位作为零水位。 （ ）

23. 双金属温度计双金属片制成盘旋或螺旋形是为了抗振性更好。 （ ）

24. 选用压力式温度计的测量范围时，应使指示值位于全量程的1/3～3/4。 （ ）

25. 热电阻和二次仪表采用三线制接线是为了好接线。 （ ）

26. 只有当热电偶冷端温度不变时，热电势才与被测温度成单值函数的关系。 （ ）

27. 各种补偿导线可以通用，是因为它们都起补偿作用。 （ ）

28. 补偿导线接反后，测量结果不受影响。 （ ）

29. 工业用铂电阻在使用中可以通过提高电流来提高测量灵敏度，电流越高越好。 （ ）

30. 在进行快速测量时，为了减小热电偶惯性，可选较粗的热电偶。 （ ）

31. 为了提高热电偶的测量精度，在使用时可延长热偶丝来实现。 （ ）

32. 同型热电偶的热偶丝越细、越长，则输出电势越高。 （ ）

33. 数字式面板表的主要技术指标之一：显示位数，3 1/2一位。 （ ）

34. 数字式面板表的主要技术指标之一：供给电源，220V、50Hz。 （ ）

35. 数字式面板表xsz-101型或xmt-101型都是与热电偶配套使用的，其信号变换电路由热电偶和冷端温度补偿电桥串联而成。 （ ）

四、简答题

1. 什么叫仪表的基本误差、测量误差和附加误差？有何区别？

2. 试述弹簧管压力表的基本工作原理。

3. 简述压阻式压力传感器的工作原理及特点。

4. 什么叫流量和总量？有哪几种表示方法？互相之间的关系是什么？

5. 试简述涡轮流量计的测量过程及其特点。

6. 为什么要用法兰式差压变送器？它有哪几种结构形式？

7. 用热电偶测温时，为什么要进行冷端温度补偿？其冷端温度补偿的方法有哪几种？

8. 热电偶的结构与热电阻的结构有什么异同之处？

9. 动圈式仪表的作用原理是什么？

10. 数字式显示仪表的A/D转换有哪几种类型？各有哪些优缺点？

五、计算题

1. 用一只标准压力表检定甲、乙两只压力表时，读得标准表的指示值为100kPa，甲、乙两表的读数各为101.0kPa和99.5kPa，求它们的绝对误差和修正值。

2. 一转子流量计用标准状态下的水进行标定，量程范围为100～1000L/h，转子材质为不锈钢（密度为7.90g/cm^3），现用来测量密度为0.791g/cm^3的甲醇，问：（1）体积流量密度校正系数K是多少？（2）流量计测甲醇的量程范围是多少？

3. 用一台双法兰式差压变送器测量某容器的液位，如图2-5-25所示。已知被测液位的变化范围为0～3m，被测介质密度$\rho=900kg/m^3$，毛细管内工作介质密度$\rho_0=950kg/m^3$。变送器的安装尺寸为$h_1=1m$，$h_2=4m$。求变送器的测量范围，并判断零点迁移方向，计算迁移量。当法兰式差压变送器的安装位置升高或降低时，问对测量有何影响？

4. 用分度号为K的镍铬-镍硅热电偶测量温度，在没有采取冷端温度补偿的情况下，显示仪表指示值为500℃，而这时冷端温度为60℃。试问：实际温度应为多少？如果热端温度不变，设法使冷端温度保持在20℃，此时显示仪表的指示值应为多少？

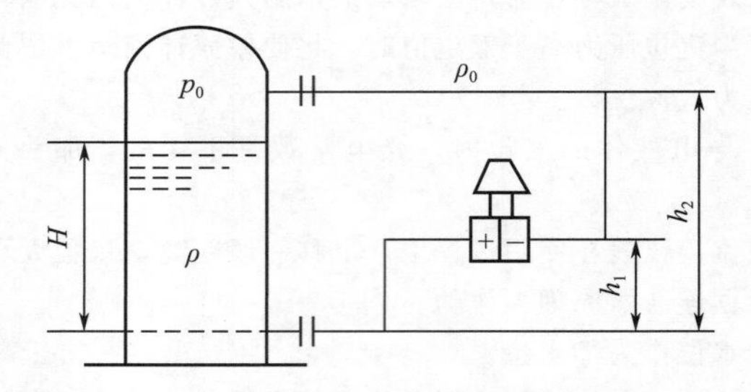

图2-5-25　双法兰式差压变送器测量液位

模块二　直击工考
参考答案

模块三

化工自动化基础

利用各种检测仪表对主要工艺参数进行测量、指示或记录的，称为自动检测系统。它代替了操作人员对工艺参数的不断观察与记录，起到人的眼睛的作用。自动操纵系统可以根据预先规定的步骤自动地对生产设备进行某种周期性操作。自动开停车系统可以按照预先规定好的步骤，将生产过程自动地投入运行或自动停车。当工艺参数超过了允许范围，在事故即将发生以前，信号系统就自动地发出声光信号，告诫操作人员注意，并及时采取措施。如工况已到达危险状态时，联锁系统立即自动采取紧急措施，打开安全阀或切断某些通路，必要时紧急停车，以防止事故的发生和扩大。它是生产过程中的一种安全装置。受到外界干扰（扰动）的影响而偏离正常状态时，自动控制系统能自动地控制而回到规定的数值范围内。保证生产过程的正常进行。

通过本模块的学习和训练，应达成如下目标。

1. 了解对象建模的方法。
2. 掌握基本控制规律的特点。
3. 会搭建简单的单回路控制系统。
4. 掌握常用执行器的原理。
5. 能对控制的故障进行判断和检修，会设计单回路系统，会对参数进行设定。

任务一　对象特性认识和建模

学习目标

1. 掌握数学建模的方法。
2. 认识对象特性的参数。
3. 培养独立分析和解决问题的能力。

案例导入

导弹发射后利用其制导系统能自动将导弹引导至目标敌人。人造卫星进入预定轨道并保持良好的运行轨迹，完成工作任务并被准确回收。嫦娥一号奔月的发射、变轨、制动等都离不开被控对象模型的建立。

问题与讨论：

1. 公共场所电梯运行中，客流量的变化导致电梯负载的变化会直接影响到电机的转速，而对电机转速的自动恒速控制能使电梯平稳运行。

2. 讨论一下被控对象是哪些设备？

3. 生活中，哪些系统控制需要建立模型？

【知识链接】

一、数学模型及描述方法

数学模型及描述方法

在化工自动化中，常见的对象有各类换热器、精馏塔、流体输送设备和化学反应器等。此外，在一些辅助系统中，气源、热源及动力设备（如空压机、辅助锅炉、电动机等）也可能是需要控制的对象。

各种对象千差万别，有的操作很稳定，操作很容易；有的对象则不然，只要稍不小心就会超越正常工艺条件，甚至造成事故。只有充分了解和熟悉这些对象，才能使生产操作得心应手，获得高产、优质、低消耗。同样，在自动控制系统中，当采用一些自动化装置来模拟人工操作时，首先也必须深入了解对象的特性，了解它的内在规律，才能根据工艺对控制质量的要求，设计合理的控制系统，选择合适的被控变量和操纵变量，选用合适的测量元件及控制器。在控制系统投入运行时，也要根据对象特性选择合适的控制器参数（也称控制器参数的工程整定），使系统正常地运行。特别是一些比较复杂的控制方案设计，例如前馈控制、计算机最优控制等更离不开对象特性的研究。

所谓研究对象的特性，就是用数学的方法来描述出对象输入量与输出量之间的关系。这种对象特性的数学描述就称为对象的数学模型。建立对象数学模型（建模），如图 3-1-1 所示。

（1）输入量（输入参数）　由干扰作用和控制作用引起被控变量变化的参数叫输入变量。

（2）输出变量（输出参数）　将被控变量看作对象的输出量叫输出变量。

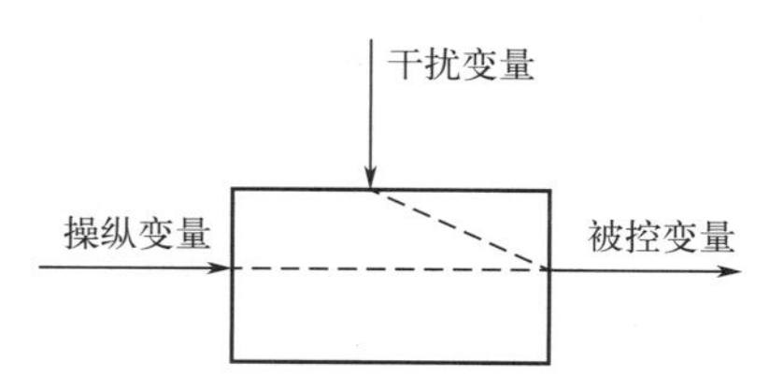

图 3-1-1　对象的输入、输出量

（3）通道　由对象的输入变量至输出变量的信号联系。

（4）控制通道　控制作用至被控变量的信号联系。

（5）干扰通道　干扰作用至被控变量的信号联系。

在研究对象特性时，应预先指明对象的输入量是什么，输出量是什么，因为对于同一个对象，不同通道的特性可能是不同的。

1. *数学模型建立的方法*

根据数学模型建立的途径不同，可分为机理建模、经验建模和混合模型。

（1）机理模型　从机理出发，即从对象内在的物理和化学规律出发，建立描述对象输入输出特性的数学模型。

（2）经验建模　对于已经投产的生产过程，也可以通过实验测试或依据积累的操作数据，对系统的输入输出数据，通过数学回归方法进行处理。

（3）混合模型　通过机理分析，得出模型的结构或函数形式，并对其中的部分参数实测得到。

2. *数学模型的表达形式*

数学模型的表达形式主要有两大类：一类是非参量形式，称为非参量模型；另一类是参量形式，称为参量模型。

（1）非参量模型　当数学模型是采用曲线或数据表格等来表示时，称为非参量模型。非参量模型可以通过记录实验结果来得到，有时也可以通过计算来得到。它的特点是形象、清晰，比较容易看出其定性的特征。但是，由于它们缺乏数学方程的解析性质，要直接利用它们来进行系统的分析和设计往往比较困难，必要时，可以对它们进行一定的数学处理来得到参量模型的形式。

由于对象的数学模型描述的是对象在受到控制作用或干扰作用后被控变量的变化规律，因此对象的非参量模型可以用对象在一定形式的输入作用下的输出曲线或数据来表示。根据输入形式的不同，主要有阶跃响应曲线、脉冲响应曲线、矩形脉冲响应曲线、频率特性曲线等。这些曲线一般都可以通过实验直接得到。

（2）参量模型　当数学模型是采用数学方程式来描述时，称为参量模型。

参量模型的形式很多。静态数学模型比较简单，一般可用代数方程式表示。动态数学模型的形式主要有微分方程、传递函数、差分方程及状态方程等。

对于线性的集中参数对象，通常可用常系数线性微分方程式来描述，如果以 $x(t)$ 表示输入量，$y(t)$ 表示输出量，则对象特性可用下列微分方程式来描述。

$$\begin{aligned}&a_n y^{(n)}(t)+a_{n-1}y^{(n-1)}(t)+\cdots+a_1 y'(t)+a_0 y(t)\\&=b_m x^{(m)}(t)+b_{m-1}x^{(m-1)}(t)+\cdots+b_1 x'(t)+b_0 x(t)\end{aligned} \tag{3-1-1}$$

式中，$y^{(n)}(t)$、$y^{(n-1)}(t)$、…、$y'(t)$ 分别为 $y(t)$ 的 n 阶、$(n-1)$ 阶、…、一阶导数；$x^{(m)}(t)$、$x^{(m-1)}(t)$、…、$x'(t)$ 分别表示 $x(t)$ 的 m 阶、$(m-1)$ 阶、…、一阶导数；

a_n、a_{n-1}、…、a_1、a_0 及 b_m、b_{m-1}、…、b_1、b_0 分别为方程式中的各项参数。

在允许的范围内，多数化工对象动态特性可以忽略输入量的导数项，表示为

$$a_n y^{(n)}(t)+a_{n-1}y^{(n-1)}(t)+\cdots+a_1 y'(t)+a_0 y(t)=x(t) \tag{3-1-2}$$

例题：一个对象如果可以用一个一阶微分方程式来描述其特性（通常称一阶对象），则可表示为：

$$a_1 y'(t)+a_0 y(t)=x(t) \tag{3-1-3}$$

或表示成

$$Ty'(t)+y(t)=Kx(t) \tag{3-1-4}$$

式中，T 为时间常数，$T=\dfrac{a_1}{a_0}$；K 为放大系数，$K=\dfrac{1}{a_0}$。

以上方程中的系数 a_n、a_{n-1}、…、a_1、a_0 和 b_m、b_{m-1}、…、b_1、b_0 以及 T、K 等都可以认为是相应的参量模型中的参量，它们与对象的特性有关，一般需要通过对象的内部机理分析或大量的实验数据处理才能得到。

二、机理建模

1. 建模目的

建立被控对象的数学模型，其主要目的可归结为以下几种。

机理建模

(1) 控制系统的方案设计　对被控对象特性的全面和深入的了解，是设计控制系统的基础。例如控制系统中被控变量及检测点的选择、操纵变量的确定、控制系统结构形式的确定等都与被控对象的特性有关。

(2) 控制系统的调试和控制器参数的确定　为了使控制系统能安全投运并进行必要的调试，必须对被控对象的特性有充分的了解。另外，在控制器控制规律的选择及控制器参数的确定时，也离不开对被控对象特性的了解。

(3) 制定工业过程操作优化方案　操作优化往往可以在基本不增加投资与设备的情况下，获取可观的经济效益。这样一个命题的解决离不开对被控对象特性的了解，而且主要是依靠对象的静态数学模型。

(4) 新型控制方案及控制算法的确定　在用计算机构成一些新型控制系统时，往往离不开被控对象的数学模型。例如预测控制、推理控制、前馈动态补偿等都是在已知对象数学模型的基础上才能进行的。

(5) 计算机仿真与过程培训系统　利用开发的数学模型和系统仿真技术，使操作人员有可能在计算机上对各种控制策略进行定量的比较与评定，有可能在计算机上仿真实际的操作，从而高速、安全、低成本地培训工程技术人员和操作工人，制定大型设备启动和停车的操作方案。

(6) 设计工业过程的故障检测与诊断系统　利用开发的数学模型可以及时发现工业过程中控制系统的故障及其原因，并能提供正确的解决途径。

2. 机理建模方法

当对象的动态特性可以用一阶微分方程式来描述时，一般称为一阶对象。

① 水槽对象。图 3-1-2 是一个水槽，水经过阀门 1 不断流入水槽，水槽内的水又通过阀门 2 不断流出。工艺上要求水槽的液位 h 保持定数值。在这里，水槽就是被控对象，液位 h 就是被控变量。如果阀门 2 的开度保持不变，则阀门 1 的开度变化是引起液位变化的原因。这时，要研究对象特性，就是要研究当阀门 1 的开度变化，流入量 Q_1 变化以后，液位 h 是如何变化的。

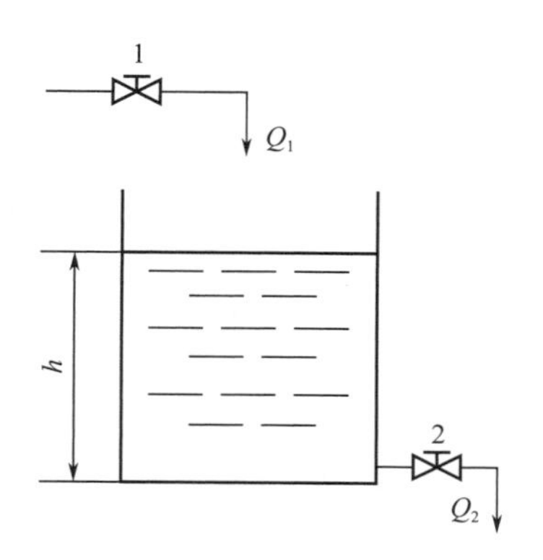

图 3-1-2　水槽对象

在这种情况下，对象的输入变量是流入水槽的流量 Q_1，对象的输出变量是液位 h。下面来推导表征 h 与 Q_1 之间关系的数学表达式。

在生产过程中，最基本的关系是物料平衡和能量平衡。当单位时间内流入对象的物料（或能量）不等于流出对象的物料（或能量）时，表征对象物料（或能量）蓄存量的变量就要随时间而变化。找出它们之间的关系，就能写出描述它们之间关系的微分方程式。因此，列写微分方程式的依据可表示为：

对象物料蓄存量的变化率＝单位时间流入对象的物料－单位时间流出对象的物料

上式中的物料量也可以表示为能量。

以图 3-1-2 的水槽对象为例，截面积为 A 的水槽，当流入水槽的流量 Q_1 等于流出水槽的流量 Q_2 时，系统处于平衡状态，即静态，这时液位 h 保持不变。

假定某一时刻 Q_1 有了变化，不再等于 Q_2，于是 h 也就变化了，h 的变化和 Q_1 的变化究竟有什么关系呢？应从水槽的物料平衡来考虑，找出 h 与 Q_1 的关系，这是推导表征 h 与 Q_1 关系的微分方程式的依据。

在用微分方程式来描述对象特性时，考虑到控制系统中的变量总是在额定值附近变化，我们所关注的只是这些量的变化值，而不注重这些量的初始值（初始值往往是预先规定好了的），所以下面在推导方程的过程中，假定 Q_1、Q_2、h 都代表它们偏离初始平衡状态的变化值（即增量）。

如果在很短一段时间 $\mathrm{d}t$ 内，由于 Q_1 不等于 Q_2 引起液位变化了 $\mathrm{d}h$，此时，流入和流出水槽的水量之差（Q_1-Q_2）应该等于水槽内蓄水的变化量 $\Delta\mathrm{d}h$，若用数学方程表示为

$$(Q_1-Q_2)\,\mathrm{d}t=\Delta\mathrm{d}h \tag{3-1-5}$$

式（3-1-5）就是微分方程式的一种形式。在这个式子中，还不能一目了然地看出 h 与 Q_1 的关系。因为在水槽出水阀 2 开度不变的情况下，随着 h 的变化，Q_2 也会变化。h 越大，静压头越大，Q_2 也会越大。也就是说，在式（3-1-5）中，Q_1、Q_2、h 都是时间的变量，如何消去中间变量 Q_2，得出 h 与 Q_1 的关系式呢？

若考虑到 h 和 Q_2 的变化量都很微小（由于在自动控制系统中，各个变量都是在它们的额定值附近做微小的波动，因此作这样的假定是允许的），可以近似认为 Q_2 与 h 成正比，与出水阀的阻力系数 R_s 成反比（在出水阀开度不变时，R_s 可视为常数），用式子表示为

$$Q_2=\frac{h}{R_s} \tag{3-1-6}$$

将此关系代入式（3-1-5），便有

$$(Q_1 - Q_2)\mathrm{d}t = A\mathrm{d}h \tag{3-1-7}$$

移项整理后可得

$$AR_s \frac{\mathrm{d}h}{\mathrm{d}t} + h = R_s Q_1 \tag{3-1-8}$$

令

$$T = AR_s,\ K = R_s \tag{3-1-9}$$

代入式（3-1-8），便有

$$T \frac{\mathrm{d}h}{\mathrm{d}t} + h = KQ_1 \tag{3-1-10}$$

这就是用来描述简单的水槽对象特性的微分方程式。它是一阶常系数微分方程式，式中，T 为时间常数，K 为放大系数。

② 积分对象。当对象的输出变量与输入变量对时间的积分成比例关系时，称为积分对象。

图 3-1-3 所示的液体储槽，就具有积分特性。因为储槽中的液体是由正位移泵抽出，因而从储槽中流出的液位流量 Q_2 将是常数，Q_2 的变化量为零。因此，液位的变化就只与流入量 Q_1 的变化量有关。如果以 h、Q_1 分别表示液位和流入量的变化量，则有

$$\mathrm{d}h = \frac{1}{A} Q_1 \mathrm{d}t \tag{3-1-11}$$

式中，A 为储槽横截面积。

对式（3-1-11）积分，可得

$$h = \frac{1}{A}\int Q_1 \mathrm{d}t \tag{3-1-12}$$

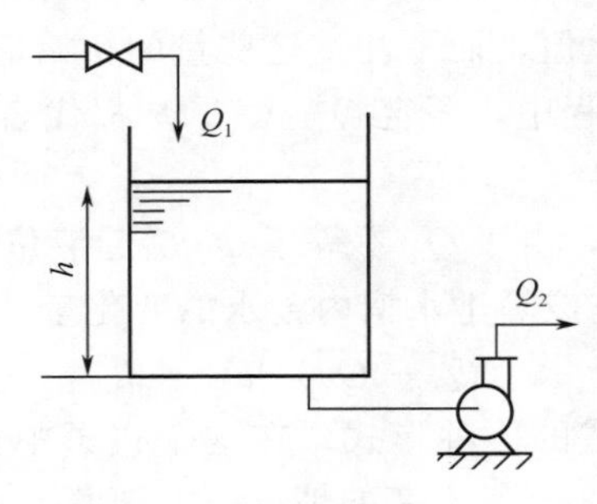

图 3-1-3 积分对象

这说明图 3-1-3 所示储槽具有积分特性。

3. 时滞对象

有的对象或过程，在受到输入作用后，输出变量并不立刻随之变化，而是要隔上一段时间才有响应，这种对象称为具有时滞特性的对象，而这段时间就称为时滞 τ_0（或纯滞后）。

时滞的产生一般是由介质的输送需要一段时间而引起的。

例如图 3-1-4（a）所示的溶解槽，料斗中的固体物料用皮带输送机送至加料口。在料斗

处加大送料量后，固体溶质须等输送机将其送到加料口并落入槽中后，才会影响溶液浓度。当以料斗的加料量作为对象的输入，溶液浓度作为输出时，其反应曲线如图 3-1-4（b）所示。图中所示的 τ_0 为皮带输送机将固体溶质由加料斗输送到溶解槽所需要的时间，称为时滞（纯滞后）。显然，时滞与皮带输送机的传送速度 v 和传送距离 L 有如下关系

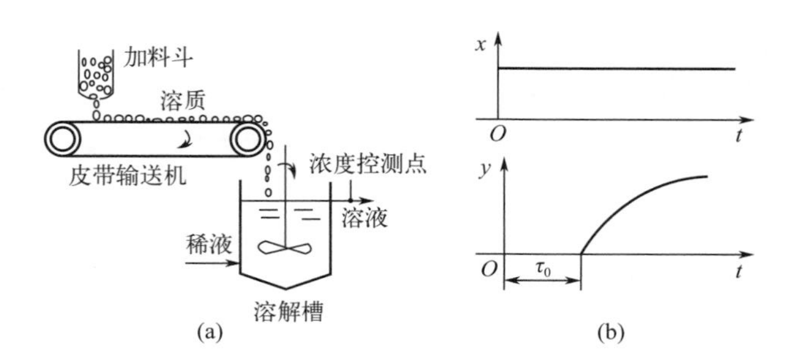

图 3-1-4　溶解槽及其反应曲线

$$\tau_0=\frac{L}{v} \tag{3-1-13}$$

另外，从测量方面来说，由于测量点选择不当，测量元件安装不合适等原因也会造成时滞。图 3-1-5 是一个蒸汽直接加热器，如果以进入的蒸汽量 q 为输入变量，实际测得的溶液温度为输出变量。并且测温点不是在槽内，而是在出口管道上，测温点离槽的距离为 L，那么，当蒸汽量增大时，槽内溶液温度升高，然而槽内溶液流到管道测温点处还要经过一段时间 τ_0。所以，相对于蒸汽流量变化的时刻，实际测得的溶液温度 T 要经过一段时间 τ_0 后才开始变化。这段时间 τ_0 亦为时滞。由于测量元件或测量点选择不当引起时滞的现象在成分分析过程中尤为常见。安装成分分析仪表时，取样管线太长，取样点安装离设备太远，都会引起较大的时滞，这是在实际工作中要尽量避免的。

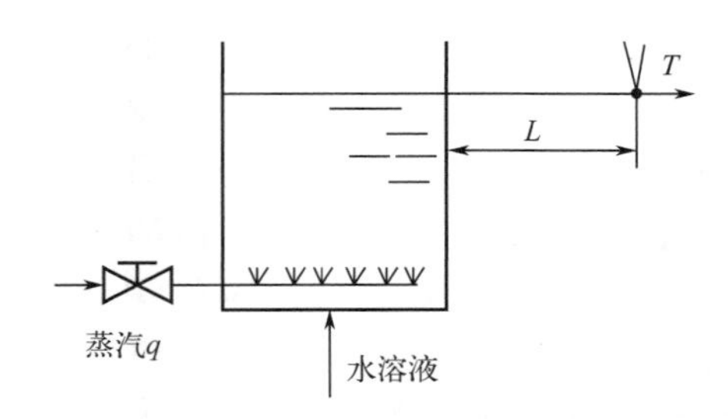

图 3-1-5　蒸汽直接加热器

对于一个时滞对象，其输入量 x 的曲线与输出量 y 的曲线在形状上完全相同，只是在时间轴上前后相差一段时间 τ_0，如图 3-1-6 所示。也就是说，时滞对象的特性是当输入变量发生变化时，其输出变量不是立即反映输入变量的变化，而是要经过一段时间 τ_0 以后，才开始等量地反映输入变量 x 的变化。表示成数学关系式为

$$y=\begin{cases}x(t-\tau_0), & t\geqslant\tau_0\\0, & t\leqslant\tau_0\end{cases} \tag{3-1-14}$$

如果一个对象，例如图 3-1-4 所示的溶解槽本身的特性可以用一阶微分方程式来描述，但由于某种原因，使输入变量与输出变量之间又有一段时滞 τ_0，则这时整个对象的特性可

用下述微分方程式来描述：

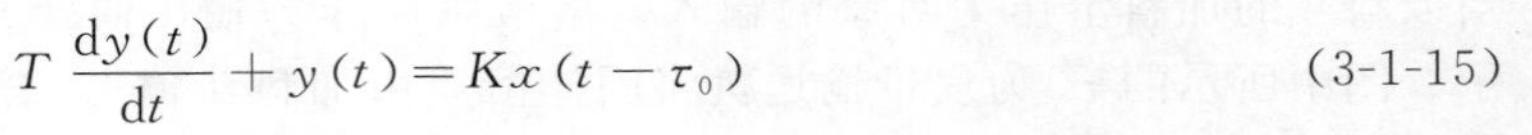

$$T\frac{\mathrm{d}y(t)}{\mathrm{d}t}+y(t)=Kx(t-\tau_0) \tag{3-1-15}$$

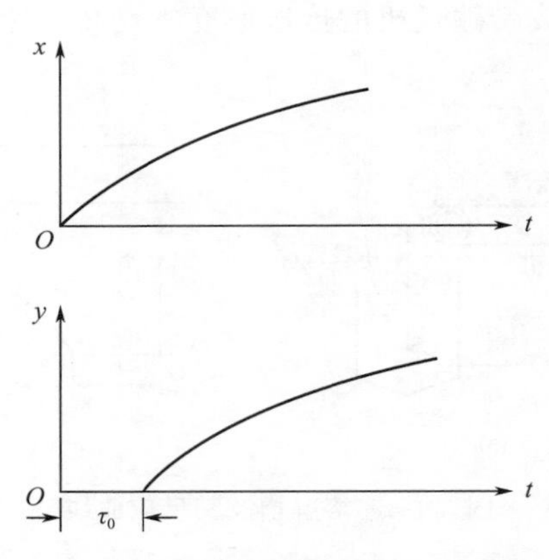

图 3-1-6 时滞对象输入、输出特性

以上例子说明，基于机理通过推导可以得到描述对象特性的微分方程式。对于其他类型的简单对象也可以用这种方法进行研究，但是，对于比较复杂的对象，有时需要做一些假定或简化，才能导出对象的机理模型，模型的形式有时也不像上述那么简单。

三、描述对象特性的参数

当对象的输入量变化后，输出量究竟是如何变化的呢？这就是要研究的问题。显然，对象输出量的变化情况与输入量的形式有关。为了使问题简单起见，下面假定对象的输入量是具有一定幅值的阶跃作用。

自动控制系统及控制规律概述

前面已经讲过，对象的特性可以通过其数学模型来描述，但是为了研究问题方便起见，在实际工作中、常用下面三个物理量来表示对象的特性。这些物理量，称为对象的特性参数。

1. 放大系数 K

对于如图 3-1-2 所示的简单水槽对象，当流入流量 Q 有一定的阶跃变化后，液位 h 也会有相应的变化，但最后会稳定在某一数值上。如果将流量 Q 的变化看作对象的输入。而液位 h 的变化看作对象的输出，那么在稳定状态时，对象一定的输入就对应着一定的输出，这种特性称为对象的静态特性。

假定 Q 的变化量用 ΔQ 表示，h 的变化量用 Δh 表示。在一定的 ΔQ 下，h 的变化情况如图 3-1-7 所示。在重新达到稳定状态后，一定的 ΔQ 对应着一定的 Δh 值。令 K 等于 Δh 与 ΔQ 之比，用数学关系式表示，即

$$K=\frac{\Delta h}{\Delta Q} \quad 或 \quad \Delta h=K\Delta Q \tag{3-1-16}$$

K 在数值上等于对象重新稳定后的输出变化量与输入变化量之比。它的意义也可以这样来理解：如果有一定的输入变化量 ΔQ，通过对象被放大了 K 倍变为输出变化量 Δh，则称 K 为对象的放大系数。

对象的放大系数 K 越大，就表示对象的输入量有一定变化时，对输出量的影响越大。在工艺生产中，常常会发现有的阀门对生产影响很大，开度稍微变化就会引起对象输出量大

幅度的变化，甚至造成事故；有的阀门则相反，开度的变化对生产的影响很小。这说明在一个设备上，各种量的变化对被控变量的影响是不一样的。换句话说，就是各种输入量与被控变量之间的放大系数有大有小。放大系数越大，被控变量对这个输入量的变化就越灵敏，这在选择自动控制方案时是需要考虑的。

当然，究竟通过控制什么参数来改变被控变量为最好的控制方案，除了要考虑放大系数的大小之外，还要考虑许多其他因素。

2. 时间常数 T

从大量的生产实践中发现，有的对象受到干扰后，被控变量变化很快，较迅速地达到了稳定值；有的对象在受到干扰后，惯性很大，被控变量要经过很长时间才能达到新的稳态值。从图 3-1-7（a）中可以看到，截面积很大的水槽与截面积很小的水槽相比，当进口流量改变同样一个数值时，截面积小的水槽液位变化很快，并迅速趋向新的稳态值。而截面积大的水槽惯性大，液位变化慢，须经过很长时间才能稳定。同样道理，夹套蒸汽加热的反应器与直接蒸汽加热的反应器相比，当蒸汽流量变化时，直接蒸汽加热的反应器内反应物的温度变化就比夹套加热的反应器来得快，如图 3-1-7（b）所示。如何定量地表示对象的这种特性呢？在自动化领域中，往往用时间常数 T 来表示。时间常数越大，表示对象受到干扰作用后，被控变量变化得越慢，到达新的稳定值所需的时间越长。

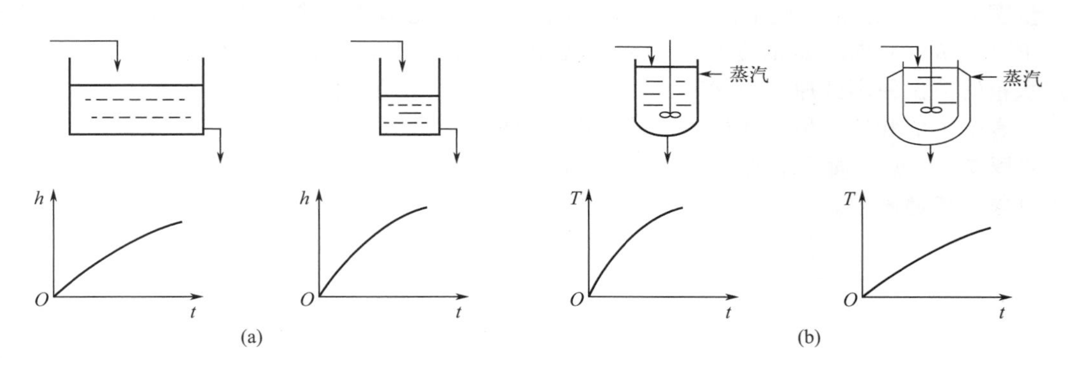

图 3-1-7 不同时间常数对象的反应曲线

3. 滞后时间

前面已经介绍过，对于时滞对象，当输入作用变化后，输出变量不是立即变化，而且要经过一段时间 τ_0 才开始变化。另外有的对象，当输入作用变化后，输出变量开始变化的速度非常慢，然后才慢慢加快，这种现象叫容量滞后。时滞和容量滞后都是一种滞后现象。

目前常见的化工对象的滞后时间 τ 和时间常数 T 大致情况如下：

被控变量为压力的对象——τ 不大，T 也属中等；

被控变量为液位的对象——τ 很小，而 T 稍大；

被控变量为流量的对象——τ 和 T 都较小，数量级往往在几秒至几十秒；

被控变量为温度的对象——τ 和 T 都较大，约几分钟至几十分钟。

【任务实施】

（一）准备相关设备

THSA-1 型过程控制综合自动化控制系统实验平台，计算机 1 台，万用表 1 个。

（二）具体操作步骤

本实训选择下水箱作为被测对象（也可选择上水箱或中水箱）。实训之前，先将储水箱中注满水，然后将阀门 F1-1、F1-8 全开，将下水箱出水阀门 F1-11 开至适当开度，其余阀门均关闭。

步骤 1 将 SA-12 智能调节仪控制挂件挂到屏上，并将挂件的通信线插头插入屏内 RS485 通信口上，将控制屏右侧 RS485 通信线通过 RS485/232 转换器连接到计算机串口。将“LT3 下水箱液位”端子开关拨到“ON”的位置。

步骤 2 接通总电源断路器和钥匙开关，打开 24V 开关电源，给压力变送器通电，按下启动按钮，合上单相Ⅰ、单相Ⅲ断路器，给智能调节仪及电动调节阀通电。

步骤 3 打开上位机 MCGS 组态环境，打开“智能仪表控制系统”工程，然后进入 MCGS 运行环境，在主菜单中单击“实验一、单容自衡水箱对象特性测试”，进入实训监控界面。

步骤 4 在上位机监控界面中将智能仪表设置为“手动”控制，并将输出值设置为一个合适的值，此操作需通过调节仪表实现。

步骤 5 合上三相电源断路器，磁力驱动泵通电打水，适当增加/减少智能调节仪的输出量，使下水箱的液位处于某一平衡位置，记录此时的仪表输出值和液位值。

步骤 6 待下水箱液位平衡后，突增（或突减）智能调节仪输出量的大小，使其输出有一个正（或负）阶跃增量的变化（即阶跃扰动，此增量不宜过大，以免水箱中的水溢出），于是水箱的液位便离开原平衡状态，经过一段时间后，水箱液位进入新的平衡状态，记录此时的仪表输出值和液位值，作出液位的响应过程曲线。

步骤 7 根据前面记录的液位值和仪表输出值，计算 K 值，再根据实训后所测得曲线，写出对象的传递函数。

（三）任务报告

实训报告

1. 画出单容自衡水箱液位特性测试实训的结构框图。

2. 用响应曲线法确定对象的数学模型，其精度与哪些因素有关？

3. 本实训中，为什么不能任意改变出水阀开度的大小？

【任务评价】

对象特性和建模评价表

班级： 第（ ）小组 姓名： 时间：

评价模块	评价内容	分值/分	自我评价	教师评价	综合得分
理论知识	1. 了解实验建模的概念	10			
	2. 了解实验建模的分类	10			
	3. 了解实验建模的结构与类型	10			
操作技能	1. 能正确实验建模	30			
	2. 能正确进行实验建模连线	30			
职业素养	1. 场地清洁、安全，工具、设备和材料的使用得当	5			
	2. 具有独立分析和解决问题的能力	5			
总分（自我评价×40%＋教师评价×60%）					

综合评价：

导师或师傅签字：

任务二　控制器搭建

学习目标

1. 掌握控制器的控制规律。
2. 掌握常用的基本控制规律的特性和特点。
3. 能够对模拟式控制器进行操作。
4. 熟悉单回路自动控制系统的组成。
5. 学习控制器参数 P、I、D 的工程整定方法，通过观察比较被控变量（被调参数）过渡过程曲线，确定控制器参数，提高控制质量。
6. 学会尊重自然规律、应用自然规律，培养合作精神。

案例导入

控制器是工业生产过程自动控制系统中的一个重要组成部分，在冶金、石油、化工、电力等各种工业生产中应用极为广泛。要实现生产过程自动控制，无论是简单的控制系统，还是复杂的控制系统，控制器都是必不可少的。它把来自检测仪表的信号进行综合，按照预定的规律去控制执行器的动作，使生产过程中的各种被控参数，如温度、压力、流量、液位、成分等符合生产工艺要求。

问题与讨论：

大家在日常生活中见过哪些类似的控制过程呢？家里面用的电热水器是怎样自动调节温度的？它是怎么样控制加热电流的？

【知识链接】

一、基本控制规律认识

基本控制规律认识（一）

调节器接收偏差信号输入后，调节器输出的控制信号随偏差的变化规律，就是调节器的控制规律。控制信号 p 与偏差 $e=x-z$ 之间的函数关系为

$$p=f(e)=f(x-z) \tag{3-2-1}$$

控制器的基本控制规律有位式控制（其中以双位控制比较常用）、比例控制（P）、积分控制（I）、微分控制（D）等多种形式，不同的控制规律有不同的适应范围，必须根据生产要求来选用适当的控制规律。如选用不当，不但不能起到控制作用，反而会造成控制过程不稳定，甚至造成生产事故。所以，选用合适的调节器，首先必须了解基本控制规律的特点与适用条件。

1. 位式控制规律

双位控制的动作规律是当测量值大于给定值时，控制器的输出为最大（或最小），而当测量值小于给定值时，则输出为最小（或最大），即控制器只有两个输出值，相应的控制机构只有开和关两个位置，因此又称开关控制。

理想的双位控制器其输出 p 与输入偏差 e 之间的关系为：

$$p=\begin{cases}p_{\max},\ e>0(\text{或}\ e<0)\\p_{\min},\ e<0(\text{或}\ e>0)\end{cases} \tag{3-2-2}$$

理想的双位控制特性如图 3-2-1 所示。图 3-2-2 是一个采用双位控制的液位控制系统，它用一根电极作为测量液位的装置，电极的一端与继电器 J 的线圈相接，另一端调整在液位给定值的位置。被测介质为导电的流体，由装有电磁阀 V 的管线进入储槽，经下部出料管流出。储槽外壳接地，当液位低于给定值 H_0 时，流体未接触电极，继电器断路，此时电磁阀 V 全开，流体流入储槽使液位上升。当液位升至大于 H_0 时，流体与电极接触，继电器接通，电磁阀关闭，切断流体进入。但槽内流体仍在继续往外排出，故液位将要下降。当液位下降至小于 H_0 时，流体与电极脱离，电磁阀 V 又开启，如此反复循环，而液位被维持在给定值上下很小一个范围内。

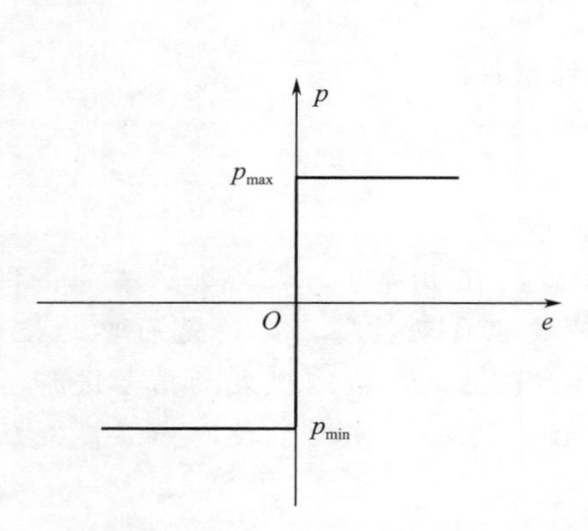

图 3-2-1 理想双位控制特性

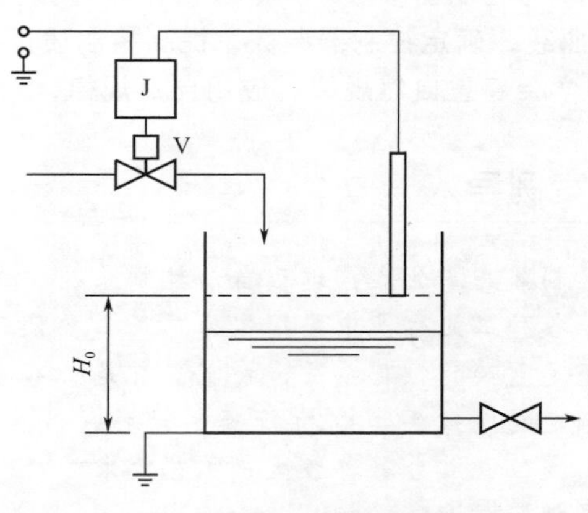

图 3-2-2 双位控制示例

双位控制的缺点是，控制机构的动作非常频繁，这样会使系统中的运动部件（例如继电器、电磁阀等）因动作过于频繁而容易损坏，很难保证双位控制系统安全可靠地运行。另外，实际生产中也不要求被控变量一定要维持在给定值，而允许被控变量在一定范围内波动，所以，实际应用的双位控制器都有一个中间区。

具有中间区的双位控制，就是当被控变量的测量值上升到高于给定值某一数值（即偏差大于某一数值）后，控制器的输出变为最大 p_{max}，执行机构处于开（或关）的位置；当被控变量的测量值下降到低于给定值某一数值（即偏差小于某一数值）后，控制器的输出变为最小 p_{min}，执行机构才处于关（或开）的位置；被控变量的测量值位于两者之间时，执行机构不动作。其控制规律如图 3-2-3 所示。

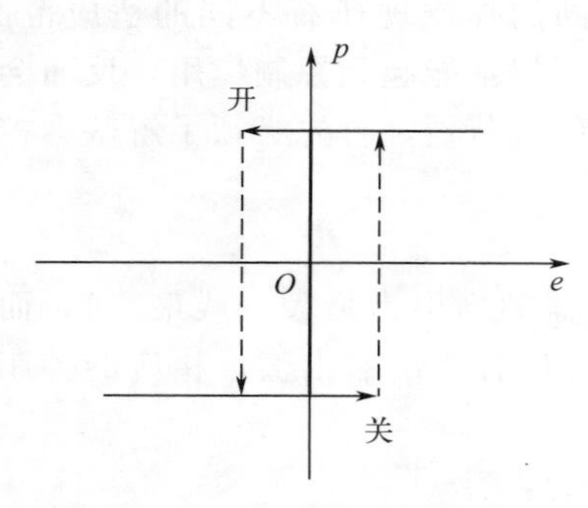

图 3-2-3 实际的双位控制特性

将图 3-2-2 中的测量装置及继电器线路稍加改变，就可成为一个具有中间区的双位控制器。如图 3-2-4 所示。当液位 y 低于下限值 y_L 时，电磁阀打开，流体流入储槽，液位上升。当升至上限值 y_H 时，阀关闭，流体停止流入，液位下降。液位降至 y_L 时，电磁阀重新开启，液位又开始上升。可见液位的控制过程是一个等幅振荡的过程。

由于设置了中间区，当偏差在中间区内变化时，执行机构不会动作，执行机构动作的频率大为降低，延长了控制器中运动部件的使用寿命。

衡量双位控制过程的质量不采用上一节叙述的那些品质指标，一般采用振幅与周期作为品质指标，在图 3-2-4 中振幅为 y_H-y_L，周期为 T。

如果工艺生产允许被控变量在一个较宽的范围内波动，控制器的中间区就可以宽一些，这样振荡周期较长，可使可动部件动作的次数减少，减少磨损，也就减少了维修工作量，因而只要被控变量波动的上、下限在允许范围内，使周期长些比较有利。

双位控制器结构简单、成本较低、易于实现，因而应用很普遍，例如仪表用压缩空气储罐的压力控制，恒温炉、管式炉的温度控制等等。

除了双位控制外，还有三位（即具有一个中间位置）或更多位的，包括双位在内，这一类统称为位式控制，它们的工作原理基本上一样。

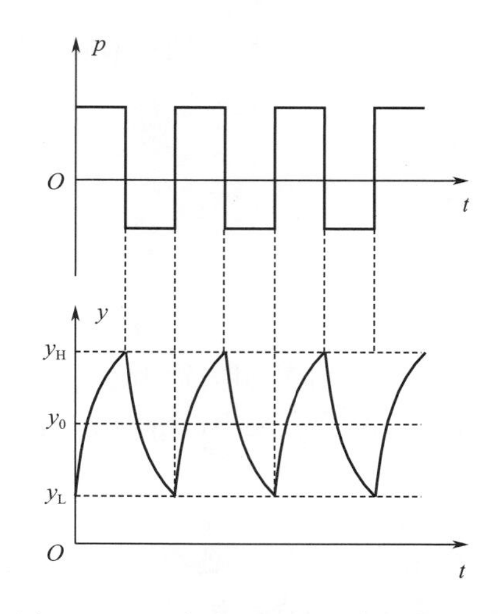

图 3-2-4 具有中间区的双位控制过程

2. 比例控制规律

（1）比例控制的特点 在双位控制系统中，被控变量不可避免地会产生持续的等幅振荡过程，这是由于双位控制器只有两个特定的输出值，相应的控制阀也只有两个极限位置，势必在一个极限位置时，流入对象的物料量大于由对象流出的物料量，因此被控变量上升；而在另一个极限位置时，情况正好相反，被控变量下降，如此反复，被控变量势必产生等幅振荡。为了避免这种情况，应该使控制阀的开度（即控制器的输出值）与被控变量的偏差成比例，根据偏差的大小，控制阀可以处于不同的位置，这样就有可能获得与对象负荷相适应的操纵变量，从而使被控变量趋于稳定，达到平衡状态。如图 3-2-5 所示的液位控制系统，控制阀的开度跟液位与给定值的偏差成比例，构成比例控制系统，简称 P。它相当于把位式控制的位数增加到无穷多位，于是变成了连续控制系统。图中浮球是测量元件，杠杆就是一个最简单的控制器。

图中，若杠杆在液位改变前的位置用实线表示，改变后的位置用虚线表示，e 为杠杆左端的位移，也是被控变量与给定值间的偏差；Δp 是杠杆右端的位移，也表示控制阀的开度。根据相似三角形原理，有

$$\frac{a}{b}=\frac{\Delta p}{e}$$

$$\Delta p=\frac{a}{b}\cdot e=K_P\cdot e \tag{3-2-3}$$

式中，K_P 为比例调节器的放大倍数，$K_P=\frac{a}{b}$，其大小可以通过改变杠杆支点的位置来调整。K_P 越大，比例控制作用越强。由此可见，在该控制系统中，阀门开度的改变量与被控变量的偏差值成比例，这就是比例控制规律。

（2）比例度 在实际比例控制器的实际应用中，习惯上使用比例度 δ 而不用放大倍数 K_P 来表示比例控制作用的强弱。

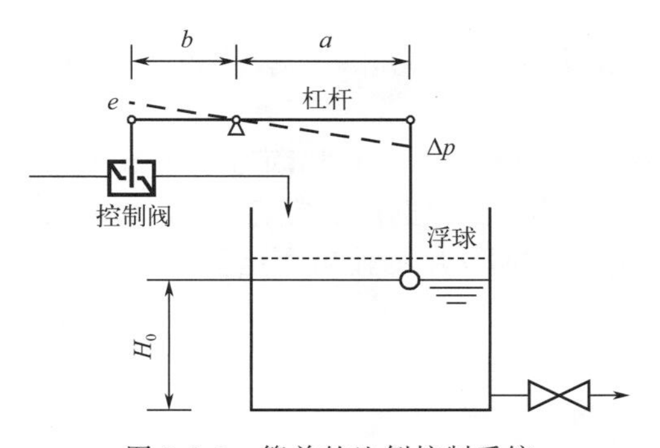

图 3-2-5 简单的比例控制系统

所谓比例度就是指控制器输入的相对变化量与相应的输出相对变化量之比的百分数，其表达式为：

$$\delta=\frac{\dfrac{e}{e_{\max}-e_{\min}}}{\dfrac{\Delta p}{p_{\max}-p_{\min}}}\times 100\% \tag{3-2-4}$$

式中，$e_{\max}-e_{\min}$ 为输入信号的最大变化量，即仪表的量程；$p_{\max}-p_{\min}$ 为输出信号的最大变化量，即控制器输出的工作范围。

在单元组合仪表中，由于变送器和调节器的信号都采用统一的标准，式（3-2-4）可简化为：

$$\delta=\frac{e}{\Delta p}\times 100\%=\frac{1}{K_{\mathrm{P}}}\times 100\% \tag{3-2-5}$$

可见，比例度 δ 越小，则放大倍数 K_{P} 越大，控制作用越强。反之亦然。不同比例度下，偏差与调节器输出间的关系如图 3-2-6 所示。

比例控制的优点是反应快，控制及时。有偏差信号输入时，输出立刻与它成比例地变化，偏差越大，输出的控制作用越强。比例控制的缺点是不能消除余差。

（3）比例度对过渡过程的影响　比例度对过渡过程的影响如图 3-2-7 所示。由图可见，比例度 δ 越大（即 K_{P} 越小），过渡过程曲线越平稳，但余差也越大。比例度越小，则过渡过程曲线越振荡。比例度过小时就可能出现发散振荡。当比例度大时（即放大倍数 K_{P} 小），在干扰产生后，控制器的输出变化较小，控制阀开度改变较小，被控变量的变化就很缓慢［图（a）］。当比例度减小时，K_{P} 增大，在同样的偏差下，控制器输出较大，控制阀开度改变较大，被控变量变化也比较灵敏，开始有些振荡，余差不大［图（b）、（c）］。比例度再减小，控制阀开度改变更大，导致被控变量出现激烈的振荡［图（d）］。当比例度继续减小到某一数值时系统出现等幅振荡，这时的比例度称为临界比例度 δ_{k}［图（e）］。当比例度小于 δ_{k} 时，在干扰产生后将出现发散振荡［图（f）］，这是很危险的。工艺生产通常要求过渡过程比较平稳而余差又不太大，例如图（c）。一般来说，若对象的滞后较小、时间常数较大以及放大倍数较小时，控制器的比例度可以选得小些，以提高系统的灵敏度，使反应快些，从而过渡过程曲线的形状较好。反之，比例度就要选大些以保证稳定。

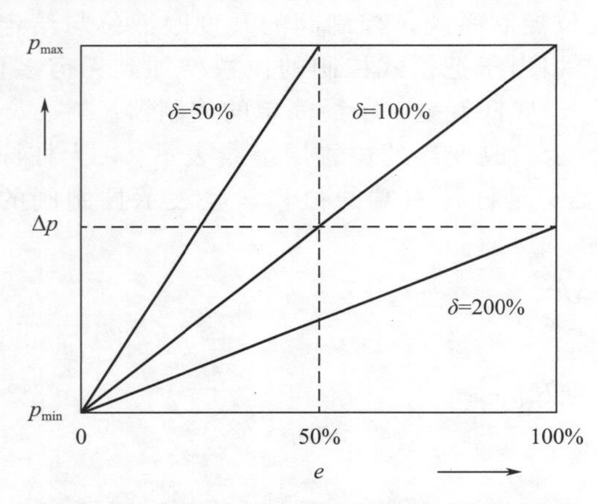

图 3-2-6　不同比例度下偏差与输出间的关系

3. 积分控制规律

（1）积分控制规律的特点　比例控制的结果不能使被控变量回到给定值而存在余差，控制精度不高。当工艺条件要求有较高的控制精度时，就需要在比例控制的基础上，增加能消除余差的积分控制作用。积分控制简称 I。

积分控制作用的输出变化量 Δp 与输入偏差 e 的积分成正比，即

$$\Delta p=K_{\mathrm{I}}\int e\cdot \mathrm{d}t=\frac{1}{T_{\mathrm{I}}}\int e\cdot \mathrm{d}t$$

或

$$\frac{\mathrm{d}(\Delta p)}{\mathrm{d}t}=K_{\mathrm{I}}\cdot e=\frac{1}{T_{\mathrm{I}}}\cdot e \tag{3-2-6}$$

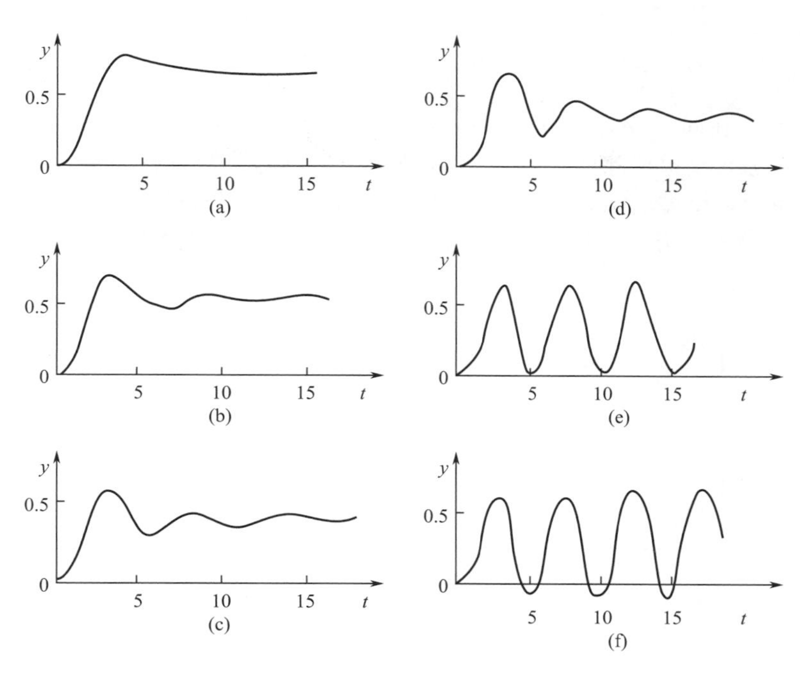

图 3-2-7　比例度对过渡过程的影响

式中，K_I 为积分速度；T_I 为积分时间。习惯上，常用积分时间来表示偏差累积的快慢。T_I 大表示偏差累积慢，积分作用弱；T_I 小表示偏差累积快，积分作用强。

从式中，可以看出，只要偏差存在，调节器就一直有控制输出。如果偏差为阶跃，控制输出将按固定速度增长；偏差为零时对于积分控制系统来说，控制输出停止在某一值上不再增加，如图 3-2-8 所示。

（2）比例积分控制规律　积分控制输出信号的变化速度与偏差 e 及 K_I 成正比，而其控制作用是随着时间积累才逐渐增强的，所以控制动作缓慢，导致控制不及时。当对象惯性较大时，被控变量将出现大的超调量，过渡时间也将延长，因此常常把比例与积分组合起来，这样控制既及时，又能消除余差，如图 3-2-9 所示。比例积分控制规律可用式（3-2-7）表示：

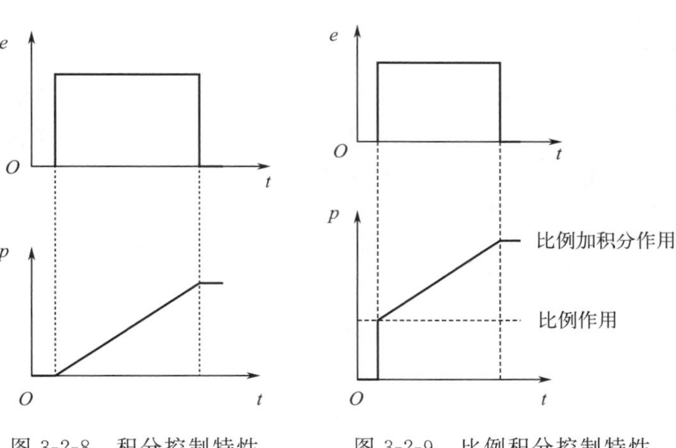

图 3-2-8　积分控制特性　　　图 3-2-9　比例积分控制特性

$$\Delta p = K_{P} \cdot e + K_{I} \cdot \int e \mathrm{d}t \tag{3-2-7}$$

图 3-2-10 表示在同一放大倍数下积分时间 T_I 对过渡过程的影响。图（a）表示 T_I 过小，积分作用很强，余差消除能力很强，但过程振荡剧烈，稳定性下降；图（b）表示 T_I 适当，过程结束快，余差消除好；图（c）表示 T_I 过大，积分作用不明显，余差消除很慢；图（d）表示 T_I 趋于无穷大，积分作用消失，调节器只剩下比例控制。

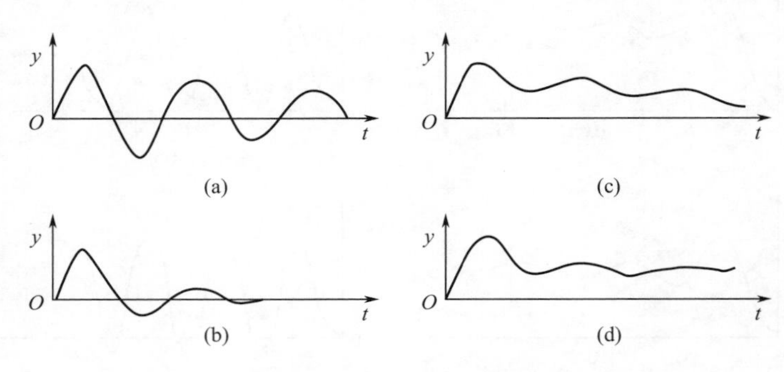

图 3-2-10 积分时间对过渡过程的影响

比例积分控制器对于多数系统都可采用，比例度和积分时间两个参数均可调整。当对象滞后很大时，如温度信号，T_I 可选得大一些；对于流量、压力等变化较快的对象，T_I 则应选得小些。

4. 微分控制规律

（1）微分控制规律及特点 对于惯性较大的对象，需要调节器根据被控变量的变化趋势进行超前控制，以克服被控变量的滞后影响。微分控制规律调节器的输出信号与偏差信号的变化速度成正比，即

$$\Delta p = T_{D} \cdot \frac{\mathrm{d}e}{\mathrm{d}t} \tag{3-2-8}$$

式中，T_D 为微分时间；$\mathrm{d}e/\mathrm{d}t$ 为偏差信号变化速度。此式为理想微分控制规律。微分控制规律简称 D。

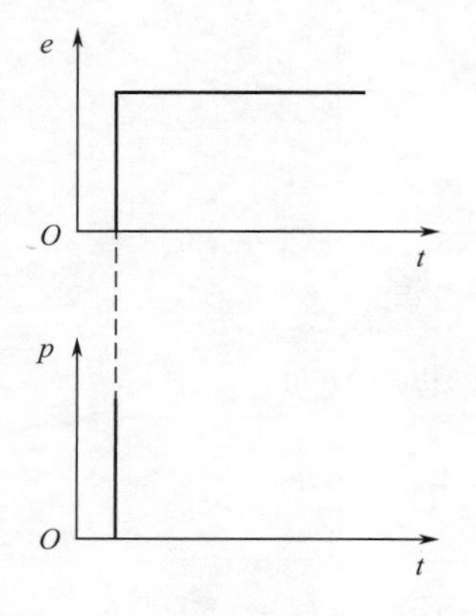

图 3-2-11 理想微分控制器特性

理想微分控制器在阶跃输入下的特性如图 3-2-11 所示。在输入阶跃信号的瞬间，控制输出为无穷大，然后由于输入不再变化，输出立刻降为零。理想微分控制作用既难于实现，也不实用，所以不能单独使用这种控制器。

微分作用按偏差的变化速度进行控制，其作用比比例作用快，因而对惯性大的对象用比例微分可以改善控制质量，减小最大偏差，节省控制时间。微分作用力图阻止被控变量的变化，有抑制振荡的效果，但如果加得过大，由于控制作用过强，反而会引起被控变量大幅度的振荡。微分作用的强弱用微分时间 T_D 来衡量。微分时间对过渡过程的影响见图 3-2-12。

（2）比例微分控制规律 比例微分控制规律如图 3-2-13 所示。

$$\Delta p=K_{\mathrm{P}}\left(e+T_{\mathrm{D}}\frac{\mathrm{d}e}{\mathrm{d}t}\right) \tag{3-2-9}$$

5. 比例积分微分控制规律

比例积分微分控制（PID）规律为

$$\Delta p=K_{\mathrm{P}}\left(e+\frac{1}{T_{\mathrm{I}}}\int e\mathrm{d}t+T_{\mathrm{D}}\frac{\mathrm{d}e}{\mathrm{d}t}\right) \tag{3-2-10}$$

当有阶跃信号输入时，输出为比例、积分和微分三部分输出之和，如图 3-2-14 所示。这种控制器既能快速进行控制，又能消除余差，具有较好的控制性能。

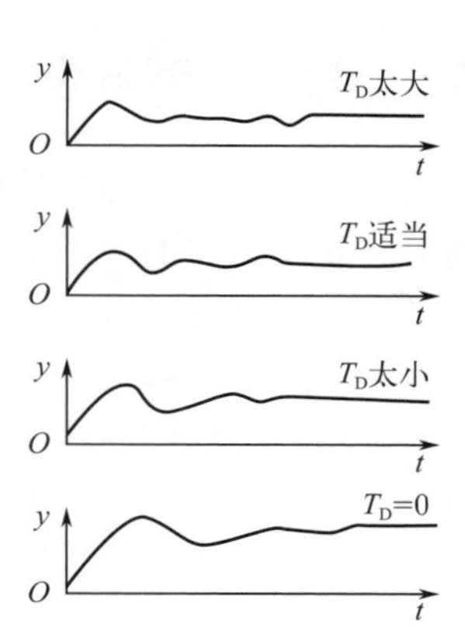

图 3-2-12　微分时间对过渡过程的影响

二、模拟式控制器

1. 模拟式控制器的构成原理

模拟式控制器所传送的信号形式为连续的模拟信号，目前应用的模拟式控制器主要是电动控制器。其基本结构包括比较环节、反馈环节和放大器三大部分，如图 3-2-15 所示。

模拟式控制器类型

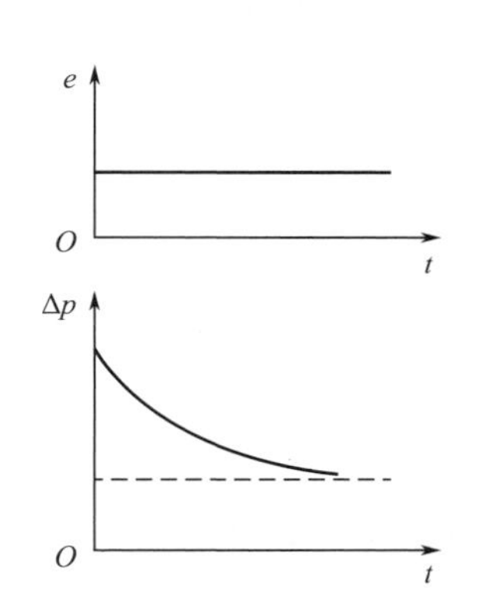

图 3-2-13　比例微分控制器特性

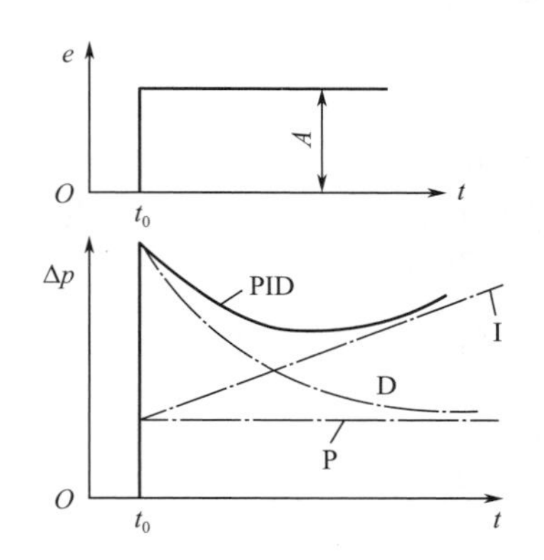

图 3-2-14　PID 控制器特性

比较环节的作用是将被控变量的测量值与给定值进行比较得到偏差，电动控制仪表的比较环节都是在输入电路中进行电压或电流信号的比较。

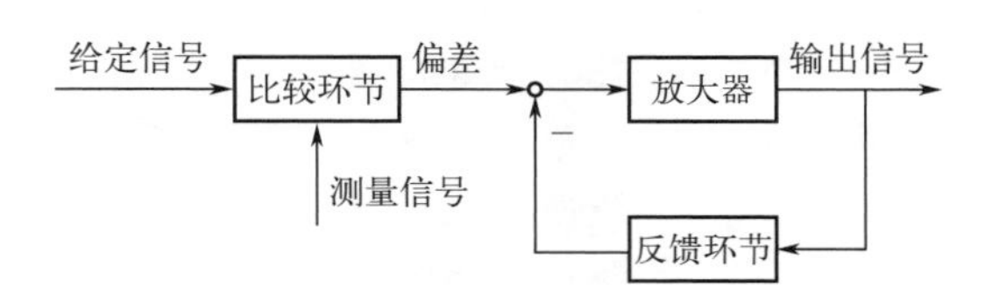

图 3-2-15　控制器基本构成

模拟式控制器的 PID 运算功能均是通过放大环节与反馈环节来实现的。在电动控制器中，其放大环节实质上是一个静态增益很大的比例环节，可以采用高增益的集成运算放大器。其反馈环节通过一些电阻与电容的不同连接方式来实现 PID 运算。

2. 模拟式控制器的功能

电动模拟式控制器除了基本的 PID 运算功能外，一般还应具备如下功能，以适应自动控制与操作的需要。

（1）测量值、给定值与偏差显示　控制器输入电路接收测量信号与给定信号，两者相减后得到偏差信号。模拟式控制器给出测量值与给定值显示，或由偏差显示仪表显示偏差的大小及正负。

（2）输出显示　控制器输出信号的大小由输出显示仪表显示。由于控制器的输出是与调节阀的开度相对应的，因此输出显示表亦称阀位表，通过它的指针变化不仅可以了解调节阀的开度变化，而且可以观察到控制系统的控制过程。

（3）手动与自动的双向切换　控制器必须具有手动与自动的切换开关，可以对控制器进行手动与自动之间的双向切换，而且在切换过程中，做到无扰动切换，也就是说，在切换的瞬间，保持控制器的输出信号不发生突变，以免切换操作给控制系统带来干扰。

（4）内、外给定信号的选择　控制器应具有内、外给定信号的选择开关。当选择内给定信号时，控制器的给定信号由控制器内部提供；当选择外给定信号时，控制器的给定信号由控制器的外部提供。内、外给定信号的选择是由控制系统的不同类型及要求来确定的。

（5）正、反作用的选择　控制系统应具有正、反作用开关来选择控制器的正、反作用。

就控制器的作用方向而言，当控制器的测量信号增加（或给定信号减小）时，控制器的输出信号增加的称为正作用控制器；当测量信号减小（或给定信号增加）时，控制器的输出减小的称为反作用控制器。控制器正、反作用的选择原则是为了使控制系统具有负反馈的作用，以便当被控变量增加而超过给定值时，通过控制器的作用能使被控变量下降回到给定值，反之亦然。

3

3. DDZ-Ⅲ型控制器

DDZ-Ⅲ型控制器的作用是将变送器送来的1～5V DC测量信号与1～5V DC给定信号进行比较得到偏差信号，然后再将其偏差信号进行PID运算，输出4～20mA DC信号，最后通过执行器，实现对过程参数的自动控制。

（1）DDZ-Ⅲ型控制器的特点　DDZ-Ⅲ型控制器是一种较为新型的工业自动化仪表，它具有下列特点。

① DDZ-Ⅲ型控制器在信号制上采用国际电气技术委员会（IEC）推荐的统一标准信号，它以4～20mA DC为现场传输信号，以1～5V DC为控制室联络信号，即采用电流传输、电压接收的并联制的信息系统，这种信号制的优点是：

a. 电气零点不是从零开始，且不与机械零点重合。因此，不但充分利用了运算放大器的线性段，而且容易识别断电、断线等故障。

b. 本信号制的电流-电压转换电阻为250Ω。如果更换电阻，使可接收其他的电流信号，例如1～5mA、10～50mA DC等信号。

c. 由于联络信号为1～5V DC，可采用并联信号制，因此干扰小，连接方便。

② 由于采用了线性集成电路，给仪表带来如下优点：

a. 由于集成运算放大器均为差分放大器，且输入对称性好，漂移小，仪表的稳定性得到提高。

b. 由于集成运算放大器高增益的特点，开环放大倍数很高，这使仪表的精度得到提高。

c. 由于采用了集成电路，焊点少，强度高，大大提高了仪表的可靠性。

③ 在DDZ-Ⅲ型仪表中采用24V DC集中供电，并与备用蓄电池构成无停电装置，它省掉了各单元的电源变压器，在工频电源停电情况下，整套仪表在一定的时间内仍照常工作，继续发挥其监视控制作用，有利于安全停车。

④ 内部带有附加装置的控制器，能和计算机联用，在与直接数字计算机控制系统配合使用时，在计算机停机时，可作后备控制器使用。

⑤ 自动、手动的切换是以双向无扰动的方式进行的。在切换前，不需要通过人工操作使

给定值与测量值先调至平衡，可以直接切换。在进行手控时，有硬手动与软手动两种方式。

⑥ 整套仪表可构成安全火花防爆系统。Ⅲ型仪表在设计上是按国家防爆规程进行的，在工艺上对容易脱落的元件、部件都进行了胶封。而且增加了安全单元——安全保持器，实现控制室与危险场所之间的能量限制与隔离，使其具有本质安全防爆的性能。

（2）DDZ-Ⅲ型控制器的分类　Ⅲ型控制器有全刻度指示和偏差指示两个基型品种。为满足各种复杂控制系统的要求，还有各种特殊控制器，例如断续控制器、自整定控制器、前馈控制器、非线性控制器等。特殊控制器是在基型控制器功能基础上的扩大。它们是在基型控制器中附加各种单元而构成的变型控制器。下面以全刻度指示的基型控制器为例，来说明Ⅲ型控制器的组成及工作原理。

Ⅲ型控制器主要由输入电路、给定电路、PID 运算电路、自动与手动（包括硬手动和软手动两种）切换电路、输出电路及指示电路等组成，其方框图如图 3-2-16 所示。

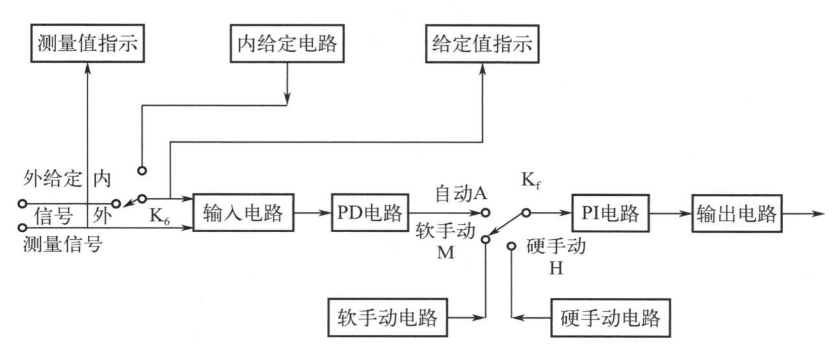

图 3-2-16　DDZ-Ⅲ型控制器结构方框图

在图 3-2-16 中，控制器接收变送器来的测量信号（4～20mA 或 1～5V DC），在输入电路中与给定信号进行比较，得出偏差信号。为了适应后面单电源供电的运算放大器的电平要求，在输入电路中还对偏差信号进行电平移动。经过电平移动的偏差信号，在 PID 运算电路中运算后，由输出电路转换为 4～20mA 的直流电流输出。

控制器的给定值可由“内给定”或“外给定”两种方式取得，用切换开关 K_6 进行选择。当控制器工作于“内给定”方式时，给定电压由控制器内部的高精度稳压电源取得。当控制器需要由计算机或另外的控制器供给给定信号时，开关 K_6 切换到“外给定”位置上，由外来的 4～20mA 电流流过 250Ω 精密电阻产生 1～5V 的给定电压。

为了适应工艺过程启动、停车或发生事故等情况，控制器除需要“自动控制”的工作状态外，还需要在特殊情况时能由操作人员切除 PID 运算电路，直接根据仪表指示做出判断，操纵控制器输出的“手动”工作状态。在 DDZ-Ⅲ型仪表中，手动工作状态安排比较细致，有硬手动和软手动两种情况。在硬手动状态时，控制器的输出电流完全由操作人员拨动手动操作电位器决定。而软手动状态则是“自动”与“硬手动”之间的过渡状态，当选择开关置于软手动位置时，操作人员可使用软手动按键，使控制器的输出“保持”在切换前的数值，或以一定的速率增减。这种“保持”状态特别适宜于处理紧急事故。

图 3-2-17 是一种全刻度指示控制器（DTL-3110 型）的正面图。它的正面表盘上装有两个指示表头。其中一个双针垂直指示器 2 有两个指针，黑针为给定信号指针，红针为测量信号指针，它们可以分别指示给定信号与测量信号。偏差的大小可以根据两个指示值之差读出。由于双针指示器的有效刻度（纵向）为 100mm，精度为 1%，因此容易观察控制结果。输出指示器 4 可以指示控制器输出信号的大小。

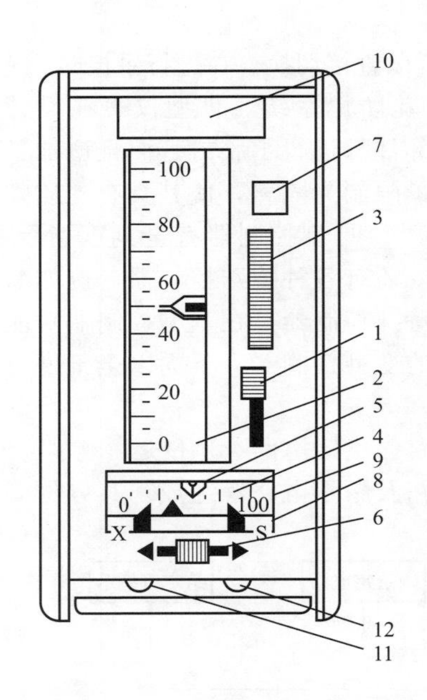

图 3-2-17　DTL-3110 型控制器正面

1—自动-软手动-硬手动切换开关；2—双针垂直指示器；3—内给定设定轮；4—输出指示器；
5—硬手动操作杆；6—软手动操作按键；7—外给定指示灯；8—阀位指示器；9—输出记录指示；
10—位号牌；11—输入检测插孔；12—手动输出插孔

控制器面板右侧设有自动-硬手动-软手动切换开关 1，以实现无平衡扰动切换。

在控制器中还设有正、反作用切换开关，位于控制器的右侧面，把控制器从壳体中拉出时即可看到。正作用即当控制器的测量信号增大时，其输出信号随之增大；反作用则当控制器的测量信号增大时，其输出信号随之减少。

三、数字式控制器

将包含有微处理机的过程控制仪表统称为数字式控制器。数字式控制器可分为可编程逻辑控制器和可编程调节器。可编程逻辑控制器简称为可编程控制器（PLC），主要用于接点控制、联锁报警和顺序逻辑控制，部分中、高档机也有 PID 控制功能。

可编程调节器主要用于进行过程控制的 PID 运算。它主要有两种形式，一种是固定程序调节器，其功能一般较少并作为固定程序存储在控制器内，通过侧面盘上的功能开关就可直接进行功能选择。程序是由生产厂家根据用户要求编制的，用户不可更改。另一种是可编程序调节器，它除 PID 功能外，还有许多辅助功能，一般比固定程序调节器功能更多，更完善。可编程调节器可从许多功能中选取所需的功能，由用户使用编程器编程，程序、数据可更改。

目前，我国从国外引进并已批量生产的数字控制器主要有四川仪表总厂和上海调节器厂生产的 KMM 可编程调节器、西安仪表厂生产的 YS-80 系列 SLPC 可编程调节器、天津自动化仪表厂和兰州炼油厂仪表厂生产的 FC 系列中的 PMK 可编程调节器、大连仪表厂生产的 VI87MA 可编程调节器。

1. 数字式控制器的特点

数字控制器是以微处理机为运算、判断和控制的核心。它主要接收 1～5V DC 标准的连续模拟量信号，输出也是 1～5V DC 或 4～20mA DC 标准的连续模拟量信号，并且以仪表外形出现的一种可由用户编写程序，组成各种控制规律的数字式过程控制装置，所以也叫作可编程调节器。由于可编程调节器可通过专用的接口挂在集散系统的数据总线上，成为集散系统的基层控制装置，所以也可以说数字控制器是集散系统基层的控制装置之一，其实质是一台微型工业过程控制计算机。因此，数字控制器与模拟调节器有着本质的差别。

数字控制器采用数字技术实现了控制技术、通信技术和计算机技术的综合控制。它具有模拟调节器不可比拟的优点，主要表现在以下几个方面。

（1）性能价格比高　常规模拟调节器要增加功能全靠增加元件和线路，也使可靠性降低，故附加功能有限。而数字控制器将微处理机的“智能”固化在仪表中，可通过编程实现各种不同的功能，并不需要增加硬件，做到一表多用，节省了其他仪表的投资。

（2）使用方便

① 数字控制器采用模拟仪表的外形结构、操作方式和安装方法，沿袭模拟调节器的人机对话方式，易为人们接受和掌握。

② 数字控制器的用户程序采用“面向过程语言”（简称 POL 语言）编制。即使不懂计算机语言的人，经过短期培训也能掌握。

③ 安装简便。在相同的控制规模下，使用数字仪表和使用模拟仪表相比，极大减少了仪表数量，因而大大减少了仪表外部的硬接线。

（3）灵活性强

① 数字控制器内部功能模块采用软接线，外部采用硬接线，并与模拟仪表兼容，为技术改造提供了极大的方便。

② 数字控制器构成和变更控制系统十分灵活和方便。在不增加设备、不改变外部任何接线的情况下，仅需改变用户程序就能很容易地实现运算规律和控制方案的改变。

③ 数字控制器可通过数据总线与一台小型 CRT 显示操作台连接，实现小规模系统的集中监视和操作；还可通过通信接口挂到数据总线，构成中、大规模的集散系统。

（4）可靠性高　数字控制器采取了下面的可靠性措施。

① 使用相对元件少且可靠性高的集成电路；所使用的电子器件都经过严格检查，元器件和整机都经过热冲击试验和温度老化处理。

② 自诊断和异常报警。除了对输入信号和偏差有上下限报警外，还可随时监视 A/D、D/A、数据寄存器、ROM 状态、RAM 中的数据保护、后备电源和 CPU 等。一旦上述某部件出现故障，数字控制器能立即采取相应的保护措施，并显示故障状态或报警。

（5）通信功能　可编程调节器有数据通信功能，可通过专用的接口挂在集散系统的数据总线上，成为集散系统的基层控制装置。

2. 数字式控制器的构成原理

数字控制器的组成结构方案多种多样，但其工作原理大同小异。数字控制器除了软件之外，其基本组成可分为微处理机、过程通道、通信接口、编程器和其他辅助环节等几个部分，如图 3-2-18 所示。

（1）微处理机　包括中央微处理器（CPU）及系统 ROM、RAM、用户 EPROM 等半导体存储器。微处理机主要由微处理器（CPU）及存储器构成，是数字控制器的核心部分，所有运算、判断、数据传送、控制以及调节器自身的管理运算都在这里完成。调节器的过程管理程序、子程序库、用户程序等文件都存放在这里。

目前，大多数数字控制器都采用 8 位微处理器。它通过数据总线、地址总线、控制总线与其他部件连接在一起完成各种操作。

数字控制器中存储器的总容量一般在 10KB 以上。目前数字控制器都采用半导体存储器，分为随机存储器（RAM）和只读存储器（ROM）两大类。

只读存储器 ROM 主要用于存放系统软件，包括管理程序、通信程序、人机接口程

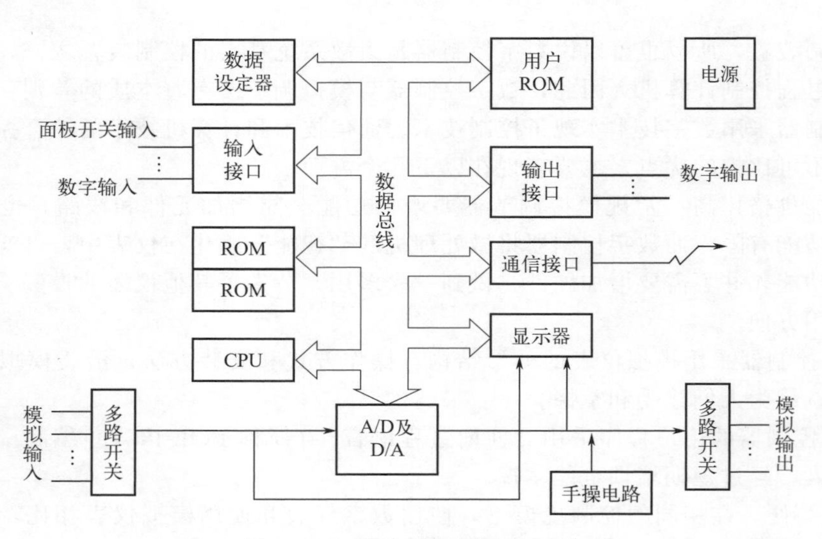

图 3-2-18 数字控制器原理框图

序、自诊断程序、模块子程序库等文件。用户只能调用供用户应用的程序，但不能对它修改。

随机存储器 RAM 用于存放中间运算结果、可变参数及调节器的一些状态信息。为了防止断电时 RAM 中的信息丢失，数字控制器一般采用低功耗的 CMOSRAM 芯片，用镍铬电池作掉电后的后备电源。

为了存放由用户编制的用户程序，数字控制器还配备了可擦写的只读存储器 EPROM，用户利用编程器将用户程序翻译成目标程序存放在 EPROM 中。

(2) 过程通道　由于调节器的输入端与生产现场的检测变送装置相连接，输出端与执行器相连接。因此，调节器要配备相应的硬件电路完成信号的采集、变换、隔离等工作。这些硬件电路被称作过程通道，它是联系微处理机与外部生产过程的纽带和桥梁。过程通道分为输入通道和输出通道。

过程输入通道是现场传感器及其他装置向数字仪表传送数据及信息的通道。其主要功能是将传感器及现场仪表送来的信号变换成数字量以便于微处理机进行相应的运算。由于现场信息分为模拟量和数字量两类，因此输入通道又分为模拟量输入通道和数字量输入通道。

过程输出通道是指对执行装置进行控制操作的通道。通过过程输出通道将数字控制器中微处理器输出的数字量变成相应的模拟量以控制执行器的动作。

由于输出通道接近受控对象，工作环境比较恶劣，控制对象的电磁干扰和机械干扰比较严重，因而输出通道的可靠性和安全性都十分重要。除了对精度、速度和稳定性有相当高的要求外，还应具有输出保持功能、断电保持功能、手动/自动无扰动切换功能等特殊功能。

按照信号类型的不同，输出通道也分为模拟输出通道和数字输出通道两类。

(3) 通信接口　数字控制器可作为基层控制装置，它应与上位机进行通信，便于上位机对数字控制器进行设定值设定，对调节器参数、工作状态等进行监视和设定，因此配备了通信接口。

(4) 其他　数字控制器除上述几大组成部分外，还有相应的显示报警、故障状态时的手操电路、电源等辅助环节。

【任务实施】

(一) 准备相关设备

1. 实训设备

热电偶，8支；DBW电动温度变送器，8台；智能数字显示PID控制器，8台；ZK可控硅电压调整器，8台；电加热器，8台；24V直流电源，1台；XW系列自动平衡记录仪，8台。

2. 控制系统图（图3-2-19）

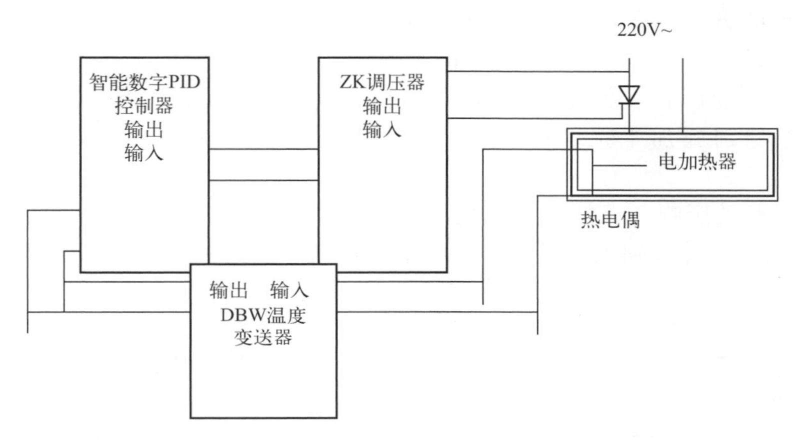

图3-2-19 控制系统图

(二) 具体操作步骤

步骤1 控制系统的投运准备工作。

① 按控制系统图利用接插件正确组合接线。

② 放好仪表各开关位置：DBW温度变送器、XMZ数显表、XMT智能数字控制器、ZK调压器、XWC记录仪电源开关闭合，仪表供电，ZK调压器“通-断”开关置“断”“自动-手动”开关置“自动”；设置XMT智能数字控制器为“反作用”（为什么？如何设置，请参看说明书），按XMT智能数字控制器的手/自动（A/M）键置“手动”，进入手动控制模式，按SET键，进入P菜单设置程序1（设定值设置）如下。

上排显示：SP1。下排显示：设定值。

改变加键▲或减键▼使设定值SP1在400℃左右；再按SET键，进入设置程序2（比例度设置）如下。

上排显示：P。下排显示：比例度值。

改变加键▲或减键▼设定比例度为1%；再按SET键，进入设置程序3（积分时间设置）如下。

上排显示：I。下排显示：积分时间值。

改变加键▲或减键▼设定积分时间值为9999s；再按SET键，进入设置程序4（微分时间设置）如下。

上排显示：D。下排显示：微分时间值。

改变加键▲或减键▼设定微分时间值为0s；再按SET键，退出设置程序。此时，XMT智能数字控制器仅有纯比例控制规律，且处于“手动”控制状态。

手动操作：ZK 调压器“通-断”开关置“通”；运用加键▲或减键▼手动改变 XMT 控制器的输出电流，使电加热器升温；当测量值 PV 等于给定值时，按 A/M 键置“自动”，实现无扰动切换。

步骤 2 观察 PID 参数对过渡过程的影响。

所谓 PID 参数对过渡过程的影响，即是不同的控制规律、不同的控制器 PID 参数对控制系统克服干扰能力的影响，也就是对控制系统控制质量的影响。在实验过程中，人为施加一定的干扰，应用过渡过程的品质指标，判断控制质量的好坏，进而了解 PID 参数对过渡过程的影响。（施加干扰的方法：ZK 调压器“通-断”开关置“断”，温度下降了设定值的10%左右，再把 ZK 调压器“通-断”开关置“通”。）

（1）比例度的影响　分别设置比例度值 1%、30%、5%，并分别施加干扰，观察比例控制作用过强、过弱、恰当时对过渡过程的影响。

（2）积分时间的影响　保持一个适当的比例度值，分别设置积分时间值 12s、480s、100～120s，并分别施加干扰，观察积分控制作用过强、过弱、恰当时对过渡过程的影响。

（3）微分时间的影响　保持一个适当的比例度值与积分时间值，分别设置微分时间值 120s、5s、15～20s，并分别施加干扰，观察微分控制作用过强、过弱、恰当时对过渡过程的影响。

步骤 3 控制器参数工程整定。

（1）比例控制系统　方法同上，在比例度 P 值中寻找最佳值，记录、观察比较其被控变量过渡过程曲线的质量，达到 4∶1 或 10∶1 衰减振荡。

（2）比例积分（PI）或比例微分（PD）控制系统　比例度 P 最佳值不变，增加积分作用，方法同上，设定积分时间 I，寻找和 P 作用的最佳组合。或增加微分作用，设定微分时间 D，寻找和 P 作用的最佳组合。记录和观察比较 PI 作用或 PD 作用对被控变量过渡过程曲线的质量的影响，达到 4∶1 或 10∶1 衰减振荡。

（3）同理，在上述 PI 或 PD 作用下，再增加 D 或 I 作用，分别记录和观察比较 PID 三作用控制过程的质量及 PID 最佳组合，达到 4∶1 或 10∶1 衰减振荡。

（三）任务报告

按照以下要求填写实训报告。

实训报告

1. 画出该单回路温度自动控制系统的方框图，并注明各环节的输入、输出物理量。

2. 从不同的控制器参数过渡过程记录曲线中，试用控制质量的品质指标筛选出若干条典型曲线，分别说明 P、PI 或 PD、PID 作用时不同参数对过渡过程曲线的影响及其特征。

3. PID 三作用控制的最佳参数近似值及特征。

4. 实验心得体会。

【任务评价】

任务评价以自我评价和教师评价相结合的方式进行，指导教师根据任务评价和学生学习成果进行综合评价，并将结果填写于表 3-2-1 中。

表 3-2-1 控制器的搭建评价表

班级： 第（ ）小组 姓名： 时间：

评价模块	评价内容	分值/分	自我评价	教师评价	综合得分
理论知识	1. 掌握化工自动控制系统的基本组成	10			
	2. 能识读控制系统的方框图	10			
	3. 掌握控制器的控制规律	10			
	4. 掌握常用的基本控制规律的特性和特点	10			
操作技能	1. 能够对模拟式控制器进行操作	20			
	2. 能够对基本控制规律进行应用	20			
职业素养	1. 场地清洁、安全，工具、设备和材料的使用得当	10			
	2. 团队合作与个人防护	10			
总分（自我评价×40%＋教师评价×60%）					
综合评价： 导师或师傅签字：					

任务三　执行器选用

学习目标

1. 掌握气动执行器、电动执行器的基本组成及工作原理。
2. 掌握阀门定位器的工作原理。
3. 能够对调节阀进行校验。
4. 掌握控制阀的一般校验方法。
5. 培养爱国主义情怀和持之以恒的精神。

案例导入

执行器在自动控制系统中的作用是接收来自过程控制仪表的信号，由执行机构将其转换成相应的直线位移或角位移，去操作控制机构，从而达到控制工艺上的被调参数，实现稳定生产的目的。因此，执行器是一种直接改变操作变量的仪表，是一种终端元件。就像手和脚一样，执行相应的命令，那么它们是怎么执行的呢？

问题与讨论：

怎么能让执行器的动作更加准确呢？

【知识链接】

一、执行器概述

执行器的组成与分类

1. 执行器的种类及特点

执行器按其使用的能源形式不同主要分为气动执行器、电动执行器和液动执行器三大类。炼油、化工工业生产中多数使用前两种类型，它们通常被称为气动调节阀和电动调节阀。

它们的特点及应用场合如表 3-3-1 所示。

表 3-3-1　三种执行器的特点比较

比较项目	气动执行器	电动执行器	液动执行器
结构	简单	复杂	简单
体积	中	小	大
推力	中	小	大
配管配线	较复杂	简单	复杂
动作滞后	大	小	小
频率响应	狭	宽	狭
维护检修	简单	复杂	简单
使用场合	防火防爆	隔爆型能防火防爆	要注意火花
温度影响	较小	较大	较大
成本	低	高	高

气动执行器是以压缩空气作为动力能源的执行器，具有结构简单、动作可靠、性能稳定、输出力大、成本较低、安装维修方便和防火防爆等优点，在过程控制中获得最广泛的应用。但气动执行器有滞后大、不适于远传的缺点，为了克服此缺点，可采用电/气转换器或阀门定位器，使传送信号为电信号，现场操作为气动，这是电/气结合的一种形式，也是今后发展的方向。

电动执行器能源取用方便，动作灵敏，信号传输速度快，适合于远距离的信号传送，便于和电子计算机配合使用。但电动执行器一般来说不适用于防火防爆的场合，而且结构复杂，价格贵。

液动执行器的输出推动力要高于气动执行器和电动执行器，且液动执行器的输出力矩可以根据要求进行精确的调整。液动执行器的传动更为平稳可靠，有缓冲无撞击现象，适用于对传动要求较高的工作环境。液动执行器的调节精度高、响应速度快，能实现高精确度控制。液动执行器是使用液压油驱动的，液体本身有不可压缩的特性，因此液压执行器能轻易获得较好的抗偏离能力。由于使用液压方式驱动，在操作过程中不会出现电动设备常见的打火现象，因此防爆性能要高于电动执行器。

2. 执行器的构成

执行器由执行机构和调节机构（又称为控制阀）两个部分组成。各类执行器的调节机构的种类和构造大致相同，主要是执行机构不同。调节机构均采用各种通用的控制阀，这对生产和使用都有利。

执行机构是执行器的推动装置，它根据控制信号的大小，产生相应的推力，推动调节机构动作。调节机构是执行器的调节部分，在执行机构推力的作用下，调节机构产生一定的位移或转角，直接调节流体的流量。

电动执行器是电动调节系统中的一个重要组成部分。它接收来自电动控制器输出的 4～20mA DC 信号，并将其转换成为适当的力或力矩，去操纵调节机构，从而连续调节生产过程中有关管路内流体的流量。当然，电动执行器也可以调节生产过程中的物料、能源等，以实现自动调节。

3. 执行器的作用方式

执行器的执行机构有正作用式和反作用式两种，控制阀有正装和反装两种。因此执行器的作用方式可分为气开和气关两种形式。实现气动调节的气开、气关时，有四种组合方式，如图 3-3-1 和表 3-3-2 所示。

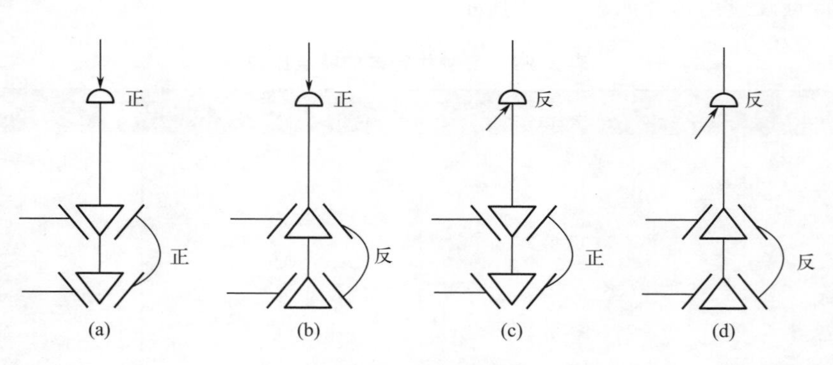

图 3-3-1　气开气关阀

表 3-3-2　执行器组合方式

序号	执行机构	阀体	气动控制阀
(a)	正	正	（正）气关
(b)	正	反	（反）气开
(c)	反	正	（反）气开
(d)	反	反	（正）气关

气开阀随着信号压力的增加而开度增大，无信号时，阀处于全关状态；反之，气关阀随着信号压力的增加阀逐渐关闭，无信号时，阀处于全开状态。

对于一个控制系统来说，究竟选择气开作用方式还是气关作用方式要由生产工艺要求来决定。一般来说，要根据以下几条原则来进行选择。

（1）从生产的安全出发　例如，一般蒸汽加热器选用气开式控制阀，一旦气源中断，阀门处于全关状态，停止加热，使设备不致因温度过高而发生事故或危险。锅炉进水的控制阀则选用气关式，当气源中断时仍有水进入锅炉，不致产生烧干或爆炸事故。

（2）从保证产品质量考虑　当发生上述使控制阀不能正常工作的情况时，阀所处的状态不应造成产品质量的下降，如精馏塔回流量控制系统常选用气关阀，这样，一旦发生故障，阀门全开着，使生产处于全回流状态，这就防止了不合格产品被蒸发，从而保证了塔顶产品的质量。

（3）从降低原料和动力的损耗考虑　如控制精馏塔进料的控制阀常采用气开式，因为一旦出现故障，阀门是处于关闭状态的，不再给塔投料，从而减少浪费。

（4）从介质特点考虑　如精馏塔釜加热蒸汽的控制阀一般选用气开式，以保证故障时不浪费蒸汽。但是如果釜液是易结晶、易聚合、易凝结的液体时，则应考虑选用气关式控制阀，以防止在事故状态下由停止了蒸汽的供给而导致釜内液体的结晶或凝聚。

二、气动执行器

气动执行器

以压缩空气为动力源的调节阀称为气动调节阀。气动薄膜调节阀在气动调节阀中占有相当大的比例。气动薄膜调节阀以其执行机构简单，动作可靠，维修方便，价格低廉、防火防爆而被广泛地应用。气动执行机构是一种最常用的执行机构，它的传统机构如图 3-3-2 所示。

1. 气动薄膜执行器的分类

气动执行机构是气动执行器的推动部分，它按控制信号的大小产生相应的输出力，通过执行机构的推杆，带动控制阀的阀芯使它产生相应的位移（或转角）。

气动执行机构常用的有薄膜执行机构和活塞执行机构两种。

2. 气动执行机构的功能

（1）气动薄膜执行机构的正反作用　气动薄膜执行机构有正作用和反作用两种形式之分，信号压力一般是 20～100kPa，供给的气源压力范围为 400～600kPa，经过滤器减压阀减压后供给阀门定位器作为工作气源。信号压力增加时推杆向下动作的叫正作用执行机构；信号压力增加时推杆向上动作的叫反作用执行机构。正、反作用执行机构结构基本相同，均由上膜盖、下膜盖、波纹薄膜、推杆、支架、压缩弹簧、弹簧座、调节件、标尺等组成。在一些有特殊要求的场合，如工艺介质为黏稠物料或其他不适宜安装副线的情况下，在执行机构的选型上还要考虑带有手轮机构（手轮有顶装式和侧装式两种形式）。气动执行机构的正、反作用转换可以通过更换个别零部件，同时改变信号压力的引入方向实现，但在实际工作中一般不常遇到。

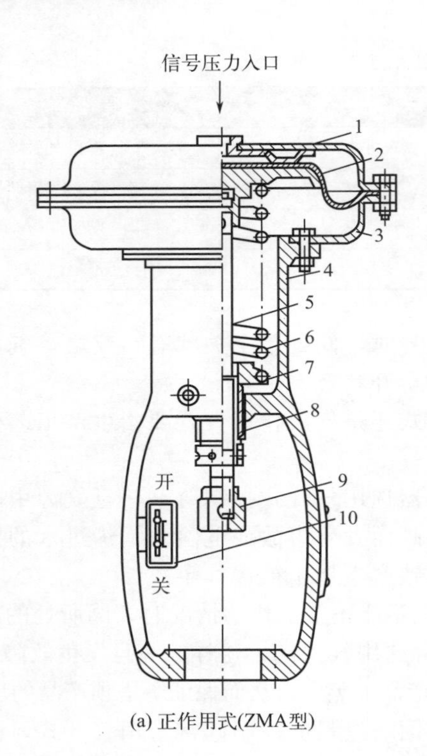

(a) 正作用式(ZMA型)

1—上膜盖；2—波纹薄膜；3—下膜盖；4—支架；5—推杆；6—压缩弹簧；7—弹簧座；8—调节件；9—螺母；10—行程标尺

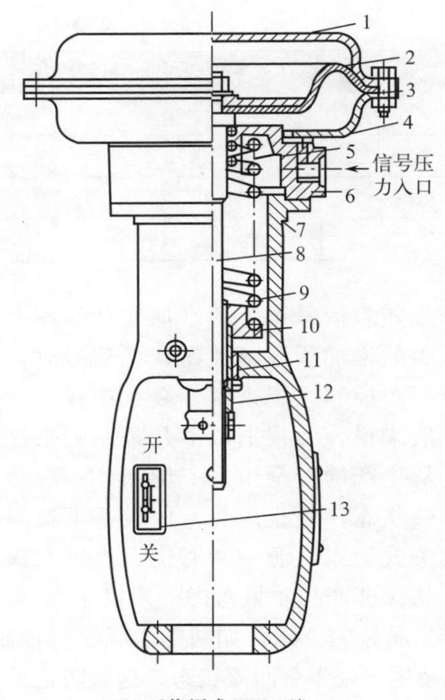

(b) 反作用式(ZMA型)

1—上膜盖；2—波纹薄膜；3—下膜盖；4—密封膜片；5—密封环；6—填块；7—支架；8—推杆；9—压缩弹簧；10—弹簧座；11—衬套；12—调节件；13—行程标尺

图 3-3-2 气动薄膜执行机构

气动执行机构的输出特性是比例式的，即输出的位移量与输入的气压信号成正比例关系。当信号压力通入薄膜气室时，在薄膜上产生一个推力，使推杆移动并压缩弹簧。当弹簧的反作用力与信号压力在薄膜上产生的推力相平衡时，推杆稳定在一个新的位置。信号压力越大，在薄膜上产生的推力就越大，则与它平衡的弹簧反力也越大，即推杆的位移量也越大。推杆的位移就是执行机构的直线输出位移，称为行程。在实际工作中（尤其是在工况恶劣的时候），有时需要对气动执行机构的行程或控制机构泄漏量进行少量的调整，从以上的气动执行机构动作原理就可以看出，只要适当改变弹簧的预紧力以及信号的零点或量程范围就可以实现。

国产的气动薄膜调节阀型号表示由两节组成：第一节以汉语拼音字母表示热工仪表分类、能源、结构形式；第二节以阿拉伯数字表示产品的主要参数范围。如图 3-3-3 所示。

（2）气动活塞式执行机构　气动执行机构有薄膜式、活塞式两种形式。活塞式执行机构如图 3-3-4 所示：它的活塞随气缸两侧的压差而移动。允许操作压力可达 700kPa，因此输出推力大，但价格较高；气动活塞式执行机构又称为气缸式执行机构，分为弹簧式和无弹簧式两种。

（3）气动长行程执行机构　图 3-3-5 所示为长行程执行机构，长行程执行机构的结构原理与活塞式执行机构基本相同，但它具有行程长、输出力矩大的特点，直线位移为 200～400mm，转角位移为 90°，适用于输出角位移和大力矩的场合，如蝶阀、风门等。这种气动长行程执行机构是按力矩平衡原理工作的。把气动长行程执行机构的结构稍加改变之后，可以用电信号来控制，只要用磁钢、动圈组件代替波纹管组件，再通入信号电流到动圈之后，就会推动杠杆而带动滑阀，使滑阀的阀杆移动而改变气缸两侧的压力，输出角位移。这样的装置，称为电信号气动执行机构。

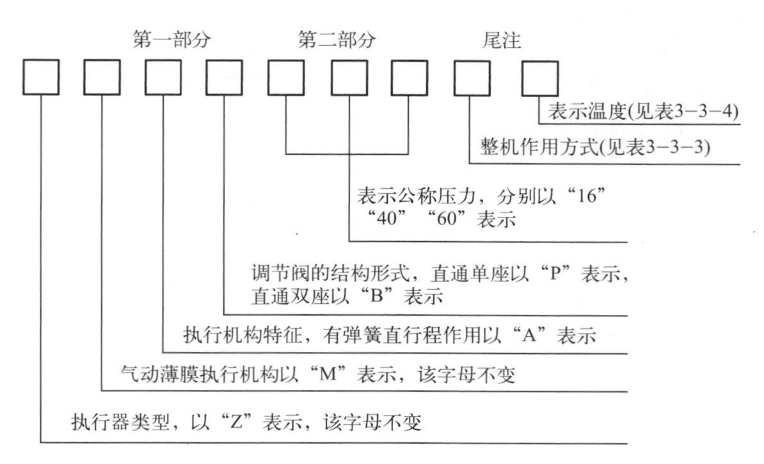

图 3-3-3　气动薄膜调节阀型号命名

表 3-3-3　整机作用方式对照表

方式	气开	气关
代号	K	B

表 3-3-4　温度对照表

名称	普通型	长颈型	散热性	波纹管密封
代号	（－20～200℃）	D（－60～250℃）	G（－60～450℃）	V

此外，还有大功率的长行程机构，所用的气缸直径很大，因此，最大的输出力可达35kN，最大的输出力矩达到6000N・m。

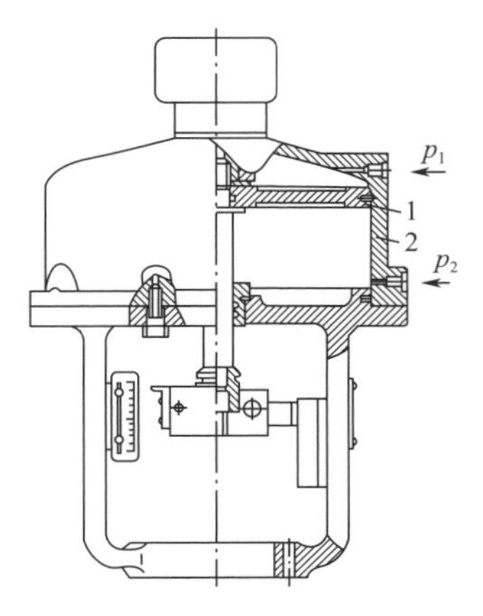

图 3-3-4　气动活塞式执行机构

1—活塞；2—气缸

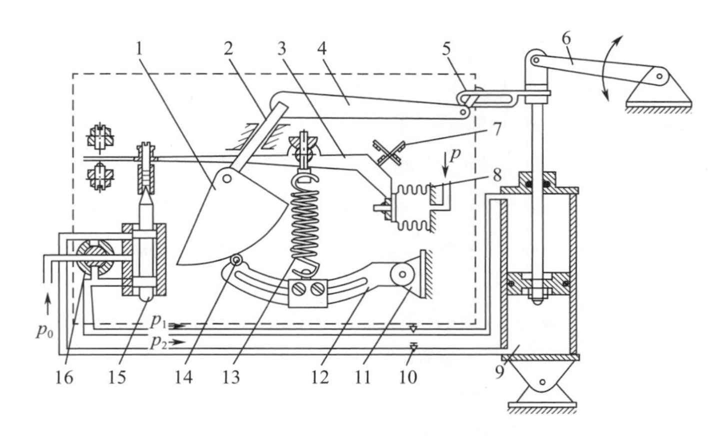

图 3-3-5　气动长行程执行机构

1—反馈凸轮；2—转轴；3—杠杆；4—反馈杆；5—导槽；6—输出摇臂；7—杠杆支点；8—波纹管；9—气缸；10—针形阀；11—弧形杠杆支点；12—弧形杠杆；13—反馈弹簧；14—滚轮；15—滑阀；16—平衡阀

3. 气动薄膜调节阀的控制机构

（1）控制机构的功能　控制机构又称调节阀，它和普通阀门一样，是一个局部阻力可以变化的节流元件。在执行机构的推杆作用下，阀芯在阀体内运动，改变了阀芯和阀座之间的流通面积，即改变了调节阀的阻力系数，使被控介质的流量发生相应的变化。

（2）控制机构的类型　根据阀芯的动作形式，控制机构可分为直行程式和角行程式两大类。直行程式的控制机构有直通单座调节阀、直通双座调节阀、高压调节阀、角形阀、套筒阀、隔膜阀、三角阀等；角行程式控制机构有蝶阀、凸轮挠曲阀、V形球阀和O形球阀等。

阀芯有正装和反装两种形式。当阀芯向下移动时，阀芯与阀座之间的流通面积减小，称为正装阀，反之称为反装阀，如图 3-3-6 所示。

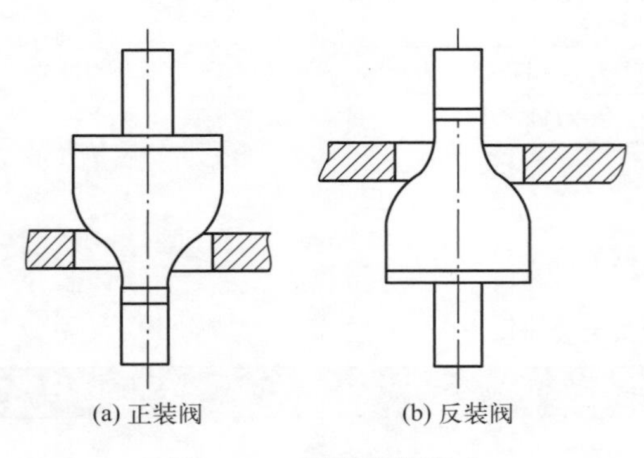

图 3-3-6　阀芯安装形式

（3）直通单座阀的结构和应用　图 3-3-7 所示为一个常用的直通单座阀，它是由上阀盖、下阀盖、阀体、阀座、阀杆、填料和压板等零部件组成的。阀芯和阀杆连在一起，连接的方法可用紧配合销钉固定，也可用螺纹连接再以销钉固定。上、下阀盖都装有衬套，为阀芯移动起导向作用。由于上、下都有导向作用，所以称为双导向。也有的单座阀没有下面的导向机构，这在小口径阀门上应用较多。这种阀门的阀体内只有一个阀芯和阀座，其特点是泄漏量小，易于保证关闭，甚至完全切断，因此，结构上有调节型和切断型，它们的区别在于阀芯的形状不同，前者为柱塞型，后者为平板型。

（4）直通双座阀的结构与应用　如图 3-3-8 所示，阀体内有两个阀芯和阀座，流体从左侧进入，通过阀座和阀芯后，由右侧流出。它比同口径的单座阀能流过更多的介质，流通能力大 20%～25%。由于流体作用在上、下阀芯上的不平衡力可以相互抵消，所以不平衡力小，允许差压大。但因为制造上的原因，上、下阀芯与阀座的相对尺寸难以保证，使得上、下阀门不容易同时关闭，所以泄漏量较大。另外，阀体的流路较复杂，在高差压流体中使用时，对阀体的冲刷及气蚀较严重，不适用于高黏度介质和含纤维介质的调节。

双座阀变正装为反装是很方便的，只要把阀芯倒装，阀杆与阀芯的下端连接，上、下阀座互换位置并反装之后就可以改变作用方式。

4. 气动薄膜调节阀的阀芯的结构形式

（1）阀芯的结构形式　阀芯是阀内最为关键的零件，为了适应不同的需要，得到不同的阀门特性，阀芯的结构形状是多种多样的，但一般可分为直行程和角行程两大类。

（2）直行程阀芯

① 平板型阀芯。见图 3-3-9（a），这种阀芯的底面为平板型，其结构简单，加工方便，具有快开特性，可作两位调节用。

② 柱塞型阀芯。可分为上、下双导向和上导向两种。图 3-3-9（b）左面两种用于双导向，特点是上、下可以倒装，倒装后可以改变阀的正、反作用。常见的阀特性有线性和等百分比两种，这两种特性所用的阀芯形状是不相同的。图 3-3-9（b）右面两种阀芯都为上导向，它用于角形阀和高压阀。对于小流量阀，可采用球形、针形阀芯，见图 3-3-9（c），也可以在圆柱体上铣出小槽，见图 3-3-9（d）。

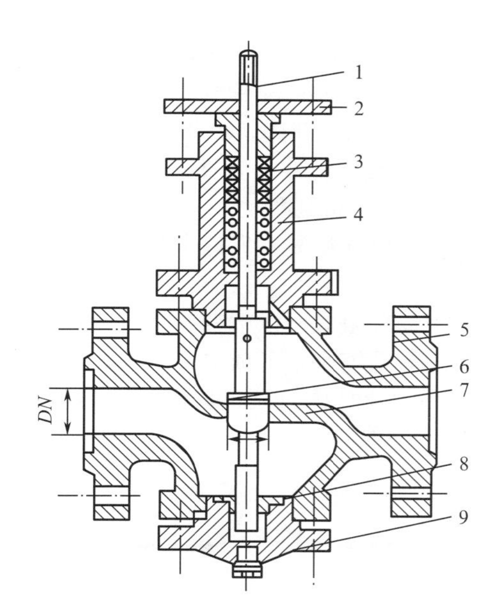

图 3-3-7　直通单座调节阀

1—阀杆；2—压板；3—填料；4—上阀盖；5—阀体；6—阀芯；7—阀座；8—衬套；9—下阀盖

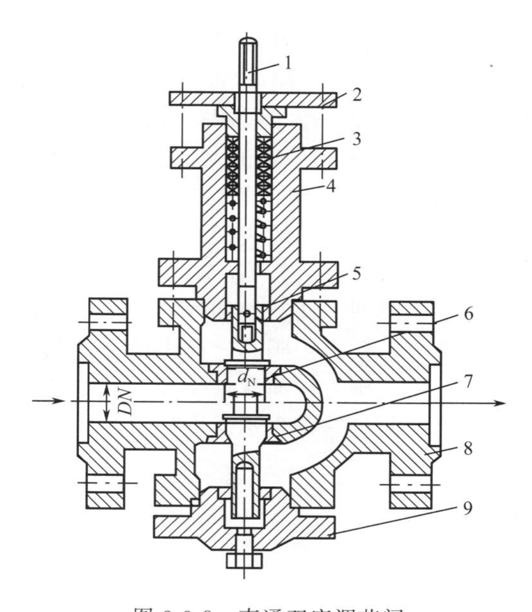

图 3-3-8　直通双座调节阀

1—阀杆；2—压板；3—填料；4—上阀盖；5—衬套；6—阀芯；7—阀座；8—阀体；9—下阀盖

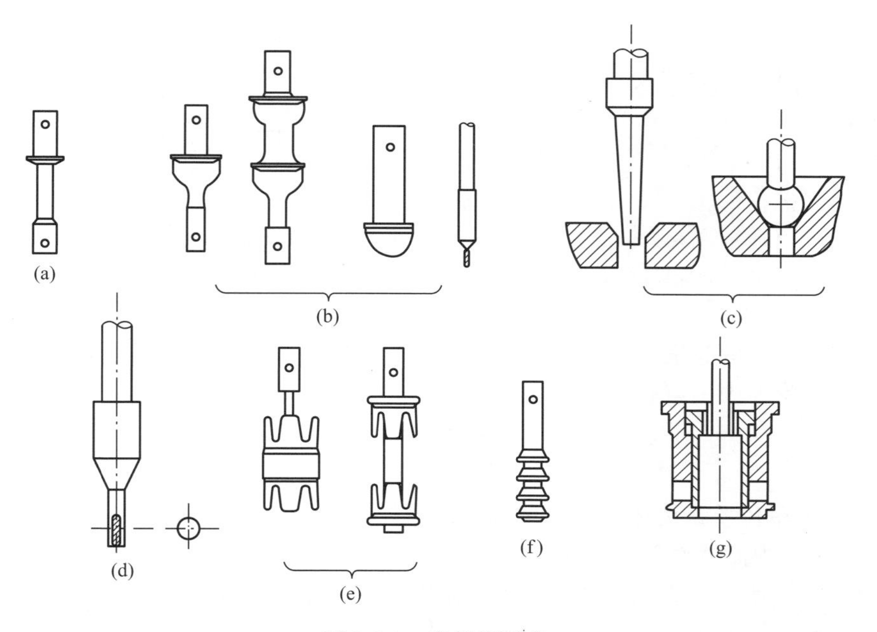

图 3-3-9　直行程阀芯

③ 窗口型阀芯。见图 3-3-9（e），这种阀芯用于三通调节阀，图中左边为合流型，右边为分流型，由于窗口形状不同，阀门特性有直线、等百分比和抛物线三种。

④ 多级阀芯。见图 3-3-9（f），把几个阀芯串接在一起，好像“糖葫芦”一样，起到逐级降压的作用，用于高压差阀，可防止噪声。多级阀芯的结构很多，有的阀芯可串成锥体形状。

⑤ 套筒阀阀芯。见图 3-3-9（g），用于套筒型调节阀，只要改变套筒窗口形状即可改变阀的特性。

（3）角行程阀芯　这种阀芯通过旋转运动来改变它与阀座间的流通面积。偏心旋转阀芯见图 3-3-10（a），用于偏旋阀；蝶形阀板见图 3-3-10（b），有标准扁平阀板、翘曲的阀板和带尾部的阀板三种，用于蝶阀；球形阀芯见图 3-3-10（c），用于球阀，O 形阀芯上钻有一个通孔，用于 O 形球阀；V 形阀芯的扇形球芯上有 V 形口或抛物线口，两边支承在短轴上，用于 V 形球阀。V 形切口的球也可改良为 U 形切口，以增大流通能力。它的流量特性是改良的等百分比曲线。球的表面是在不锈钢母体材料上镀硬铬并抛光，所以十分坚硬耐磨。

5. 气动薄膜调节阀的工作原理

（1）工作原理　调节阀和普通的阀门一样，是一个局部阻力可以改变的节流元件。当流体流过调节阀时，由于阀芯、阀座所造成的流通面积的局部缩小，形成局部阻力，与孔板类似，它使流体的压力和速度产生变化，如图 3-3-11 所示。流体流过调节阀时产生能量损失，通常用阀前后的压差来表示阻力损失的大小。

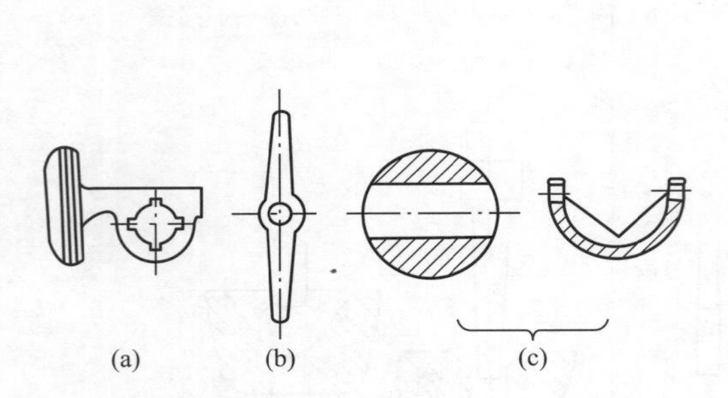

图 3-3-10　角行程阀芯

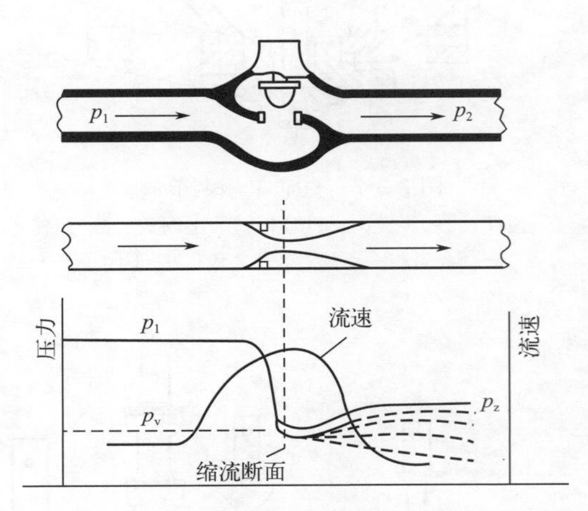

图 3-3-11　流体流过节流孔时压力和速度的变化

p_1—调节阀阀前的压力；p_2—调节阀阀后的压力；

p_v—温度饱和蒸气压；p_z—流经调节阀后的压力

如果调节阀前后的管道直径一致，流速相同，根据流体的能量守恒原理，不可压缩流体流经调节阀的能量损失为

$$H=\frac{p_1-p_2}{\rho g} \tag{3-3-1}$$

式中，H 为单位质量流体流过调节阀的能量损失；p_1 为调节阀阀前的压力；p_2 为调节阀阀后的压力；ρ 为流体密度；g 为重力加速度。

如果调节阀的开度不变，流经调节阀的流体不可压缩，则流体的密度不变，那么，单位质量的流体的能量损失与流体的动能成正比，即

$$H=\xi\frac{w^2}{2g} \tag{3-3-2}$$

式中，w 为流体的平均流速；g 为重力加速度；ξ 为调节阀的阻力系数，与阀门结构形式、流体的性质和开度有关。

流体在调节阀中平均流速为：

$$w=\frac{Q}{A} \tag{3-3-3}$$

式中，Q 为流体的体积流量；A 为调节阀连接管的横截面积。

联立式（3-3-1）、式（3-3-2）、式（3-3-3），可得调节阀的流量方程式为：

$$Q=\frac{A}{\sqrt{\xi}}\sqrt{\frac{2}{\rho}(p_1-p_2)} \tag{3-3-4}$$

若上述方程式各项参数采用如下单位：A，cm^2；ρ，g/cm^3（即 $10^{-5}N\cdot S^2/cm^4$）；Δp，100kPa（$10N/cm^3$）；p_1，p_2，100kPa（$10N/cm^3$）；Q，m^3/h。

代入式（3-3-4）得到：

$$Q=\frac{A}{\sqrt{\xi}}\sqrt{\frac{2\times10\Delta p}{10^{-5}\rho}}(cm^3/s)=\frac{3600}{10^6}\times\sqrt{\frac{20}{10^{-5}}}\frac{A}{\sqrt{\xi}}\sqrt{\frac{\Delta p}{\rho}}(cm^3/h)$$

即

$$Q=5.09\times\frac{A}{\sqrt{\xi}}\sqrt{\frac{\Delta p}{\rho}}(cm^3/h) \tag{3-3-5}$$

式（3-3-5）是调节阀实际应用的流量方程。可见，当调节阀口径一定，即调节阀接管横截面积 A 一定，并且调节阀两端压差（p_1-p_2）不变时，阻力系数 ξ 减小，流量 Q 增大。反之，ξ 增大则 Q 减小。所以，调节阀的工作原理就是按照信号的大小，通过改变阀芯行程来改变流通截面积，从而改变阻力系数而达到调节流量的目的。

（2）流量系数　把式（3-3-5）改写为：

$$Q=C\sqrt{\frac{\Delta p}{\rho}} \tag{3-3-6}$$

其中

$$C=5.09\frac{A}{\sqrt{\xi}}=Q\sqrt{\frac{\rho}{\Delta p}} \tag{3-3-7}$$

C 称为流量系数，它与阀芯和阀座的结构、阀前阀后的压差、流体性质等因素有关。因此，它表示调节阀的流通能力，但必须以一定的规定条件为前提。

为了便于用不同单位进行运算，可把式（3-3-7）改写成一个基型公式：

$$C=\frac{Q}{N}\sqrt{\frac{\rho}{\Delta p}} \tag{3-3-8}$$

式中，N 为单位系数。

在采用国际单位制时，流量系数用 K_v 表示。K_v 的定义为：温度为 278～313K（5～40℃）的水在 10^5Pa 压降下，1h 内流过阀的流量。

根据上述定义，一个 K_v 值为 32 的调节阀则表示当阀全开、阀门前后压差为 10^5Pa 时，5～40℃的水每小时能通过的流量为 $32m^3$。我国过去曾用 C 表示流量系数，现在许多手册也仍然习惯采用这个 C 值，但压降单位却用 kgf/cm^2。

很多采用英寸制单位的国家用 C_v 表示流量系数。C_v 的定义为：用 40～60℉的水，保持阀门两端压差为 1psi，阀门全开状态下每分钟流过的水的流量。

K_v 和 C_v 的换算如下：

$$C_v=1.167K_v \tag{3-3-9}$$

（3）流量特性　调节阀的流量特性是指介质流过调节阀的相对流量与调节阀的相对开度之间的关系。

相对流量是指调节阀在某一开度下的流量 Q 与调节阀全开时的最大流量 Q_{max} 之比。相对开度是指调节阀在某一开度下阀杆的行程 l 与调节阀全开行程 L 之比。

一般来说，改变调节阀的开度就可以改变流过调节阀的流量。但实际工作条件下，随着调节阀开度的改变，工艺管道中流量的变化引起与调节阀串联的工艺管道、阀门、设备的压力损失的相应变化，也就是说，在调节阀的节流面积变化的同时，还发生了调节阀阀前、阀后的压差的变化，而差压的变化又将引起流量的变化。为了便于分析，先假定阀前、阀后压差不变，然后再引申到真实情况进行研究。因此，流量特性就有理想流量特性与工作流量特性两种。

理想流量特性又称固有流量特性，表示调节阀的阀前、阀后压差保持恒定时，调节阀的相对流量与相对开度之间的关系，它只与阀本身的结构也就是阀芯大小和几何形状有关。

典型的理想特性曲线有直线型、等百分比型（对数型）、快开型与抛物线型四种，如图 3-3-12 所示，不同流量特性的阀芯形状如图 3-3-13 所示。

① 直线流量特性的调节阀，其相对流量与相对开度之间成正比关系，即单位位移变化所引起的流量变化是常数，可用图 3-3-12 中直线 2 表示。由图看出，直线流量特性的阀，相对开度每变化 10%时，相对流量也近似变化 10%。例如，当开度从 10%增大到 20%时，相对流量也从 10%增大到 20%；当开度从 80%增大到 90%时，相对流量也从 80%增大到 90%。可见，当阀工作在较小开度的情况下，例如当相对开度从 10%增大到 20%时，相对流量相当于原来的 2 倍 $\left(即增加\frac{20-10}{10}\times 100\%=100\%\right)$，即流量变化剧烈；而当阀工作在较大开度时，例如当调节阀的相对开度从 80%增大到 90%时，其相对流量的变化只是原来的 1.125 倍 $\left(即增加\frac{90-80}{80}\times 100\%=12.5\%\right)$，即流量变化缓慢。这就说明，直线型流量特性的阀在小开度情况下流量相对值变化大，调节性能不稳定，不容易控制。

② 等百分比型阀的特点是单位相对行程变化引起的相对流量变化与该点的相对流量成正比，如图 3-3-12 中曲线 4 所示。

③ 快开特性的阀适用于某些特殊要求的场合，在阀行程小时，流量变化就比较大，随着行程增大流量很快就达到最大值，如图 3-3-12 中曲线 1 所示。

④ 抛物线流量特性是指单位相对行程变化引起的相对流量变化与该点相对流量的平方根成正比，其特性如图 3-3-12 中曲线 3 所示。

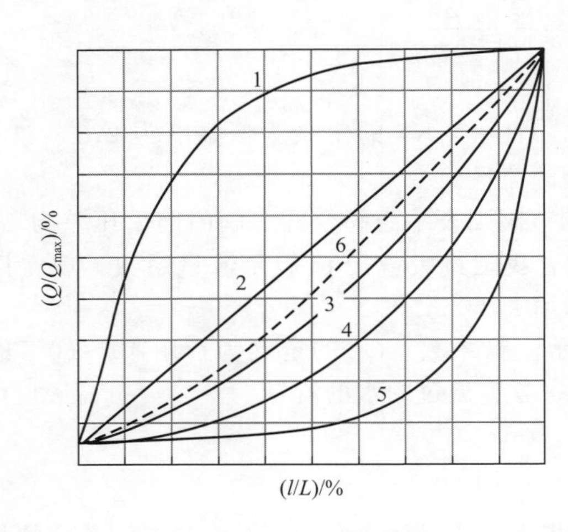

图 3-3-12 理想流量特性

1—快开；2—直线；3—抛物线；4—等百分比；5—双曲线；6—修正抛物线

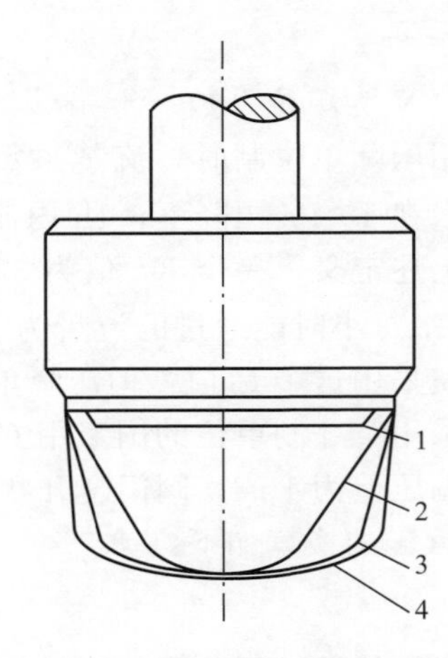

图 3-3-13 不同流量特性的阀芯形状

1—快开；2—直线；3—抛物线；4—等百分比

（4）可调比　调节阀的可调比就是调节阀所能控制的最大流量与最小流量之比。可调比也称可调范围，若以 R 来表示，则

$$R=\frac{Q_{max}}{Q_{min}} \tag{3-3-10}$$

要注意最小流量 Q_{min} 和泄漏量的含义不同。最小流量是指可调流量的下限值，它一般为最大流量 Q_{max} 的 2%～4%，而泄漏量是阀全关时泄漏的量，它仅为最大流量 Q_{max} 的 0.1%～0.01%。

① 理想可调比。当调节阀上压差一定时，可调比称为理想调节比，即

$$R=\frac{Q_{max}}{Q_{min}}=\frac{K_{v\max}\sqrt{\frac{\Delta p}{\rho}}}{K_{v\min}\sqrt{\frac{\Delta p}{\rho}}}=\frac{K_{v\max}}{K_{v\min}} \tag{3-3-11}$$

也就是说，理想可调比等于最大流量系数与最小流量系数之比，它反映了调节阀调节能力的大小，是由结构设计所决定的。一般总是希望可调比大一些为好，但由于阀芯结构设计及加工方面的限制，流量系数 $K_{v\min}$ 不能太小，因此，理想可调比一般均小于 50。目前我国统一设计时取 $R=30$。

② 实际可调比。调节阀在实际工作时不是与管路系统串联就是与旁路阀并联，随管路系统的阻力变化或旁路阀开启程度的不同，调节阀的可调比也产生相应的变化，这时的可调比就称为实际可调比。

a. 串联管道时的可调比。如图 3-3-14 所示的串联管道，由于流量的增加，管道的阻力损失也增加。若系统的总压差 Δp_s 不变，则分配到调节阀上的压差相应减小，这就使调节阀所能通过的最大流量减小，所以，串联管道时调节阀实际可调比会降低。若用 R' 表示调节阀的实际可调比，则

$$R=\frac{Q_{max}}{Q_{min}}=\frac{K_{v\max}\sqrt{\frac{\Delta p_{v\min}}{\rho}}}{K_{v\min}\sqrt{\frac{\Delta p_{v\max}}{\rho}}}=R\sqrt{\frac{\Delta p_{v\min}}{\Delta p_{v\max}}}\approx R\sqrt{\frac{\Delta p_{v\min}}{\Delta p_s}}$$

令

$$s=\frac{\Delta p_{min}}{\Delta p_s} \tag{3-3-12}$$

则

$$R'=R\sqrt{s} \tag{3-3-13}$$

式中，$\Delta p_{v\max}$ 为调节阀全关时阀前后的压差约等于系统总压差；$\Delta p_{v\min}$ 为调节阀全开时阀前后的压差；Δp_s 为系统的压差；s 为调节阀全开时阀前后压差与系统总压差之比，称为阀阻比，也称为压降比。

由式（3-3-13）可知，当 s 值越小，即串联管道的阻力损失越大时，实际可调比越小。它的变化情况如图 3-3-15 所示。

b. 并联管道时的可调比。如图 3-3-16 所示的并联管道，当打开与调节阀并联的旁路时，实际可调比为：

$$R'=\frac{Q_{max}}{Q_{1\min}+Q_2}$$

式中，Q_{max} 为总管最大流量；$Q_{1\min}$ 为调节阀最小流量；Q_2 为旁路流量。

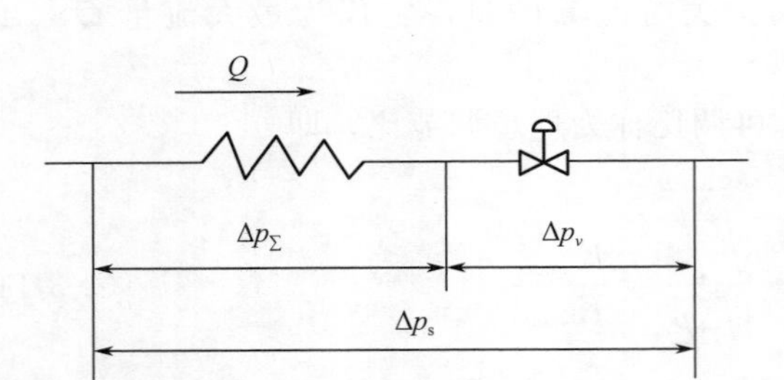

图 3-3-14 串联管道

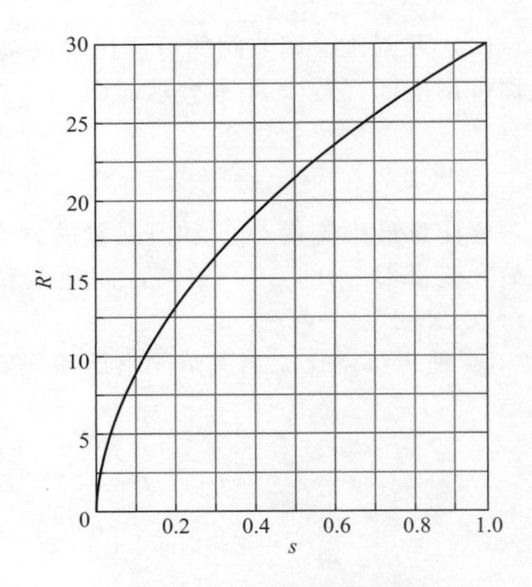

图 3-3-15 串联管道时的可调比

若令

$$x=\frac{Q_{1\max}}{Q_{\max}}$$

式中，$Q_{1\max}$ 为调节阀全开时的流量

则

$$R'=\frac{Q_{\max}}{x\dfrac{Q_{\max}}{R}+(1-x)Q_{\max}}=\frac{R}{R-(R-1)x} \tag{3-3-14}$$

从式（3-3-14）可知，当 x 值越小，即旁路流量越大时，实际可调比就越小。它的变化如图 3-3-17 所示。从图中可以看出旁路阀的开度对实际可调比的影响极大。

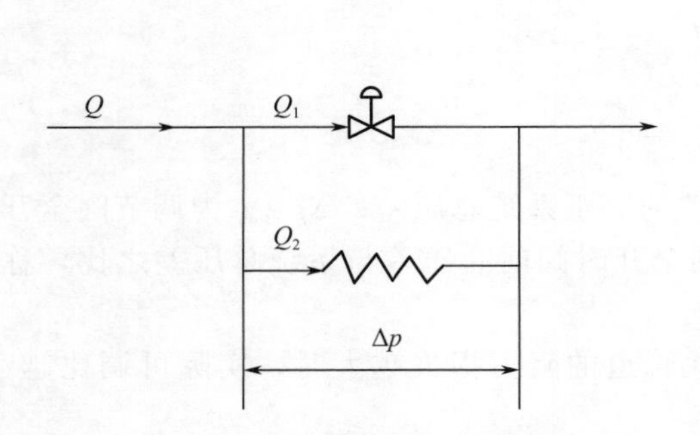

图 3-3-16 并联管道

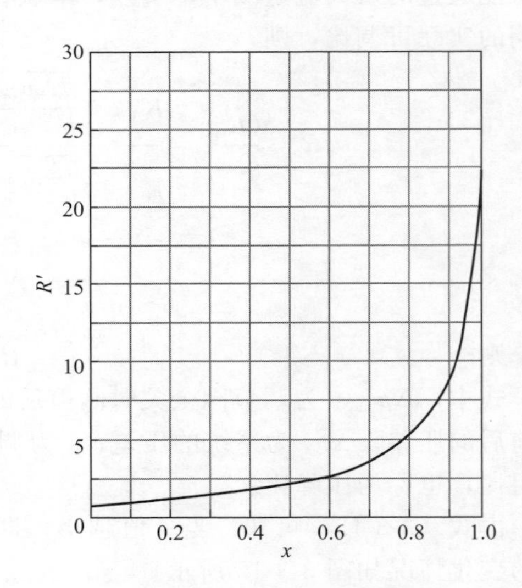

图 3-3-17 并联管道时的可调比

从式（3-3-14）可得

$$R'=\frac{1}{1-\dfrac{R-1}{R}x}$$

一般来说，$R \gg 1$，所以

$$R'=\frac{1}{1-x}=\frac{1}{1-\dfrac{Q_{1\max}}{Q_{\max}}}=\frac{Q_{\max}}{Q_2} \tag{3-3-15}$$

式（3-3-15）表明并联实际可调比与调节阀本身的可调比无关。调节阀的最小流量一般比旁路流量小得多，故其可调比实际上只是总管最大流量与旁路流量的比值。

综上所述，串联或并联管道都将使实际可调比下降，所以在选择调节阀和组成系统时不应使 s 值太小，要尽量避免打开并联管路的旁路阀，以保证调节阀有足够的可调比。

三、辅助装置——阀门定位器

阀门定位器是调节阀的主要附件，它与气动调节阀配套使用，接收调节器的输出信号，然后以它的输出信号去控制气动调节阀，当调节阀动作后，阀杆的位移又通过机械装置反馈到阀门定位器，因此，这种定位器和调节阀组成一个闭环回路，如图 3-3-18 和图 3-3-19 所示。

阀门定位器的产品按其结构形式和工作原理可以分为气动阀门定位器、电-气阀门定位器和智能式阀门定位器。

1. 阀门定位器概述

工业企业中自动控制系统的执行器大都采用气动执行器，阀杆的位移是由薄膜上的气压推力与弹簧反作用力平衡来确定的。执行机构部分的薄膜和弹簧的不稳定性和各可动部分的摩擦力（例如为了防止阀杆引出处的泄漏，填料总要压得很紧，致使摩擦力可能很大），以及被调节流体对阀芯的作用力，被调节介质黏度大或带有悬浮物、固体颗粒等对阀杆移动所产生的阻力，所有这些都会影响执行机构与输入信号之间的准确定位关系，影响气动执行器的灵敏度和准确度。因此在气动执行机构工作条件差或要求调节质量高的场合，都在气动执行机构前加装阀门定位器。

阀门定位器是气动执行器的主要附件，它与气动执行器配套使用，具有以下用途：

① 提高阀杆位置的线性度，克服阀杆的摩擦力，消除被控介质压力变化与高压差对阀位的影响，使阀门位置能按控制信号实现正确定位。

② 增加执行机构的动作速度，改善控制系统的动态特性。

③ 可用 20～100kPa 的标准信号压力去操作 40～200kPa 的非标准信号压力的气动执行机构。

④ 可实现分程控制，用一台控制仪表去操作两台控制阀，第一台控制阀上定位器通入 20～60kPa 的信号压力后阀门走全行程，第二台控制阀上定位器通入 60～100kPa 的信号压力后阀门走全行程。

⑤ 可实现反作用动作。

⑥ 可修正控制阀的流量特性。

⑦ 可使活塞执行机构和长行程执行机构的两位式动作变为比例式动作。

⑧ 采用电/气阀门定位器后，可用 4～20mA DC 电流信号去操作气动执行机构，一台电/气阀门定位器具有电/气转换器和气动阀门定位器的双重作用。

阀门定位器按输入信号来分，有气动阀门定位器和电/气阀门定位器。

2. 气动阀门定位器的工作原理

气动阀门定位器接收由气动控制器或电/气转换器转换的控制器的输出信号，然后产生和控制器输出信号成比例的气压信号，用以控制气动执行器。阀门定位器与气动执行机构配套使用如图 3-3-18 所示。

由图可知，阀门定位器与气动执行机构配套使用时，当气动执行器动作时，阀杆的位移又通过机械装置负反馈到阀门定位器，因此，阀门定位器和执行器组成一个气压-位移负反馈闭环系统。不仅改善了气动执行器的静态特性，使输入电流与阀杆位移之间保持良好的线性关系，而且改善了气动执行器的动态特性，使阀杆移动速度加快，减少了信号的传递滞后。如果使用得当，可以保证控制阀的正确定位，从而大大提高调节系统品质。

如图 3-3-19 所示，是一种与气动薄膜执行机构配套使用的气动阀门定位器。它是按力平衡原理工作的。当输入压力通入波纹管后，挡板靠近喷嘴，单输出放大器的输出压力通入薄膜执行机构，阀杆位移通过凸轮拉伸反馈弹簧，直到反馈弹簧作用在主杠杆上的力矩与波纹管作用在主杠杆上的力矩相平衡。

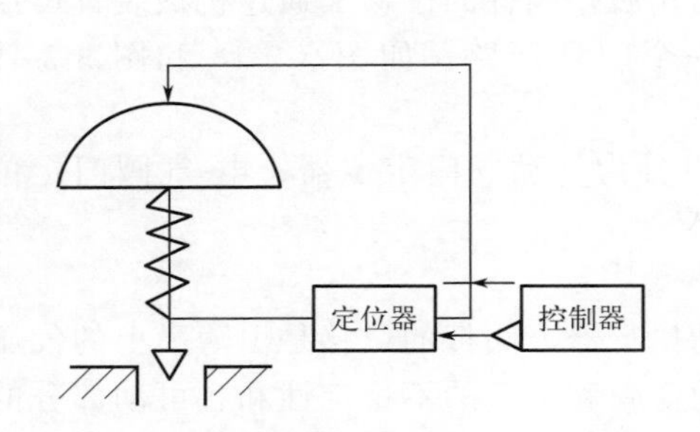

图 3-3-18 阀门定位器与气动执行器配套使用

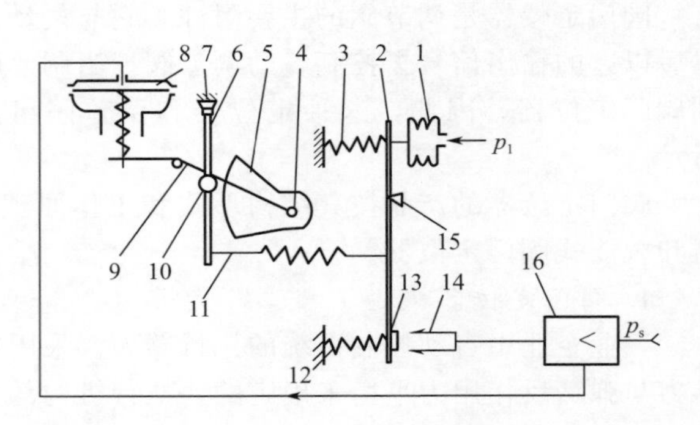

图 3-3-19 力矩平衡式气动阀门定位器

1—波纹管；2—主杠杆；3—迁移弹簧；4—凸轮支点；5—反馈凸轮；6—副杠杆；7—支点；8—执行机构；9—反馈杆；10—滚轮；11—反馈弹簧；12—调零弹簧；13—挡板；14—喷嘴；15—主杠杆支点；16—放大器

它的动作是这样的，当通入波纹管 1 的压力增加时，波纹管 1 使主杠杆 2 绕支点 15 偏转，挡板 13 靠近喷嘴 14，喷嘴背压升高。此背压经放大器 16 放大后的压力 p_s 引入气动执行机构 8 的膜室，因其压力增加而使阀杆向下移动，并带动反馈杆 9 绕凸轮支点 4 偏转，反馈凸轮 5 也跟着作逆时针方向的转动，通过滚轮 10 使副杠杆 6 绕支点 7 顺时针偏转，从而使反馈弹簧拉伸，反馈弹簧 11 对主杠杆 2 的拉力与信号压力 p_1 通过波纹管 1 作用到主杠杆 2 的推力达到力矩平衡时，阀门定位器达到平衡状态。此时一定的信号压力就对应于一定的阀杆位移，即对应于一定的控制阀开度。

弹簧 12 是调零弹簧，调整其预紧力可以改变挡板的初始位置。弹簧 3 是迁移弹簧，在分程控制中用来补偿波纹管对主杠杆的作用力，使定位器在接收不同范围的输入信号时，仍能产生相同范围的输出信号。

阀门定位器有正作用式和反作用式两种，正作用式定位器是指当信号压力增加时，输出压力也增加；而反作用式定位器则相反，当信号压力增加时，输出压力减小。

3. 电/气阀门定位器

由图 3-3-20 可以看出，电/气阀门定位器与气动执行机构配套使用时，具有机械反馈部分。电/气阀门定位器将来自控制器或其他单元的 4～20mA DC 电流信号转换成气压信号去驱动执行机构。同时，从阀杆的位移取得反馈信号，构成具有阀位负反馈的闭环系统。不仅改善了执行器的静态特性，使输入电流与阀杆位移之间保持良好的线性关系；而且改善了气动执行器的动态特性，使阀杆的移动速度加快，减少了信号的传递滞后。

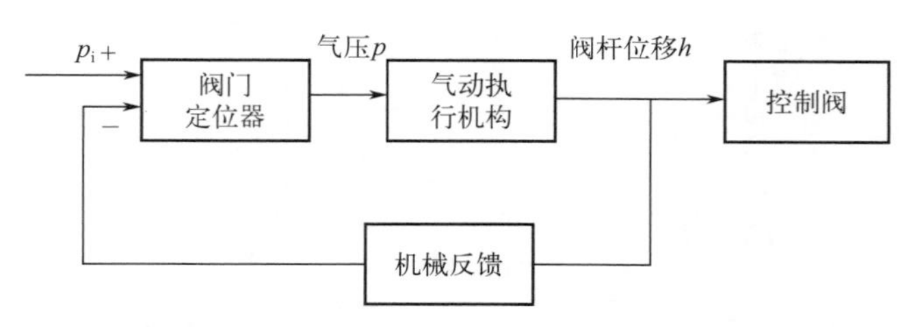

图 3-3-20　气动执行机构与电/气阀门定位器配套使用

电/气阀门定位器的结构形式有多种，下面介绍的一种也是按力矩平衡原理工作的，主要由接线盒组件、转换组件、气路组件及反馈组件四部分组成。

接线盒组件包括接线盒、端子板及电缆引线等零部件。对于一般型和安全火花型，无隔爆要求。而对于安全隔爆复合型，则采取了隔爆措施。

转换组件的作用是将电流信号转换成气压信号。它由永久磁钢、导磁体、线圈、杠杆、喷嘴、挡板及调零装置等零部件组成。

气路组件由气路板、气动放大器、切换阀、气阻及压力表等零部件组成。它的作用是实现气压信号的放大和“自动”/“手动”切换等。改变切换阀位置可实现“手动”和“自动”控制。

反馈组件由反馈机体、反馈弹簧、反馈拉杆及反馈压板等零部件组成。它的作用是平衡电磁力矩，使电/气阀门定位器的输入电流与阀位呈线性关系，所以，反馈组件是确保定位器性能的关键部件之一。

定位器整个机体部分被封装在涂有防腐漆的外壳中，外壳部分应具有防水、防尘等性能。

如图 3-3-21 所示，为电/气阀门定位器的工作原理示意图。由控制器来的 4～20mA DC 电流信号输入线圈 6、7 时，使位于线圈之中的杠杆 3 磁化。因为杠杆位于永久磁钢 5 产生的磁场中。因此，两磁场相互作用，对杠杆产生偏转力矩，使它以支点为中心偏转。如信号增加，则图中杠杆左侧向下运动。这时固定在杠杆 3 上的挡板 2 便靠近喷嘴 1，使放大器背压升高，放大后的输出气压作用于执行器的膜头上，使阀杆下移。阀杆的位移通过拉杆 10 转换为反馈轴 13 和反馈压板 14 的角位移。再经过调量程支点 15 使反馈机体 16 运动。固定在杠杆 3 另一端上的反馈弹簧 8 被拉伸，产生了一个负反馈力矩（与输入信号产生的力矩方向相反），使杠杆 3 平衡，同时阀杆也稳定在一个相应的确定位置上，从而实现了信号电流与阀杆位置之间的比例关系。

阀门定位器除了能克服阀杆上的摩擦力、消除流体作用力对阀位的影响，提高执行器的静态精度外，由于它具有深度负反馈，使用了气动功率放大器，增加了供气能力，因而提高了控制阀的动态性能，加快了执行机构的动作速度；还有，在需要的时候，可通过改变机械反馈部分凸轮的形状，修改控制阀的流量特性，以适应控制系统的控制要求。

4. 电-气转换器

电-气转换器作为调节阀的附件，主要是把电动调节器或计算机输出的电流信号转换成气压信号，送到气动执行机构上去。当然它也可以把这种气动信号送到各种气动仪表。图 3-3-22 所示是一种常见的电-气转换器的结构原理图。它由三大部分组成：

① 电路部分：主要是测量线圈 4。

② 磁路部分：由磁钢 5 所构成，磁钢为铝镍钴永久磁钢，它产生永久磁场。

③ 气动力平衡部分：由喷嘴、挡板、功率放大器及正、负反馈波纹管和调零弹簧组成。

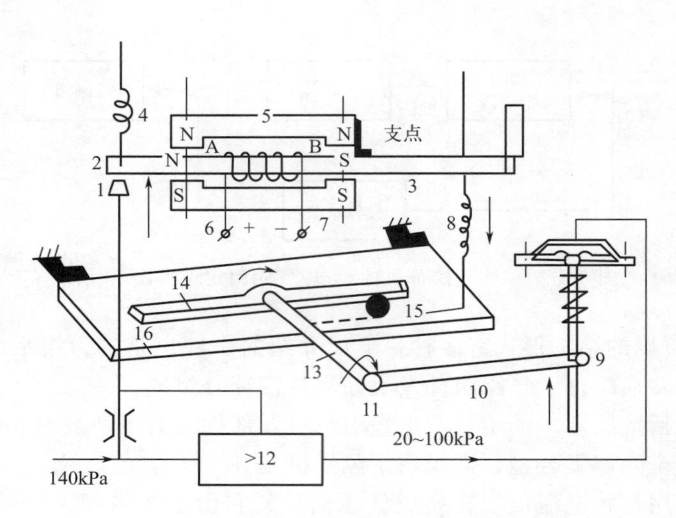

图 3-3-21 电/气阀门定位器的工作原理

1—喷嘴；2—挡板；3—杠杆；4—调零弹簧；5—永久磁钢；6，7—线圈；8—反馈弹簧；9—夹子；10—拉杆；11—固定螺钉；12—放大器；13—反馈轴；14—反馈压板；15—调量程支点；16—反馈机体

电-气转换器的动作原理是力矩平衡原理。当 4～20mA 的直流信号通入测量线圈之后，载流线圈在磁场中将产生电磁力，该电磁力与正、负反馈力矩使平衡杠杆平衡。于是输出信号就与输入电流成为一一对应的关系，也就是把电流信号变成对应的 20～100kPa 的气压信号。

在电-气转换器的电磁结构图 3-3-23 中，永磁体 4 就是磁钢，软铁芯 2 使环形空气隙形成均匀的辐射磁场，并使流过动圈的电流方向垂直于磁场方向，从而保证反馈力和电流信号成正比。

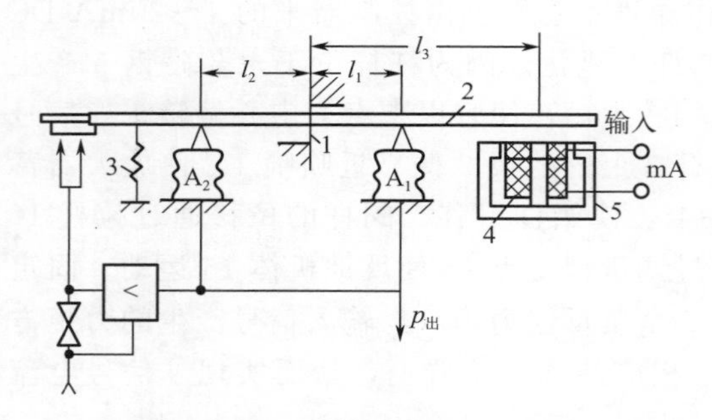

图 3-3-22 电-气转换器结构原理

1—十字簧片；2—平衡杠杆；3—调零弹簧；4—测量线圈；5—磁钢

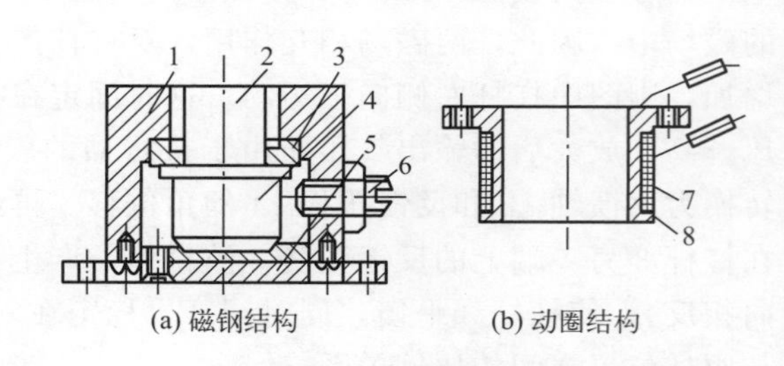

图 3-3-23 电-气转换器的电磁结构

1—磁钢罩；2—软铁芯；3—压圈；4—永磁体；5—磁钢底座；6—磁分路调节螺钉；7—线圈；8—线圈架

磁钢罩 1 和磁钢底座 5 既是磁通路，又起屏蔽作用。压圈 3 用不导磁的铜材制造。磁分路调节螺钉 6 与永磁体 4 构成磁分路，调节其间隙可改变分路磁通的大小，即改变主磁路空气隙的磁感应密度，电磁系统产生的反馈力得到微调，达到微调量程的目的。

四、电动执行器

接收 0～10mA DC 或 4～20mA DC 信号的电动执行器，都是以两相异步伺服电动机为动力的位置伺服机构，根据配用的调节机构的不同，输出方式

电动执行器

有直行程、角行程和多转式三种类型。

1. 电动调节阀的特点

电动调节阀如图 3-3-24 所示采用电动执行机构。电动调节阀具有动作较快、适于远距离的信号传送、能源获取方便等优点；其缺点是价格较贵，一般只适用于防爆要求不高的场合。但由于其使用方便，特别是智能式电动执行机构的面世，使得电动调节阀在工业生产中得到越来越广泛的应用。

2. 电动调节阀的结构

电动调节阀也是由执行机构和控制机构两部分组成的。电动调节阀与气动调节阀的区别主要在执行机构，以下主要介绍电动执行机构以及与电动执行机构相关的控制电机。

图 3-3-24　电动执行机构

电动执行机构接收 4～20mA DC 的输入信号，并将其转换成相应的输出：直线位移、输出力矩或角位移，以推动控制机构动作。

电动执行机构由伺服放大器、伺服电机、位置发送器和减速器四部分组成，其构成原理如图 3-3-25 所示。伺服放大器将输入信号和反馈信号相比较，得到偏差信号 ε，并将 ε 进行功率放大。当 $\varepsilon>0$ 时，伺服放大器的输出驱动伺服电机正转，再经机械减速器减速后，使输出轴向下运动（正作用执行机构），输出轴的位移经位置发送器转换成相应的反馈信号，反馈到伺服放大器的输入端使 ε 减小，直到 $\varepsilon=0$ 时，伺服放大器无输出，伺服电机才停止转动，输出轴也就稳定在与输入信号相对应的位置上。反之，当 $\varepsilon<0$ 时，伺服放大器的输出驱动伺服电机反转，输出轴向上运动，反馈信号也相应减小，直至 $\varepsilon=0$ 时，伺服电机才停止运转，输出轴稳定在一个新的位置上。三种不同类型的电动执行机构有不同的应用场合：

（1）直行程电动执行结构　执行机构的输出轴输出各种大小不同的直线位移，通常用来推动单座、双座、三通、套筒等各种调节阀。

（2）角行程电动执行机构　执行机构的输出轴输出角位移，转动范围小于 360°，通常用来推动蝶阀、球阀、偏心旋转阀等转角式的调节机构。

（3）多转式电动执行机构　执行机构的输出轴输出各种大小不等的有效圈数，用来推动闸阀或由执行电动机带动旋转式的调节机构，如各种泵等。

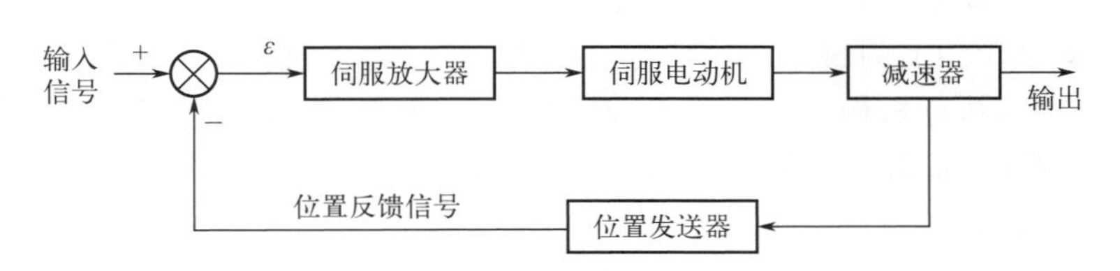

图 3-3-25　电动执行机构的构成原理

3. 电动调节阀的工作原理

下面用三种不同的产品结构来说明电动执行机构的工作原理及应用。

（1）直行程电动执行机构　丝杠和直齿轮构成的直行程执行机构是最简单的一种结构形式，其结构原理如图 3-3-26 所示。当伺服电动机通电旋转时，经齿轮、螺母、丝杠的转动，变为丝杠 7 上下的直线运动，输出杆得到直线位移输出。图中的限位柱 4 在限位槽 6 中上下

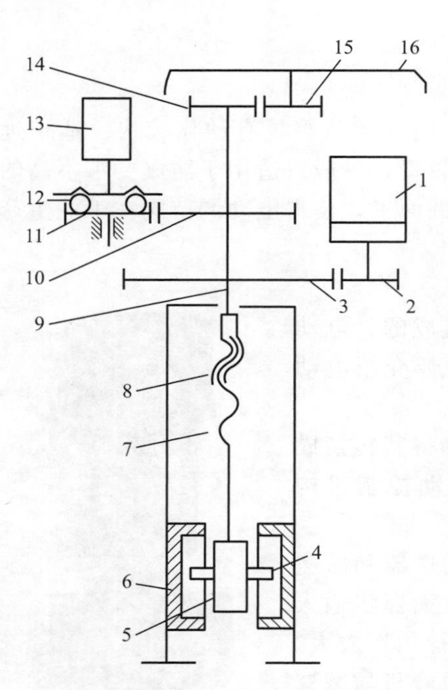

图 3-3-26 丝杠和直齿轮构成的直行程执行机构

1—伺服电动机；2，3，10，11，14，15—直齿轮；4—限位柱；5—输出杆；6—限位槽；7—丝杠；8—螺母；9—主轴；12—钢球；13—多圈电位器；16—手轮

运动，起到限位作用。在主轴 9 带动轮系旋转的同时，带动弹性联轴节，弹性联轴节中的钢球 12 带动多圈电位器 13，并发出相应的阀位信号。这种执行机构的输出轴输出各种大小不同的直线位移，通常用来推动单座、双座、三通、套筒等各种调节阀。

（2）角行程电动执行机构　如图 3-3-27 所表示的是一种少齿差行星轮减速的电动执行机构，它是由伺服电动机、行星轮减速器、位置发信器等部分组成的。这种电动执行机构国内外都用得很多。当伺服电动机 1 通电旋转时，能带动行星轮减速器减速。在减速系统中，齿轮 2 和齿轮 3 是一对普通齿轮传动，经过一级变速之后，使偏心轴 6 旋转，从而带动摆轮 5（一个既有公转又有自转的摆轮）在内齿轮 4 中边啮合边滚动，这个偏心轮每转一周，其自转的角度可用齿数 z_4 与 z_5 之差表示，z_4 是内齿轮的齿数，z_5 是摆轮（行星轮）的齿数，摆轮的自转运动由销轴 9 和联轴节 8 引至输出轴 7 输出，达到减速的目的。少齿差行星轮减速器的减速比 i 为：

$$i=\frac{z_4-z_5}{z_5} \tag{3-3-16}$$

从式（3-3-16）中看出：当 z_4 和 z_5 的差极小时，传动比就变大，输出轴的速度就越低。

这种执行机构的输出轴只能输出小于 360°的角位移。如果用于蝶阀和球阀等调节阀时，角位移为 90°就足够。转角式的调节机构具有减速比大、效率高、结构紧凑、体积小的优点。通常用来推动蝶阀、球阀、偏心旋转阀等。

差动变压器中，由于凸轮控制铁芯的位移变化，能产生与输出轴位置相对应的位置信号，这个信号经过整流和放大，成为标准直流信号，作为阀位指示和位置反馈信号。

这种机械可以自动操作，也可以手动操作。在信号中断时，自动操作机构脱开，利用手轮 10 的动作转动手轮轴上的齿轮，再啮合齿轮 3，行星轮减速器又可以带动输出轴。

（3）多转式电动执行机构　主要用来开启和关闭闸阀、截止阀等多转式调节机构，除了用于手动控制、程序控制外，如果和电动驱动器、位置发信器等附件配套使用，可作为调节系统的自动控制装置。

如图 3-3-28 所示是一种手动-自动之间人工切换多转式执行机构。它是一种比较简单的结构，由三相电动机、减速器、位置发信器和行程控制器等部分组成。当电信号送到电动机 1 时，电动机旋转，通过斜齿轮 2、3 和蜗杆 4、蜗轮 5，使输出轴 6 转动；然后在齿轮 11、12 和螺杆 14、螺母 15 的带动下，差动变压器铁芯 18 移动，发出相应的阀位信号。当阀门到达极限位置的时候，通过行程开关 19 或 20 把电动机电源切断，电动机停止转动，当需要手动操作时，把手轮 10 往里推，然后摇动手轮。

这种执行机构的输出轴输出各种大小不等的有效圈数，用来推动闸阀或由执行电动机带动旋转式的调节机构，只能控制行程，由于没有力矩控制装置，所以只适用于负载力矩不变或变化不大的场合。

如果在这种机构中增设力矩控制部分，当负载力矩超过反向力矩弹簧所设定的力矩值，或者超过正向力矩弹簧所设定的力矩值时，蜗杆向左或向右窜动，从而使力矩控制装置中的触点断开，切断电动机的电源。当力矩正常时，电源不会被切断。由于有了力矩控制装置，而且正、反两个方向的力矩可以根据需要来设定，因此，有更优越之处。

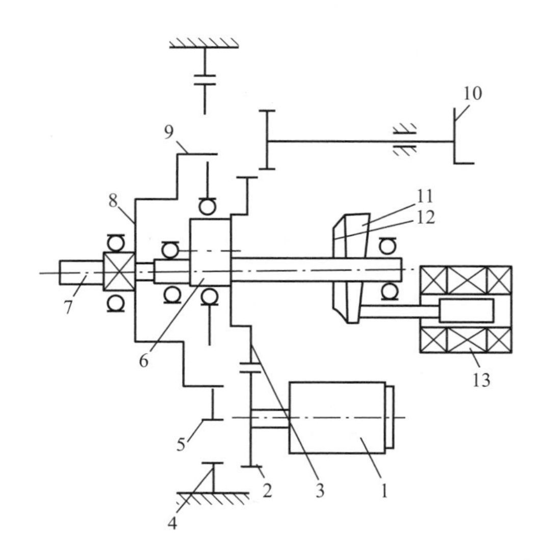

图 3-3-27　少齿差行星轮减速角行程执行机构

1—伺服电动机；2，3—齿轮；4—内齿轮；5—摆轮；6—偏心轴；7—输出轴；8—联轴节；9—销轴；10—手轮；11—凸轮；12—弹簧片；13—差动变压器

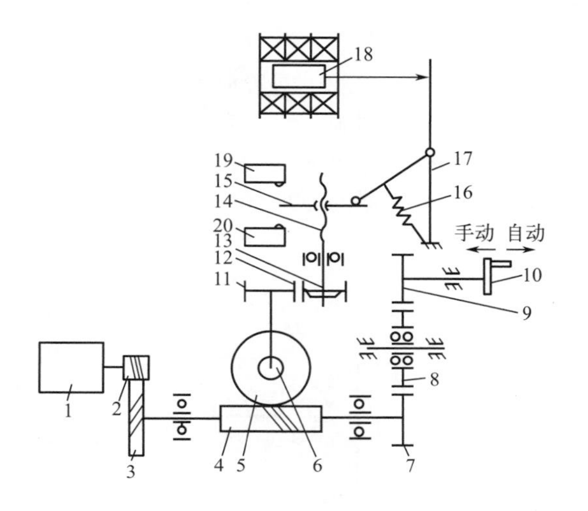

图 3-3-28　手动-自动之间人工切换多转式执行机构

1—电动机；2，3—斜齿轮；4—蜗杆；5—蜗轮；6—输出轴；7，8，9，11，12—齿轮；10—手轮；13—盘形弹簧；14—螺杆；15—螺母；16—弹簧；17—杠杆；18—差动变压器铁芯；19，20—行程开关

（4）积分式动作特性与比例式动作特性　电动执行机构的动作特性有积分式和比例式两种。积分式一般也称为断续控制式，它的工作原理如图 3-3-29 所示。电动机根据所输入的三种信号表现为正转、反转和停转三种状态，执行机构的最后输出位移与输入信号对时间的积分成正比。

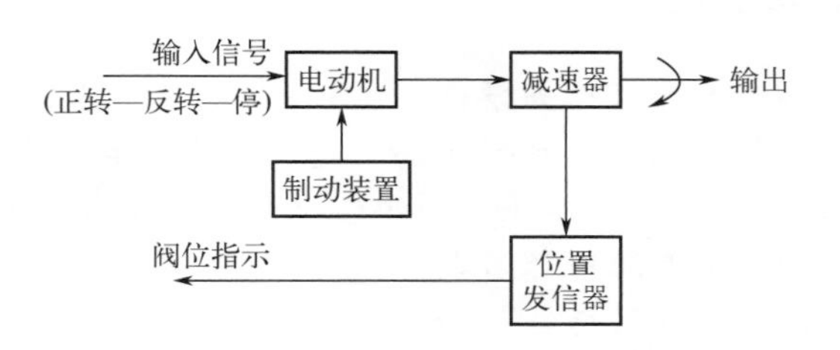

图 3-3-29　积分式执行机构的工作原理

比例式动作特性一般也称为连续控制式，它的工作原理如图 3-3-30 所示。来自调节仪表的输入信号，在伺服放大器内与位置反馈信号相比较，其偏差经放大后驱动伺服电动机转动，最后减速器输出位移，位置发信器将输出位移转换成与输入信号相对应的直流输出，作为位置反馈信号。执行机构的旋转方向决定于偏差、信号的极性，向减小偏差值的方向转动，直到偏差值小于伺服放大器的死区才停止转动，因此，执行机构的位移与输入信号的大小成正比关系。

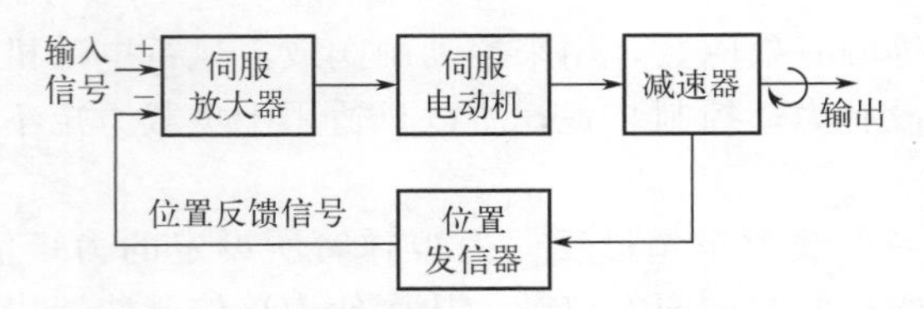

图 3-3-30 比例式执行机构的工作原理

（5）伺服放大器 伺服放大器也称为电动驱动器，它是电动执行机构的主要附件之一。它将微小的信号放大后驱动电动机运转。放大方法可以用继电器放大、晶体管放大、可控硅放大、磁力放大等结构形式。当然，也可以根据不同的要求把几种方法组合应用。

功能好的伺服放大器有“电制动”的作用，当执行机构完成开启或关闭动作之后，能使电机产生瞬时的电制动力矩，有效地克服执行机构的惯性作用，减小机械制动的磨损，保持长期的制动能力。

伺服放大器一般由前置放大、中间放大、功率输出三部分所构成，放大元件可以根据需要选用。常见的伺服放大器有单相交流伺服放大器、三相交流伺服放大器、线性输出直流伺服放大器、线性输出交流伺服放大器、交流变频调速放大器。图 3-3-31 所示是一个三相开关输出伺服放大器的原理框图。

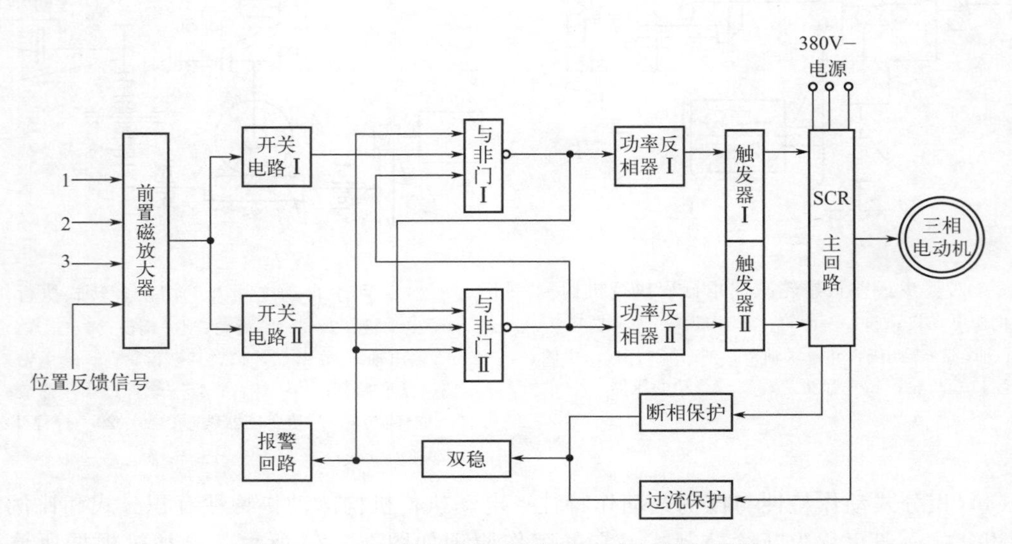

图 3-3-31 三相开关输出伺服放大器的原理框图

【任务实施】

（一）准备相关设备

气动薄膜控制阀 1 台，电/气阀门定位器 1 台，标准压力表（不低于 0.4 级，0～160kPa）1 个，QGD-100 型气动定值器 1 台，电流发生器 1 台，标准电流表 1 台。

（二）具体操作步骤

1. 执行器行程校验

实训装置连接图如图 3-3-32 所示

① 用定值器输出来控制执行器，调定值器，观察执行器阀杆运动是否灵活连续，并判断气开、气关方式。

② 测量始点、终点偏差。将输入压力 20kPa 增加到 100kPa，使阀杆走完全行程，再在输入压力 20kPa 始点和输入压力 100kPa 终点，分别测量行程偏差，要求如下。

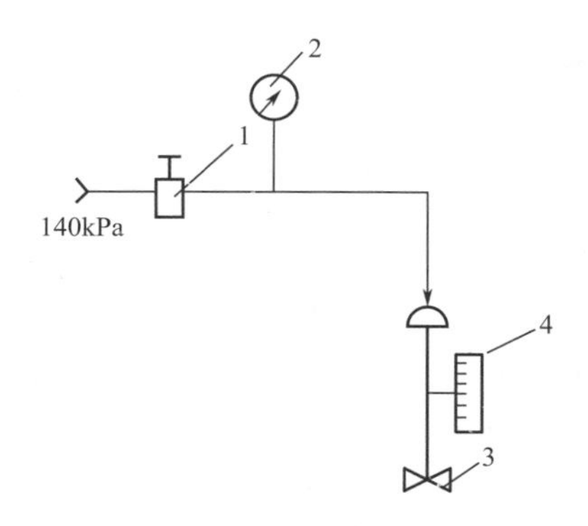

图 3-3-32　控制阀行程校验连接图

1—气动定值器；2—精密压力表；3—执行器；4—行程标尺

气开式：始点偏差不超过±2.5%，终点偏差不超过±4%。

气关式：始点偏差不超过±4%，终点偏差不超过±2.5%。

③ 测量全行程偏差。

正行程校验，加输入信号使控制阀行程从 0 开始，然后依次使控制阀行程为 25%、50%、75%、100%，在压力表上读取各点信号压力值，将结果填入表 3-3-5 中。

反行程校验，加输入信号使控制阀行程从 100%开始，然后依次减少到 75%、50%、25%、0，在压力表上读取各点信号压力值，将结果填入表 3-3-5 中。

表 3-3-5　非线性偏差、变差记录表

理论行程	0	25%	50%	75%	100%
信号压力/kPa	20	40	60	80	100
实际正行程信号压力/kPa					
实际负行程信号压力/kPa					
非线性偏差					
变差					

2. 电/气阀门定位器与气动执行器的联校

按图 3-3-33 连线，经指导教师检查无误后，进行下列操作。

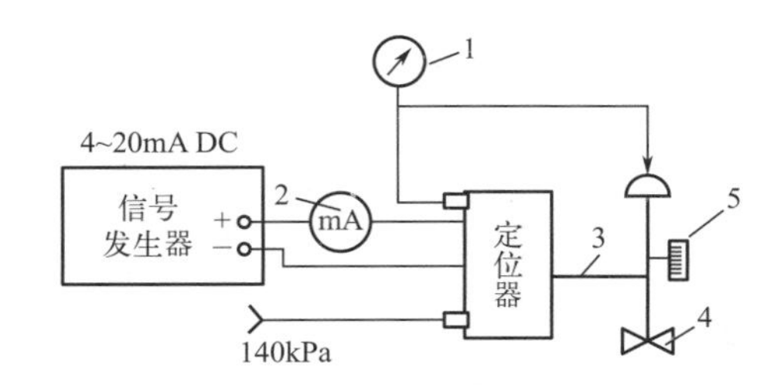

图 3-3-33　执行器与电/气阀门定位器的联校

1—精密压力表；2—直流毫安表；3—反馈杆；4—执行器；5—行程标尺

(1) 电/气阀门定位器零点及量程的调整

① 零点调整。给电/气阀门定位器输入 4mA 的信号，其输出气压信号应为 20kPa，执行器阀杆应刚好启动。否则，可调整电/气阀门定位器的零点调节螺钉来满足。

② 量程调整。给电/气阀门定位器输入 20mA 的信号，输出气压信号应为 100kPa，执行器阀杆应走完全行程。否则，调整量程调节螺钉。

零点和量程应反复调整，直到符合要求为止。

(2) 非线性误差及变差的校验　步骤同上面的执行器行程校验中的方法，只是信号由电流发生器提供，将结果填入表 3-3-6 中。

3. 数据处理

计算非线性偏差和变差，将结果填入表 3-3-6 中。

表 3-3-6　联校时非线性偏差、变差记录表

理论行程	0	25%	50%	75%	100%
信号压力/kPa	20	40	60	80	100
实际正行程信号压力/kPa					
实际负行程信号压力/kPa					
非线性偏差					
变差					

$$变差=\frac{阀门开启方向某测试点的实测行程-阀门关闭方向该测试点的实测行程}{额定行程}\times 100\%$$

$$非线性偏差=\frac{最大正(负)偏差}{额定行程值}\times 100\%$$

（三）任务报告

按照以下要求填写实训报告。

实训报告

1. 画出该校验系统的原理示意图。

2. 记录两次校验过程中的全部数据并进行计算。

3. 列出实训的具体步骤。

4. 实验心得体会。

【任务评价】

任务评价以自我评价和教师评价相结合的方式进行，指导教师根据任务评价和学生学习成果进行综合评价，并将结果填写于表 3-3-7 中。

表 3-3-7 压力检测任务评价表

班级：　　　　第（　）小组　　　　姓名：　　　　时间：

评价模块	评价内容	分值/分	自我评价	教师评价	综合得分
理论知识	1. 掌握气动执行器的基本组成	10			
	2. 掌握气动式执行器的工作原理	10			
	3. 掌握阀门定位器的工作原理	10			
操作技能	1. 能正确对气动调节阀进行校验	25			
	2. 能对调节阀进行维护	25			
职业素养	1. 场地清洁、安全，工具、设备和材料的使用得当	10			
	2. 团队合作与个人防护	10			
总分（自我评价×40%＋教师评价×60%）					

综合评价：

导师或师傅签字：

任务四　简单控制系统设计

学习目标

1. 熟悉简单控制系统的结构与组成。
2. 了解被控变量和操纵变量的选择原则。
3. 熟悉控制器控制规律和正、反作用的选择。
4. 能进行简单控制系统的设计。
5. 能进行简单控制系统的投运及整定。
6. 了解行业发展，爱岗敬业，培养认真负责的责任意识。

案例导入

生活中简单控制系统的例子很多，例如温度控制、液位控制、流量控制、压力控制等。了解简单控制系统的结构和组成，对于简单控制系统设计、投运和整定来说至关重要。

问题与讨论：

结合所学知识，举例说明生活中热水器温度控制系统的组成有哪些？

【知识链接】

一、简单控制系统的结构和组成

简单控制系统概述

所谓简单控制系统，通常是指由一个被控对象、一个检测变送单元（检测元件及变送器）、一个控制器和一个执行器（控制阀）所组成的单闭环负反馈控制系统，也称为单回路控制系统。

图 3-4-1 所示为两个简单控制系统的示例。图 3-4-1（a）所示为蒸汽换热器的温度控制系统，T 表示被加热物料的出口温度，是该控制系统的被控变量。蒸汽流量是操纵变量。该控制系统由蒸汽换热器、温度检测元件及温度变送器 TT、温度控制器 TC 和蒸汽流量控制阀组成。控制的目标是通过改变进入换热器的载热体（蒸汽）的流量，将换热器出口物料的温度维持在工艺规定的数值上。通过改变蒸汽流量以控制被加热物料的出口温度是工业生产中最为常见的换热器控制方案。

图 3-4-1（b）所示为一个压力控制系统，它由流体输送泵及管路、压力变送器 PT、压力控制器 PC、流体回流量控制阀组成。控制的目标是通过改变回流量来保持泵的出口压力 p 恒定。

在这些控制系统中，检测元件和变送器（测量变送装置）检测被控变量并将其转换为标准信号（作为测量值），当系统受到扰动影响时，测量值与设定值之间就有偏差，因此，检测变送信号（测量信号）在控制器中与设定值相比较，其偏差值按一定的控制规律运算，并输出控制信号驱动执行器（控制阀）改变操纵变量，使被控变量恢复到设定值。

图 3-4-2 所示是简单控制系统的典型方框图。由图可知，简单控制系统有着共同的特征，它们均由四个基本环节组成，即被控对象、测量变送装置、控制器和执行器。对于不同

对象的简单控制系统，尽管其具体装置与变量不相同，但都可以用相同的方框图来表示。

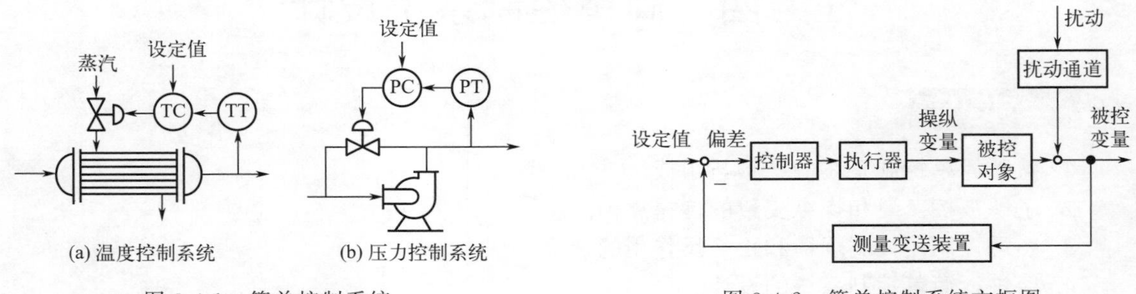

图 3-4-1 简单控制系统　　图 3-4-2 简单控制系统方框图

简单控制系统的结构比较简单，所需的自动化装置数量少，投资低，操作维护也比较方便，而且在一般情况下，都能满足控制质量的要求。因此，简单控制系统在工业生产过程中得到了广泛的应用，生产过程中 80%以上的控制系统是简单控制系统。简单控制系统是复杂控制系统的基础，掌握了简单控制系统的分析和设计方法，对复杂控制系统的分析和研究可以提供很大的帮助。

二、简单控制系统的设计

1. 设计的基本要求、基本内容和基本步骤

（1）基本要求　自动控制系统设计人员在掌握较为全面的自动化专业知识的同时，要尽可能多地熟悉所要控制的工艺装置对象，与工艺专业技术人员进行必要的交流，共同讨论确定自动化方案，切忌盲目追求控制系统的先进性和所用仪表及装置的先进性。在控制系统的设计中，应注重选择那些能满足控制质量要求且在应用上较为成熟的控制方案，设计一定要遵守有关的标准、行规，按科学、合理的程序进行。

（2）基本内容

① 确定控制方案。首先要确定整个设计项目的自动化水平，然后才能进行各个具体控制系统方案的讨论确定。对于比较大的控制系统工程，更要从实际情况出发，反复多方论证，以避免大的失误。控制系统的方案设计是整个设计的核心，是关键的第一步。要通过广泛的调研和反复的论证来确定控制方案，它包括被控变量的选择与确认、操纵变量的选择与确认、检测点的初步选择、绘制出带控制点的工艺流程图和编写初步控制方案设计说明书等内容。

② 仪表及装置的选型。根据已经确定的控制方案进行选型，要考虑到供货方的信誉，产品的质量、价格、可靠性、精度，供货方便程度，技术支持，维护等因素，并绘制相关的图表。

③ 相关工程内容的设计。相关工程内容的设计包括控制室设计、供电和供气系统设计、仪表配管和配线设计和联锁保护系统设计等等，并提供相关的图表。

（3）基本步骤

① 初步设计。初步设计的主要目的是上报审批，并为订货做准备。

② 施工图设计。施工图设计是在项目和方案获批后，为工程施工提供有关内容的详细的设计资料。

③ 设计文件和责任签字。设计文件和责任签字包括设计、校核、审核、审定、各相关专业负责人员的会签等，以严格把关，明确责任，保持协调。

④ 参与施工和试车。设计代表应该到现场配合施工，并参加试车和考核。

⑤ 设计回访。在生产装置正常运行一段时间后，应去现场了解情况，听取意见，总结经验。

简单控制系统设计的主要任务就在于确定合理的控制方案、选择正确的参数检测方法与检测仪表，以及过程控制仪表的选型和被控变量的选择、操作变量的选择、控制器的选择等等，参数检测方法与检测仪表的选择以及过程控制仪表的选型在前面章节已介绍，不再赘述。这里只介绍被控变量的选择、操作变量的选择、控制器的选择。

2. 被控变量的选择

被控变量的选择是控制系统设计的核心问题，被控变量选择得正确与否是决定控制系统有无价值的关键。对于一个具体的生产过程，影响其正常操作的因素往往有很多个，但并非所有的影响因素都要加以自动控制。所以，设计人员必须深入实际，调查研究，分析工艺，从生产过程对控制系统的要求出发，找出影响生产的关键变量作为被控变量。

（1）被控变量的选择方法　生产过程中的控制大体上可以分为三类：物料平衡控制和能量平衡控制，产品质量或成分控制，限制条件的控制。毫无疑问，被控变量应是能表征物料和能量平衡、产品质量或成分及限制条件的关键状态变量。所谓“关键”变量，是指这样一些变量：它们对产品的产量或质量及安全具有决定性作用，而人工操作又难以满足要求；或者人工操作虽然可以满足要求，但是这种操作既紧张又频繁，劳动强度很大。

根据被控变量与生产过程的关系，可将其分为两种类型的控制形式：直接参数控制与间接参数控制。

① 选择直接参数作为被控变量。能直接反映生产过程中产品的产量和质量，以及安全运行的参数的称为直接参数。对于以温度、压力、流量、液位为操作指标的生产过程，很明显被控变量就是温度、压力、流量、液位。如前面所介绍过的锅炉汽包水位控制系统和换热器出口温度控制系统，其被控量的选择即属于直接参数。

② 选择间接参数作为被控变量。质量指标是产品质量的直接反映，因此，选择质量指标作为被控变量应是首先要进行考虑的。如果工艺上是按质量指标进行操作的，理应以产品质量作为被控变量进行控制，但是，由于缺乏各种合适的检测手段，或虽有直接参数可测，但信号微弱或测量滞后太大，该类仪表，特别是成分分析仪表，大多具有较严重的测量滞后，不能及时地反映产品质量变化的情况。在这种情况下，还不如选用与直接质量指标具有单值对应关系而反应又快的另一变量，如温度、压力、流量等间接参数。

因此，当直接选择质量指标作为被控变量比较困难或不可能时，可以选择一种间接的指标，即间接参数作为被控变量。但是必须注意，所选用的间接指标必须与直接指标有单值的对应关系，并且还需具有足够大的灵敏度，即随着产品质量的变化，间接指标必须有足够大的变化。

（2）被控变量的选择原则　在工业过程控制中，为了实现预期的工艺目标，往往有许多个工艺变量或参数可以被选择作为被控变量，也只有在这种情况下，被控变量的选择才是重要的问题。从多个变量中选择被控变量应遵循下列原则：

① 被控变量应能代表一定的工艺操作指标或能反映工艺操作状态，一般都是工艺过程中比较重要的变量。

② 应尽量选择那些能直接反映生产过程的产品产量和质量，以及安全运行的直接参数作为被控变量。当无法获得直接参数信号，或其测量信号微弱（或滞后很大）时，可选择一个与直接参数有单值对应关系且对直接参数的变化有足够灵敏度的间接参数作为被控变量。

③ 选择被控变量时，必须考虑工艺合理性和国内外仪表产品的现状。

（3）被控变量的选择实例　现以精馏塔的部分控制方案中被控变量的选择为例进行分析。

① 精馏工艺简介。精馏过程是现代化工生产中应用极为广泛的传质过程，其目的是利用混合液中各组分挥发度的不同，将各组分进行分离并达到规定的纯度要求。

图 3-4-3 所示为精馏塔的物料流程，精馏操作设备主要包括再沸器、冷凝器和精馏塔。再沸器为混合物液相中的轻组分转移提供能量。冷凝器将塔顶来的上升蒸汽冷凝为液相并提供精馏所需的回流。精馏塔是实现混合物组分分离的主要设备，其一般为圆柱形体，内部装有提供汽液分离的塔板，塔身设有混合物进料口和产品出料口。精馏塔是精馏过程的关键设备。

精馏过程是一个非常复杂的过程。在精馏操作中，被控变量多，可以选用的操纵变量也多，它们之间又可以有各种不同的组合，所以，控制方案繁多。由于精馏对象的通道很多、反应缓慢、内在机理复杂、变量之间相互关联、对控制要求又较高，因此必须深入分析工艺特性，总结实践经验，结合具体情况，才能设计出合理的控制方案。

② 精馏工艺要求。要对精馏塔实施有效的自动控制，必须首先了解精馏塔的控制目标。精馏塔的控制目标一般从质量、产品产量和能量消耗三方面考虑。任何精馏塔的操作情况也同时受约束条件的制约，因此，在考虑精馏塔的控制方案时一定要把这些因素考虑进去。

a. 质量指标。质量指标（即产品纯度）必须符合规定的要求。一般应使塔顶或塔底的产品之一达到规定的纯度，另一个产品的纯度也应该维持在规定的范围之内；或者塔顶和塔底的产品均应保证一定的纯度要求。

b. 产品产量指标。化工产品的生产要求在达到一定质量指标要求的前提下，应得到尽可能高的回收率。显然这对于提高经济效益是有利的。

c. 能耗要求和经济性指标。精馏过程中消耗的能量，主要是再沸器的加热量和冷凝器的冷却量消耗；此外，精馏塔本身和附属设备及管线也要散失部分能量。

从总体上看，精馏塔的操作情况，必须从整体经济效益上来衡量。在精馏操作中，质量指标、产品回收率和能量消耗均是要控制的目标。其中质量指标是必要条件，在质量指标一定的条件下应在控制过程中使产品的产量尽可能提高一些，同时能量消耗尽可能低一些。

③ 扰动分析。在精馏塔的操作过程中，影响其质量指标的主要扰动有进料流量 F 的波动、进料成分的变化、进料温度及进料热量的变化、再沸器加热剂（如蒸汽）加入热量的变化、冷却剂在冷凝器内除去热量的变化、环境温度的变化。在这些扰动中，进料流量的波动和进料成分的变化是精馏塔操作的主要扰动，而且往往是不可控的。其余扰动一般较小，而且往往是可控的，或者可以采用一些控制系统预先加以克服。

④ 精馏塔被控变量的选择。精馏塔的主要控制目标是实现产品质量控制，所以其被控变量的选择，应是表征产品质量指标的选择。精馏塔产品质量指标的选择有两类：直接产品质量指标和间接产品质量指标。在此重点讨论间接产品质量指标的选择。

a. 精馏塔最直接的质量指标是产品成分。如果直接按产品成分来控制，成分分析仪表价格昂贵，维护保养复杂，测量滞后大，可靠性不高。其应用受到一定限制。

b. 精馏塔最常用的间接质量指标是温度。对于一个二元组分精馏塔来说，在一定压力下，沸点和产品成分之间有单值的函数关系。因此，如果压力恒定，塔板温度就反映了成分。对于多元精馏塔来说，情况就比较复杂，然而在炼油和石油化工生产中，许多产品由一系列碳氢化合物的同系物组成，在一定压力下，保持一定的温度，成分的误差就可忽略不计。

一般来说，如果希望保持塔顶产品符合质量要求，即主要产品在顶部馏出时，以塔顶温度作为控制指标，可以得到较好的效果。同样，为了保证塔底产品符合质量要求，以塔底温度作为控制指标较好。为了保证另一产品质量在一定的规格范围内，精馏塔的操作要有一定裕量。例如，如果主要产品在顶部馏出、操纵变量为回流量的话，再沸器的加热量要有一定富裕，以使在任何可能的扰动条件下，塔底产品的规格都在一定限度以内。

如图 3-4-4 所示，为精馏塔的精馏段指标的控制方案之一。该控制方案主要采取了以下几项控制措施。

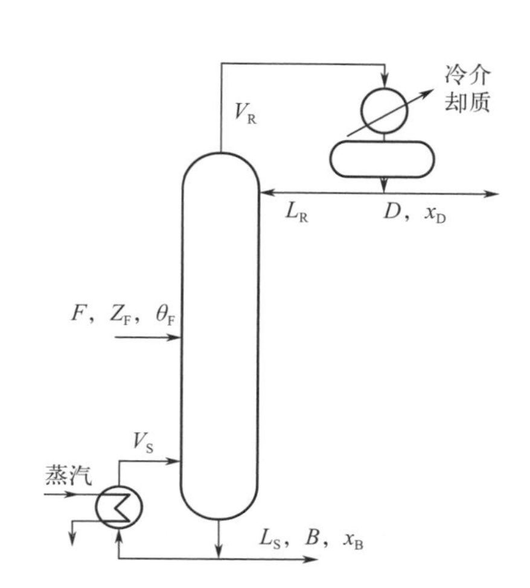

图 3-4-3 精馏塔的物料流程

F—进料流量；Z_F—进料组分；θ_F—进料热量；V_R—塔顶气相流量；L_R—回流量；D—馏出量；x_D—馏出液；V_S—蒸汽量；L_S—釜液液位；B—釜液流量；x_B—釜液

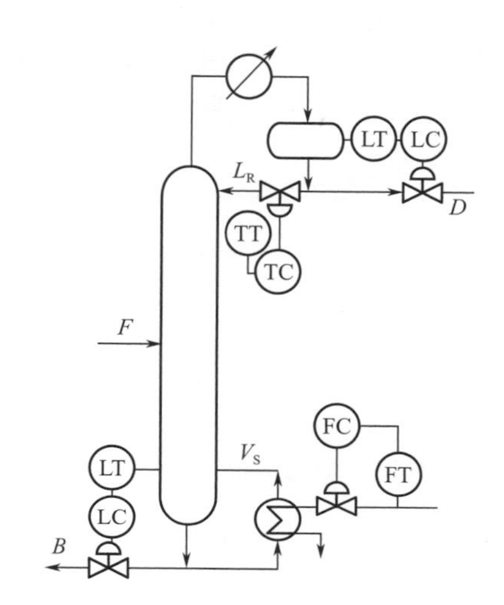

图 3-4-4 精馏段指标的控制方案之一

a. 为了保证塔顶馏出物的产品质量，选取塔顶温度这一间接质量指标作为被控变量，构成一个塔顶温度定值控制系统。

b. 为克服再沸器加热剂（如蒸汽）加入热量的变化，在蒸汽压力稳定的前提下，可通过控制蒸汽流量将再沸器加热量维持在一定范围内。故选择蒸汽流量为被控变量，设置蒸汽流量控制系统来实现这一要求。

c. 为保证精馏塔的分离效果和塔内操作稳定，以塔底液位为被控变量，构成了塔底液位控制系统。

d. 为使塔顶保持一定的回流量，又以冷凝液回流罐液位为被控变量，构成回流罐液位控制系统。

3. 操纵变量的选择

确定被控变量之后，还需要选择一个合适的操纵变量，以便被控变量在扰动作用下发生变化时，能够通过对操纵变量的调整，使得被控变量迅速地返回到原先的设定值上，从而保证生产的正常进行。

在过程控制系统中，把用来克服扰动对被控变量的影响、实现控制作用的变量称为操纵变量。操纵变量一般选系统中可以调整的物料量或能量参数。而在石油、化工生产过程中，遇到的最多的操纵变量则是介质的流量。图 3-4-1（a）所示的换热器温度控制系统，其操纵变量是加热蒸汽流量；图 3-4-1（b）所示的流体输送泵压力控制系统，其操纵变量是泵的回流量。

在一个系统中，可作为操纵变量的参数往往不止一个，在这些因素中，有些是可控（可以控制）的，有些是不可控的。为此，设计人员要在熟悉和掌握生产工艺机理的基础上，认真分析生产过程中有哪些因素会影响被控变量，在诸多影响被控变量的输入中选择一个对被控变量影响显著而且可控性良好的输入变量作为操纵变量，而其他未被选中的所有输入量则统视为系统的扰动。操纵变量和扰动均为被控对象的输入变量，因此，可将被控对象看成是一个多输入、单输出的环节，如图 3-4-5 所示。

如果用 U 来表示操纵变量，而用 F 来表示扰动，那么，被控对象的输入、输出之间的关系就可以用图 3-4-6 所示明确地表示出来。

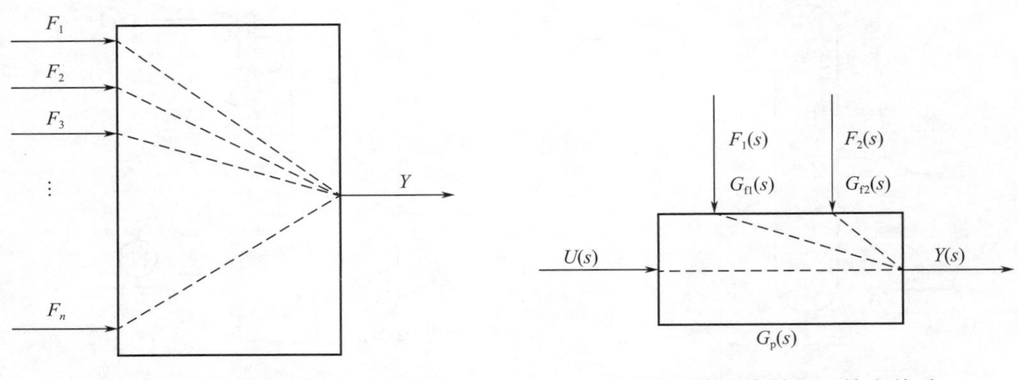

图 3-4-5　多输入、单输出对象　　图 3-4-6　对象输入、输出关系

如果将图中的关系用数学形式表达出来：

$$Y(s)=G_p(s)U(s)+G_{f1}(s)F_1(s)+G_{f2}(s)F_2(s) \tag{3-4-1}$$

式中，$G_p(s)$ 为被控对象控制通道的传递函数；$G_{f1}(s)$、$G_{f2}(s)$ 为扰动通道的传递函数。

所谓“通道”，就是某个参数影响另外一个参数的通路　这里所说的控制通道，就是控制作用 $U(s)$ 对被控变量 $Y(s)$ 的影响通路；同理，扰动通道就是扰动作用 $F(s)$ 对被控变量 $Y(s)$ 的影响通路。

从式（3-4-1）可以看出，扰动作用与控制作用同时影响被控变量。不过，在控制系统中通过控制器正、反作用方式的选择，使控制作用对被控变量的影响正好与扰动作用对被控变量的影响方向相反，这样，当扰动作用使被控变量发生变化而偏离设定值时，控制作用就可以抑制扰动的影响，把已经变化的被控变量重新拉回到设定值上来。因此，在一个控制系统中，扰动作用与控制作用是相互对立而依存的，有扰动就有控制，没有扰动也就无需控制。控制作用能否有效地克服扰动对被控变量的影响，关键在于选择一个可控性良好的操纵变量。

实际上，被控变量与操纵变量是放在一起综合考虑的。操纵变量应具有可控性、工艺操作的合理性、生产的经济性。

操纵变量的选取应遵循下列原则：

① 所选的操纵变量必须是可控的（即工艺上允许控制的变量），而且在控制过程中该变量变化的极限范围也是生产允许的。

② 操纵变量应该是系统中被控过程的所有输入变量中对被控变量影响最大的一个；所选的操纵变量应尽量使扰动作用点远离被控变量而靠近控制阀。

③ 在选择操纵变量时，除了从自动化角度考虑外，还需考虑到工艺的合理性与生产的经济性。一般来说，不宜选择生产负荷作为操纵变量，以免产量受到波动。另外，从经济性考虑，应尽可能地降低物料与能量的消耗。

4. 控制器的选择

控制器是控制系统的核心部件，它将安装在生产现场的测量变送装置送来的测量信号与设定值进行比较产生偏差，并按预先设置好的控制规律对该偏差进行运算，产生输出信号去操纵执行器，从而实现对被控变量的控制。因此，控制器的选择是控制系统设计的一项重要内容。

在控制系统中，当被控对象、测量变送环节和控制阀都确定之后，控制器参数是决定控制系统控制质量的唯一因素。系统设置控制器的目的，也是通过它来改变整个控制系统的动态特性，以达到控制的目的。

控制器的选择主要包括控制规律的选择和正、反作用方式的选择。控制器的控制规律对系统的控制质量影响很大，在系统设计中应根据广义对象的特性和工艺控制要求选择相应的控制规律，以获得较高的控制质量；确定控制器的正、反作用方式，是为了使整个控制系统构成闭环负反馈，以满足控制系统的稳定性要求。

（1）控制器控制规律的选择　目前工业上常用的连续控制器主要有三种控制规律：比例控制规律 P、比例积分控制规律 PI 和比例积分微分控制规律 PID。

① 比例控制（P）。比例控制是最基本的控制规律。其特点是控制作用简单，调整方便，且当负荷变化时，克服扰动能力强，控制作用及时，过渡过程时间短，但在过程终了时存在余差，且负荷变化越大余差也越大。比例控制适用于控制通道滞后及时间常数较小（低阶过程）、扰动幅度较小、负荷变化不大、控制质量要求不高、允许有余差的场合，如中间储槽的液位、精馏塔塔釜液位及不太重要的蒸汽压力控制系统等。

② 比例积分控制（PI）。由于在比例控制作用的基础上引入积分作用能消除余差，故比例积分控制是使用最多、应用最广的控制规律，在反馈控制系统中，约有 75%是采用 PI 作用的。但是，加入积分作用后，会使系统稳定性降低；要保持系统原有的稳定性，必须加大比例度 d（即削弱比例作用），这又会使控制质量有所下降，如最大偏差和振荡周期相应增大、过渡时间加长。对于控制通道滞后较小、负荷变化不太大、工艺参数不允许有余差的场合（如流量或压力的控制），采用比例积分控制规律可获得较好的控制质量。例如，流量、快速压力控制系统和要求严格的液位控制系统常采用比例积分控制规律。

③ 比例积分微分控制（PID）。虽然微分作用对于克服容量滞后有显著效果，但对克服纯滞后是无能为力的。在比例作用的基础上加上微分作用能提高系统的稳定性，再加入积分作用可以消除余差。所以适当调整 δ 、T_I、T_D 三个参数，可以使控制系统获得较高的控制质量，适用于过程容量滞后较大、负荷变化大、控制质量要求较高的场合。由于温度控制和成分控制属于缓慢和多容过程，所以常使用 PID 控制规律（如反应器、聚合釜的温度控制）。而对于滞后很小或噪声严重的场合，应避免使用微分作用，否则会由被控变量的快速变化引起控制作用的大幅度变化，严重时会导致控制系统不稳定。

综上所述，控制器控制规律的选择可归纳为以下几点：

① 在一般的连续控制系统中，比例控制是必不可少的。如果广义过程控制通道的滞后较小，负荷变化不大，而工艺要求又不高，且允许被控变量在一定范围内变化时，可选用单纯的比例控制规律，甚至采用开关控制，如中间储槽（罐）的液位、塔釜液位、热量回收预热系统等。

② 对于比较重要、控制精度要求较高的参数，当广义过程控制通道的时间常数较小，

系统负荷变化也较小时，为了消除余差，可以采用比例积分控制规律，如流量、压力和要求较严格的液位控制系统。

③ 对于比较重要、控制精度要求比较高的参数，希望动态偏差较小，当广义过程控制通道具有较大的惯性或容量滞后时，采用微分作用有良好的效果，采用积分作用可以消除余差，因此，就要选用比例积分微分控制规律，如温度、物性（成分、pH 等）控制系统。

当被控过程控制通道的惯性很大，而负荷变化也很大时，若采用简单控制系统无法满足工艺要求，可以设计复杂的控制系统来提高控制质量。

（2）控制器正、反作用方式的选择　设置控制器正、反作用的目的是保证控制系统构成负反馈。控制器的正、反作用是关系到控制系统能否正常运行与安全操作的重要问题。

控制器正、反作用方式的选择是在控制阀的气开、气关形式确定之后进行的，其确定的原则是使整个单回路构成具有被控变量负反馈的闭环系统。

简单控制系统方块图如图 3-4-7 所示。从控制原理可知，一个控制系统要实现正常运行，必须是一个负反馈系统，而控制器的正、反作用方式决定着系统的反馈形式，所以必须正确选择。为了保证能构成负反馈，系统的开环放大倍数必须为负值，而系统的开环放大倍数是系统中各个环节放大倍数的乘积。在过程、控制阀和测量变送装置放大倍数的正负确定以后，再根据系统开环放大倍数必须为负的要求，就可以很容易地确定出控制器的正、反作用。

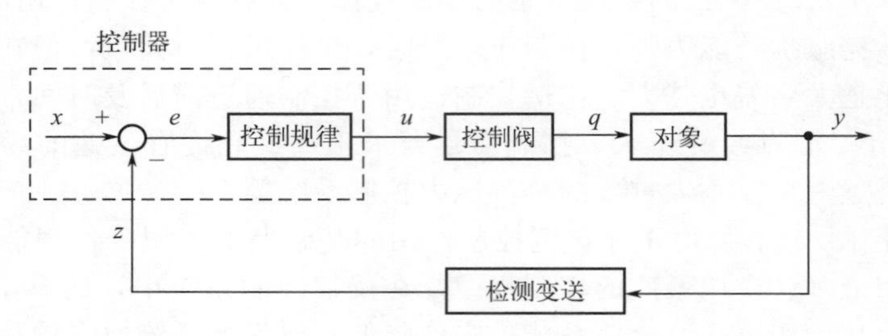

图 3-4-7　简单控制系统方框图

x—设定值；z—测量值；e—偏差；u—控制作用；q—操作变量；y—被控变量

① 系统中各环节正、反作用方向的规定。在控制系统方框图中，每一个环节（方框）的作用方向都可用该环节放大系数的正、负来表示。如作用方向为正，可在方框上标“+”；如作用方向为负，可在方框上标“－”。

a. 被控对象环节。被控对象的作用方向，则随具体对象的不同而各不相同。当过程的输入（操纵变量）增加时，若其输出（被控变量）也增加，则属于正作用，取“+”；反之为负作用，取“－”号。

b. 执行器环节。对于控制阀，其作用方向取决于是气开阀还是气关阀。当控制器输出信号（即控制阀的输入信号）增加时，气开阀的开度增加，因而流过控制阀的流体流量也增加，故气开阀是正方向的，取“+”号；反之，当气关阀接收的信号增加时，流过控制阀的流量反而减少，所以是反方向的，取“－”号。控制阀的气开、气关作用形式应按其选择原则事先确定。

c. 测量变送环节。对于测量元件及变送器，其作用方向一般都是“正”的。因为当其输入量（被控变量）增加时，输出量（测量值）一般也是增加的，所以在考虑整个控制系统的作用方向时，可以不考虑测量元件及变送器的作用方向，只需要考虑控制器、执行器和被控对象三个环节的作用方向，使它们组合后能起到负反馈的作用。因此该环节在判别式中，并没有出现。

d. 控制器环节。由于控制器的输出取决于被控变量的测量值与设定值之差，所以被控变量的测量值与设定值变化时，对输出的作用方向是相反的。对于控制器的作用方向是这样规定的：当设定值不变、被控变量的测量值增加时，控制器的输出也增加，称为“正作用”，或者当测量值不变、设定值减小时，控制器的输出增加的称为“正作用”，取“＋”号；反之，如果测量值增加（或设定值减小）时，控制器的输出减小的称为“反作用”，取“－”号。这一规定与控制器生产厂的正、反作用规定完全一致。

② 控制器正、反作用方式的确定方法。由前述可知，为保证使整个控制系统构成负反馈的闭环系统，系统的开环放大倍数必须为负，即

（控制器±）×（执行器±）×（被控对象±）＝“－”

确定控制器正、反作用方式的步骤如下：

a. 根据工艺安全性要求，确定控制阀的气开和气关形式，气开阀的作用方向为正，气关阀的作用方向为负；

b. 根据被控对象的输入和输出关系，确定其正、负作用方向；

c. 根据测量变送环节的输入/输出关系，确定测量变送环节的作用方向；

d. 根据负反馈准则，确定控制器的正、反作用方式。

例如，在锅炉汽包水位控制系统中，为了防止系统故障或气源中断时锅炉供水中断而烧干爆炸，控制阀应选气关式，符号为“－”；当锅炉进水量（操纵变量）增加时，液位（被控变量）上升，被控对象符号为“＋”，根据选择判别式，控制器应选择正作用方式。如图 3-4-8 所示。

换热器出口温度控制系统，为避免换热器因温度过高或温差过大而损坏，当操纵变量为载热体流量时，控制阀选择气开式，符号为“＋”；在被加热物料流量稳定的情况下，当载热体流量增加时，物料的出口温度升高，被控对象符号为“＋”。所以控制器应选择反作用方式。如图 3-4-9 所示。

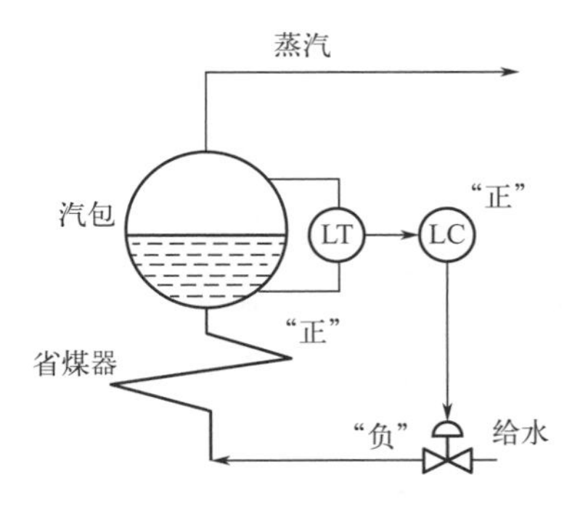

图 3-4-8　锅炉水位控制系统

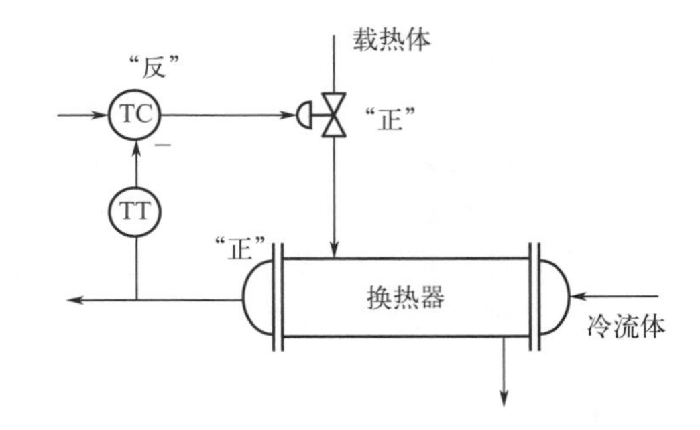

图 3-4-9　换热器出口温度控制系统

三、简单控制系统的投运与整定

简单控制系统设计完成后，即可按设计要求进行正确安装。控制系统按设计要求安装完毕，线路经过检查正确无误，所有仪表经过检查符合精度要求，并已运行正常，即可着手进行控制系统的投运和控制器参数的整定工作。

1. 控制系统的投运

经过控制系统设计、仪表调校、安装后，接下来的工作是控制系统的投运。所谓控制系

统的投运，就是将系统由手动工作状态切换到自动工作状态。这一过程是通过将控制器上的手动-自动切换开关从手动位置切换到自动位置来完成的。

控制器在手动位置时，控制阀接收的是控制器手动输出信号；当控制器从手动位置切换到自动位置时，将以自动输出信号代替手动输出信号控制控制阀，此时控制阀接收的是控制器根据偏差信号的大小和方向按一定控制规律运算所得的输出信号（称之为自动输出）。如果控制器在切换之前，自动输出信号与手动输出信号不相等，那么，在切换过程中必然会给系统引入扰动，这将破坏系统原先的平衡状态，是不允许的。因此，要求切换过程必须保证无扰动地进行。也就是说，从手动切换到自动的过程中，不应造成系统的扰动，不应该破坏系统原有的平衡状态，亦即切换过程中不能改变控制阀的原有开度。

（1）投入运行前的准备工作　自动控制系统安装完毕或是经过停车检修之后，都要（重新）投入运行。在投运每个控制系统前必须要进行全面细致的检查和准备工作。

投运前，首先应熟悉工艺过程，了解主要工艺流程和对控制指标的要求，以及各种工艺参数之间的关系，熟悉控制方案，对测量元件、控制阀的位置、管线走向等都要做到心中有数。投运前的主要检查工作如下所述。

① 对组成控制系统的各组成部件，包括检测元件、变送器、控制器、显示仪表、控制阀等，进行校验检查并记录，保证其精确度要求，确保仪表能正常地使用。

② 对各连接管线、接线进行检查，保证连接正确。例如，孔板上下游导压管与变送器高低压端的正确连接；导压管和气动管线必须畅通，中间不得堵塞；热电偶正负极与补偿导线、变送器、显示仪表的正确连接；三线制或四线制热电阻的正确接线等。

③ 如果采用隔离措施，应在清洗导压管后，灌注流量、液位和压力测量系统中的隔离液。

④ 应设置好控制器的正反作用、内外设定开关等；并根据经验或估算，预置 δ、T_I 和 T_D 参数值，或者先将控制器设置为纯比例作用，比例度 d 置于较大的位置。

⑤ 检查控制阀气开、气关形式的选择是否正确，关闭控制阀的旁路阀，打开上下游的截止阀，并使控制阀能灵活开闭，安装阀门定位器的控制阀应检查阀门定位器能否正确动作。

⑥ 进行联动试验，用模拟信号代替检测变送信号，检查控制阀能否正确动作，显示仪表是否正确显示等；改变比例度、积分和微分时间，观察控制器输出的变化是否正确。采用计算机控制时，情况与采用常规控制器时相似。

（2）控制系统的投运　合理、正确地掌握控制系统的投运，使系统无扰动地、迅速地进入闭环，是工艺过程平稳运行的必要条件。对控制系统投运的唯一要求，是系统平稳地从手动操作转入自动控制，即按无扰动切换（指手、自动切换时阀上的信号基本不变）的要求将控制器切入自动控制。

① 手动遥控。手动遥控阀门实际上是在控制室中的人工操作，即操作人员在控制室中，根据显示仪表所示被控变量的情况，直接开关控制阀。手动遥控时，由于操作人员可脱离现场，在控制室中用仪表进行操作，因此很受人们的欢迎。在一些比较稳定的装置上，手动遥控阀门应用较为广泛。

在开车时，先进行现场手动操作，即先将图 3-4-10 中控制阀前后的切断阀 1 和 2 关闭，打开旁路阀 3，观察测量仪表能否正常工作。待工况稳定后，被控变量稳定在设定值附近时，然后进行旁路阀-控制器手动遥控切换，转入控制室内手动遥控控制阀。其操作顺序如下：

用手动定值器、手操器或控制器的手动操作方式调整作用于控制阀上的信号 p 至一个适当数值；打开上游阀门 1，再逐步打开下游阀门 2，在逐渐关闭旁路阀 3 的同时，相应地逐渐启动控制阀以保持流量尽量不变化；观察仪表的指示值，改变手操输出，使被控变量接近设定值，此时，表示阀的开度合适，可以向自动切换了。

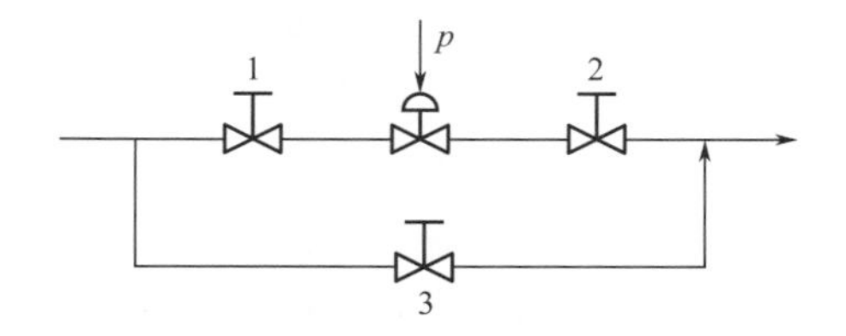

图 3-4-10　控制阀安装示意图

1，2—切断阀；3—旁路阀

② 投入自动。投入自动控制器的手动和自动切换，控制器的手动操作平稳后，被控变量接近或等于设定值。将参数设置为内给定，然后使偏差为零，设置 PID 参数后即可将控制器由手动状态切换到自动状态。至此，初步投运过程结束。但此时控制系统的过渡过程不一定满足要求，这时需要进一步调整 δ、T_I 和 T_D 三个参数。

与控制系统的投运相反，当工艺生产过程受到较大扰动、被控变量控制不稳定时，需要将控制系统退出自动运行，改为手动遥控，即自动切向手动，这一过程也需要达到无扰动切换。

(3) 控制系统的维护　控制系统和检测系统投运后，为保持系统长期稳定地运行，应做好系统维护工作。

① 定期和经常性的仪表维护。主要包括各仪表的定期检查和校验，要做好记录和归档工作；要做好连接管线的维护工作，对隔离液等应定期灌注。

② 发生故障时的维护。一旦发生故障，应及时、迅速、正确地分析和处理；应减少故障造成的影响；事后要进行分析；应找到第一事故原因并提出改进和整改方案；要落实整改措施并做好归档工作。

控制系统的维护是一个系统工程，应从系统的角度分析出现的故障。例如，测量值不准确的原因可能是检测变送器出现故障，也可能是连接的导压管线有问题，或者显示仪表的故障，甚至可能是控制阀阀芯的脱落所造成的。因此，具体问题应具体分析，要不断积累经验，提高维护技能，缩短维护时间。

2. 控制系统的整定

控制回路投运后，应根据工艺过程的特点，进行控制器参数的整定，直到满足工艺控制要求和控制品质的要求。

(1) 系统整定的目的　在控制方案、广义对象的特性、扰动位置、控制规律都已确定的情况下，系统的控制质量主要取决于控制系统的参数整定。所谓控制系统的整定，就是对于一个已经设计并安装就绪的控制系统，确定控制器最合适的比例度 δ、积分时间 T_I 和微分时间 T_D，使得系统的过渡过程达到最为满意的质量指标要求。因此控制系统的整定又称为控制器参数整定。当然，这里所谓最好的控制质量不是绝对的，是根据工艺生产的要求而提出的所期望的控制质量。例如，对于简单控制系统，一般希望过渡过程呈 4∶1（或 10∶1）的衰减振荡过程。

但是，绝不能因此而认为控制器参数整定是“万能的”。对于一个控制系统来说，如果对象特性不好，控制方案选择得不合理，或者仪表选择和安装不当，那么无论怎样整定控制器参数，也是达不到质量指标要求的。因此，只能说在一定范围内（方案设计合理、仪表选型安装合适等），控制器参数整定得合适与否，对控制质量具有重要的影响。

对于不同的系统，整定的目的、要求可能是不一样的。例如，对于定值控制系统，一般要求过渡过程呈 4∶1 的衰减变化；而对于比值控制系统，则要求整定成振荡与不振荡的边界状态；对于均匀控制系统，则要求整定成幅值在一定范围内变化的缓慢的振荡过程。

（2）控制器参数整定的方法　控制器参数整定的方法很多，归结起来可分为两大类：理论计算法和工程整定法。

理论计算法，是根据已知的广义对象特性及控制质量的要求，通过理论计算求出控制器的最佳参数。由于这种方法比较烦琐、工作量大，计算结果有时与实际情况不甚符合，故在工程实践中长期没有得到推广和应用。

工程整定法，是在已经投运的实际控制系统中，通过试验或探索来确定控制器的最佳参数。与理论计算方法不同，工程整定法一般不要求知道对象特性这一前提，它是直接在闭合的控制回路中对控制器参数进行整定的。这种方法是工程技术人员在现场经常遇到的，具有简捷、方便和易于掌握的特点，因此，工程整定法在工程实践中得到了广泛的应用。

下面介绍几种常用的工程整定法。

① 经验凑试法。经验凑试法是按被控变量的类型（即按液位、流量、温度、压力等分类）提出控制器参数的合适范围。它是在长期的生产实践中总结出来的一种工程整定方法。

可根据表 3-4-1 列出的被控对象的特点确定控制器参数的范围。经验凑试法可根据经验先将控制器的参数设置在某一数值上，然后直接在闭环控制系统中，通过改变设定值施加扰动试验信号，在记录仪上观察被控变量的过渡过程曲线形状。若曲线不够理想，则以控制器参数 δ、T_I、T_D 对系统过渡过程的影响为理论依据，按照规定的顺序对比例度 δ、积分时间 T_I 和微分时间 T_D 逐个进行反复凑试，直到获得满意的控制质量。

表 3-4-1　控制器参数的经验数据表

被控变量	被控对象特点	比例度 δ/%	积分时间 T_I/min	微分时间 T_D/min
液位	一般液位质量要求不高，不用微分	20～80	—	—
压力	对象时间常数一般较小，不用微分	30～70	0.4～3.0	—
流量	对象时间常数小，参数有波动，并有噪声。比例度 δ 应较大，积分 T_I 较小，不使用微分	40～100	0.1～1	—
温度	多容过程，对象容量滞后较大，δ 应小，T_I 要长，应加微分	20～60	3～10	0.5～3.0

表 3-4-1 给出的数据只是一个大体范围，实际中有时变动较大。例如，流量控制系统的 δ 值有时需在 200%以上；有的温度控制系统，由于容量滞后大，T_I 往往要在 15min 以上。

控制器参数凑试的顺序有两种方法。一种认为比例作用是基本的控制作用，因此首先用纯比例作用进行凑试，把比例度凑试好，待过渡过程已基本稳定并符合要求后，再加积分作用以消除余差，最后加入微分作用以进一步提高控制质量。其具体步骤如下所述。

a. 设置控制器积分时间 $T_I=\infty$，微分时间 $T_D=0$，选定一个合适的 d 值作为起始值，将系统投入自动运行状态，整定比例度 δ。改变设定值，观察被控变量记录曲线的形状。若曲线振荡频繁，则加大比例度 δ；若曲线超调量大且趋于非周期过程，则减小 δ，求得满意的 4∶1 过渡过程曲线。

b. δ 值调整好后，如要求消除余差，则要引入积分作用。一般积分时间可先取为衰减周期的一半值（或按表 3-4-1 给出的经验数据范围选取一个较大的 T_I 初始值，将 T_I 由大到小进行整定）。并在积分作用引入的同时，将比例度增加 10%～20%，看记录曲线的衰减比和消除余差的情况，如不符合要求，再适当改变 δ 和 T_I 值，直到记录曲线满足要求为止。

c. 如果是三作用控制器，则在已调整好 δ 和 T_I 的基础上再引入微分作用。引入微分作用后，允许把 δ 和 T_I 值缩小一点。微分时间 T_D 也要在表 3-4-1 给出的范围内凑试，并由小到大加入。若曲线超调量大而衰减慢，则需增大 T_D；若曲线振荡厉害，则应减小 T_D。反复调试直到求得满意的过渡过程曲线（过渡过程时间短，超调量小，控制质量满足生产要求）为止。

另一种整定顺序的出发点是：比例度 δ 与积分时间 T_I 在一定范围内相匹配，可以得到相同衰减比的过渡过程。这样，比例度 δ 的减小可以用增大积分时间 T_I 来补偿，反之亦然。若需引入微分作用，可按以上所述进行调整，将控制器参数逐个进行反复凑试。

使用经验法整定控制器参数的关键是“看曲线，调参数”。经验法的特点是方法简单，适用于各种控制系统，因此应用非常广泛。特别是外界扰动作用频繁，记录曲线不规则的控制系统，采用此法最为合适。但此法主要是靠经验，经验不足者会花费很长的时间。另外，同一系统，出现不同组参数的可能性增大。

② 临界比例度法。临界比例度法又称稳定边界法，是目前应用较广的一种控制器参数整定方法。临界比例度法是在闭环的情况下进行的，首先让控制器在纯比例作用下，通过现场试验找到等幅振荡过程（即临界振荡过程），得到此时的临界比例度 δ_k 和临界振荡周期 T_k，再通过简单的计算求出衰减振荡时控制器的参数。其具体步骤如下所述。

a. 将 $T_I=\infty$，$T_D=0$，根据广义过程特性选择一个较大的 δ 值，并在工况稳定的前提下将控制系统投入自动运行状态。

b. 将设定值作一个小幅度的阶跃变化，观察记录曲线，此时应是一个衰减过程曲线。从大到小地逐步改变比例度 δ，再作设定值阶跃扰动试验，直至系统产生等幅振荡（即临界振荡）为止，如图 3-4-11 所示。这时的比例度称为临界比例度 δ_k，周期则称为临界振荡期 T_k。

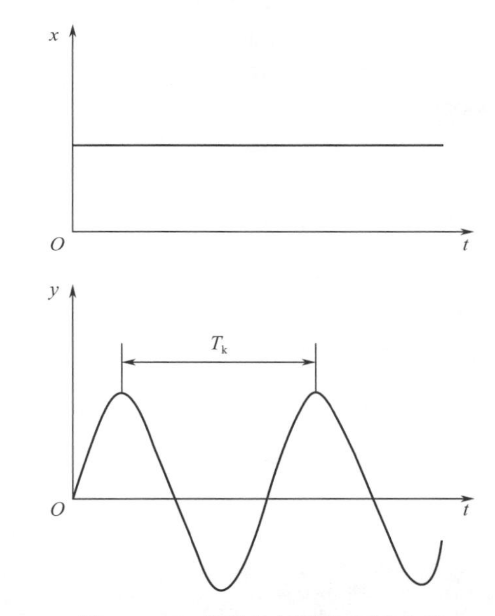

图 3-4-11　临界比例度法实训曲线

c. 根据 δ_k 和 T_k 这两个试验数据，按表 3-4-2 所列的经验公式，计算出使过渡过程呈 4∶1 衰减振荡时控制器的各参数整定数值。

d. 先将 δ 放在比计算值稍大一些（一般大 20%）的数值上，再依次按已选定的控制规律放上积分时间和微分时间，最后，再将 δ 减小到计算数值上。如果这时加入设定值阶跃扰动，过渡过程曲线不够理想，还可适当微调控制器参数值，直到达到满意的 4∶1 衰减振荡过程为止。

表 3-4-2　临界比例度法整定控制器参数经验公式表

控制规律	控制器参数		
	δ/%	T_I/min	T_D/min
P	$2\delta_k$	—	—
PI	$2.2\delta_k$	$0.85T_k$	—
PID	$1.7\delta_k$	$0.5T_k$	$0.13T_k$

临界比例度法简单方便，容易掌握和判断，目前使用得比较多，适用于一般的控制系统。但对于工艺上不允许被控变量有等幅振荡的，不能采用此法。此外，这种方法只适用于二阶以上的高阶过程或是一阶加纯滞后的过程；否则，在纯比例控制的情况下，系统将不会出现等幅振荡，因此，这种方法也就无法应用了。此法的关键是准确地测定临界比例度 δ_k 和临界振荡周期 T_k，因此控制器的刻度和记录仪均应调校准确。当控制通道的时间常数很大时，由于控制系统的临界比例度 δ_k 很小，则控制器输出的变化一定很大，被控变量容易超出允许范围，影响生产的正常进行。因此，对于临界比例度很小的控制系统，不宜采用此法进行控制器的参数整定。

在一些不允许或不能得到等幅振荡的场合，可考虑采用衰减曲线法。两者的唯一差异，仅在于后者以在纯比例作用下获取 4∶1 或 10∶1 振荡曲线为参数整定的依据。

（3）衰减曲线法　衰减曲线法是针对经验法和临界比例度法的不足，并在它们的基础上经过反复实训而得出的、通过使系统产生 4∶1 或 10∶1 的衰减振荡来整定控制器参数值的一种整定方法。

如果要求过渡过程达到 4∶1 的递减比，其整定步骤如下所述。

① 在闭环的控制系统中，先将控制器设置为纯比例作用（$T_I=\infty$，$T_D=0$），并将比例度预置在较大的数值（一般为 100%）上。在系统稳定后，用改变设定值的办法加入阶跃扰动，观察被控变量记录曲线的衰减比，然后逐步减小比例度，直至出现如图 3-4-12 所示的 4∶1 衰减振荡过程为止。记下此时的比例度 δ_s 及衰减振荡周期 T_s。

② 根据 δ_s、T_s 值，按表 3-4-3 所列的经验公式计算出采用相应控制规律的控制器的整定参数值 δ、T_I、T_D。

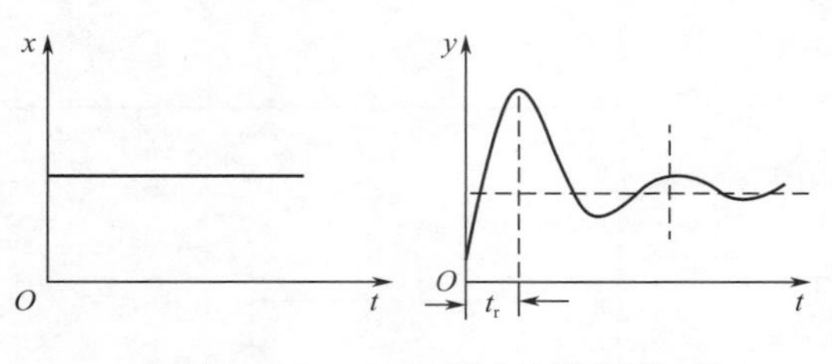

图 3-4-12　4∶1 衰减过程曲线

③ 先将比例度放到比计算值稍大一些的数值上，然后把积分时间放到求得的数值上，慢慢放上微分时间，最后把比例度减小到计算值上，观察过渡过程曲线，如不太理想，可作适当调整。如果衰减比大于 4∶1，δ 应继续减小；而当衰减比小于 4∶1 时，δ 则应增大，直至过渡过程呈现 4∶1 衰减时为止。

表 3-4-3　4∶1 衰减曲线法整定控制器参数经验公式

控制规律	控制器参数		
	δ/%	T_I/min	T_D/min
P	Δs	—	—
PI	$1.2\delta_s$	s	—
PID	$0.8\delta_s$	0.3s	s

对于反应较快的小容量过程，如管道压力、流量及小容量的液位控制系统等，在记录曲线上读出 4∶1 衰减比与求 T_s 均比较困难，此时可根据指针的摆动情况来判断。如果指针来回摆动两次就达到稳定状态，即可认为已达到 4∶1 的过渡过程，来回摆动一次的时间即为 T_s。根据此时的 T_s 和控制器的 δ_s 值，按表 3-4-3 可计算控制器参数。

对于多数过程控制系统，可认为 4∶1 衰减过程即为最佳过渡过程。但是，有些实际生产过程（如热电厂的锅炉燃烧等控制系统），对控制系统的稳定性要求较高，认为 4∶1 衰减太慢，振荡仍嫌过强，此时宜采用衰减比为 10∶1 的衰减过程，如图 3-4-13 所示。

10∶1 衰减曲线法整定控制器参数的步骤与 4∶1 衰减曲线法的完全相同，仅仅是采用的计算公式有些不同。此时需要求取 10∶1 衰减时的比例度和从 10∶1 衰减曲线上求取过渡过程达到第一个波峰时的上升时间（因为曲线衰减很快，振荡周期不容易测准，故改为测上升时间 t_r 代之）。有了 δ'_s 及 t_r 两个实训数据，查表 3-4-4 即可求得控制器应该采用的参数值。

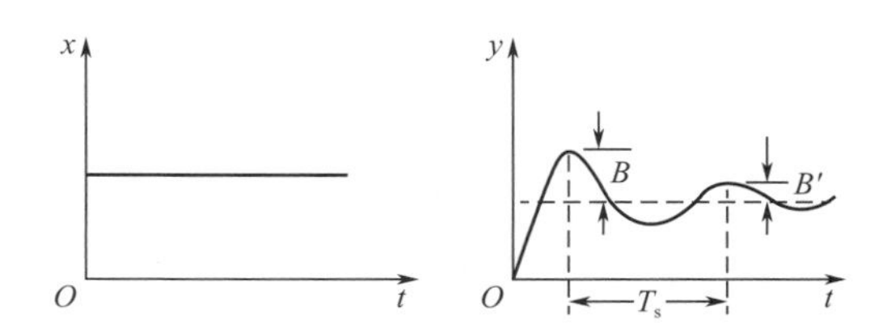

图 3-4-13　10∶1 衰减过程曲线

B—第一波的振幅；B′—同方向第二个波的振幅

表 3-4-4　10∶1 衰减曲线法整定控制器参数经验公式

控制规律	控制器参数		
	δ/%	T_I/min	T_D/min
P	δ'_s	—	—
PI	$1.2\delta'_s$	$2t_r$	—
PID	$0.8\delta'_s$	$1.2t_r$	$0.4t_r$

衰减曲线法测试时的衰减振荡过程时间较短，对工艺影响也较小，因此易为工艺人员所接受。而且这种整定方法不受过程特性阶次的限制，一般工艺过程都可以应用，因此这种整定方法的应用较为广泛，几乎可以适用于各种应用场合。

采用衰减曲线法整定控制器参数时，必须注意以下几点。

① 加扰动前，控制系统必须处于稳定状态，且应校准控制器的刻度和记录仪，否则不能测得准确的 δ_s、t_s 或 δ'_s 及 t_r 值。

② 所加扰动的幅值不能太大，要根据生产操作的要求来定，一般为设定值的 5%左右，而且必须与工艺人员共同商定。

③ 对于反应快的系统，如流量、管道压力和小容量的液位控制等，要在记录曲线上得到准确的 4∶1 衰减曲线比较困难。一般，被控变量来回波动两次达到稳定，就可以近似地认为达到 4∶1 衰减过程了。

④ 如果过渡过程波动频繁，难以记录下准确的比例度、衰减周期或上升时间，则应改用其他方法。

（4）看曲线调参数　一般情况下，按照上述规律即可调整控制器的参数。但有时仅从作用方向还难以判断应调整哪一个参数，这时，需要根据曲线形状进一步地判断。

如过渡过程曲线过度振荡，可能的原因有比例度过小、积分时间过小或微分时间过大等。这时，优先调整哪一个参数就是一个问题。图 3-4-14 所示为这三种原因引起的振荡的区别：由积分时间过小引起的振荡，周期较大，如图中曲线 a 所示；由比例度过小引起的振荡，周期较短，如图中曲线 b 所示；由微分时间过大引起的振荡，周期最短，如图中曲线 c 所示。判明原因后，做相应的调整即可。

再如，比例度过大或积分时间过大，都可使过渡过程的变化较缓慢，这时也需正确判断后再作调整。图 3-4-15 所示为这两种原因引起的波动曲线。通常，积分时间过大时，曲线呈非周期性变化，缓慢地回到设定值，如图中曲线 a 所示；如为比例度过大，曲线虽不很规则，但波浪的周期性较为明显，如图中曲线 b 所示。

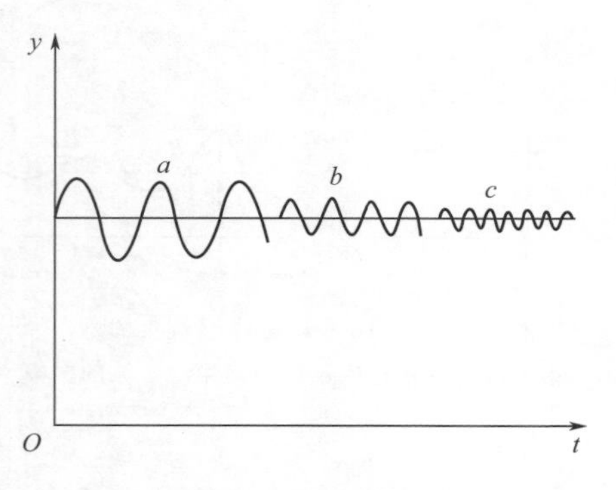

图 3-4-14　三种振荡曲线的比较

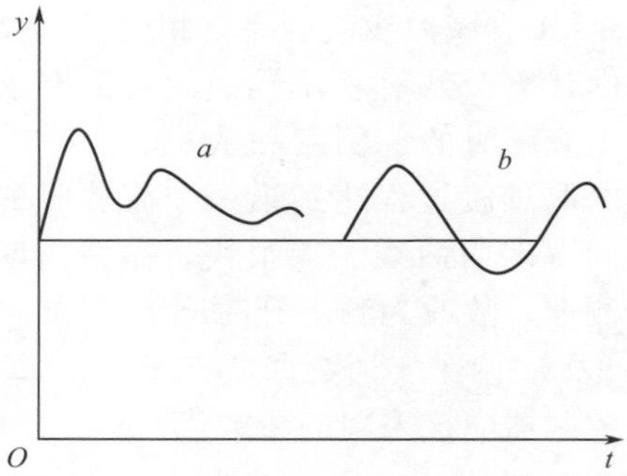

图 3-4-15　比例度过大、积分时间过大时的曲线

（5）三种控制器参数整定方法的比较　上述三种工程整定方法各有优缺点。经验法简单可靠，能够应用于各种控制系统，特别适合扰动频繁、记录曲线不太规则的控制系统；缺点是需反复凑试，花费时间长。同时，由于经验法是靠经验来整定的，是一种“看曲线，调参数”的整定方法，所以对于不同经验水平的人，对同一过渡过程曲线可能有不同的认识，从而得出不同的结论，整定质量不一定高。因此，对于现场经验较丰富、技术水平较高的人，此法较为合适。

临界比例度法简便而易于判断，整定质量较好，适用于一般的温度、压力、流量和液位控制系统；但对于临界比例度很小，或者工艺生产约束条件严格、对过渡过程不允许出现等幅振荡的控制系统不适用。

衰减曲线法的优点是较为准确可靠，而且安全，整定质量较高，但对于外界扰动作用强烈而频繁的系统，或由于仪表、控制阀工艺上的某种原因而使记录曲线不规则，或难于从曲线上判断衰减比和衰减周期的控制系统不适用。

因此在实际应用中，一定要根据过程的情况与各种整定方法的特点，合理选择使用。

（6）负荷变化对整定结果的影响　在生产过程中，工艺条件的变动，特别是负荷变化会影响过程的特性，从而影响控制器参数的整定结果。因此，当负荷变化较大时，此时在原生产负荷下整定好的控制器参数已不能使系统达到规定的稳定性要求，此时，必须重新整定控制器的参数值，以求得新负荷下合适的控制器参数。

【任务实施】

（一）准备相关设备

1. 实训设备

实训设备的具体要求见表 3-4-5。

表 3-4-5　加热水箱温度控制系统的投运与整定实训配置清单

序号	名称	电气代号	型号	数量	备注
1	离心泵	M2	MS60/22V/0-37kW	1 台	

续表

序号	名称	电气代号	型号	数量	备注
2	加热水箱			1台	
3	Pt100	Pt100		1个	
4	加热管温度控制仪		AI-519AX3S	1块	
5	加热管调压模块	TY1		1块	
6	精密电阻		250Ω	1个	
7	连接导线			若干	
8	通信电缆			1根	
9	232/685 转换模块			1个	
10	计算机			1台	
11	组态软件			1套	
12	监控软件			1套	

2. 信号实物连接图

信号实物连接图如 3-4-16 所示。

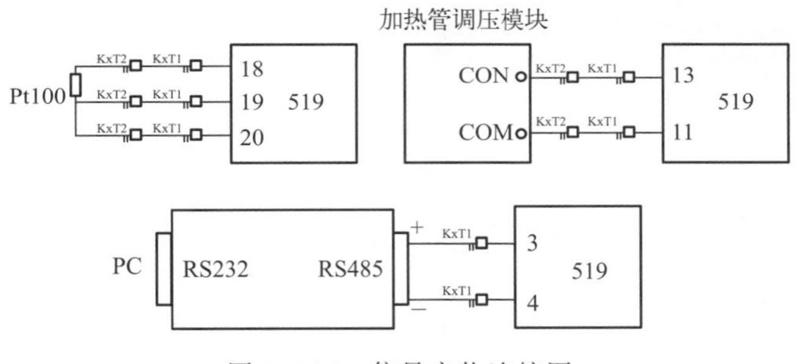

图 3-4-16　信号实物连接图

（二）具体操作步骤

单回路控制系统，一般是指用一个控制器来控制一个被控对象。其中控制器接收一个测量信号，其输出也只控制一个执行机构。加热水箱温度定值控制系统也是一种单回路控制系统，加热水箱温度控制系统方框图如图 3-4-17 所示。

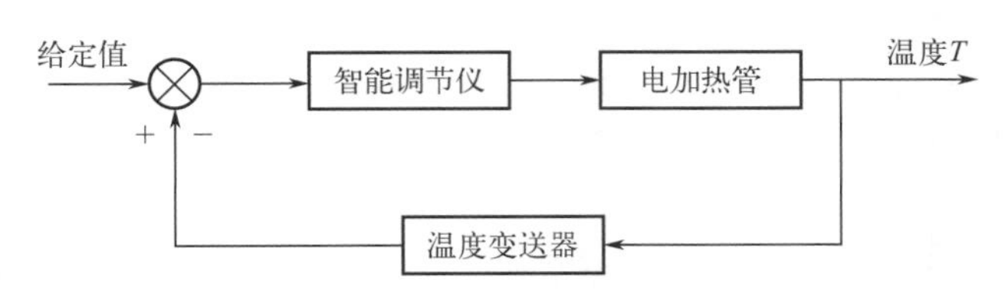

图 3-4-17　温度控制系统方框图

在加热水箱温度定值控制系统中，以温度为被控量。其中，测量电路主要功能是测量对象的温度并对其进行归一化等处理；PID 控制器是整个控制系统的核心，它根据设定值和测量值的偏差信号来进行控制，从而控制加热水箱的温度达到期望的设定值。

在液位控制系统中，由于液位参数变化较快，一般不采用微分控制规律，而在温度控制系统中，由于温度变化缓慢，加入微分的控制作用可以显著地改善控制器的控制效果。因此，这里采用P、I和D三种控制作用结合的控制规律。

加热水箱温度PID控制器参数的整定方法采用工程整定法，但由于温度被控对象滞后比较大，加热水箱温度PID控制器参数的整定过程要复杂些。

步骤1 启动实训装置的准备工作。

（1）系统连线

① 将系统的所有电源开关打在关的位置。

② 按照实物连接图将系统接好。

（2）仪表操作　在基本显示状态下按◎键并保持约2s即可进入现场参数表。按▽键减小数据，按△键增加数据。所修改数值位的小数点会闪动（如同光标）。按键并保持不放，可以快速地增加或是减少数值，并且速度会随小数点的右移自动加快。也可按◁键来直接移动修改数据的位置（光标），操作更快捷。持续按◎键等现场参数显示完毕后将出现L（lock）℃参数，输入正确的密码：808，则可进入完整参数表。在完整参数表中，按表3-4-6设置好实训所需的仪表参数。待所有参数设置完毕，先按◁键不放接着再按◎键可直接退出参数设置状态。

表3-4-6　加热管温度控制仪参数表

序号	参数名称	参数值	备注
1	Ctrl	APId	
2	InP	21	
3	dPt	0.0	
4	SCL	0	
5	SCH	150	
6	Scb	0	
7	OPt	6～20	
8	Addr	1	
9	bAud	9600	
10	AF	0	

步骤2 启动实训装置。

① 将实训装置的对象部分和控制柜部分的电源插头分别接到单相220V的电源上。

② 开启系统对象电源。依顺序打开对象部分的总电源空气开关、电源总开关，则电源指示灯亮。

③ 开启控制柜电源。打开控制柜的总电源空气开关，总电压指示表指示220V，打开总电源开关，总电源指示灯亮。

④ 调整好仪表各项参数和519仪表的零位。

步骤3 比例控制。

① 启动计算机MCGS软件，进入实训系统选择相应的实训，如图3-4-18所示。

② 按下2#水泵启动按钮，启动2#水泵，进行实训。

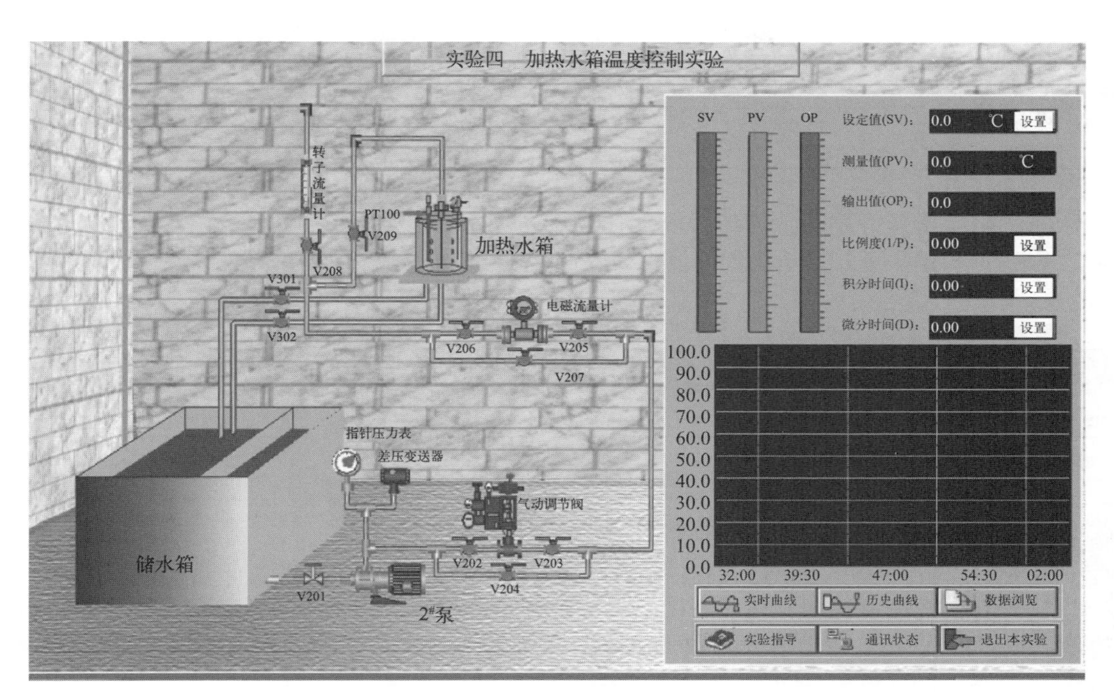

图 3-4-18　实训软件界面

③ 把智能控制器置于“手动”，输出值为小于等于 30，把温度设定至某给定值（如：将水温控制在 60℃），设置各项参数，使控制器工作在比例（P）控制器状态，此时系统处于开环状态。

④ 运行 MCGS 组态软件，进行相应的实训，观察实时或历史曲线，待水温（由智能控制器的温度显示器指示）基本稳定于给定值后，将控制器的开关由“手动”位置拨至“自动”位置，使系统变为闭环控制运行，待基本不再变化时，加入阶跃扰动（可通过改变智能控制器的设定值来实现）。观察并记录在当前比例 P 时的余差和超调量。每当改变值 P 后，再加同样大小的阶跃信号，比较不同 P 时的 e_{ss} 和 δ_p，并把数据填入表 3-4-7 中。

表 3-4-7　不同比例度 δ 时的余差和超调量

比例 P	大	中	小
e_{ss}			
δ_p			

⑤ 记录实训过程各项数据并绘成过渡过程曲线（数据可在软件上获得）。

注意：每当做完一次实训后，必须待系统稳定后再做另一次实训。

步骤 4　比例积分（PI）控制器控制。

① 在比例控制器控制实训的基础上，待被调量平稳后，加入积分（“I”）作用，观察被控制量能否回到原设定值的位置，以验证系统在 PI 控制器控制下没有余差。

② 固定比例 P 值（中等大小），然后改变积分时间常数 I 值，观察加入扰动后被调量的动态曲线，并记录不同 I 值时的超调量 δ_p，并把数据填入表 3-4-8 中。

表 3-4-8 不同 T_i 值时的超调量 δ_p

比例 P	大	中	小
δ_p			

③ 固定 I 于某一中间值，然后改变比例 P 的大小，观察加扰动后被调量的动态曲线，并记下相应的超调量 δ_p，并把数据填入表 3-4-9 中。

表 3-4-9 不同 δ 值时的超调量 δ_p

比例 P	大	中	小
δ_p			

④ 选择合适的 P 和 I 值，使系统瞬态响应曲线为一条令人满意的曲线。此曲线可通过改变设定值（如把设定值由 50%增加到 60%）来实现。

3

步骤 5 比例微分控制器（PD）控制。

① 在比例控制器控制实训的基础上，待被调量平稳后，引入微分作用“D”。固定比例 P 值（中间值），改变微分时间常数 D 的大小，观察系统在阶跃输入作用下相应的动态响应曲线，并把数据填入表 3-4-10 中。

表 3-4-10 不同 D 时的超调量和余差

微分 D	大	中	小
e_{ss}			
δ_p			

② 选择合适的 P 和 D 值，使系统的瞬态响应为一条令人满意的动态曲线。

③ 在比例控制器控制实训的基础上，待被调量平稳后，引入积分（“I”）作用，使被调量恢复到原设定值。减小 P，并同时增大 I，观察加扰动信号后的被调量的动态曲线，验证在 PI 控制器作用下，系统的余差为零。

④ 在 PI 控制的基础上加上适量的微分作用“D”，然后再对系统加扰动（扰动幅值与前面的实训相同），比较所得的动态曲线与用 PI 控制时的不同之处。

⑤ 选择合适的 P、I 和 D，以获得一条较满意的动态曲线。

注意事项：

① 实训设备连线时，要关闭所有电源。

② 实训线路接好后，必须经指导老师检查认可后方可接通电源，并在老师的指导下，进行温度控制实训。

③ 在实训暂停期间，应将阀门关闭，防止水箱内的水回流。

（三）任务报告

请各位同学根据以上实训步骤，按要求填写如下实训报告。

实训报告

1. 画出温度控制系统的方块图。

2. 用临界比例度法整定三种控制器的参数，并分别作出系统在这三种控制器控制下的阶跃响应曲线。

3. 作出比例控制器控制时，不同 δ 值时的阶跃响应曲线，并写出得到的结论。

4. 绘制用 PID 控制器控制时系统的动态波形。

【任务评价】

任务评价以自我评价和教师评价相结合的方式进行，指导教师根据任务评价和学生学习成果进行综合评价，并将结果填写于表 3-4-11 中。

表 3-4-11　加热水箱温度控制系统的投运与整定任务评价表

班级：　　第（　）小组　　姓名：　　时间：

评价模块	评价内容	分值/分	自我评价	教师评价	综合得分
理论知识	1. 了解简单控制系统的结构与组成	10			
	2. 熟悉简单控制系统的投运步骤	10			
	3. 熟悉简单控制系统控制器参数工程整定方法	10			
操作技能	1. 能进行简单控制系统的接线	25			
	2. 能进行简单控制系统的投运与整定	25			
职业素养	1. 场地清洁、安全，工具、设备和材料的使用得当	10			
	2. 团队合作与个人防护	10			
总分（自我评价×40%＋教师评价×60%）					

综合评价：

导师或师傅签字：

任务五　复杂控制系统设计

学习目标

1. 掌握串级控制系统的基本原理及结构。
2. 能进行串级控制系统的准备工作及投运过程。
3. 能进行串级控制系统控制器参数工程整定。
4. 了解比值控制系统类型。
5. 了解前馈控制系统的结构与特点。
6. 培养勇于担当责任、精益求精的工作态度。

案例导入

简单控制系统由于结构简单而得到广泛的应用，其数量占所有控制系统总数的 80% 以上，在绝大多数场合下已能满足生产要求。但随着科技的发展，新工艺、新设备的出现，生产过程的大型化和复杂化，必然导致对操作条件的要求更加严格，变量之间的关系更加复杂。同时，现代化生产往往对产品的质量提出更高的要求（例如，造纸过程中纸页定量偏差±1%以下，甲醇精馏塔的温度偏离不允许超过 1℃，石油裂解气的深冷分离中，乙烯纯度要求达到 99%～99.9%等），此外，生产过程中的某些特殊要求（如物料配比问题、前后生产工序协调问题、为了安全而采取的软保护问题、管理与控制一体化问题等）的解决都是简单控制系统所不能胜任的，因此，相应地就出现了复杂控制系统。

问题与讨论：

1. 串级控制系统的结构和组成。
2. 比值控制系统的类型。
3. 前馈控制系统有哪几种结构形式？

【知识链接】

一、串级控制系统

串级控制系统

在简单反馈回路中增加了计算环节、控制环节或其他环节的控制系统统称为复杂控制系统。复杂控制系统的种类较多，按其所满足的控制要求可分为两大类：

① 以提高系统控制质量为目的的复杂控制系统，主要有串级和前馈控制系统；

② 满足某些特定要求的控制系统，主要有比值、均匀、分程、选择性等。

串级控制系统是所有复杂控制系统中应用最多的一种，它对改善控制品质有独到之处。当过程的容量滞后较大，负荷或扰动变化比较剧烈、比较频繁，或者工艺对生产质量提出的要求很高，采用简单控制系统不能满足要求时，可考虑采用串级控制系统。

1. 串级控制系统基本原理和结构

（1）串级控制系统的组成原理　管式加热炉是工业生产中常用的设备之一。工艺要求被加热物料（原油）的温度为某一定值，将该温度控制好，一方面可延长炉子的寿命，防止炉管烧坏；另一方面可保证后面精馏分离的质量。为了控制原油的出口温度，依据简单控制系统的方案设计原则，考虑选取加热炉的出口温度为被控变量，加热燃料量为操纵变量，构成如图 3-5-1（a）所示的简单控制系统，根据原油出口温度的变化来控制燃料控制阀的开度，即通过改变燃料量来维持原油出口温度，使其保持在工艺所规定的数值上。但在实际生产过程中，特别是当加热炉的燃料压力或燃料本身的热值有较大波动时，上述简单控制系统的控制质量往往很差，原料油的出口温度波动较大，难以满足生产上的要求。

管式加热炉内是一根很长的受热管道，它的热负荷很大。燃料在炉膛燃烧后，是通过炉膛温度与原料油的温差将热量传递给原料油的。燃料量的变化或燃料热值的变化，首先使炉膛温度发生变化。因此，为减小控制通道的时间常数，选择炉膛温度为被控变量，燃料量为操纵变量，设计如图 3-5-1（b）所示的简单控制系统，以维持炉出口温度的稳定。该系统的特点是对于包含在控制回路中的燃料油压力及热值的波动、烟囱抽力的波动等均能及时有效地克服。但是，因来自原料油方面的进口温度及流量波动等扰动未包括在该系统内，故系统不能克服扰动对炉出口温度的影响。实际运行表明，该系统仍然不能达到生产工艺要求。

为了解决管式加热炉的原料油出口温度的控制问题，人们在生产实践中，往往根据炉膛温度的变化，先改变燃料量，然后再根据原料油出口温度与其设定值之差，进一步改变燃料量，以保持原料油出口温度的恒定。模仿这样的人工操作程序就构成了以原料油出口温度为主要被控变量的炉出口温度 T_1 与炉膛温度 T_2 的串级控制系统，如图 3-5-2 所示。该串级控制系统的方框图如图 3-5-3 所示。

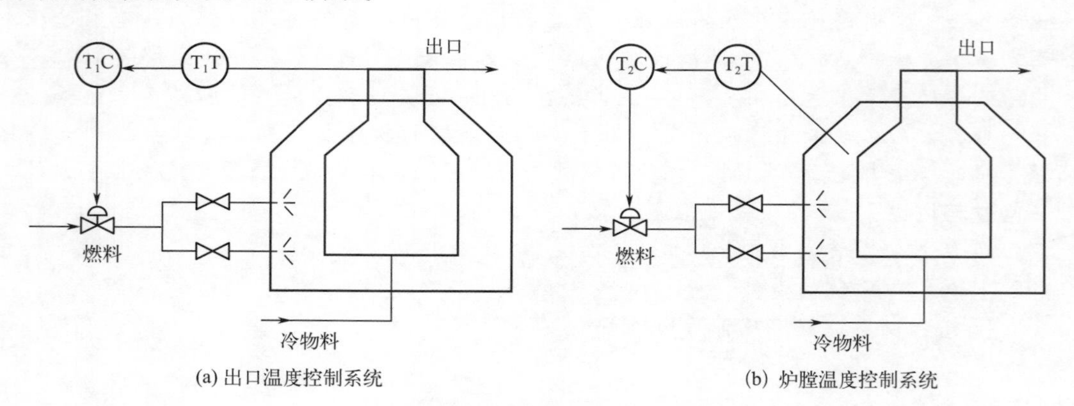

图 3-5-1 加热炉温度简单控制系统

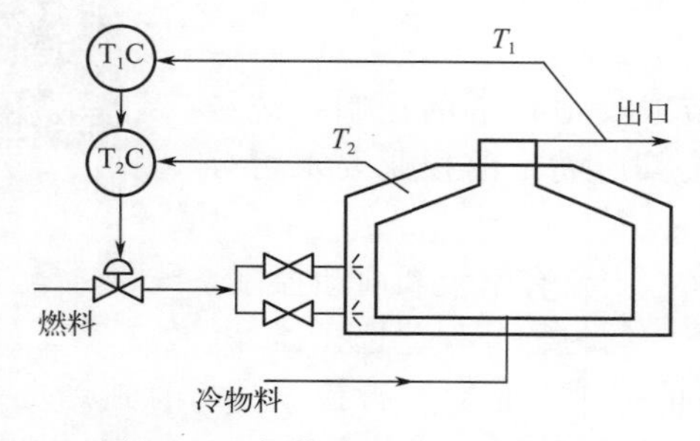

图 3-5-2 加热炉出口温度与炉膛温度串级控制系统

由图 3-5-2 或图 3-5-3 可以看出，在这个控制系统中，有两个控制器 T_1C 和 T_2C，它们分别接收来自对象不同部位的测量信号，其中一个控制器 T_1C 的输出作为另一个控制器 T_2C 的设定值，而后者的输出去控制控制阀以改变操纵变量。从系统的结构来看，这两个控制器是串接工作的。

（2）串级控制系统的结构　串级控制系统是一种常用的复杂控制系统，它是根据系统结构命名的。串级控制系统由两个控制器串联连接组成，其中一个控制器的输出作为另一个控制器的设定值。图 3-5-4 所示为串级控制系统的通用原理方框图。

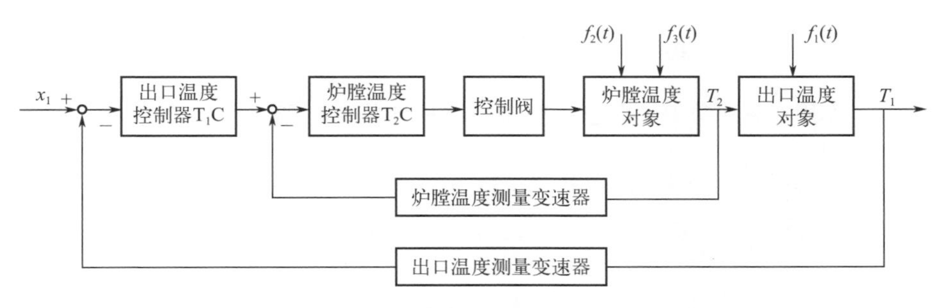

图 3-5-3 加热炉温度串级控制系统方框图

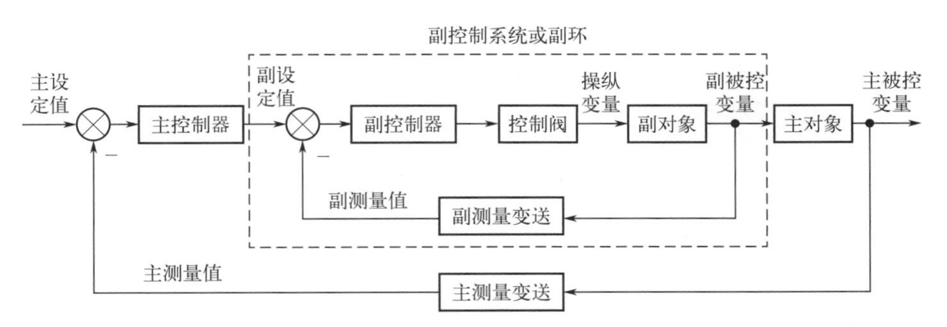

图 3-5-4 串级控制系统的通用原理方框图

为了更好地了解串级控制系统，需要知道以下几个常用的名词术语。

主被控变量：主被控变量是生产过程中的工艺控制指标，在串级控制系统中起主导作用，简称主变量。如上例中的原料油出口温度。

副被控变量：串级控制系统中为了稳定主被控变量而引入的中间辅助变量，简称副变量。如上例中的炉膛温度。

主对象（主过程）：主对象是生产过程中所要控制的、为主变量表征其特性的生产设备。其输入量为副变量，输出量为主变量，它表示主变量与副变量之间的通道特性。如上例中原料油的炉内受热管道。

副对象（副过程）：副对象是为副变量表征其特性的生产设备。其输入量为操纵量，输出量为副变量，它表示副变量与操纵变量之间的通道特性。在上例中主要指燃料油燃烧装置及炉膛部分。

主控制器：主控制器按主变量的测量值与设定值的偏差而工作，其输出作为副变量设定值。如上例中的出口温度控制器。

副控制器：副控制器的设定值来自主控制器的输出，并按副变量的测量值与设定值的偏差进行工作，其输出直接去操纵控制阀。如上例中的炉膛温度控制器。

主设定值：主变量的期望值，由主控制器内部设定。

副设定值：由主控制器的输出信号提供的、副控制器的设定值。

主测量值：由主测量变送器测得的主变量的值。

副测量值：由副测量变送器测得的副变量的值。

副回路：处于串级控制系统内部的，由副控制器、控制阀、副对象和副测量变送器组成的闭合回路称为副回路，又称内回路，简称副环或内环（见图 3-5-4 中虚线框内部分）。

主回路：由主控制器、副回路、主对象和主测量变送器组成的闭合回路称为主回路。主回路为包括副回路的整个控制系统，又称外回路，简称主环或外环。

一次扰动：作用在主对象上、不包含在副回路内的扰动。如上例中被加热物料的流量和初温变化 $f_1(t)$。

二次扰动：作用在副对象上，即包含在副回路内的扰动。如上例中燃料方面的扰动 $f_2(t)$ 和烟囱抽力的变化 $f_3(t)$。

一般来说，主控制器的设定值是由工艺规定的，它是一个定值，因此，主环是一个定值控制系统。而副控制器的设定值是由主控制器的输出提供的，它随主控制器输出的变化而变化，因此，副回路是一个随动控制系统。

（3）串级控制系统的控制过程　仍以管式加热炉为例，来说明串级控制系统是如何有效地克服被控对象的容量滞后而提高控制质量的。对于图 3-5-2 所示的加热炉出口温度与炉膛温度串级控制系统，先假定已根据工艺的实际情况选定控制阀为气开式，断气时关闭控制阀，以防止炉管烧坏而酿成事故。温度控制器 T_1C 和 T_2C 都采用反作用方式，并且假定系统在扰动作用之前处于稳定的“平衡”状态，即此时被加热物料的流量和温度不变，燃料的流量与热值不变，烟囱抽力也不变，炉出口温度和炉膛温度均处在相对平衡状态，燃料控制阀也相应地保持在一定的开度上，此时炉出口温度稳定在设定值上。

当某一时刻系统中突然引进了某个扰动时，系统的稳定状态就遭到破坏，串级控制系统便开始了其控制过程。下面针对两种不同的扰动情况来分析该系统的工作过程。

当只有二次扰动作用时。进入副回路的二次扰动有来自燃料热值的变化、压力的波动 $f_2(t)$ 和烟囱抽力的变化 $f_3(t)$。扰动 $f_2(t)$ 和 $f_3(t)$ 先影响炉膛温度，使副控制器产生偏差，于是副控制器的输出立即开始变化，去调整控制阀的开度以改变燃料流量，克服上述扰动对炉膛温度的影响。在扰动不太大的情况下，由于副回路的控制速度比较快，及时校正了扰动对炉膛温度的影响，可使该类扰动对加热炉出口温度几乎无影响；当扰动的幅值较大时，经过副回路的及时校正也可使其对加热炉出口温度的影响比无副回路时大大减弱，再经主回路进一步控制，使炉出口温度及时调回到设定值上来。可见，由于副回路的作用，控制作用变得更快、更强。

当只有一次扰动作用时。一次扰动主要有来自被加热物料的流量波动和初温变化 $f_1(t)$。

一次扰动直接作用于主过程，首先使炉出口温度发生变化，副回路无法对其实施及时的校正，但主控制器立即开始动作，通过主控制器输出的变化去改变副回路的设定值，再通过副回路的控制作用去及时改变燃料量以克服扰动 $f_1(t)$ 对炉出口温度的影响。在这种情况下，副回路的存在仍可加快主回路的控制速度，使一次扰动对炉出口温度的影响比简单控制（无副回路）时要小。这表明，当扰动作用于主对象时，串级控制系统也能有效地予以克服。

当一次扰动和二次扰动同时作用时。当作用在主、副对象上的一、二次扰动同时出现时，两者对主、副变量的影响又可分为同向和异向两种情况。

① 一、二次扰动同向作用时。在系统各环节设置正确的情况下，如果一、二次扰动的作用是同向的，也就是均使主、副变量同时增大或同时减小，则主、副控制器对控制阀的控制方向是一致的，即大幅度关小或开大阀门，加强控制作用，使炉出口温度很快地调回到设定值上。

例如，当炉出口温度因原料油流量的减小或初温的上升而升高，同时炉膛温度也因燃料压力的增大而升高时，炉出口温度升高，主控制器感受的偏差为正，因此它的输出减小，也就是说，副控制器的设定值减小。与此同时，炉膛温度升高，使副测量值增大。这样一来，副控制器感受的偏差是两方面作用之和，是一个比较大的正偏差。于是它的输出要大幅度地减小，控制阀则根据这一输出信号，大幅度地关小阀门，燃料流量则大幅度地减小下来，使炉出口温度很快地恢复到设定值。

② 一、二次扰动反向作用时。如果一、二次扰动的作用使主、副变量反向变化，即一个增大而另一个减小，此时主、副控制器控制阀的方向是相反的，控制阀的开度只需做较小的调整即可满足控制要求。

例如，当炉出口温度因原料油流量的减小或初温的上升而升高，而炉膛温度却因燃料压力的减小而降低时，炉出口温度升高，使主控制器的输出减小，即副控制器的设定值也减小。与此同时，炉膛温度降低，副控制器的测量值减小。这两方面作用的结果，使副控制器感受的偏差就比较小，其输出的变化量也比较小，燃料油流量只需做很小的调整就可以了。事实上，主、副变量反向变化，它们本身之间就有互补作用。

从上述分析中可以看出，在串级控制系统中，由于引入了一个副回路，因而能及早克服从副回路进入的二次扰动对主变量的影响，又能保证主变量在其他扰动（一次扰动）作用下能及时加以控制，因此能大大提高系统的控制质量，以满足生产的要求。

2. 串级控制系统的特点及应用

（1）串级控制系统的特点　从总体来看，串级控制系统仍然是一个定值控制系统，因此主变量在扰动作用下的过渡过程和简单定值控制系统的过渡过程具有相同的品质指标和类似的形式。但是和简单控制系统相比，串级控制系统在结构上增加了一个与之相连的副回路。

由于副回路的存在，对于进入其中的扰动具有较强的克服能力，改善了过程的动态特性，提高了系统的工作频率，所以控制质量比较高；此外副回路的快速随动特性使串级控制系统具有一定的自适应能力。因此对于控制质量要求较高、扰动大、滞后时间长的过程，当采用简单控制系统达不到质量要求时，采用串级控制方案往往可以获得较为满意的效果。不过串级控制系统比简单（单回路）控制系统所需的仪表多，系统的投运和参数的整定相应地也要复杂一些。因此，如果单回路控制系统能够解决问题，就尽量不要采用串级控制方案。

（2）串级控制系统的应用范围　与简单控制系统相比，串级控制系统具有许多特点，但串级控制有时效果显著，有时效果并不一定理想，只有在下列情况下使用时，它的特点才能充分发挥。

用于具有较大纯滞后的过程。一般工业过程均具有纯滞后，而且有些比较大。当工业过程纯滞后时间较长，用简单控制系统不能满足工艺控制要求时，可考虑采用串级控制系统。其设计思路是，在离控制阀较近、纯滞后较小的地方选择一个副变量，构成一个控制通道短且纯滞后较小的副回路，把主要扰动纳入副回路中。这样就可以在主要扰动影响主变量之前，由副回路对其实施及时的控制，从而大大减小主变量的波动，提高控制质量。

例 1：锅炉过热蒸汽温度串级控制系统如图 3-5-5 所示，试分析其控制过程。

锅炉的蒸汽过热系统包括一级过热器、减温器、二级过热器。根据工艺要求，如果以二级过热器出口温度作为被控变量，选取减温水流量作为操纵变量组成简单控制系统，由于控制通道的时间常数及纯滞后均较大，则往往不能满足生产的要求。因此，常采用如图 3-5-5 所示的串级控制系统，以减温器出口温度 T_2 作为副变量，将减温水压力波动等主要扰动纳入纯滞后极小的副回路，利用副回路具有较强的抗二次扰动能力这一特点将其克服，从而提高对过热蒸汽温度的控制质量。

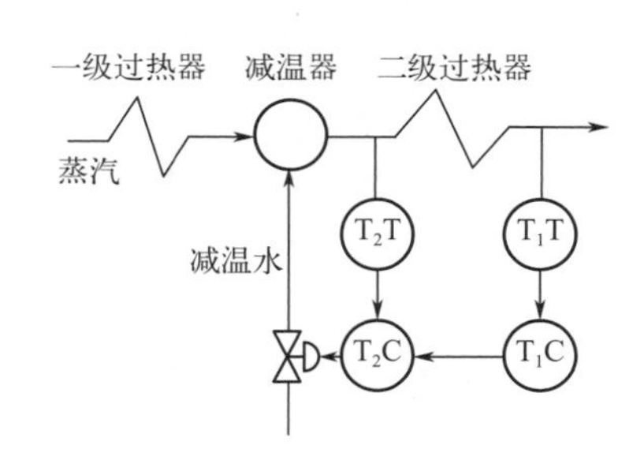

图 3-5-5　过热蒸汽温度串级控制系统

例 2：辊道窑中烧成带窑道温度与火道温度的串级控制系统如图 3-5-6 所示，试分析其控制过程。

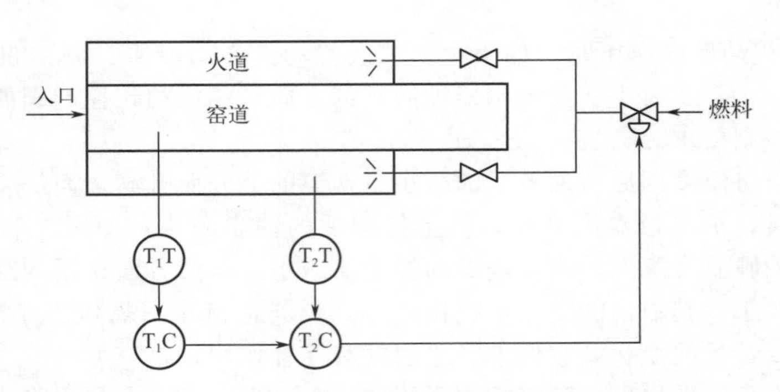

图 3-5-6 窑道温度与火道温度的串级控制系统

用于具有较大容量滞后的过程。图 3-5-6 所示为窑道温度与火道温度的串级控制系统。辊道窑主要用以素烧或釉烧地砖、外墙砖、釉面砖等产品。由于辊道窑烧成时间短，要求烧成温度在较小的范围内波动，所以必须对烧成带和其他各区的温度实现自动控制。选取火道温度为副变量构成串级控制系统的副回路，它对于燃料油的压力和黏度、助燃风量的变化等扰动所引起的火道温度变化都能快速进行控制。当产品移动速度变化、窑内冷风温度变化等扰动引起窑道温度变化时，由于主回路的控制作用能使窑道温度稳定在预先设定的数值上，所以采用串级控制，提高了产品质量，满足了生产要求。

例 3： 某厂精馏塔提馏段塔釜温度与蒸汽流量的串级控制系统如图 3-5-7 所示，试分析其控制过程。

用于存在变化剧烈和较大幅值扰动的过程。如图 3-5-7 所示的精馏塔塔釜，以蒸汽流量为副变量，以塔釜温度为主变量，把蒸汽压力变化这个主要扰动包括在副回路中，充分运用串级控制系统对于进入副回路的扰动具有较强抑制能力的特点，并把副控制器的比例度调到 20%。实际运行表明，塔釜温度的最大偏差不超过 1～5℃，完全满足了生产工艺要求。

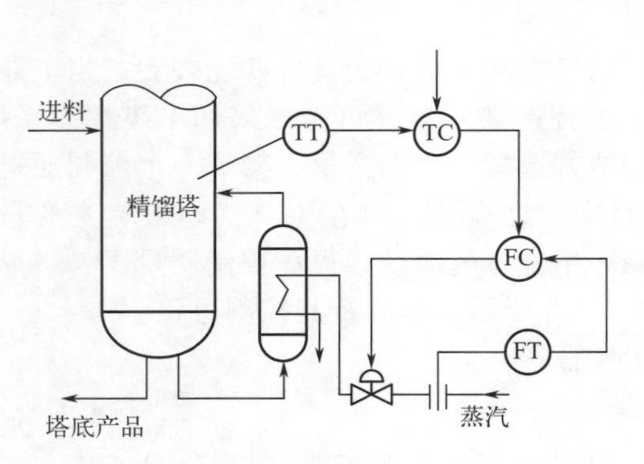

图 3-5-7 精馏塔塔釜温度与蒸汽流量串级控制系统

例 4： 醋酸乙炔合成反应器中部温度与换热器出口温度串级控制系统如图 3-5-8 所示，试分析其控制过程。

用于具有非线性特性的过程。醋酸乙炔合成反应器中部温度是保证合成气质量的重要参数，工艺要求对其进行严格控制。由于在中部温度的控制通道中包括了两个换热器和一个合成反应器，所以当醋酸和乙炔混合气的流量发生变化时，换热器的出口温度随着负荷的减小而显著地升高，并呈明显的非线性变化，因此整个控制通道的静态特性随着负荷的变化而变化。

如果选取反应器中部温度为主变量，换热器出口温度为副变量构成串级控制系统，将具有非线性特性的换热器包括在副回路中，则由于串级控制系统对于负荷的变化具有一定的自适应能力，从而提高了控制质量，达到了工艺要求。

综上所述，串级控制系统的适用范围比较广泛，尤其是当被控过程滞后较大或具有明显的非线性特性、负荷和扰动变化比较剧烈的情况下，对于单回路控制系统不能胜任的工作，串级控制系统则显示出了它的优越性。但是，在具体设计系统时应结合生产要求及具体情况，抓住要点，合理地运用串级控制系统的优点。否则，如果不加分析地到处套用，不仅会

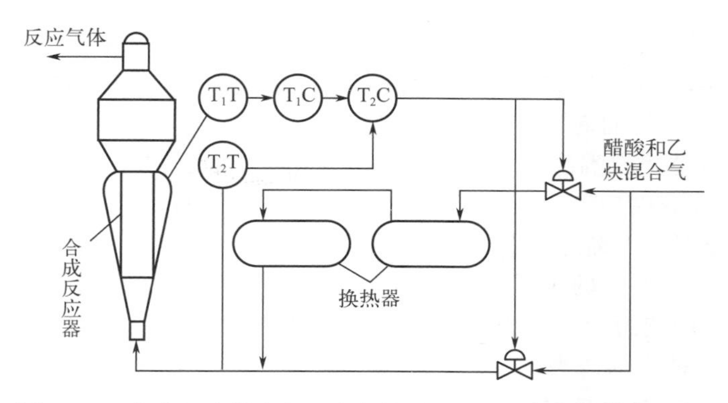

图 3-5-8 合成反应器中部温度与换热器出口温度串级控制系统

造成设备的浪费，而且也得不到预期的效果，甚至会引起控制系统的失调。

3. 串级控制系统的设计

水箱液位与管道流量串级控制实验

根据工艺控制要求合理地设计串级控制系统，才能使串级控制的优越性得到充分的发挥。串级控制系统的设计工作主要包括主、副被控变量的选择和主、副控制器控制规律的选择及正、反作用方式的确定。

(1) 主、副被控变量的选择　主被控变量（简称主变量）的选择与简单控制系统中被控变量的选择原则相同，根据工艺过程的控制要求选择主变量。主变量应反映工艺指标，并且主变量的选择应使主对象有较大的增益和足够的灵敏度；副变量的选择应使副回路包含主要扰动，并应包含尽可能多的扰动；主、副回路的时间常数不应太接近，即工作频率错开，以防“共振”现象的发生。原则上，主、副对象的时间常数之比应在 3～10 范围内，以减少主、副回路的动态联系，避免“共振”。主、副变量之间应有一定的内在联系；当被控过程具有非线性环节时，副变量的选择一定要使过程的主要非线性环节纳入副回路中。所选的副变量应使副回路尽量少包含或不包含纯滞后；此外，选择副变量时需考虑到工艺上的合理性和方案的经济性。

例 5：某化纤厂纺丝胶液压力的工艺流程如图 3-5-9 所示，试分析其控制过程。

图中，纺丝胶液由计量泵（作为执行器）输送至板式换热器中进行冷却，随后送往过滤器滤去杂质，然后送往喷丝头喷丝。工艺上要求过滤前的胶液压力稳定在 0～25MPa，由于胶液黏度大，且被控对象控制通道的纯滞后比较大，单回路压力控制方案效果不好，所以为了提高控制质量，可在计量泵与冷却器之间，靠近计量泵（执行器）的某个适当位置选择一个压力测量点，并以它为副变量组成一个压力与压力的串级控制系统，如图 3-5-9 所示。当纺丝胶液的黏度发生变化或因计量泵前的混合器有污染而引起压力变化时，副变量可及时得到反映，并通过副回路进行克服，从而稳定了过滤器前的胶液压力。

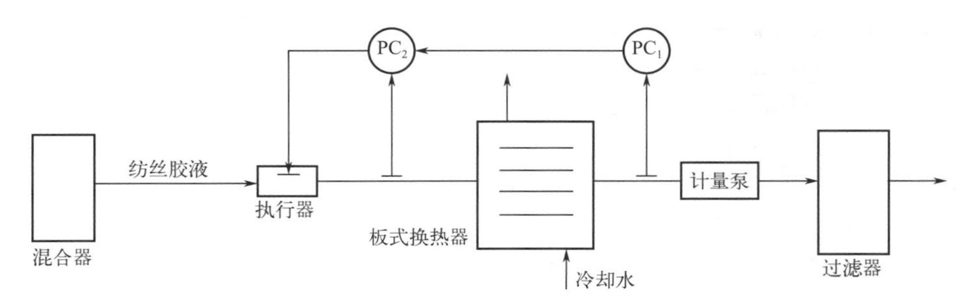

图 3-5-9 压力与压力串级控制系统

应当指出，利用串级控制系统克服纯滞后的方法有很大的局限性，即只有当纯滞后环节能够大部分乃至全部都可以被划入主对象中去时，这种方法才能有效地提高系统的控制质量，否则将不会获得很好的效果。

例 6：丙烯冷却器出口温度的两种不同串级控制方案如图 3-5-10 所示，试分析其不同。

丙烯冷却器是以液丙烯气化需吸收大量热量而使热物料冷却的工艺设备。如图 3-5-10（a）、（b）所示，分别为丙烯冷却器的两种不同的串级控制方案。两者均以被冷却气体的出口温度为主变量，但副变量的选择却各不相同，方案（a）是以冷却器液位为副变量，而方案（b）是以蒸发后的气丙烯压力为副变量。从控制的角度看，以蒸发压力作为副变量的方案（b）要比以冷却器液位作为副变量的方案（a）灵敏、快速。但方案（a）使用设备少，却较为经济，所以，在对出口温度的控制要求不是很高的情况下，完全可以采用方案（a）。当然，决定取舍时还应考虑其他各方面的条件及要求。

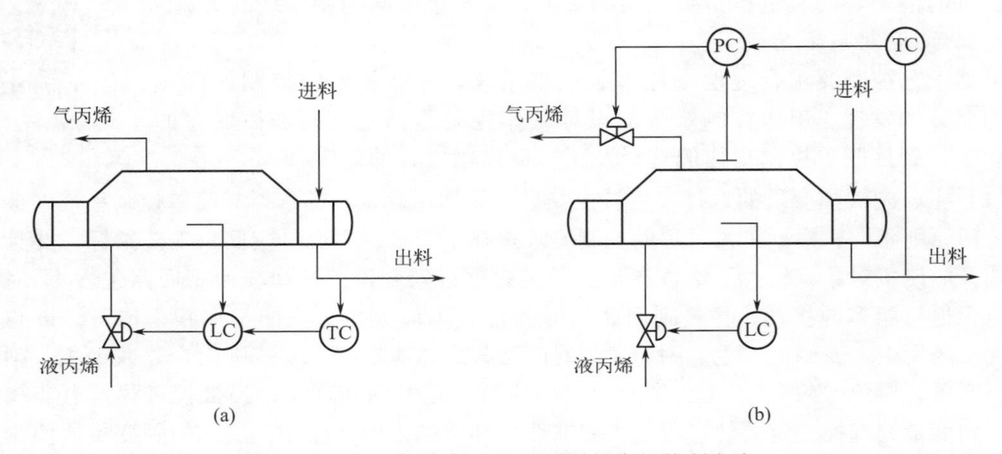

图 3-5-10　丙烯冷却器两种不同的串级控制方案

（2）主、副控制器控制规律的选择　主、副控制器控制规律的选择应根据控制系统的要求确定。根据主回路是定值控制系统的特点，为了消除余差，应采用积分控制规律；通常串级控制系统用于慢对象，为此，也可采用微分控制规律。据此，主控制器的控制规律通常为 PID 或 PI。副回路对主回路而言是随动控制系统，对副变量而言是定值控制系统。因此，从控制要求看，通常无消除余差的要求，即可不用积分作用；但当副变量是流量并有精确控制该流量的要求时，可引入较弱的积分作用。因此，副控制器的控制规律通常为 P 或 PI。

例如，在加热炉出口温度与炉膛温度控制系统中，主（出口温度）控制器应选 PID 控制规律，而副控制器只需选择纯比例（P）控制规律就可以了。而在加热炉出口温度与燃料流量控制系统中，副控制器则应选择比例积分（PI）控制规律，并且应将比例度选得较大。

（3）主、副控制器正、反作用的选择　与简单控制系统一样，一个串级控制系统要实现正常运行，其主、副回路都必须构成负反馈，因而必须正确选择主、副控制器的正、反作用方式。

为了保证副回路为负反馈，必须满足：副控制器、执行器、副对象三者的作用符号相乘为负，即

（副控制器±）×（控制阀±）×（副对象±）＝“－”

满足该式的各环节作用符号的确定与简单控制时完全一样，这里不再重述。

主控制器选择时，把整个副回路简化为一个方框，该方框的输入信号是主控制器的输出

信号（即副变量的设定值），而输出信号就是副变量，且副回路（即副环）方框的输入信号与输出信号之间总是正作用，即输入增加，输出亦增加。这样，就可将串级控制系统简化成为如图 3-5-11 所示的形式。

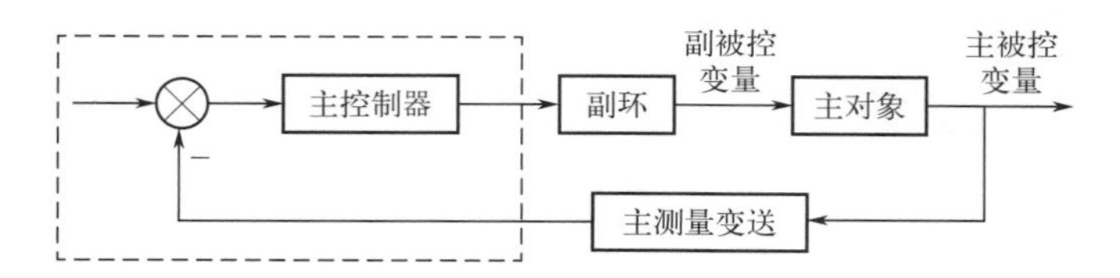

图 3-5-11 简化的串级控制系统方框图

因此，整个副回路可视为一个特性（放大系数）为“正”的环节看待。这样，主控制器的正、反作用实际上只取决于主对象的放大系数符号。主控制器作用方式的选择亦与简单控制系统的一样，为使主回路构成负反馈控制系统，主控制器的正、反作用方式应满足：

$$（主控制器\pm）\times（主对象\pm）=“-”$$

即主控制器的正、反作用方式应与主对象的特性相反。

例 7：试确定图 3-5-2 所示加热炉出口温度与炉膛温度串级控制系统中主、副控制器的正、反作用方式。

对于图 3-5-2 所示的加热炉出口温度与炉膛温度串级控制系统，其主、副控制器正、反作用的选择步骤如下所述。

分析主、副变量。主变量：加热炉出口温度；副变量：炉膛温度。

确定副控制器的正、反作用。控制阀：从安全角度考虑，选择气开阀，符号为“+”；副对象：控制阀打开，燃料油流量增加，炉膛温度升高，因此，该环节为“+”；副控制器：为保证副回路构成副反馈，应选反作用。

确定主控制器的正、反作用。主对象：当炉膛温度升高时，出口温度也随之升高，因此，该环节为“+”；主控制器：为保证主回路构成副反馈，应选反作用。

4. 串级控制系统的投运和整定

串级控制系统的投运与整定

为了保证串级控制系统顺利地投入运行，并且能达到预期的控制效果，必须做好投运前的准备工作，具体准备工作与简单控制系统相同，这里不再重述。

（1）串级控制系统的投运 选用不同类型的仪表组成的串级控制系统，投运方法也有所不同，但是所遵循的原则基本上都是相同的。

其一是投运顺序，串级控制系统有两种投运方式：一种是先投副环后投主环；另一种是先投主环后投副环。目前一般都采用“先投副环，后投主环”的投运顺序。

其二是和简单控制系统的投运要求一样，在投运过程中必须保证无扰动切换。

这里以 DDZ-Ⅲ型仪表组成的串级控制系统的投运方法为例，介绍其投运顺序。首先将主、副控制器的切换开关都置于手动位置，主控制器设置为“内给（定）”，并设置好主设定值，副控制器设置为“外给（定）”，再将主、副控制器的正、反作用开关置于正确的位置；在副控制器处于软手动状态下进行遥控操作，使生产处于要求的工况，即使主变量逐步在主设定值附近稳定下来；调整副控制器手动输出至偏差为零时，将副控制器切换到“自动”位置；调整主控制器的手动输出至偏差为零时，将主控制器切入“自动”。这样就完成了串级控制系统的整个投运工作，而且投运过程是无扰动的。

（2）串级控制系统的整定 串级控制系统的主回路是一个定值控制系统，要求主变量有较高的控制精度，其控制品质的要求与简单定值控制系统控制品质的要求相同；但就一般情况而言，串级控制系统的副回路是为提高主回路的控制品质而引入的一个随动控制系统，因此，对副回路没有严格的控制品质的要求，只要求副变量能够快速、准确地跟踪主控制器的输出变化，即作为随动控制系统考虑。这样对副控制器的整定要求不高，从而可以使整定简化。

串级控制系统的整定方法比较多，有逐步逼近法、两步整定法和一步整定法等。整定的顺序都是先副环后主环，这是它们的共同点。在此仅介绍目前在工程上常用的两步整定法和一步整定法。

两步整定法：所谓两步整定法就是分两步进行整定，先整定副环，再整定主环。具体步骤如下所述。

① 工况稳定，主、副回路闭合，主、副控制器都在纯比例作用的条件下，将主控制器的比例度先置于100%的刻度上，用简单控制系统的整定方法按某一衰减比（如6：1）整定副环，求取副控制器的比例度 δ_{2s} 和振荡周期 T_{2s}。

② 副控制器的比例度置于所求的数值 δ_{2s} 上，把副回路作为主回路中的一个环节，用同样的方法整定主回路以达到相同的衰减比，求得主控制器的比例度 δ_{1s} 和振荡周期 T_{1s}。

③ 根据所得到的 δ_{1s}、T_{1s}、δ_{2s}、T_{2s} 的数值，结合主、副控制器的选型，按前面简单控制系统整定时所给出的衰减曲线法经验公式，计算出主、副控制器的比例度 δ、积分时间 T_I 和微分时间 T_D。

④“先副环后主环”“先比例次积分最后微分”的整定顺序，将上述计算所得的控制器参数分别加到主、副控制器上。

⑤ 观察主变量的过渡过程曲线，如不满意，可对整定参数作适当调整，直到获得满意的过渡过程为止。

一步整定法：两步整定法虽能满足主、副变量的要求，但要分两步进行，需寻求两个4：1的衰减振荡过程，比较烦琐，且较为费时。为了简化步骤，串级控制系统中主、副控制器的参数整定可以采用一步整定法。所谓一步整定法，就是根据经验先将副控制器的参数一次放好，不再变动，然后按照一般简单控制系统的整定方法，直接整定主控制器的参数。

根据长期实践和大量的经验积累，人们总结得出副控制器在不同副变量情况下的经验比例度取值范围，见表3-5-1。

表3-5-1 副控制器比例度经验值

副变量类型	温度	压力	流量	液位	备注
比例度/%	20～60	30～70	60～80	20～80	

在生产正常、系统为纯比例运行的条件下，按照表3-5-1所列的经验数据，将副控制器的比例度调到某一适当的数值。将串级控制系统投运后，按简单控制系统的某种参数整定方法直接整定主控制器参数。观察主变量的过渡过程，适当调整主控制器参数，使主变量的品质指标达到规定的质量要求。如果系统出现“共振”现象，可加大主控制器或减小副控制器的比例度值，以清除“共振”。如果“共振”剧烈，可先转入手动，待生产稳定后，再在比产生“共振”时略大的控制器比例度下重新投运和整定，直至达到满意时为止。

经验证明，一步整定方法对于对主变量的精度要求较高，而对副变量没有什么要求或要求不严，允许它在一定范围内变化的串级控制系统，是很有效的。

二、其他复杂控制系统

复杂控制系统类型很多，前面介绍了串级控制系统，下面对其他常用的复杂控制系统做简单的介绍。

1. 比值控制系统

比值控制系统

工业生产过程中，经常需要两种或两种以上的物料按一定比例混合或进行反应。一旦比例失调，就会影响生产的正常进行，影响产品质量，浪费原料，消耗动力，造成环境污染，甚至造成生产事故。最常见的是燃烧过程，燃料与空气要保持一定的比例关系，才能满足生产和环保的要求；造纸过程中，浓纸浆与水要以一定的比例混合，才能制造出合格的纸浆；许多化学反应的多个进料要保持一定的比例。因此，凡是用来实现两种或两种以上的物料量自动地保持一定比例关系以达到某种控制目的的控制系统，称为比值控制系统。

比值控制系统是控制两种物料流量比值的控制系统，一种物料需要跟随另一种物料流量的变化。在需要保持比例关系的两种物料中，必有一种物料处于主导地位，称此物料为主动量（或主物料），用 F_1 表示；而另一种物料以一定的比例随主动量的变化而变化，称为从动量（或从物料），用 F_2 表示。由于主、从物料均为流量参数，故又分别称为主流量和副流量。例如，在燃烧过程的比值控制系统中，当燃料量增加或减少时，空气流量也要随之增加或减少，因此，燃料量应为主动量，而空气量为从动量。比值控制系统就是要实现从动量与主动量的对应比值关系，即满足关系

$$\frac{F_2}{F_1}=K \tag{3-5-1}$$

由此可见，在比值控制系统中，从动量是跟随主动量变化的物料流量，因此，比值控制系统实际上是一种随动控制系统。

按照系统结构，可将比值控制系统分为单闭环、双闭环和变比值控制系统三种结构类型。

开环比值控制系统是最简单的比值控制系统，其实现方法就是根据一种物料的流量来控制另一种物料的流量，它的系统组成如图 3-5-12 所示。在这个系统中，当主动量增大时，应相应地开大从动量控制阀的开度，使从动量 F_2 跟随主动量 F_1 变化，以满足控制要求。但当 F_2 因管线两端的压力波动而发生变化时，系统不起控制作用，此时难以保证 F_2 与 F_1 间的比值关系。因此生产上很少采用开环比值控制系统。

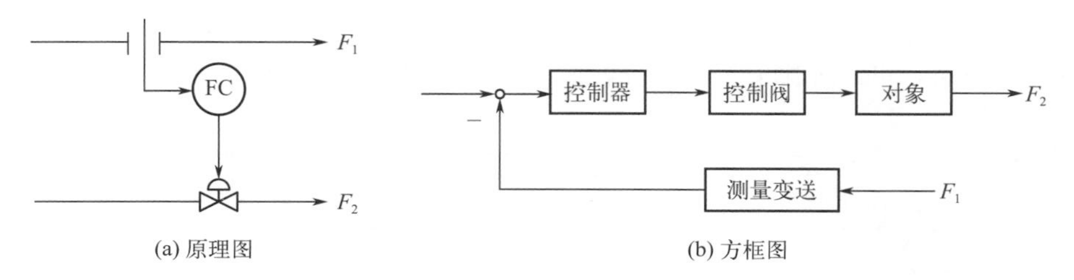

(a) 原理图　(b) 方框图

图 3-5-12 开环比值控制系统

通常，工业生产过程中采用闭环比值控制系统。为了控制从动量，从动量应组成闭环，因此，根据主动量是否组成闭环，可分为单闭环比值控制系统和双闭环比值控制系统。如果比值 K 来自另一个控制器，即主、副物料的流量比不是一个固定值，则该比值控制系统就是变比值控制系统。

① 单闭环比值控制系统。单闭环比值控制系统是为了克服开环比值控制方案的不足，在开环比值控制系统的基础上，增加一个从动量的闭环控制系统，如图 3-5-13 所示。

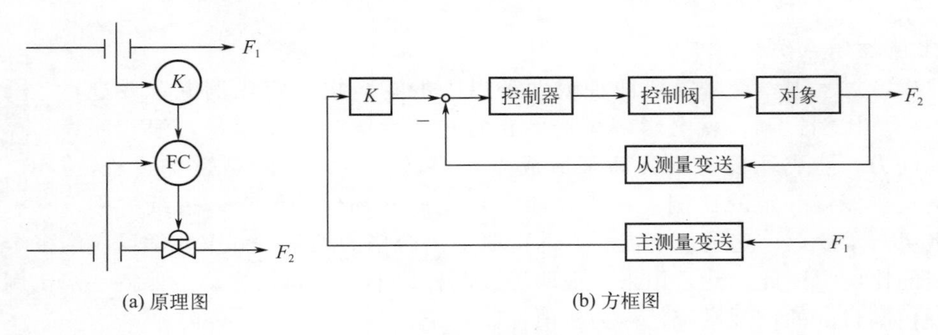

图 3-5-13 单闭环比值控制系统

从图 3-5-13（a）可看出，单闭环比值控制系统与串级控制系统具有相类似的结构形式，但两者是不同的。单闭环比值控制系统的主动量相当于串级控制系统的主变量，但其主动量并没有构成闭环系统，F_2 的变化并不影响到 F_1，这就是两者的根本区别。

如图 3-5-14 所示，为单闭环比值控制系统实例。丁烯洗涤塔的任务是用水除去丁烯馏分中所夹带的微量乙腈。为了保证洗涤质量，要求根据进料流量配以一定比例的洗涤水量。

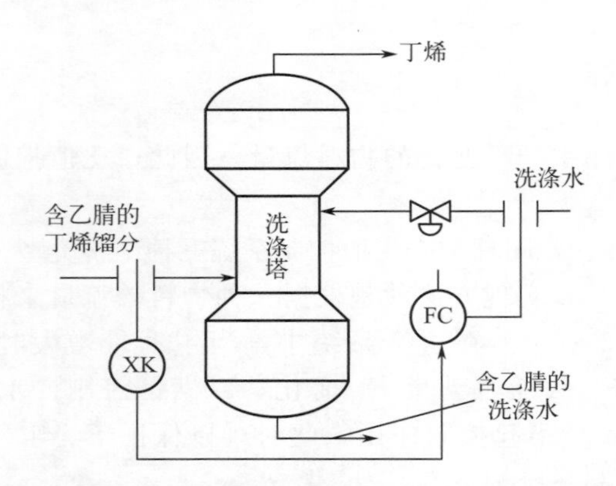

图 3-5-14 丁烯洗涤塔进料与洗涤水之比值控制

单闭环比值控制系统中，虽然两物料比值一定，但由于主动量是不受控制的，所以总物料量（即生产负荷）是不固定的，这对于负荷变化幅度大、物料又直接去化学反应器的场合是不适合的。此外，这种方案对于严格要求动态比值的场合也是不适应的。因为这种方案的主动量是不定值的，当主动量出现大幅度波动时，从动量相对于控制器的设定值会出现较大的偏差。

② 双闭环比值控制系统。双闭环比值控制系统是为了克服单闭环比值控制系统主动量不受控、生产负荷在较大范围内波动的不足而设计的。在主动量也需要控制的情况下，增加一个主动量控制回路，单闭环比值控制系统就成为双闭环比值控制系统，如图 3-5-15 所示。

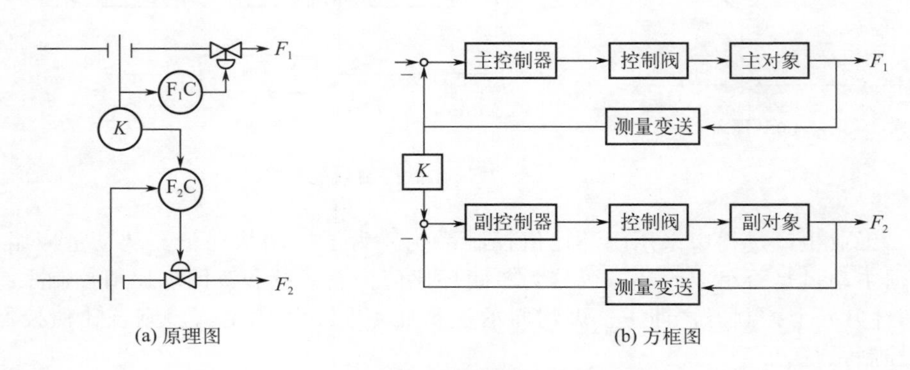

图 3-5-15 双闭环比值控制系统

如图 3-5-16 所示，为某溶剂厂生产中采用的二氧化碳与氧气流量的双闭环比值控制系统的实例。双闭环比值控制系统由于主动量控制回路的存在，实现了对主动量的定值控制，大大克服了主流量干扰的影响，使主流量变得比较平稳，通过比值控制使副流量也比较平稳。这样不仅实现了比较精确的流量比值，而且也确保了两物料的总流量（即生产负荷）能保持稳定，这是双闭环比值控制的一个主要优点。

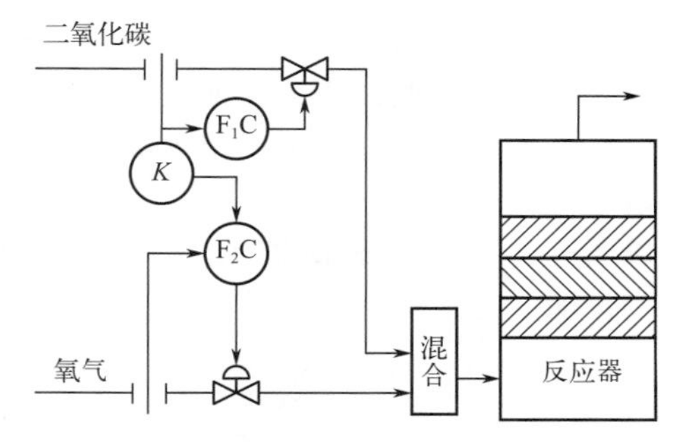

图 3-5-16 二氧化碳与氧气流量双闭环比值控制系统

双闭环比值控制的另一个优点是升降负荷比较方便，只要缓慢地改变主动量控制器的设定值，就可以升降主动量，同时从动量也就自动跟踪升降，并保持两者的比值不变。双闭环比值控制方案主要应用于主动量扰动频繁且工艺上不允许负荷有较大波动，或工艺上经常需要升降负荷的场合。但由于双闭环比值控制方案使用仪表较多，投资高，而且投运也较麻烦，因此，如果没有以上控制要求，采用两个单独的单回路定值控制系统来分别稳定主、副流量，也能使两种物料保持一定的比例关系（仅仅在动态过程中，比例关系不能保证）。这样在投资上可节省一台比值装置，而且两个单回路流量控制系统在操作上也较方便。

③ 变比值控制系统。前面介绍的两种控制系统都属于定比值控制系统，控制的目的是要保持主、从物料的比值关系为定值。但有些化学反应过程，要求两种物料的比值能灵活地随第三变量的需要而加以调整，这样就出现了变比值控制系统。

在生产上维持流量比恒定往往不是控制的最终目的，而仅仅是保证产品质量的一种手段。定比值控制方案只能克服来自流量方面的扰动对比值的影响，当系统中存在着除流量扰动外的其他扰动（如温度、压力、成分及反应器中触媒活性变化等扰动）时，为了保证产品质量，必须适当修正两物料的比值，即重新设置比值系数。由于这些扰动往往是随机的，扰动的幅值也各不相同，显然无法用人工方法经常去修正比值系数，定比值控制系统也就无能为力了。因此，出现了按照一定工艺指标自行修正比值系数的变比值控制系统。如图 3-5-17 所示，为一个用除法器组成的变比值控制系统。

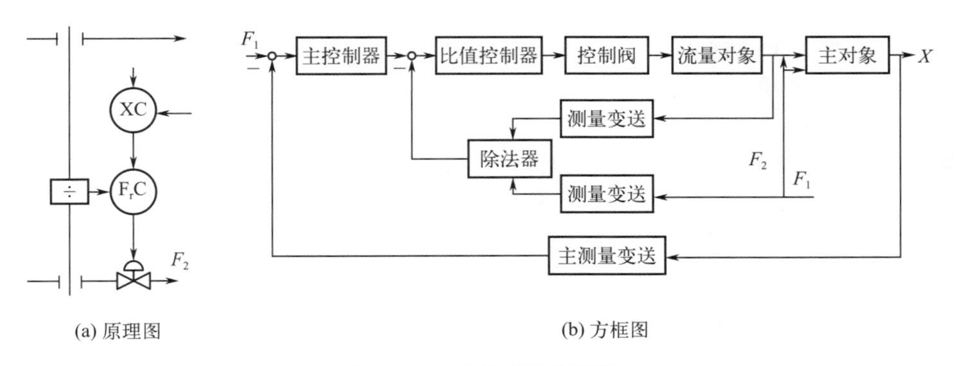

图 3-5-17 变比值控制系统

由图可见，变比值控制系统是比值随另一个控制器输出变化的比值控制系统。其结构是串级控制系统与比值控制系统的结合。它实质上是一个以某种质量指标为主变量、两物料比值为副变量的串级控制系统，所以也称为串级比值控制系统。根据串级控制系统具有一定自适应能力的特点，当系统中存在温度、压力、成分、触媒活性等随机扰动时，这种变比值系统也具有能自动调整比值、保证质量指标在规定范围内的自适应能力。因此，在变比值控制系统中，流量比值只是一种控制手段，其最终目的通常是保证表征产品质量指标的主被控变量恒定。

以图 3-5-18 所示硝酸生产中氧化炉的炉温与氨气/空气比值所组成的串级比值控制方案为例，说明变比值控制系统的应用。

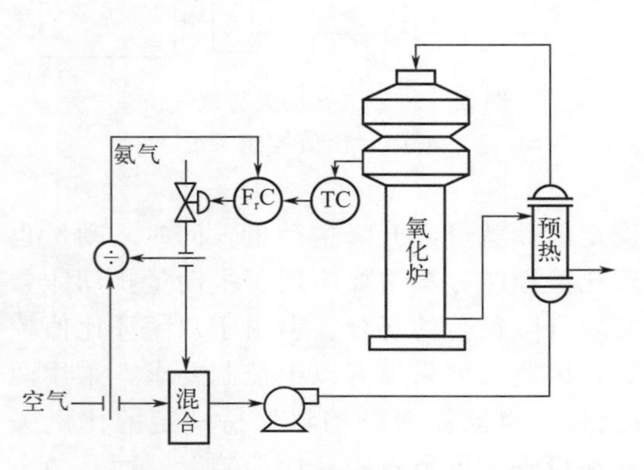

图 3-5-18 氧化炉温度与氨气/空气串级比值控制系统

氧化炉是硝酸生产中的关键设备，原料氨气和空气在混合器内混合后经预热进入氧化炉，氨氧化生成一氧化氮（NO）气体，同时放出大量的热量。稳定氧化炉操作的关键条件是反应温度，因此氧化炉的温度可以间接表征氧化生产的质量指标。当出现直接引起氨气/空气流量比值变化的扰动时，可通过比值控制系统得到及时克服而保持炉温不变。而当其他扰动引起炉温变化时，则通过温度控制器对氨气/空气比值进行修正，使氧化炉温度恒定。

在变比值控制方案中，选取的第三参数主要是衡量质量的最终指标，而流量间的比值只是参考指标和控制手段。因此在选用变比值控制时，必须考虑到作为衡量质量指标的第三参数能否进行连续的测量变送，否则系统将无法实施。由于具有第三参数自动校正比值的优点，且随着质量检测仪表的发展，变比值控制可能会越来越多地在生产上得到应用。

2. 前馈控制系统

前馈控制系统

(1) 前馈控制原理　在简单控制系统和串级控制系统中，控制器都是按照被控变量与设定值的偏差来进行控制的，这就是所谓的反馈控制。反馈控制的特点在于，总是在被控变量出现偏差后，控制器才开始动作，以补偿扰动对被控变量的影响。如果扰动虽已发生，但被控变量还未变化时，控制器则不会有任何控制作用，因此，反馈控制作用总是落后于扰动作用，控制很难达到及时。

考虑到产生偏差的直接原因是扰动，如果直接按扰动实施控制，而不是按偏差进行控制，从理论上说，就可以把偏差完全消除，即在这样的一种控制系统中，一旦出现扰动，控制器将直接根据所测得的扰动大小和方向，按一定的规律实施控制作用，以补偿扰动对被控变量的影响。由于扰动发生后，在被控变量还未出现变化时，控制器就已经进行控制，所以称此种控制为“前馈控制”（或称为扰动补偿控制）。这种前馈控制作用如能恰到好处，可以使被控变量不再因扰动作用而产生偏差，因此它比反馈控制及时。

如图 3-5-19 所示，是换热器的前馈控制系统及其方框图。图中，加热蒸汽流过换热器，把换热器套管内的冷物料加热。热物料的出口温度用蒸汽管路上的控制阀来控制。引起出口温度变化的扰动有冷物料的流量与初温、蒸汽压力等，其中最主要的扰动是冷物料的流量 Q。

设 $G_{ff}(s)$ 为扰动通道的传递函数，$G_f(s)$ 为控制通道的传递函数，$G_0(s)$ 为前馈补偿控制单元的传递函数，$F(s)$ 为扰动量，$Y(s)$ 为输出量，如果把扰动值（进料流量）测量出来，并通过前馈补偿控制单元进行控制，则

$$Y(s)=G_f(s)F(s)+G_{ff}(s)G_0(s)F(s)$$
$$=[G_f(s)+G_{ff}(s)G_0(s)]F(s) \tag{3-5-2}$$

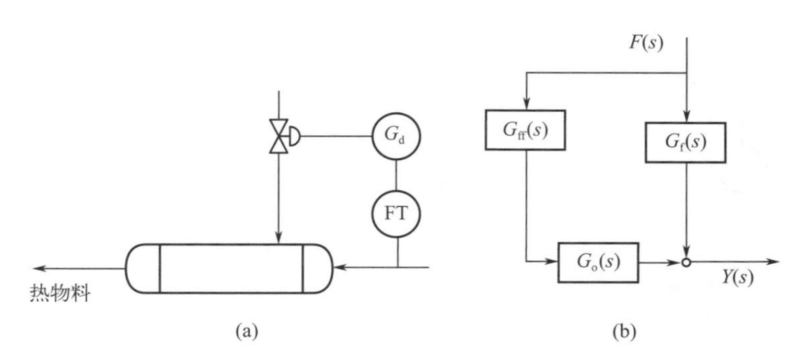

图 3-5-19　换热器的前馈控制系统及其方框图

为了使扰动对系统输出的影响为零，应满足

$$G_f(s)+G_{ff}(s)G_o(s)=0 \tag{3-5-3}$$

即

$$G_{ff}(s)=-\frac{G_f(s)}{G_0(s)} \tag{3-5-4}$$

式（3-51）即为完全补偿时的前馈控制器模型。由此可见，前馈控制的好坏与扰动特征和对象模型密切相关。对于精确的对象与扰动数学模型，前馈控制系统可以做到无偏差控制。然而，这只是理论上的愿望。实际过程中，由于过程模型的时变性、非线性，以及扰动的不可完全预见性等影响，前馈控制只能在一定程度上补偿扰动对被控变量的影响。

（2）前馈控制的特点　前馈控制是一种开环控制；是一种按扰动大小进行补偿的控制；前馈控制使用的是视对象特性而定的“专用”控制器；一种前馈控制作用只能克服一种扰动；前馈控制只能抑制可测、不可控的扰动对被控变量的影响。前馈控制有一定的局限性，前馈控制虽然是减少被控变量动态偏差的一种有效的方法，但实际上，它却做不到对扰动的完全补偿。

在这里，把前馈控制与反馈控制作如下比较，见表 3-5-2。

表 3-5-2　前馈控制与反馈控制的比较

控制类型	控制的依据	检测的信号	控制作用的发生时间
反馈控制	被控变量的偏差	被控变量	偏差出现后
前馈控制	扰动量的大小	扰动量	偏差出现前

所以为了获得满意的控制效果，合理的控制方案是把前馈控制和反馈控制结合起来，组成前馈-反馈复合控制系统。这样，一方面可以利用前馈控制有效地减少主要扰动对被控变量的影响；另一方面，则利用反馈控制使被控变量稳定在设定值上，从而保证系统具有较高的控制质量。

（3）前馈控制系统的几种主要结构　前馈控制系统主要结构主要包括单纯的前馈控制系统、前馈-反馈控制系统、前馈-串级控制系统三种。

单纯的前馈控制往往不能很好地补偿扰动，存在不少局限性。一般将前馈与反馈结合起来使用，构成前馈-反馈控制系统，以达到既能发挥前馈控制校正及时的特点，又保持了反馈控制能克服多种扰动并能始终对被控变量予以检验的优点。

如图 3-5-20（a）所示，为换热器前馈-反馈复合控制系统示意图；如图 3-5-20（b）所示，为换热器前馈-反馈复合控制系统方框图。

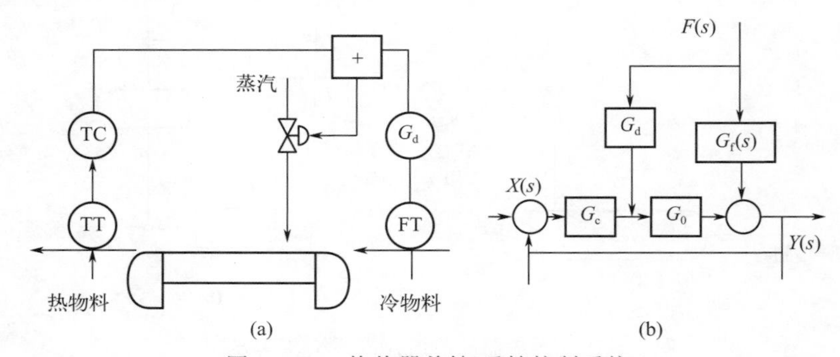

图 3-5-20　换热器前馈-反馈控制系统

G_d—前馈补偿器；G_c—控制通道传递函数；G_0—对象传递函数

由图可见，当冷物料（生产负荷）流量发生变化时，前馈控制器及时发出控制命令，补偿冷物料流量变化对换热器出口温度的影响；同时，对于未引入前馈控制的冷物料的温度、蒸汽压力等扰动，其对出口温度的影响则由 PID 反馈控制器来克服。前馈作用加反馈作用，使得换热器的出口温度稳定在设定值上，获得较理想的控制效果。

分析图 3-5-20 换热器的前馈-反馈控制系统可知，为了保证前馈补偿的精度，对控制阀提出了严格的要求，希望它灵敏、线性及滞环区尽可能小。同时，还要求控制阀前后的压差恒定，否则，同样的前馈输出将对应不同的蒸汽流量，这就无法实现精确的校正。为了解决上述两个问题，工程上将在原有的反馈控制回路中再增设一个蒸汽流量副回路，把前馈控制器的输出与反馈控制器的输出叠加后作为蒸汽流量控制器的设定值，构成如图 3-5-21 所示的前馈-串级控制系统。

3. 均匀控制系统

(1) 均匀控制系统的目的　均匀控制系统是在连续生产过程中各种设备前后紧密联系的情况下提出来的一种特殊的液位（或气压）-流量控制系统。其目的在于使液位保持在一个允许的变化范围，而流量也保持平稳。均匀控制系统是就控制方案所起的作用而言，从结构上看，它可以是简单控制系统、串级控制系统，也可以是其他控制系统。

均匀控制系统

以图 3-5-22 所示，为了保证精馏塔生产过程的稳定进行，总希望尽可能保证前塔底液位比较稳定，因此考虑设计液位控制系统；同时又希望能保持后塔进料量比较稳定，因此又考虑设置进料流量控制系统。对于单个精馏塔的操作，这样考虑是可以的，但对于前后有物料联系的精馏塔就会出现矛盾。为使前后工序的生产都能正常运行，就需要进行协调，以缓和矛盾。

工艺上要对前塔液位和后塔进料量的控制精度要求适当放宽一些，允许两者都有一些缓慢变化。可让前塔的液位在允许的范围内波动，同时进料量做平稳缓慢的变化。让这一矛盾的过程限制在一定范围内渐变，从而满足前、后两塔的控制要求。

均匀控制通常是对液位和流量两个参数同时兼顾，通过均匀控制，使这两个相互矛盾的参数达到一定的控制要求。

(2) 均匀控制的特点及要求　结构上无特殊性。均匀控制是相对控制目的而言，而不是由控制系统的结构来决定的。均匀控制系统在结构上无任何特殊性，它可以是一个单回路控制系统的结构形式，也可以是一个串级控制系统的结构形式，或者是一个双冲量控制系统的结构形式。

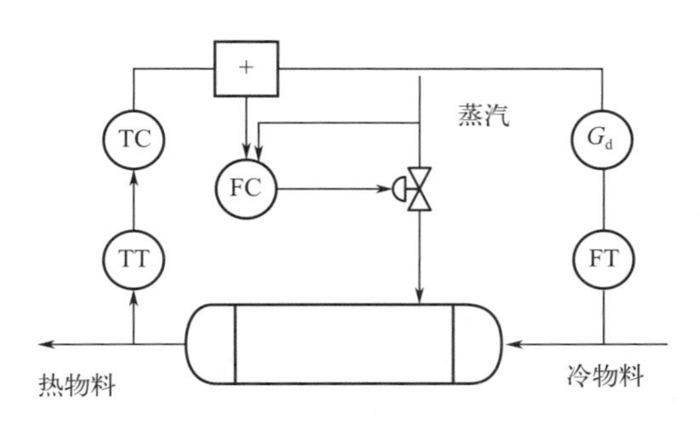

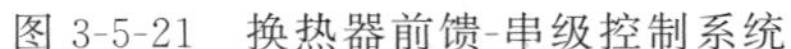

图 3-5-21　换热器前馈-串级控制系统

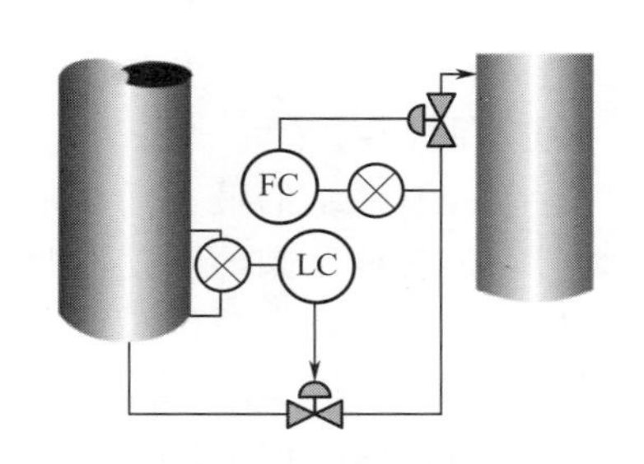

图 3-5-22　精馏塔间相互冲突的控制方案

两个参数在控制过程中都应该是变化的，而且应是缓慢地变化。因为均匀控制是指前后设备的物料供求之间的均匀，所以表征前后供求矛盾的两个参数都不应该稳定在某一固定的数值。如图 3-5-23 所示，图 3-5-23（a）中把液位控制成比较平稳的直线，因此下一设备的进料量必然波动很大。这样的控制过程只能看作液位定值控制而不能看作均匀控制。反之，图 3-5-23（b）中把后一设备的进料量调成平稳的直线，那么前一设备的液位就必然波动得很厉害，所以，它只能被看作流量的定值控制。只有图 3-5-23（c）所示的液位和流量的控制曲线才符合均匀控制的要求，两者都有一定的波动，但波动很均匀。

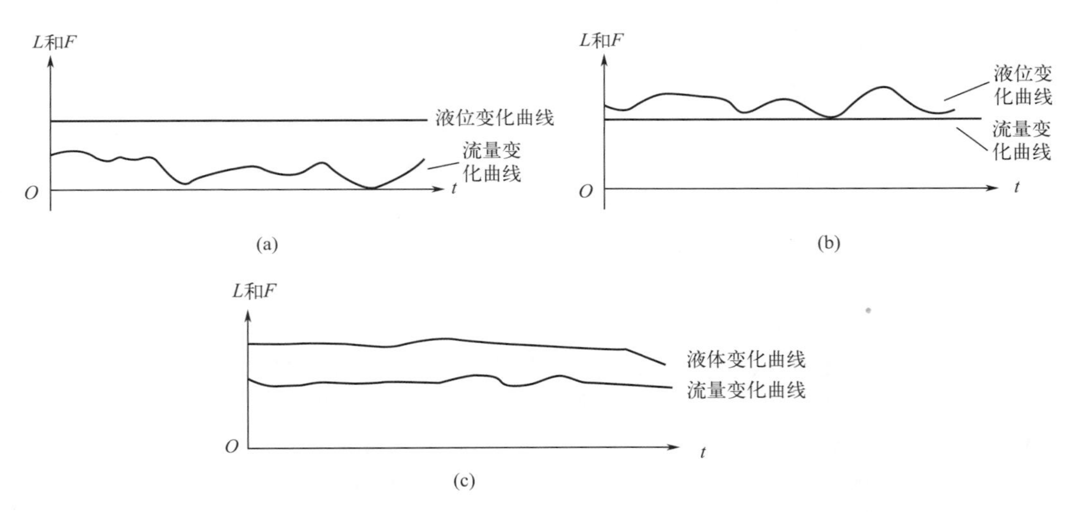

图 3-5-23　前一设备的液位和后一设备的进料量之间的关系

需要注意的是，在有些场合均匀控制不是简单地让两个参数平均分摊，而是视前后设备的特性及重要性等因素来确定均匀的主次。这就是说，有时应以液位参数为主，有时则以流量参数为主，在均匀方案的确定及参数整定时要考虑到这一点。

（3）均匀控制方案　实现均匀控制的方案主要有三种结构形式，即简单均匀控制、串级均匀控制和双冲量均匀控制。这里只介绍前两种控制方案。

① 简单均匀控制。采用单回路控制系统的结构形式，如图 3-5-24 所示。从系统结构形式上看，它与简单的液位定值控制系统是一样的，但系统设计的目的却不相同。因此在控制器的参数整定上有所不同。

通常，简单均匀控制系统的控制器整定在较大的比例度和积分时间上，一般比例度要大于100%，以较弱的控制作用达到均匀控制的目的。控制器一般采用纯比例作用，而且比例度整定得很大，以便当液位变化时，排出的流量只作缓慢的改变。有时为了克服连续发生的同一方向扰动所造成的过大偏差，防止液位超出规定范围，则引入积分作用，这时比例度一般大于100%，积分时间也要放大一些。至于微分作用，是和均匀控制的目的背道而驰的，故不采用。

简单均匀控制系统的最大优点是结构简单，投运方便，成本低廉。但当前后设备的压力变化较大时，尽管控制阀的开度不变，输出流量也会发生变化，所以它适用于扰动不大、要求不高的场合。此外，在液位对象的自衡能力较强时，均匀控制的效果也较差。

② 串级均匀控制。简单均匀控制系统，虽然结构简单，但有局限性。当塔内压力或排出端压力变化较大时，即使控制阀开度不变，流量也会因阀前后压力差的变化而改变，等到流量改变影响到液位变化时，液位控制器才进行调节，显然这是不及时的。为了克服这一缺点，可在原方案的基础上增加一个流量副回路，即构成串级均匀控制如图 3-5-25 所示。

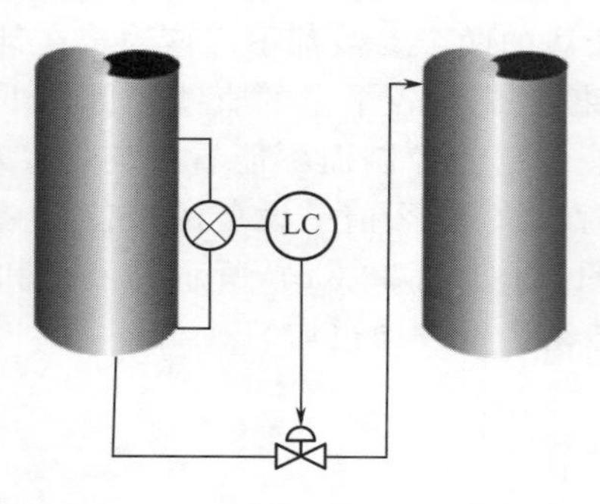

图 3-5-24 简单均匀控制方案

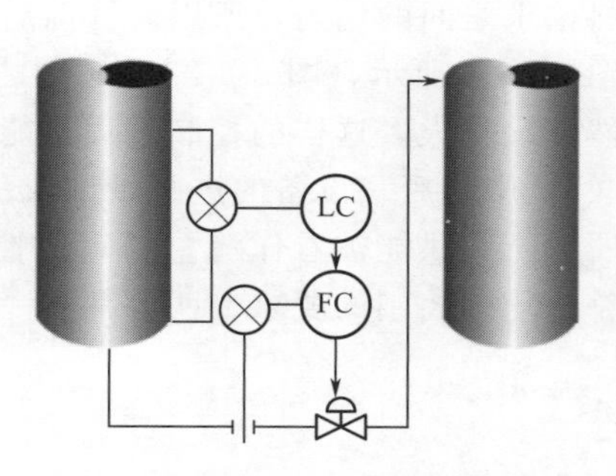

图 3-5-25 串级均匀控制方案

从图中可以看出，在系统结构上它与串级控制系统是相同的。液位控制器 LC 的输出，作为流量控制器 FC 的设定值，流量控制器的输出操纵控制阀。由于增加了副回路，所以可以及时克服由于塔内压力或出料端压力改变所引起的流量变化，这是串级控制系统的特点。但是，设计这一控制系统的目的是协调液位和流量两个参数的关系，使之在规定的范围内作缓慢的变化，所以其本质上是均匀控制。

串级均匀控制系统的主、副控制器一般都采用纯比例作用，只有在要求较高时，为防止因偏差过大而超过允许范围，才适当引入积分作用。串级均匀控制方案能克服较大的扰动，适用于系统前后压力波动较大的场合，但与简单均匀控制方案相比，使用仪表较多，投运较复杂，因此在方案选定时要根据系统的特点、扰动情况及控制要求来确定。

4. 选择性控制系统

(1) 选择性控制原理　选择性控制是过程控制中属于约束性控制类的控制方案。所谓自动选择性控制系统，就是把由工艺的限制条件（出自经济、效益或安全等方面的考虑）所构成的逻辑关系，叠加到正常的自动控制系统上的一种组合逻辑方案。在正常工况下由一个正常的控制方案起作用，当生产操作趋向安全极限时，另一个用于防止不安全情况的控制方案将取代正常情况下工作的控制方案，直到生产操作重新回到允许范围以内，恢复原来的控制方案为止。这种自动选择性控制系统又被称为自动保护控制系统，或称取代（超弛）控制系统、软保护控制系统。

选择性控制系统

(2) 选择性控制系统的类型　简单控制系统由四个功能环节（即控制器、执行器、被控对象和测量变送装置）组成，如图 3-5-26 所示。若在这一基本形式的控制方案上构成选择性控制系统，则可以插入选择性环节的部位有①和②两处。因此，根据选择器所处位置的不同，选择性控制系统可分为两种基本类型。

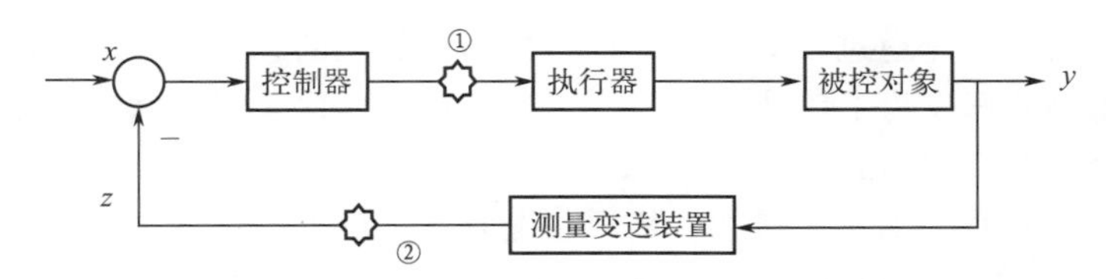

图 3-5-26　简单控制系统方框图

① 选择器位于两个控制器与一个执行器之间。当生产过程中某一工况参数超过安全极限时，用另一个控制回路代替原有正常控制回路，使工艺过程能安全运行的控制系统中，选择器位于两个控制器和一个执行器之间，如图 3-5-27 所示。

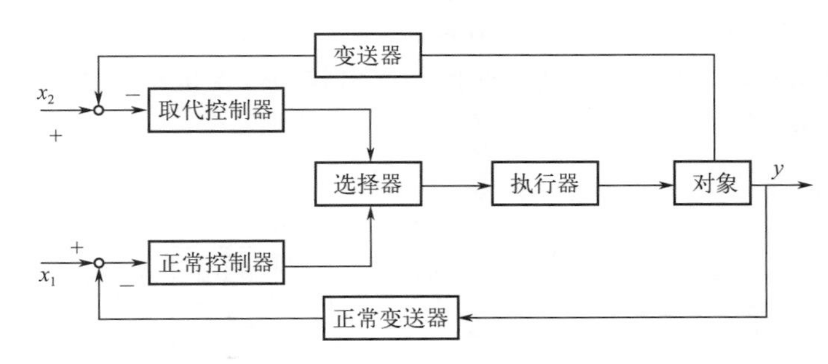

图 3-5-27　选择器位于两个控制器与一个执行器之间

由图可见，系统中有两个控制器，即正常控制器与取代控制器，这两个控制器的输出信号都送至选择器，选择器选出能适应生产安全状况的控制信号送至执行器（控制阀），以实现对生产过程的自动控制。这种类型的自动选择性控制系统是选择性控制系统的基本类型。如图 3-5-28（b）所示的液氨冷却器选择性控制系统就是典型的应用实例。

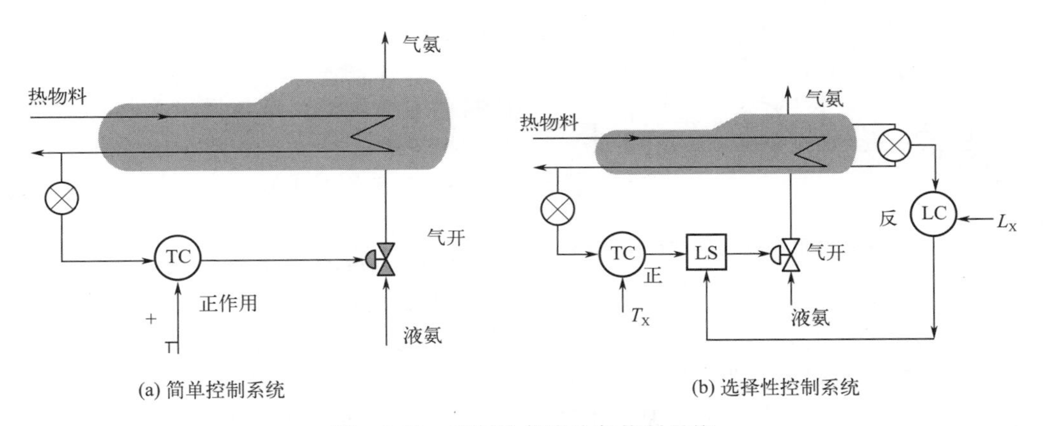

图 3-5-28　液氨冷却器冷却控制系统

液氨冷却器是工业生产中用得较多的一种换热设备，它利用液氨的气化需要吸取大量的气化热来冷却流经管内的被冷却物料。以被冷却物料的出口温度为被控变量、以液氨流量为操纵变量的正常工况下的简单控制系统如图 3-5-28（a）所示。液氨管道的控制阀为气开阀（气源中断时阀自动关闭，比较安全），温度控制器 TC 为正作用，当被冷却物料的出口温度升高时，温度变送器输出增加，使控制阀开大，从而液氨增加，这样就有更多的液氨气化吸收热量，使被冷却物料的出口温度下降。

这一控制方案实际上是通过改变传热面积来控制传热量的办法，即改变液氨面的高度去影响换热器的浸没传热面积。为了使液氨蒸发器保持足够的气化空间，就要限制液氨面不得高于某一高限值（安全软限）。为此，需在原温度控制系统的基础上，增加一个液面超限的单回路控制系统，如图 3-5-28（b）所示。显然，从工艺上看，可供温度和液面控制系统选作操纵变量的仅液氨流量一个，而被控变量却有温度和液面两个，形成了对被控变量的选择性控制系统。

② 选择器装在几个检测元件（或变送器）与控制器之间。这类控制系统主要实现对被控变量多点测量的选择性控制，其方框图如图 3-5-29 所示。

由图可见，一般来说，这种系统中的被控对象Ⅰ、Ⅱ、Ⅲ实际上是同一对象，只不过测量点不同罢了。选择器可以是高值选择、低值选择，也可以是中值选择。

如图 3-5-30 所示，为某化学反应器峰值温度选择性控制系统。该反应器内装有固定触媒层，为防止反应温度过高而烧坏触媒，在触媒层的不同位置上装设了温度检测点，其测温信号一直送至高值选择器 HS，经过高值选择器选出较高的温度信号进行控制，这样，系统将一直按反应器的最高温度进行控制，从而保证触媒层的安全。

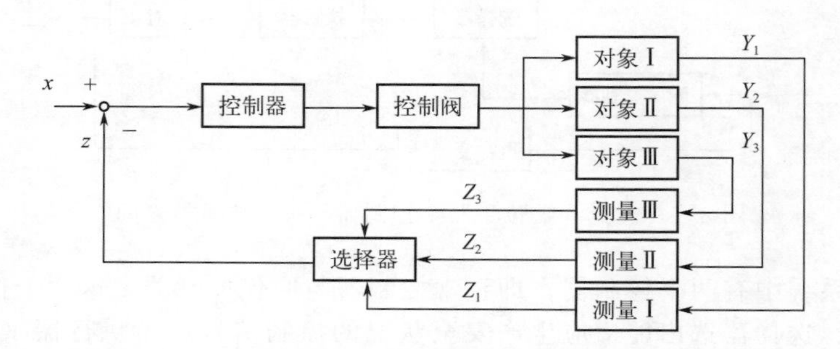

图 3-5-29 多点测量选择性控制系统方框图

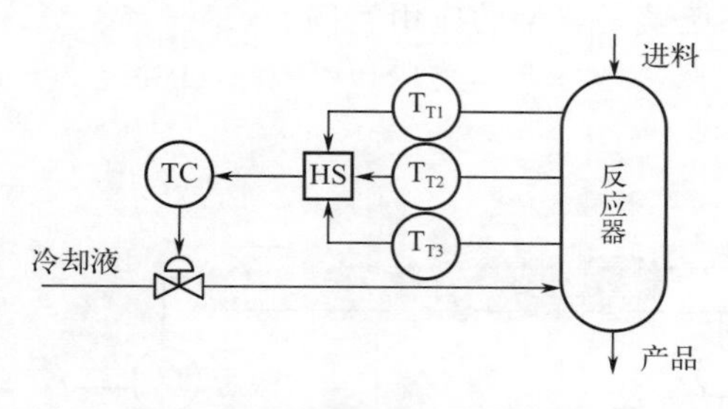

图 3-5-30 反应器峰值温度选择性控制系统

综上所述，选择性控制系统有如下特点：控制系统反映了工艺逻辑规律有选择性的要求；组成控制系统的环节中，必有选择器；控制系统的被控变量与操纵变量的数目一般是不相等的。

5. 分程控制系统

分程控制系统

在反馈控制系统中，通常是一台控制器的输出只控制一个控制阀，这是最常见也是最基本的控制形式。然而在生产过程中还存在另一种情况，即由一台控制器的输出信号，同时控制两个或两个以上的控制阀的控制方案，这就是分程控制系统。“分程”的意思就是将控制器的输出信号分割成不同的量程范围，去控制不同的控制阀。

设置分程控制的目的包含两方面的内容。一是从改善控制系统的品质角度出发，分程控制可以扩大控制阀的可调范围，使系统更为合理可靠；二是为了满足某些工艺操作的特殊要求，即出于工艺生产实际的考虑。

（1）分程控制系统的组成及工作原理　一个控制器同时带动几个控制阀进行分程控制动作，需要借助于安装在控制阀上的阀门定位器来实现。阀门定位器分为气动阀门定位器和电-气阀门定位器。将控制器的输出信号分成几段信号区间，不同区间内的信号变化分别通过阀门定位器去驱动各自的控制阀。例如，有 A 和 B 两个控制阀，要求在控制器输出信号在 4～12mA DC 变化时，A 阀做全行程动作。这就要求调整安装在 A 阀上的电-气阀门定位器，使其对应的输出信号压力为 20～100kPa。而控制器输出信号在 12～20mA DC 变化时，通过调整 B 阀上的电-气阀门定位器，使 B 阀也正好走完全行程，即在 20～100kPa 全行程变化。按照以上条件，当控制器输出在 4～20mA DC 变化时，若输出信号小于 12mA DC，则 A 阀在全行程内变化，B 阀不动作；而当输出信号大于 12mA DC 时，则 A 阀已达到极限，B 阀在全行程内变化，从而实现分程控制。

就控制阀的开闭形式，分程控制系统可以划分为两种类型。一类是阀门同向动作，即随着控制器的输出信号增大或减小，阀门都逐渐开大或逐渐关小，如图 3-5-31 所示。另一种类型是阀门异向动作，即随着控制器的输出信号增大或减小，阀门总是按照一个逐渐开大而另一个逐渐关小的方向进行，如图 3-5-32 所示。

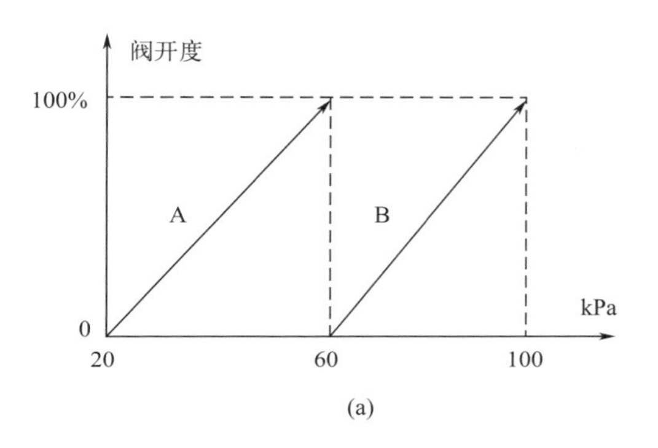

(a)

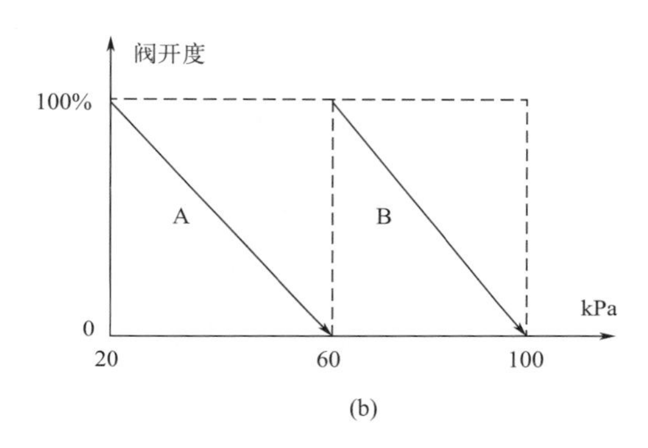

(b)

图 3-5-31　控制阀分程动作同向

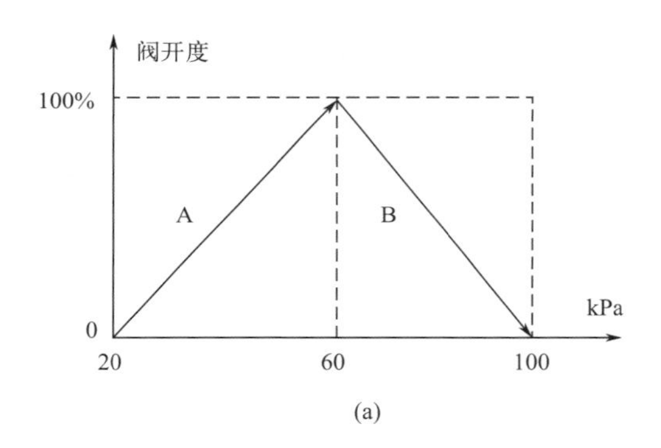

(a)

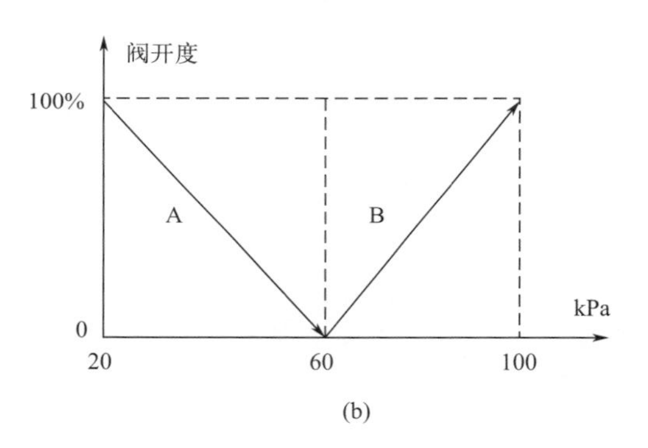

(b)

图 3-5-32　控制阀分程动作异向

分程阀同向或异向的选择问题，要根据生产工艺的实际需要来确定。

（2）分程控制的应用场合

① 扩大控制阀的可调范围，改善控制质量。现以某厂蒸汽压力减压系统为例。锅炉产汽压力为 10MPa，是高压蒸汽，而生产上需要的是 4MPa 平稳的中压蒸汽。为此，需要通过节流减压的方法，将 10MPa 的高压蒸汽节流减压成 4MPa 的中压蒸汽。可选用两只同向动作的控制阀构成分程控制

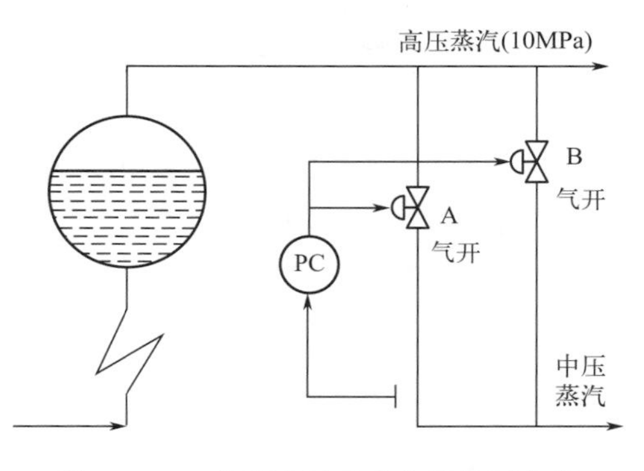

图 3-5-33　蒸汽减压系统分程控制方案

方案，如图 3-5-33 所示。

在正常情况下，即小负荷时，B 阀处于关闭状态，只通过 A 阀开度的变化来进行控制；当大负荷时，A 阀已经全开，但仍不能满足蒸汽量的需求，这时 B 阀也开始打开，以弥补 A 阀全开时蒸汽供应量的不足。

在某些场合，控制手段虽然只有一种，但要求操纵变量的流量有很大的可调范围，如大于 100 以上。而国产统一设计的控制阀的可调范围最大也只有 30，满足了大流量就不能满足小流量，反之亦然。为此，可采用大、小两个阀并联使用的方法，在小流量时用小阀，大流量时用大阀，这样就大大扩大了控制阀的可调范围。蒸汽减压分程控制系统就是这种应用。

设大、小两个控制阀的最大流通能力分别是 $C_{\mathrm{Amax}}=100$，$C_{\mathrm{Bmin}}=4$，可调范围为 $R_{\mathrm{A}}=R_{\mathrm{B}}=30$。因为

$$R=\frac{C_{\max}}{C_{\min}}$$

式中，R 为控制阀的可调范围；$C_{\max}$ 为控制阀的最大流通能力；$C_{\min}$ 为控制阀的最小流通能力。

所以，小阀的最小流通能力为

$$C_{\mathrm{Bmin}}=C_{\mathrm{Bmax}}/R=4/30\approx 0.133$$

当大、小两个控制阀并联组合在一起时，控制阀的最小流通能力为 0.133，最大流通能力为 104，因而控制阀的可调范围为

$$R=\frac{C_{\mathrm{Amax}}+C_{\mathrm{Bmax}}}{C_{\mathrm{Bmax}}}=\frac{104}{0.133}\approx 782$$

可见，采用分程控制时控制阀的可调范围比单个控制阀的可调范围大约扩大了 26.1 倍，大大地扩展了控制阀的可调范围，从而提高了控制质量。

② 用于控制两种不同的介质，以满足生产工艺的需要。在某些间歇式生产的化学反应过程中，当反应物投入设备后，为了使其达到反应温度，往往在反应开始前需要给它提供一定的热量。一旦达到反应温度后，就会随着化学反应的进行而不断释放出热量，这些放出的热量如不及时移走，反应就会越来越剧烈，以致会有爆炸的危险。因此，对这种间歇式化学反应器既要考虑反应前的预热问题，又需考虑反应过程中及时移走反应热的问题。为此，可设计如图 3-5-34 所示的分程控制系统。

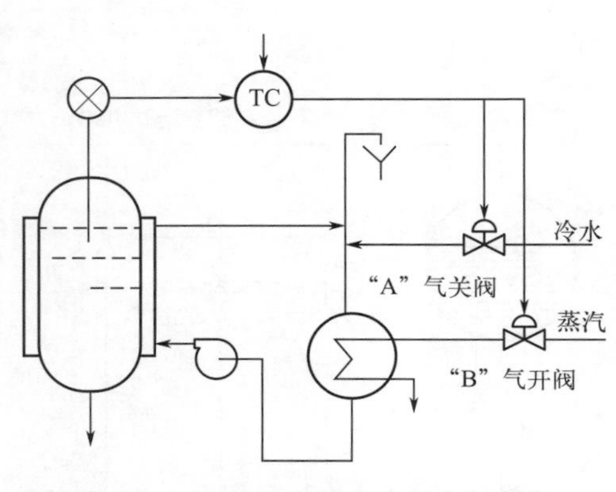

图 3-5-34 反应器温度分程控制系统

A 与 B 两个控制阀的关系是异向动作的，它们的动作过程如图 3-5-35 所示。当控制器的输出信号在 4～12mA DC 变化时，A 阀由全开到全关。当控制器的输出信号在 12～20mA DC 变化时，则 B 阀由全关到全开。这一分程控制系统，既能满足生产上的控制要求，也能满足紧急情况下的安全要求，即当出现突然供气中断时，B 阀关闭蒸汽，A 阀打开冷水，使生产处于安全状态。

③ 用作生产安全的防护措施。在各炼油或石油化工厂中，有许多存放各种油品或石油化工产品的储罐。这些油品或化工产品

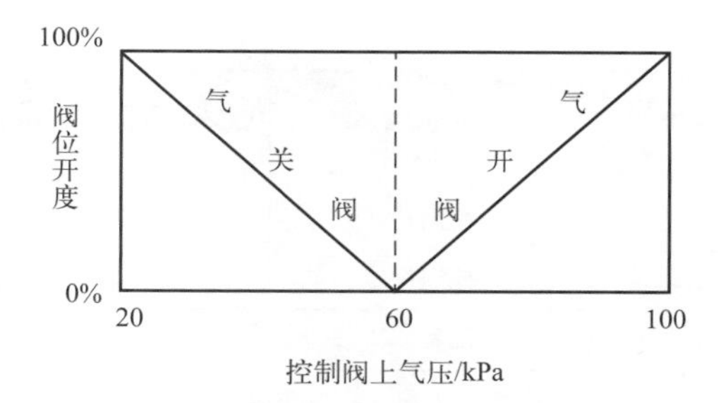

图 3-5-35　反应器温度控制分程阀动作图

不宜与空气长期接触，因为空气中的氧气会使其氧化而变质，甚至会引起爆炸。为此，常采用在储罐罐顶充以惰性气体（氮气）的方法，使油品与外界空气隔离。这种方法通常称之为氮封。

为了保证空气不进入储罐，一般要求储罐内的氮气压力保持为微正压。当储罐内的液面上升时，应将压缩的氮气适量排出。反之，当储罐内的液面下降时，应及时补充氮气。只有这样才能做到既隔绝空气，又保证储罐不变形。可采用如图 3-5-36 所示的储罐氮封分程控制系统。本方案中，氮气进气阀 A 采用气开式，而氮气排放阀 B 采用气关式。控制器选用反作用的比例积分（PI）控制规律。两个分程控制阀的动作特性如图 3-5-37 所示。

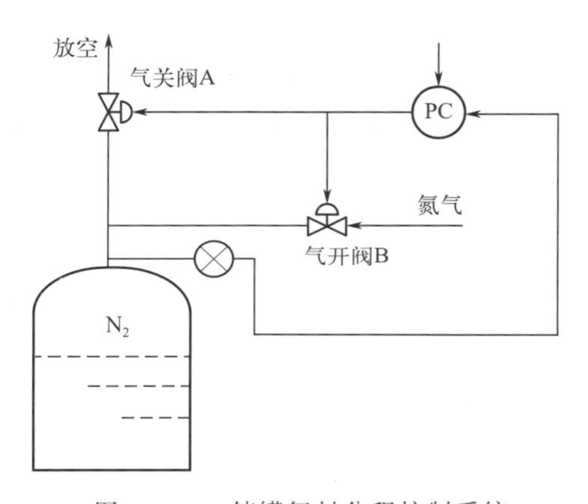

图 3-5-36　储罐氮封分程控制系统

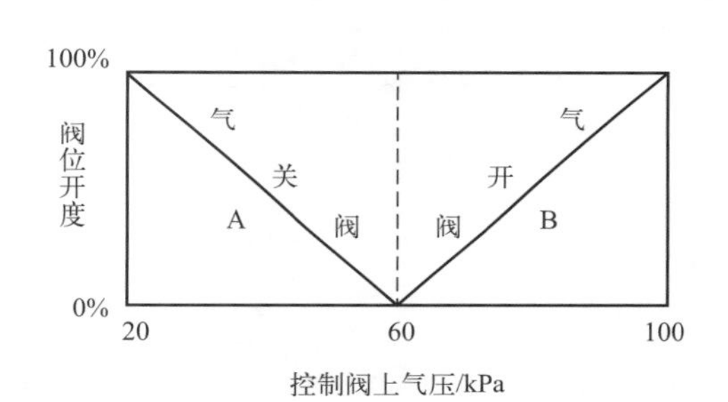

图 3-5-37　控制阀分程动作特性

对于储罐氮封分程控制系统，由于对压力的控制精度要求不高，不希望在两个控制阀之间频繁切换动作，所以通过调整电-气阀门定位器，使 A 阀接收控制器的 4～11.6mA DC 信号时，能做全范围变化，而 B 阀接收 12.4～20mA DC 信号时，做全范围变化。控制器在输出 11.6～12.4mA DC 信号时，A、B 两个控制阀都处于全关位置不动，因此将两个控制阀之间存在的这个间隙区称为不灵敏区。正因为留有这样一个不灵敏区，将会使控制过程的变化趋于缓慢，使系统更为稳定。

【任务实施】

（一）准备相关设备

1. 实训设备（表 3-5-3）

表 3-5-3　水箱液位与管道流量串级控制实训配置清单

序号	名称	电气代号	型号	数量	备注
1	离心泵	M1	MS60/0.310，220V	1 台	
2	电动控制阀	QS	QSTP-16KA	1 台	
3	涡轮流量计	WL	LWGY-15	1 个	

续表

序号	名称	电气代号	型号	数量	备注
4	磁翻板液位计	UHZ	UHZ-3	1个	
5	智能控制仪1	巡检仪控制仪模块/X2	AI-519AX3S-24V DC	1块	
6	智能控制仪2	巡检仪控制仪模块/X3	AI-719AX3S-24V DC	1块	
7	智能转速流量积算仪1	流量转速积算显示仪/X4	AI-708HAI2X3SV24	1块	
8	精密电阻		250Ω	2个	
9	精密电阻		50Ω	1	
10	连接导线			若干	
11	通信电缆			1根	
12	232/485转换模块			1个	
13	计算机			1台	
14	组态软件			1套	
15	监控软件			1套	

2. 信号实物连接图（图3-5-38）

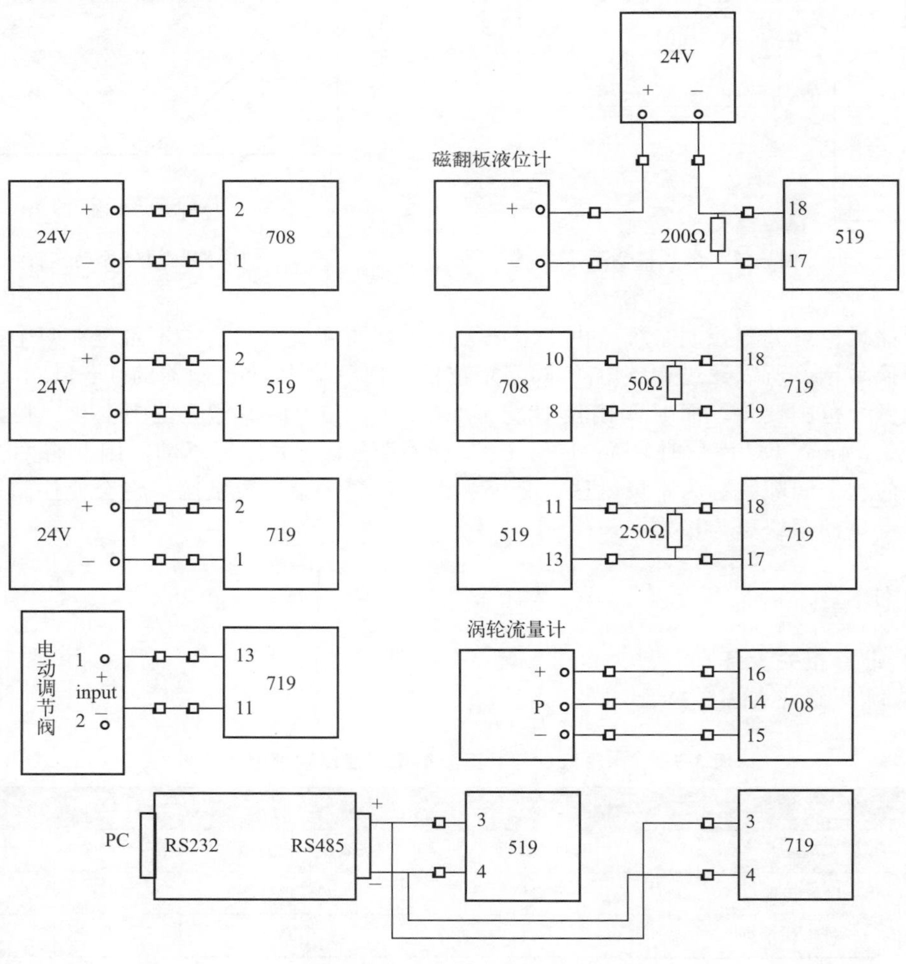

图3-5-38 信号实物连接图

（二）具体操作步骤

因为流量变化迅速，所以选择涡轮流量作为副控制器控制对象，下水箱液位作为主控制器控制对象。控制框图如图 3-5-39 所示。

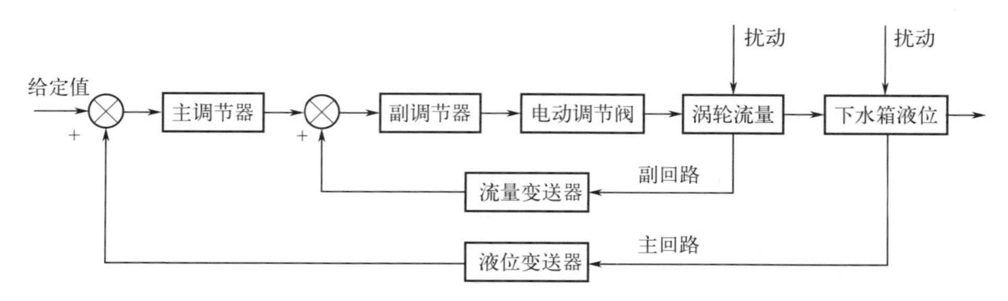

图 3-5-39　液位和涡流流量串级控制框图

步骤 1　启动实训装置的准备工作。

（1）系统连线

① 将系统的所有电源开关打在关的位置。

② 按照实训电气图将系统接好。

（2）仪表操作　在基本显示状态下按Ⓢ键并保持约 2s 即可进入现场参数表。按▽键减小数据，按△键增加数据。所修改数值位的小数点会闪动（如同光标）。按键并保持不放，可以快速地增加或是减少数值，并且速度会随小数点的右移自动加快。也可按◁键来直接移动修改数据的位置（光标），操作更快捷。持续按Ⓢ键等现场参数显示完毕后将出现 L℃参数，输入正确的密码：808，则可进入完整参数表，在完整参数表中，按表 3-5-4 设置好实训所需的仪表参数。待所有参数设置完毕，先按◁键不放接着再按Ⓢ键可直接退出参数设置状态。

表 3-5-4　仪表参数

智能转速流量积算仪 1			智能控制仪 2			智能控制仪 1		
序号	参数名称	参数值	序号	参数名称	参数值	序号	参数名称	参数值
1	Act	0	1	Ctrl	APId	1	Ctrl	APId
2	Sn	0	2	InP	33	2	InP	33
3	FdIP	1	3	dPt	0.0	3	dPt	0.0
4	FdIH	6.0	4	SCL	0	4	SCL	0
5	CF	0	5	SCH	6.0	5	SCH	650.0
6	FoH	6.0	6	Scb	0	6	Scb	0
7	loL	40	7	OPt	4～20	7	OPt	4～20
8	loH	200	8	Addr	2	8	Addr	1
			9	bAud	9600	9	bAud	9600
			10	AF	0	10	AF	0
			11	AF2	1			

步骤2 启动实训装置。

① 将实训装置电源插头接到380V的三相交流电源。

② 打开电源三相带漏电保护空气开关，电压表指示380V。

③ 打开总电源钥匙开关，按下电源控制屏上的启动按钮，即可开启电源。

步骤3 上机操作。

① 开启单相Ⅰ空气开关，根据仪表使用说明书和液位传感器使用说明书调整好仪表各项参数和液位传感器的零位、增益。

② 启动计算机MCGS组态软件，进入实训系统相应的实训如图3-5-40所示。

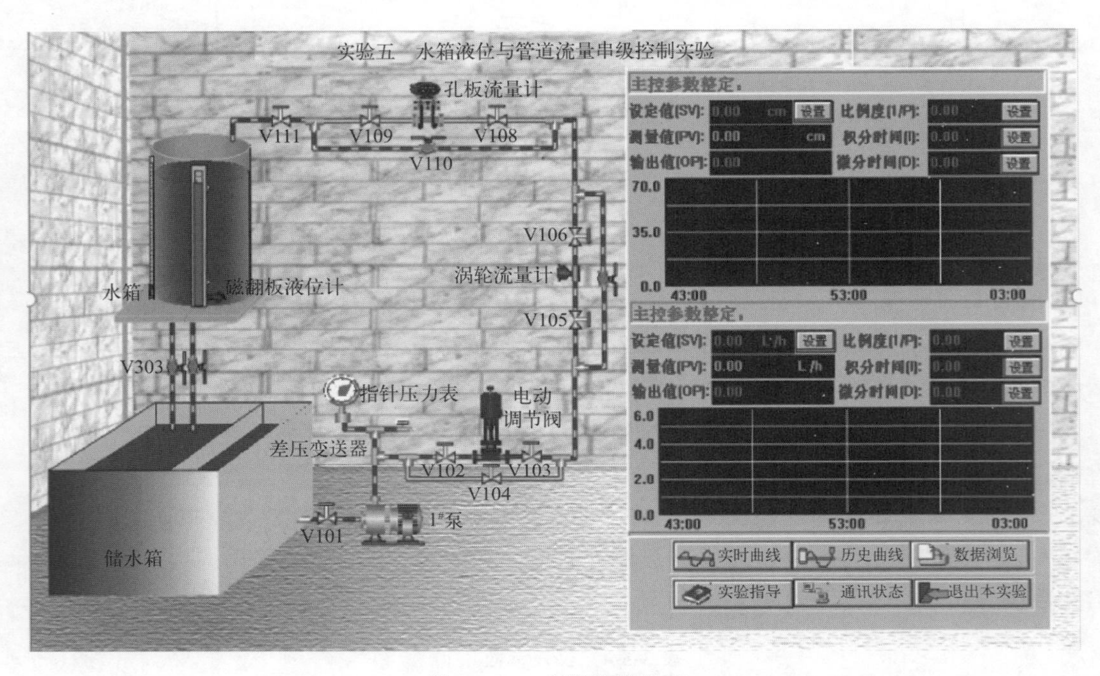

图3-5-40 实训软件界面

③ 设定主控参数和副控参数。主控制器的参数与单回路闭环控制设定方法一样，副控制器的参数主要的区别在于参数AF2应设为1。

④ 待系统稳定后，在下水箱给一个阶跃信号，观察软件的实时曲线的变化，并记录此曲线。

⑤ 系统稳定后，在副回路上加干扰信号，观察主回路和副回路上的实时曲线的变化。记录并保存曲线。

注意事项：

① 实训线路接好后，必须经指导老师检查认可后方可接通电源。

② 系统连接好以后，在老师的指导下，进行串级控制实训。

（三）任务报告

请各位同学根据以上实训步骤，按要求填写如下实训报告。

实训报告

1. 画出串级控制系统的控制方块图。

2. 一步整定法的依据是什么？

3. 阶跃扰动分别作用于副对象和主对象时，对系统主被控变量有什么影响？

4. 分析串级控制和单回路 PID 控制的不同之处。

【任务评价】

任务评价以自我评价和教师评价相结合的方式进行，指导教师根据任务评价和学生学习成果进行综合评价，并将结果填写于表 3-5-5 中。

表 3-5-5 水箱液位与管道流量串级控制任务评价表

班级：　　　　第（　　）小组　　　　姓名：　　　　时间：

评价模块	评价内容	分值/分	自我评价	教师评价	综合得分
理论知识	1. 了解串级控制系统的结构与组成	10			
	2. 熟悉串级控制系统的投运步骤	10			
	3. 熟悉串级控制系统控制器参数工程整定方法	10			
操作技能	1. 能进行串级控制系统的接线	25			
	2. 能进行串级控制系统的投运与整定	25			
职业素养	1. 场地清洁、安全，工具、设备和材料的使用得当	10			
	2. 团队合作与个人防护	10			
总分（自我评价×40%＋教师评价×60%）					

综合评价：

导师或师傅签字：

【直击工考】

一、填空题

1. 自动控制系统是由（　　）、测量变送装置、控制器和执行器组成的。
2. 对象的数学模型分为（　　）和动态数学模型。
3. 当对象的输出参数与输入参数对时间的积分成比例关系时，称为（　　）。
4. 当数学模型是采用曲线或数据表格等来表示时，称为（　　）。
5. 动态数学模型的形式主要有（　　）、传递函数、差分方程及状态方程等。

二、选择题

1. 下列选项中（　　）不是控制器选用时应考虑的。

A. 内外给定　B. 开闭形式　C. 控制规律　D. 正反作用

2. 积分控制规律的特点是（　　）。

A. 控制及时，能消除余差　B. 控制超前，能消除余差
C. 控制滞后，能消除余差　D. 控制及时，不能消除余差

3. 微分控制规律是根据（　　）进行控制的。

A. 偏差的变化　B. 偏差大小　C. 偏差的变化速度　D. 偏差及存在的时间

4. 模拟调节器可以（　　）。

A. 进行偏差运算和 PID 运算　B. 只能进行偏差运算
C. 只能进行 PID 运算　D. 既不能进行偏差运算，也不能进行 PID 运算

5. 调节器的比例度和积分时间正确说法是（　　）。

A. 比例度越大，比例作用越强
B. 积分时间越少，积分作用越强
C. 比例度越大，比例作用越弱，积分时间越长，积分作用越强
D. 比例度越小，比例作用越弱，积分时间越少，积分作用越弱

6. DDZ-Ⅲ调节器的负载电阻值为（　　）。

A. 0～30Ω　B. 0～250Ω　C. 250～750Ω　D. 0～270Ω

7. 调节器的输入与输出信号正确的说法是（　　）。

A. 输入 1～5V 直流，输出 1～5V 直流
B. 输入 0～20mA 直流，输出 0～20mA 直流
C. 输入 1～5V 直流，输出 4～20mA 直流
D. 输入 1～10V 直流，输出 4～20mA 直流

8. 当调节器加入积分控制规律后，能够达到（　　）的目的。

A. 减小系统振荡　B. 消除系统余差　C. 使系统更加稳定　D. 使过渡时间增加

9. 微分作用的强弱与微分时间 T_D 之间的关系是（　　）。

A. T_D 大，微分作用弱　B. T_D 小，微分作用弱
C. K_P 和 T_D 都大，微分作用强　D. 微分作用的强弱与 T_D 没有关系

10. （　　）这一条，不是调节器出现积分饱和现象所具备的条件。

A. 调节器具有积分现象　B. 调节器偏差存在时间足够长
C. 调节器积分作用足够强　D. 调节器处于开环状态

11. 调节阀口径大或压差高时可选用（　　）执行机构。

A. 薄膜式　B. 活塞式　C. 无弹簧气动薄膜　D. 气动长行程

12. 控制高黏度、带纤维、细颗粒的流体，选用（　　）调节阀最为合适。

A. 蝶阀　B. 套筒阀　C. 直通双座阀　D. 偏心旋转阀

13. 有一气动阀门定位器表现为有输入信号无输出压力，其主要原因是（　　）。

A. 阀内件卡涩等故障　B. 漏气　C. 喷嘴挡板污垢　D. 压力不稳

14. 执行器按其能源形式可分为（　　）大类。

A. 2　B. 3　C. 4　D. 5

15. 执行机构为（　）作用，阀芯为（　）装，则该调节阀为气关阀。

A. 正，正　B. 正，反　C. 反，正　D. 正或反，正

16. 低噪声调节阀常用的是（　）。

A. 单座阀　B. 套筒阀　C. 隔膜阀　D. 角阀

17. 蝶阀特别适用于（　）的场合。

A. 低差压、大口径　B. 低差压、大口径、大流量

C. 大口径、小流量　D. 高差压、小口径、小流量

18. 直通双座调节阀不存在（　）的特点。

A. 有上下两个阀芯和底阀座　B. 阀关闭时，泄漏量大

C. 允许阀芯前后压差较大　D. 阀关闭时，泄漏量小

19. 调节阀在实际运行时阀位应当在（　）为适宜。

A. 30%～80%　B. 15%～90%　C. 20%～100%　D. 10%～50%

20. 调节阀的工作流量特性与下列因素中的（　）无关。

A. 阀前后压力情况　B. 阀座的面积　C. 阀芯曲面形状　D. 配管情况

21. 在简单控制系统中，接收偏差信号的环节是（　）。

A. 变送器　B. 控制器　C. 控制阀　D. 被控对象

22. 控制系统中控制器的正、反作用的确定是依据（　）。

A. 实现闭环回路的正反馈　B. 实现闭环回路的负反馈

C. 系统放大倍数恰到好处　D. 系统时间常数恰到好处

23. 用来表征生产设备或过程运行是否正常而需要加以控制的物理量是（　）。

A. 被控对象　B. 被控变量　C. 操纵变量　D. 测量值

24. 在过程控制系统中，既能使控制变量不存在余差，又要使系统具有超前性控制，应选用（　）控制规律。

A. P　B. PI　C. PID　D. PD

25. PID 控制器变为纯比例作用，则（　）。

A. 积分时间置∞，微分时间置∞　B. 积分时间置 0，微分时间置∞

C. 积分时间置∞，微分时间置 0　D. 积分时间置 0，微分时间置 0

26. 某控制系统采用比例积分作用控制器。某人用先比例后加积分的凑试法来整定控制器的参数。若比例带的数值已基本合适，再加入积分作用的过程中，则（　）。

A. 应适当减少比例带　B. 适当增加比例带　C. 无须改变比例带　D. 与比例带无关

27. 经验凑试法的关键是“看曲线，调参数”。在整定中，观察到曲线振荡很频繁，需把比例度（　）以减少振荡；当曲线最大偏差大且趋于非周期过程时，需把比例度（　）。

A. 增大　B. 减少　C. 减到最小　D. 置 0

28. 某简单控制系统的对象和变送器作用为正，可选（　）。

A. 正作用控制器，气关阀　B. 正作用控制器，气开阀

C. 反作用控制器，气开阀　D. 反作用控制器，气关阀

29. 引起被调参数偏离给定值的各种因素称（　）。

A. 控制　B. 扰动　C. 反馈　D. 给定

30. 单回路定值控制系统的静态是指（　）。

A. 控制阀开度为零，控制器偏差为零

B. 控制器偏差为恒定值，控制阀开度不为恒定值

C. 控制器偏差为零，控制阀开度为 50%恒定

D. 控制器偏差为零，控制阀开度稳定

31. 前馈控制是根据（　）来进行控制的。

A. 给定值　B. 测量值　C. 扰动量　D. 反馈量

32. 串级控制系统主回路是（　　）控制系统，副回路是（　　）控制系统。

A. 比值　　B. 定值　　C. 程序　　D. 随动

33. 通常串级控制系统主控制器正反作用选择取决于（　　）。

A. 控制阀　　B. 副控制器　　C. 副对象　　D. 主对象

34. 单纯的前馈控制是一种能对（　　）进行补偿的控制系统。

A. 测量与给定之差　　B. 被调参数的变化　　C. 干扰量的变化　　D. 设定值变化

35. 串级控制系统主控制输出信号送给（　　）。

A. 控制阀　　B. 副控制器　　C. 变送器　　D. 主对象

36. 单闭环比值控制系统中，当主流量不变而副流量由于受干扰发生变化时，副流量闭环系统相当于（　　）系统。

A. 定值控制　　B. 随动控制　　C. 程序控制　　D. 分程控制

37. 关于前馈系统，不正确的说法是（　　）。

A. 是开环控制

B. 一种前馈只能克服一种干扰

C. 按偏差大小进行控制

D. 前馈控制器是视对象特性而定的“专用”控制器

38. 比值控制系统的结构类型有（　　）。

A. 开环比值　　B. 单闭环比值　　C. 三闭环比值　　D. 变比值

E. 双闭环比值

39. 串级控制系统参数整定步骤应为（　　）。

A. 先主环，后副环　　B. 先副环后主环　　C. 只整定副环　　D. 没有先后顺序

40. 关于串级控制系统，正确的说法是（　　）。

A. 是两个单回路控制系统的串联　　B. 串级系统的副回路是一个随动系统

C. 主回路是一个定值系统　　D. 有两个闭合回路

三、判断题

1. 时间常数指当对象受到阶跃输入作用后，被控变量达到新稳态值的63.2%所需要的时间。（　　）

2. 数学模型的描述方法：一种是计算法，一种是分析推导法。（　　）

3. 加热炉属于单容量的对象，可用一阶环节加纯滞后近似。（　　）

4. 时间常数 T 可以反映被控变量变化的快慢，在输出相同的情况下，时间常数越大，说明变化的速度越快。（　　）

5. 传递函数各支路信号相加减运算时，加减运算次序不能颠倒。（　　）

6. 对象的时间常数越小，受干扰后达到新稳定值所需要的时间越短。（　　）

7. 对象的时间常数越大，则反应速度越慢，容易引起振荡。（　　）

8. 放大倍数 K 和时间常数 T 都是反映对象静态特性的参数。（　　）

9. 滞后时间是纯滞后时间和容量滞后的总和。（　　）

10. 不论是控制通道还是扰动通道，对象的放大倍数 K 对于控制作用的影响都是相同的。（　　）

11. 实验测试对象特性的方法中，矩形脉冲法要比阶跃响应曲线精度高。（　　）

12. 被控对象受到干扰后，通过自动化装置的作用恢复到平衡状态，这样的被控对象就可以说是具备自衡能力。（　　）

13. 积分控制规律的优点是消除余差。（　　）

14. 当危险侧发生短路时，齐纳式安全栅中的电阻能起限能作用。（　　）

15. DDZ-Ⅲ调节器中RC积分电路实现积分作用，而RC微分电路实现微分作用。（　　）

16. 可编程调节器有计算机所具备的基本功能，具有丰富的应用软件，编程容易，但大部分可编程调节器无通信功能。（　　）

17. 比例积分控制规律不能消除余差，原因是未加入微分作用。（　　）

18. 积分时间越长，表明积分控制作用越强。（　　）

19. 调节器的测量值大于给定值时，若仪表的输出信号增大，则该调节器为正作用。（ ）
20. 比例调节过程的余差与调节器的比例度成正比。（ ）
21. 比例调节中，比例度 δ 越小，调节作用越弱，不会引起振荡。（ ）
22. 只有构成系统的各仪表均为安全火花型防爆仪表，这个系统才是安全火花型防爆系统。（ ）
23. 从确保安全的角度考虑，联锁保护系统用的电磁阀往往在常断电状态下工作。（ ）
24. 关小与调节阀串联的切断阀，会使调节阀可调比变小，流量特性变差。（ ）
25. 对流量特性来说，切断阀比旁路阀的影响要小。（ ）
26. 同口径的直通双座调节阀比直通单座调节阀的泄漏量大、不平衡力也大。（ ）
27. 气动调节阀达不到全闭位置的一个原因是介质压差太大，执行机构输出力不够。（ ）
28. 调节阀出入口方向装反不影响调节阀的使用。（ ）
29. 调节阀的填料放得越多越好。（ ）
30. 智能阀门定位器需要单独供电。（ ）
31. 两线制智能阀门定位器电源取自 4～20mA 给定电流信号。（ ）
32. 调节阀能调节的最大流量与最小流量之比称为调节阀的可调比。（ ）
33. 过程控制系统的偏差是指设定值与测量值之差。（ ）
34. 由控制阀操纵，能使被控变量恢复到设定值的物料量或能量即为操纵变量。（ ）
35. 在一个定值控制系统中，被控变量不随时间变化的平衡状态，也即被控变量变化率等于零的状态，称为系统的动态。（ ）
36. 对纯滞后大的调节对象，为克服其影响，可引入微分调节作用来克服。（ ）
37. 当调节过程不稳定时，可增加积分时间或加大比例度，使其稳定。（ ）
38. 比例调节过程的余差与调节器的比例度成正比，比例度越大则余差越大。（ ）
39. 临界比例度法是在纯比例运行下通过试验，得到临界比例度 δ_k 和临界周期 T_k，然后根据经验总结出来的关系，求出调节器各参数值。（ ）
40. 采用 PID 调节器的条件是对象纯滞后较大。（ ）
41. 当生产不允许被调参数波动时，选用衰减振荡形式过渡过程为宜。（ ）
42. 化工过程中，通常温度控制对象时间常数和滞后时间都较短。（ ）
43. 串级控制系统可以用于改善纯滞后时间较长的对象，有超前作用。（ ）
44. 串级控制系统可以用于非线性对象，且负荷变化又较大的场合，用于改善对象特性。（ ）
45. 串级控制系统要求对主参数和副参数均应保证实现无差控制。（ ）
46. 凡是有两个以上的控制器相互连接，该控制系统就是串级控制系统。（ ）
47. 前馈控制是按照干扰作用的大小进行控制的，如控制作用恰到好处，一般比反馈控制要及时。（ ）
48. 前馈控制是根据被调参数和预定值之差进行的控制。（ ）
49. 比值系统中，两个需配比的流量中选择主受控变量是任意的。（ ）
50. 串级控制系统中主控制器以“先调”“快调”“粗调”克服干扰。（ ）
51. 串级控制系统起主导作用的参数是主参数，稳定主导参数的辅助参数叫副参数。（ ）
52. 工业控制中，经常采用单纯的前馈控制。（ ）
53. 采用前馈-反馈控制系统的优点是利用了前馈控制的及时性和反馈控制的静态准确性。（ ）
54. 前馈控制系统是开环控制系统，不能用 PID 控制，它是一种特殊的控制规律。（ ）
55. 串级控制系统两步整定法是主、副回路分别整定，第一步先整定副回路，第二步再整定主回路。（ ）
56. 单闭环比值控制系统对主物料来说是开环的，而对从物料来说是一个随动控制系统。（ ）
57. 串级控制系统对进入主回路的扰动具有较强的克服能力。（ ）

四、简答题

1. 什么是对象特性？为什么要研究对象特性？
2. 何为对象的数学模型？静态数学模型与动态数学模型有什么区别？

3. 建立对象的数学模型有什么重要意义？

4. 建立对象的数学模型有哪两类主要方法？

5. 从控制仪表的发展及结构原理来看，主要有哪几种类型？各有什么特点？

6. 控制器的控制规律是指什么？常用的控制规律有哪些？

7. 什么是积分时间 T_I？它对系统过渡过程有什么影响？

8. DDZ-Ⅲ型控制器的软手动和硬手动有什么区别？各在什么情况下使用？

9. 什么叫控制器的无扰动切换？

10. 气动执行器主要由哪两部分组成？各起什么作用？

11. 气动执行机构主要有哪几种结构形式？各有什么特点？

12. 控制阀的流量特性是指什么？

13. 何为控制阀的理想流量特性和工作流量特性？

14. 何为直线流量特性？试写出直线流量特性控制阀的相对流量与相对开度之间的关系式。

15. 简单控制系统的定义是什么？请画出简单控制系统的典型方框图。

16. 在控制系统的设计中，被控变量的选择应遵循哪些原则？

17. 在控制系统的设计中，操纵变量的选择应遵循哪些原则？

18. 比例控制、比例积分控制、比例积分微分控制规律的特点各是什么？分别适用于什么场合？

19. 控制器的正、反作用方式选择的依据是什么？

20. 试简述简单控制系统的投运步骤。

21. 控制器参数整定的任务是什么？工程上常用的控制器参数整定方法有哪几种？

22. 临界比例度的意义是什么？为什么工程上控制器所采用的比例度要大于临界比例度？

23. 某控制系统用临界比例度法整定控制器参数。已测得 $\delta_k=25\%$，$T_k=5\text{min}$。请分别确定 PI、PID 作用时的控制器参数。

24. 某控制系统采用衰减曲线法整定控制器参数。已测得 $\delta_s=30\%$，$T_s=10\text{s}$。试用衰减比 $n=4:1$ 确定 PID 作用时的控制器参数。

25. 何为串级控制？画出一般串级控制系统的典型方框图，并指出它在结构上与简单控制系统有什么不同？

26. 与简单控制系统相比，串级控制系统有哪些主要特点？什么情况下可考虑设计串级控制？

27. 为什么说串级控制系统的主回路是定值控制系统，而副回路是随动控制系统？

28. 串级控制系统中主、副控制器参数的工程整定主要有哪两种方法？

29. 何为比值控制系统？流量比是如何定义的？

30. 比值控制系统有哪些形式，它们各有何特点？

31. 什么是前馈控制系统？它有什么特点？

32. 前馈控制系统有哪几种主要结构形式？

33. 前馈控制主要应用在什么场合？

34. 何为均匀控制？均匀控制的目的是什么？均匀控制主要有几种结构形式？

35. 什么是选择性控制系统？它有几种结构类型？

36. 什么是分程控制系统？主要应用在什么场合？

五、分析题

1. 如图 3-5-41 所示，为蒸汽加热器，利用蒸汽将物料加热到所需温度后排出。试问：

(1) 影响物料出口温度的主要因素有哪些？

(2) 要设计一个温度控制系统，应选什么物理量为被控变量和操纵变量？为什么？

(3) 如果物料温度过高时会分解，试确定控制阀的气开、气关形式和控制器的正、反作用方式。

(4) 如果物料在温度过低时会凝结，则控制阀的气开、气关形式和控制器的正、反作用方式又该如何选择？

2. 如图 3-5-42 所示为锅炉汽包液位控制系统的示意图，要求锅炉不能烧干。试画出该系统的方框图，确定控制阀的气开、气关形式和控制器的正、反作用方式，并简述当炉膛温度升高导致蒸汽蒸发量增加时，该控制系统是如何克服扰动的？

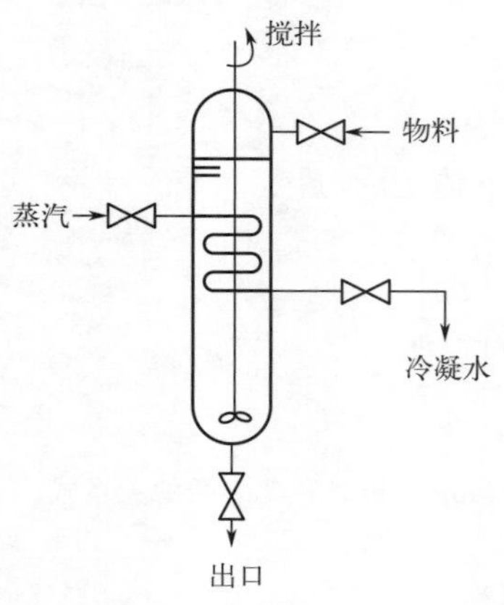

图 3-5-41　蒸汽加热器

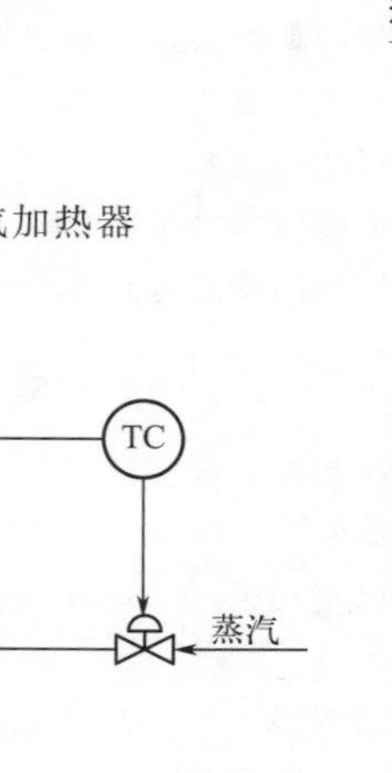

图 3-5-42　锅炉汽包液位控制系统

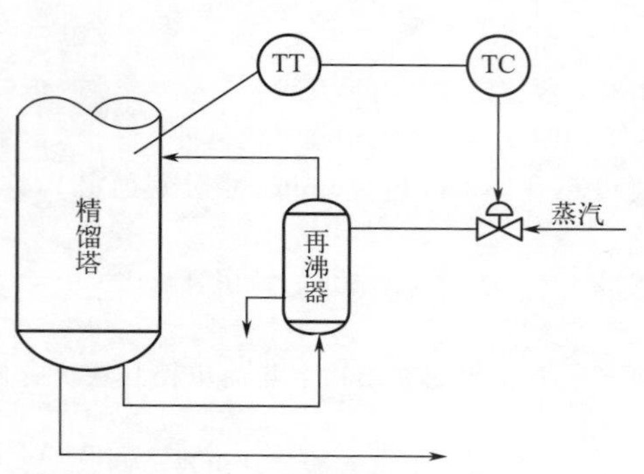

图 3-5-43　精馏塔温度控制系统

3. 如图 3-5-43 所示为精馏塔温度控制系统的示意图，它通过控制进入再沸器的蒸汽量实现被控变量的稳定。试确定控制阀的气开、气关形式和控制器的正、反作用方式，并简述由于外界扰动使精馏塔温度升高时，该系统的控制过程（此处假定精馏塔的温度不能太高）。

4. 如图 3-5-44 所示为精馏塔塔釜液位控制系统示意图。如工艺上不允许塔釜液体被抽空，试确定控制阀的气开、气关形式和控制器的正、反作用方式。

5. 如图 3-5-45 所示为反应器温度控制系统示意图。反应器内需维持一定的温度，以利于反应进行，但温度不允许过高，否则会有爆炸的危险。试确定控制阀的气开、气关形式和控制器的正、反作用方式。

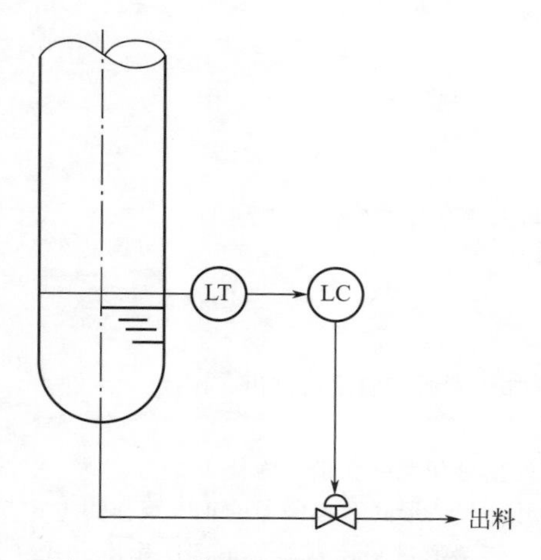

图 3-5-44　精馏塔塔釜液位控制系统

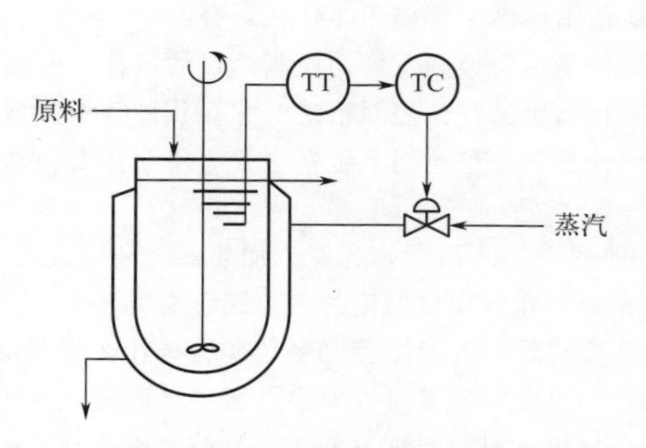

图 3-5-45　反应器温度控制系统

6. 如图 3-5-46 所示，为精馏塔塔釜温度与加热蒸汽流量串级控制系统，工艺要求塔内温度稳定在

($T\pm1$)℃；一旦发生重大事故应立即关闭蒸汽供应。

(1) 画出该控制系统的控制原理图及方框图；

(2) 试选择控制阀的气开、气关形式；

(3) 选择主、副控制器的控制规律，并确定其正、反作用方式。

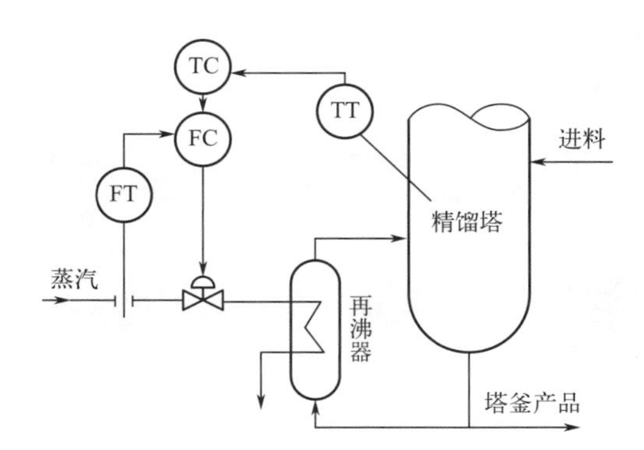

图 3-5-46　精馏塔温度-流量串级控制系统

模块三　直击工考
参考答案

模块四

典型化工单元的控制方案分析

自动化仪表最终的目的就是要实现针对不同对象实现自动化控制，起到代替人的作用，从而达到提高控制精度，减少误操作，提高控制的安全性。化工生产过程是由很多原理相似的单元通过不同组合而成的，对于每一种化工单元都有一些典型成熟的控制方案，通过对这些典型化工单元控制方案的分析，就可以了解自动化仪表在化工生产中的具体工作方案。通过对典型成套通用设备的控制分析，了解各个系统之间的关系，对于自动控制有进一步的了解。最后通过对成熟的整套工艺控制流程的分析，最终了解自动控制系统在整个工艺流程当中的作用。

通过本模块的学习和训练，应达成如下目标：

1. 了解和掌握液体输送典型设备的典型控制方案。
2. 了解和掌握气体输送典型设备的典型控制方案。
3. 了解和掌握换热典型设备的典型控制方案。
4. 了解蒸馏塔典型控制方案。
5. 了解常见化工反应设备典型控制方案。
6. 了解典型生化过程控制方案。

任务一　流体输送设备的自动控制解析

学习目标

1. 了解离心泵的自动控制方案。
2. 了解往复泵的自动控制方案。
3. 了解压缩机的自动控制方案。
4. 能实现对二氧化碳压缩机、催化气压缩机和空气压缩机的防喘振控制。
5. 培养科学严谨的态度和团队协作能力。

案例导入

流体输送是化工生产的基础，化工生产过程中需要将不同的流体输送到不同的地点，流体分为液体、气体和固体，不同的输送采用不同的输送设备，不同的输送设备采用不同的控制方案。以氯碱行业的离子膜电解工序为例，需要将饱和的食盐水输送到离子膜电解槽中，要求保证电解槽中饱和食盐水的液位的稳定，那么具体怎么实现呢？

问题与讨论：

氯碱行业离子膜电解槽需要确保饱和食盐水供给满足工艺需要，整套系统应该充分考虑到可靠性和稳定性，并兼顾一定的经济性，采用什么样的设备以及什么样的控制方案才是最佳的呢？

4

【知识链接】

一、离心泵的自动控制方案

离心泵是一种最常用的液体输送设备，它靠离心泵翼轮旋转所产生的离心力来提高液体的压力。转速越高，离心力越大，流体出口压力就越高。离心泵工作前泵体和进水管必须灌满水，形成真空状态。当叶轮快速转动时，叶片促使水很快旋转。泵里的水在离心力的作用下从叶轮中飞出，泵内的水被抛出后，叶轮的中心部分形成真空区域。水源的水在大气压力和水压的作用下，通过管网被压到了进水管内，循环往复就可以实现连续抽水。

1. 工作特性

（1）机械特性　对于一个离心泵，其压头 H 和流量 Q 及转速 n 之间的关系，称为泵的机械特性，以经验公式表示：

$$H=K_1n-K_2Q \tag{4-1-1}$$

式中，K_1、K_2 为比例系数。

（2）管路特性　泵的出口压力必须与以下各项压头及阻力相平衡。

① 管路两端静压差相应的压头 h_p。

② 将液体提升一定高度所需的压头 h_1，即升扬高度。

③ 管路摩擦损耗压头 h_f。它与流量平方值近乎成比例。

④ 控制阀两端压头 h_v。在阀门的开度一定的情况下，也与流量的平方值成正比，同时

还取决于阀门的开启度。

管路特性如图 4-1-1 所示，a'为离心泵特性曲线。其中

$$H_L = h_p + h_1 + h_f + h_v \tag{4-1-2}$$

改变泵的流量，可通过改变泵的转速或改变管路阻力来实现。

2. 离心泵的控制方案

离心泵的控制就是改变离心泵的工作点 C，从而达到控制离心泵排出量的目的，如图 4-1-2 所示。

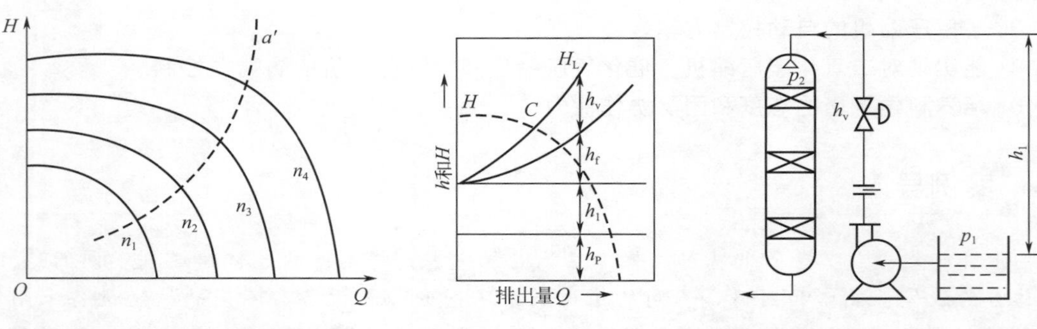

图 4-1-1 离心泵的特性曲线　　图 4-1-2 管路特性

（1）直接节流法　直接节流改变控制阀的开启度，即改变了管路阻力特性，通过控制离心泵出口阀门的开启度来控制流量的方法如图 4-1-3 所示。当扰动作用使被控变量发生变化、偏离设定值时，控制器发出控制信号指挥控制阀动作，使得流量回到设定值上。改变阀门开启度时离心泵的流量特性如图 4-1-4 所示。

当控制阀开启度发生变化时，由于泵的转速是恒定的，所以离心泵的特性没有改变，但管路上的阻力却发生了变化，即管路特性曲线不再是曲线 1，随着控制阀的关小，可能变为曲线 2 或曲线 3 了。工作点就由 C_1 移向 C_2 或 C_3，出口流量也由 Q_1 改变为 Q_2 或 Q_3。以上就是通过控制离心泵的出口控制阀开启度来改变泵的排出流量的基本原理。

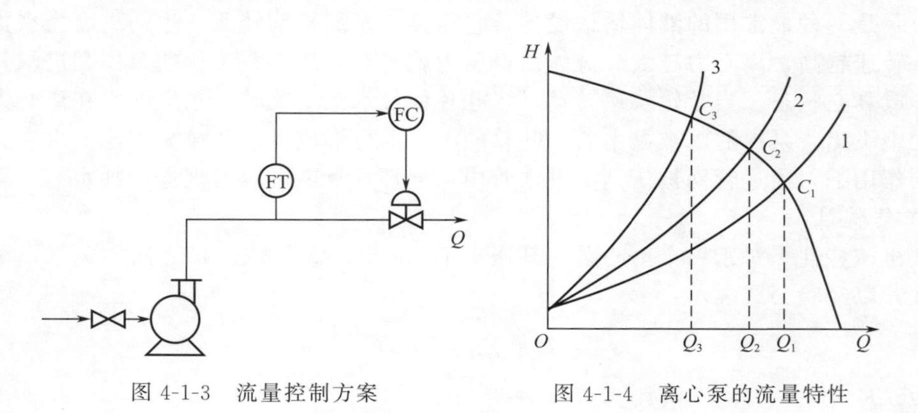

图 4-1-3 流量控制方案　　图 4-1-4 离心泵的流量特性

采用本方案时，要注意控制阀一般应该安装在出口管路上，否则由于控制阀的节流作用可能会使流体出现“气缚”及“气蚀”现象。如果泵的进口压力过低而使液体部分汽化，使泵丧失排送能力的，称作“气缚”。液体夹带着蒸汽压到出口又急剧地冷凝，冲蚀着翼轮和泵壳的，称作“气蚀”。这两种现象均对泵的正常运行造成不良影响，并且影响泵的使用寿命。

控制离心泵的出口阀门开启度的控制方案，简便易行，是应用最为广泛的方案。这种方案的缺点是，在流量小的情况下，总的机械效率较低。特别是控制阀开度较小时，阀上的压降较大，对于大功率的离心泵其损耗的功率相当大，很不经济。所以这种方案不宜使用在排出量低于正常值30%的场合。

（2）改变泵的转速　当离心泵的转速改变时，泵的流量特性曲线会发生改变。这种控制方案以改变泵的特性曲线、移动工作点来达到控制流量的目的。其控制方案及工作点的变动情况如图4-1-5所示，泵的排出量随着转速的增加而增加。

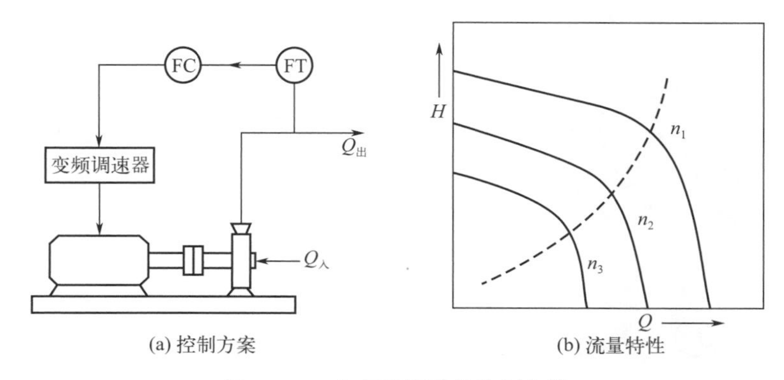

(a) 控制方案　(b) 流量特性

图4-1-5　改变泵转速的控制方案

改变泵的转速以控制流量的方法有四种，如下所述。

① 用电动机作原动机时，采用电动调速装置；

② 用汽轮机作原动机时，可控制导向叶片的角度或蒸汽流量；

③ 采用变频调速器；

④ 也可利用在原动机与离心泵之间的联轴变速器，设法改变转速比。

采用这种控制方案时，在液体输送管线上不需安装控制阀，因此减少了管路阻力的损耗，泵的机械效率较高，所以在大功率的离心泵装置中，其应用逐渐扩大。但要具体实现这种控制方案时比较复杂，所需设备费用也较高。

（3）改变旁路回流量　图4-1-6所示为改变旁路回流量的控制方案。它是在离心泵的出口与入口之间加旁路管路，让一部分排出流量重新回流到泵的入口，通过改变旁路阀开启度的方法，来控制实际排出量。这种控制方式的实质也是通过改变管路特性来达到控制流量的目的的。

这种方案较简单，而且控制阀口径较小。对旁路的那部分液体来说，由于泵的供给能量完全消耗于控制阀，因此总的机械效率较低。通过旁路控制的方案在实际生产过程中有一定的应用。

二、往复泵的自动控制方案

往复泵属于容积泵，容积泵有两类，一类是往复泵，包括活塞式、柱塞式等；另一类是直接位移式旋转泵，包括椭圆齿轮式、螺杆式等。由于这些泵都有一个共同的结构特点，即泵的运动部件与机壳之间的空隙很小，液体不能在缝隙中流动，所以泵的排出量与管路系统无关。往复泵的排出量只取决于单位时间内的往复次数及冲程的大小，而旋转泵的排出量仅取决于转速。它们的流量特性大体如图4-1-7所示。

往复泵的排量与管路阻力基本无关，因此绝不能采用在出口管线上直接节流的方法来控制流量，一旦将出口阀关死，将造成泵损、机毁的危险。

容积泵常用的控制方式如下所述。

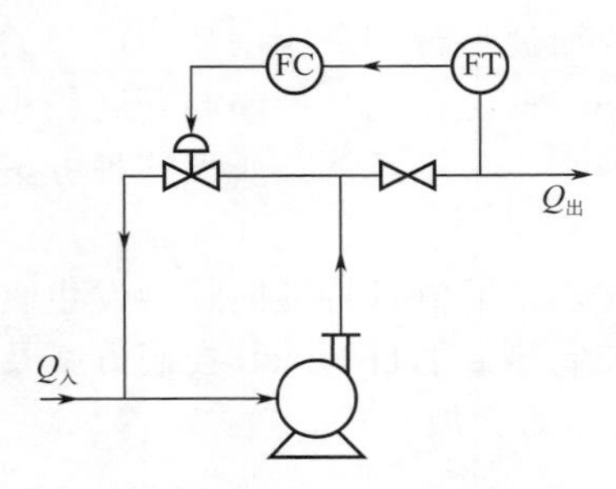

图 4-1-6 旁路控制流量

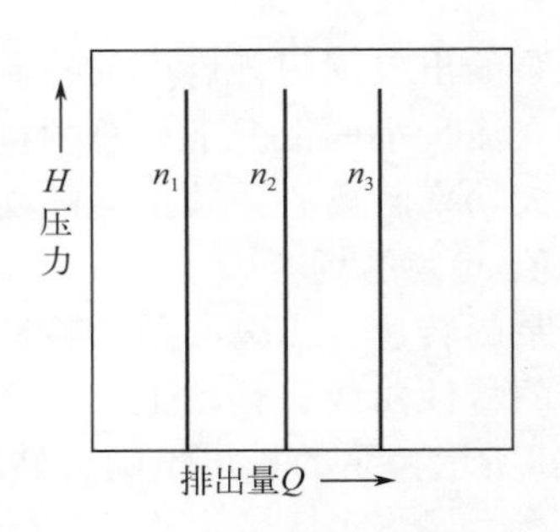

图 4-1-7 容积泵的特性曲线

① 改变原动机的转速。此法与离心泵的调转速方法相同，如图 4-1-8 所示。

② 改变往复泵的冲程。在多数情况下，这种控制冲程的机构复杂，且有一定难度，只有在一些计量泵等特殊往复泵上才考虑采用。

③ 通过旁路控制。其方案与离心泵相同，是此类泵最简单易行且常用的控制方式，如图 4-1-9 所示。

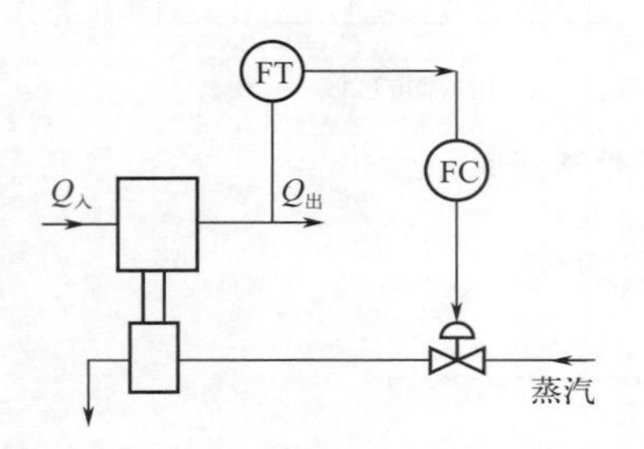

图 4-1-8 往复泵转速控制方案

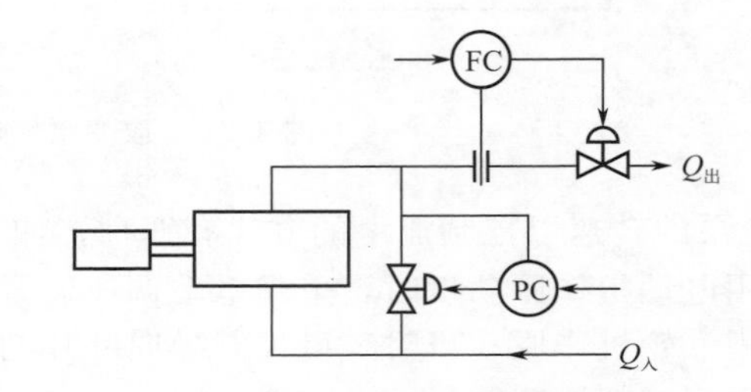

图 4-1-9 往复泵旁路压力控制系统

三、压缩机的自动控制方案

1. 压缩机的控制

压缩机和泵都是输送流体的设备，其区别在于压缩机是用来输送和提高气体的压力的，而气体是可以压缩的，所以在操作时要考虑压力对其密度的影响。

压缩机按其工作原理可分为离心式和往复式两大类，按其进、出口压力高低的差别可分为鼓风机、压缩机等类型。在制定压缩机的控制方案时必须要考虑到各自的特点。往复式压缩机适用于流量小、压缩比高的场合，其常用控制方案有汽缸余隙控制、顶开阀控制（吸入管线上的控制）、旁路回流量控制、转速控制等。这些控制方案有时是同时使用的。

近年来由于石油及化学工业向大型化发展，离心式压缩机迅速地向高压、高速、大容量、自动化方向发展。与往复式压缩机比较，离心式压缩机有下述优点：体积小、流量大、质量轻、运行效率高、易损件少、维护方便、气缸内无油气污染、供气均匀、运转平稳、经济性较好等。因此离心式压缩机得到了很广泛的应用。

压缩机的控制方案与离心泵的控制方案有很多相似之处，被控变量同样是流量或压力，控制手段一般可分为以下三类。

（1）直接控制流量　对于低压的离心式鼓风机，一般可在其出口处直接控制流量，气体输送的管径通常都较大，执行器可采用蝶阀。其他情况下，为了防止鼓风机出口压力过高，可在入口端控制流量。由于气体的可压缩性，直接控制流量的方案对于往复式压缩机也是适用的。在控制阀关小时，会在压缩机入口端形成负压，这就意味着吸入同样容积的气体，其质量流量减少了。当流量降低到额定值的50%～70%以下时，负压严重而使压缩机效率大为降低。这种情况下，可采用分程控制方案，如图4-1-10所示。出口流量控制器控制着两个控制阀。吸入阀1只能关小到一定开度，如果需要的流量还要小，则应打开旁路阀2，以避免入口端负压严重。

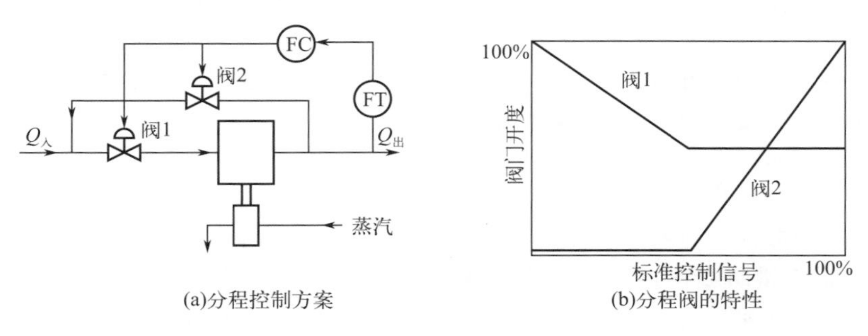

图4-1-10　压缩机分程控制方案

为了减少阻力损失，对大型压缩机往往不用控制吸入阀的方法，而用控制导向叶片角度的方法。它比进口节流法节省能量，但要求压缩机设有导向叶片装置，这样机组在结构上就要复杂一些。

(2) 控制转速　压缩机转速的改变能使其出口流量和压力发生变化，控制转速就能控制压缩机的出口流量和压力。这种控制方案最节能，特别是大型压缩机一般都采用蒸汽透平作为原动机，实现调速较为简单，应用较为广泛，但在设施上较复杂。大功率的风机，尤其用蒸汽透平带动的大功率风机应用调速的方案较多。

(3) 控制旁路流量　控制旁路流量即采用改变旁路回流量的办法，来控制实际排出量，其方案与离心泵的一样。

2. 离心式压缩机的防喘振控制

离心式压缩机虽然有很多优点，但在大容量机组中，必须很好地解决许多技术问题，如喘振、轴向推力等。因为微小的偏差很可能造成严重的事故，而且事故的出现往往迅速、猛烈，单靠操作人员处理，常常措手不及。因此，为保证压缩机能够在工艺所要求的工况下安全运行，必须配备一系列的自控系统和安全联锁系统。

(1) 喘振现象及原因　由于离心式压缩机的固有特性，当负荷降低到一定程度时，气体的排送会出现强烈的振荡而引发压缩机剧烈振动，这种现象称为喘振。压缩机的喘振会严重损坏机体，进而产生严重的后果，在生产过程中一定要防止喘振的发生。因此，在离心式压缩机的控制方案中，防喘振控制是一个重要的课题。

为什么会发生喘振呢？离心式压缩机的特性曲线即压缩比（p_2/p_1）与进口体积流量Q之间的关系曲线如图4-1-11所示。图中，n_1、n_2、n_3为离心式压缩机的转速，由图可知，不同的转速下每条曲线都有一个p_2/p_1值的最高点，连接每条曲线最高点的虚线是一条表征喘振的极限曲线。虚线左侧的阴影部分是不稳定区，称为喘振区；虚线的右侧为稳定区，称为正常运行区。若压缩机的工作点在正常运行区，此时流量减小会提高压缩比，流量增大会降低压缩比。假设压缩机的转速为n_2，正常流量为Q_A，如因某种扰动流量减小，则压缩比增加，即出口压力p_2增加，使压缩机排出量增加，自衡作用使负荷恢复到稳定流量Q_A上。假如负荷继续减小，使负荷小于临界吸入流量值Q_P时（即移动到p_2/p_1的最高点后，排出量继续减小），压力p_2继续下降，于是出现管网压力大于压缩机所能提供压力的情况，瞬时发生气体倒流，接着压缩机恢复到正常运行区。由于负荷还是小于 Q_P，压力被迫升高，又把倒流进来的气体压出去，此后又引起压缩比下降，出口的气体倒流。这种现象重复进行时，称为喘振。表现为压缩机的出口压力和出口流量剧烈波动，机器与管道振动。如果与机身相连的管网容量较小并严密，则可能听到周期性的如同“喘气”般的噪声；而当管网容量较大时，喘振时会发出周期性间断的吼叫声，并伴随有止逆阀的撞击声，这种现象将会使压缩机及所连接的管网系统和设备发生强烈振动，甚至使压缩机等设备遭到破坏。

(2) 防喘振控制方案　由上述分析可知，离心式压缩机产生喘振现象的主要原因是负荷降低、排气量小于极限流量值 Q_P。所以只要保证压缩机的吸入流量大于临界吸入流量值 Q_P，系统就会工作在稳定区，不会发生喘振。

为了使进入压缩机的气体流量保持在 Q_P 以上，在生产负荷下降时，须将部分出口气从出口旁路返回到入口或将部分出口气放空，以保证系统工作在稳定区。目前工业生产上常采用两种不同的防喘振控制方案：固定极限流量法和可变极限流量法。具体如下所述。

① 固定极限流量防喘振控制。固定极限流量防喘振控制方案是使压缩机的流量始终保持大于某一固定值（即正常可以达到最高转速下的临界吸入流量值 Q_P），从而避免进入喘振区运行。显然，压缩机不论运行在哪一种转速下，只要满足压缩机流量大于 Q_P 的条件，压缩机就不会产生喘振，其控制方案如图 4-1-12 所示。压缩机正常运行时，测量值大于设定值 Q_P，则旁路阀完全关闭。如果测量值小于 Q_P，则旁路阀打开，使一部分气体返回，直到压缩机的流量达到 Q_P 为止，这样虽然压缩机向外的供气量减少了，但可以防止发生喘振。

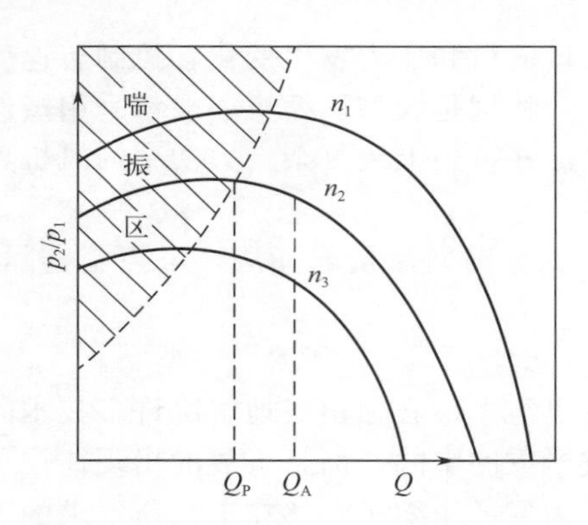

图 4-1-11　离心式压缩机的特性曲线

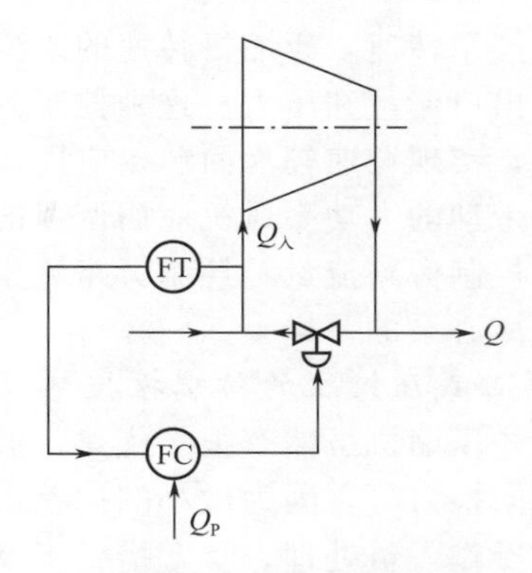

图 4-1-12　固定极限流量法防喘振控制方案

固定极限流量防喘振控制系统应与一般控制中采用的旁路控制法区别开来。其主要差别在于检测点的位置不一样，固定极限流量防喘振控制回路测量的是进入压缩机的流量，而一般流量控制回路测量的是从管网送来或是通往管网的流量。

固定极限流量防喘振控制方案简单，系统可靠性高，投资少，适用于固定转速场合。在变转速时，如果转速低到 n_2、n_3（见图 4-1-13）时，流量的裕量过大，能量浪费很大。

② 可变极限流量防喘振控制。为了减少压缩机的能量消耗，在压缩机负荷有可能经常波动的场合，采用可变极限流量防喘振控制方案。

假如，在压缩机吸入口测量流量，只要满足下式即可防止喘振的产生：

$$\Delta p_1 \geqslant \frac{\gamma}{bK^2}(p_2 - ap_1)$$

$$\frac{p_2}{p_1} \leqslant a + \frac{bK^2 \Delta p_1}{\gamma p_1}$$

式中，p_1 为压缩机吸入口压力，绝对压力；p_2 为压缩机出口压力，绝对压力；Δp_1 为入口流量的压差；$\gamma=\frac{M}{ZR}$ 为常数（M 为气体分子量，Z 为压缩系数，R 为气体常数）；K 是孔板的流量系数；a、b 为常数。

如图 4-1-14 所示，就是根据上式所设计的一种防喘振的控制方案。压缩机入口压力 p_1、出口压力 p_2 经过测量变送装置以后送往加法器，得到（p_2-ap_1）信号，然后乘以系数 $\frac{\gamma}{bK^2}$ 作为防喘振控制器 FC 的设定值 $\frac{\gamma}{bK^2}(p_2-ap_1)$。

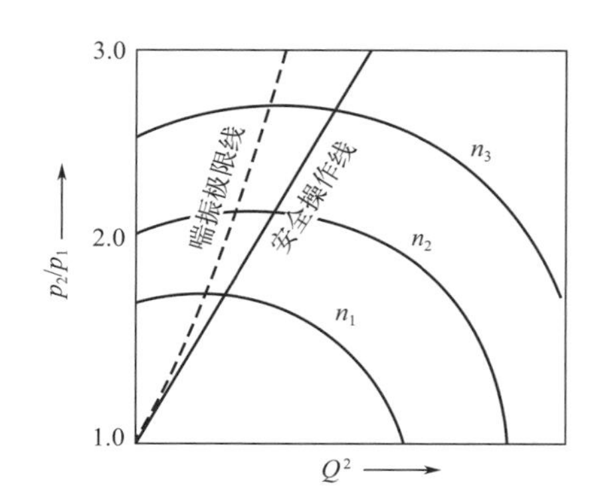

图 4-1-13　喘振极限线及安全操作线

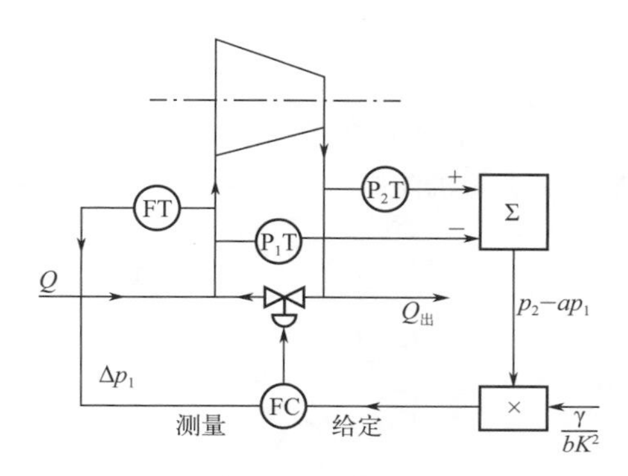

图 4-1-14　变极限流量防喘振控制方案

控制器的测量值是测量入口流量的差压经过变送器后的信号 Δp_1。当测量值 Δp_1 大于设定值时，压缩机工作在正常运行区，旁路阀是关闭的；当测量值 Δp_1 小于设定值时，则需要将旁路阀打开一部分，以保证压缩机的入口流量大于设定值，使其始终工作在正常运行区，从而防止了喘振的产生。

这种方案属于可变极限流量法的防喘振控制方案，控制器的设定值是经过运算来获得的，因此该方案能根据压缩机负荷变化的情况随时调整入口流量的设定值，而且由于将运算部分放在闭合回路之外，因此，该控制方案可像单回路流量控制系统那样整定控制器的参数。

【任务实施】

（一）准备相关设备

工艺仿真软件。

（二）具体操作步骤

1. 二氧化碳压缩机的防喘振控制

按照图 4-1-15 在 DCS 仿真中搭建模型，并按照下列顺序操作。二氧化碳压缩机用于二氧化碳的压缩，用气量用汽轮机转速控制：

① 吸入总管压力控制：压力高时放空（选气关阀）。

② 吸入流量 FC 与汽轮机转速 SC 的串级控制（工况正常时）。

③ 吸入流量 FC 与吸入压力 PC 的选择性控制（压力低时取代 FC）。

④ 高压段入口压力控制：保证高压段入口压力恒定。

⑤ 高压段出口压力 PC-4 与流量 FC-3 的选择性控制（出口压力高时取代 FC-3）。

⑥ 低压段防喘振控制（采用出口流量，$a=0$）。

⑦ 高压段防喘振控制（采用入口流量，$a=0$）。

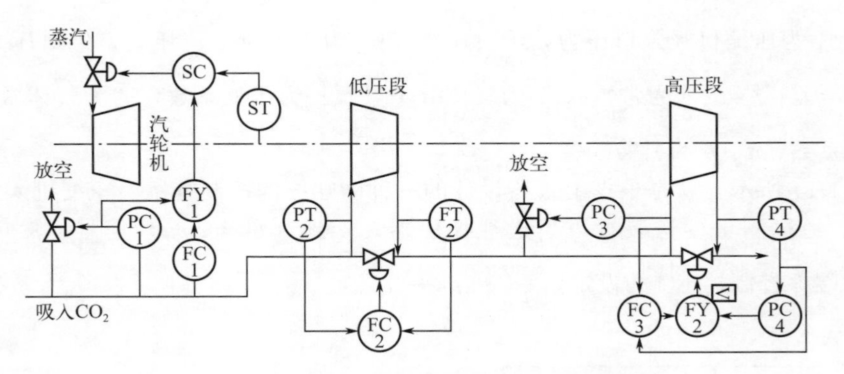

图 4-1-15 二氧化碳压缩机防喘振控制

2. 催化气压缩机的防喘振控制

催化气压缩机防喘振控制系统如图 4-1-16 所示。

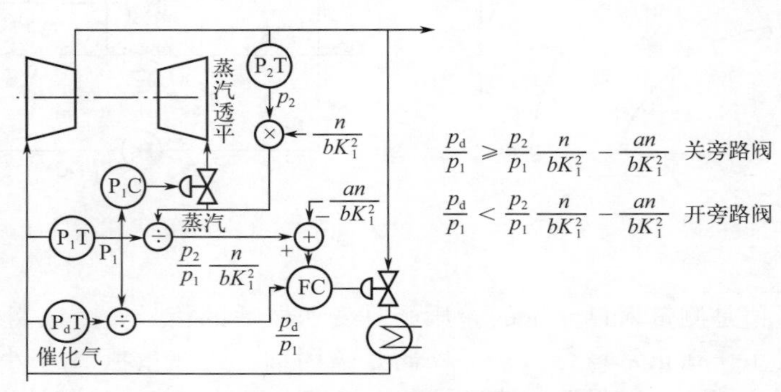

$$\frac{p_d}{p_1} \geqslant \frac{p_2}{p_1}\frac{n}{bK_1^2} - \frac{an}{bK_1^2}\quad \text{关旁路阀}$$

$$\frac{p_d}{p_1} < \frac{p_2}{p_1}\frac{n}{bK_1^2} - \frac{an}{bK_1^2}\quad \text{开旁路阀}$$

图 4-1-16 催化气压缩机防喘振控制系统

按照图 4-1-16 在 DCS 仿真中搭建模型，并按照下列顺序操作。催化气压缩机防喘振控制系统由两部分组成：

① 入口压力控制系统：通过 P_1C 控制进入蒸汽透平机的蒸汽，保证入口压力稳定。

② 入口流量的可变极限流量防喘振控制：采用上面显示的公式控制旁路阀。

3. 空气压缩机的防喘振控制

空气压缩机的防喘振控制如图 4-1-17 所示。

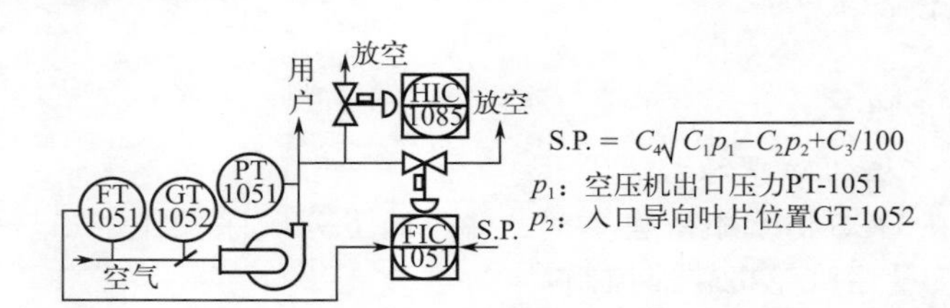

图 4-1-17 空气压缩机的防喘振控制

按照图 4-1-17 在 DCS 仿真中搭建模型，并按照下列顺序操作。

① 采用 DCS 实施的防喘振控制系统。因对空气压缩，因此，不采用旁路，而直接放空，入口压力采用入口导向叶片位置表示。空气压缩机的防喘振控制是用 FIC1051 实现的。

② 为防止喘振发生，设置喘振接近的联锁系统，当某些条件满足时，通过 HIC1085，使联锁放空阀打开。

（三）任务报告

按照以下要求填写实训报告。

实训报告

1. 按照图 4-1-15～图 4-1-17 在 DCS 仿真中搭建模型，并按照要求顺序操作。

2. 观察不同的防喘振控制的基本方法并进行比较。写出不同控制方案的特点。

3. 实验心得体会。

【任务评价】

任务评价以自我评价和教师评价相结合的方式进行，指导教师根据任务评价和学生学习成果进行综合评价，并将结果填写于表 4-1-1 中。

表 4-1-1 压缩机防喘振控制

班级： 第（ ）小组 姓名： 时间：

评价模块	评价内容	分值/分	自我评价	教师评价	综合得分
理论知识	1. 了解压缩机的基本原理	10			
	2. 压缩机喘振的原因	10			
	3. 了解压缩机防喘振控制	10			
操作技能	1. 能正确操作压缩机控制	25			
	2. 能正确进行压缩机防喘振控制	25			
职业素养	1. 场地清洁、安全，工具、设备和材料的使用得当	10			
	2. 团队合作与个人防护	10			
总分（自我评价×40%＋教师评价×60%）					
综合评价：					
导师或师傅签字：					

任务二　传热设备的自动控制解析

学习目标

1. 了解传热设备基本特点。
2. 了解传热设备结构与类型。
3. 了解传热设备基本控制方法。
4. 能实现对换热器模拟仿真控制。
5. 培养自主学习能力和良好的思维能力。

案例导入

在化工企业采用了大量的换热器来进行热量的交换，尽可能地提高热量的交换效果，并且尽可能地提高温度控制的准确性。那么，采取哪种控制方法能够使得换热器控制的效率更加高、控制的温度更加稳定呢？

问题与讨论：

温度控制的滞后非常大，并且有大量的扰动，应采取什么样的控制方案才能够达到最终的控制目的？多种的控制方案当中哪一种控制方案才是最合适的控制方案？应该怎样选取合适的控制方案？

【知识链接】

一、两侧均无相变化的换热器控制方案

传热设备的自动控制（一）

换热器的目的是使工艺介质加热（或冷却）到某一温度，自动控制的目的就是要通过改变换热器的热负荷，以保证工艺介质在换热器出口的温度恒定在给定值上。当换热器两侧流体在传热过程中均无相变化时，常采用下列几种控制方案。

1. 控制载热体的流量

图 4-2-1 表示利用控制载热体流量来稳定被加热介质出口温度的控制方案。从传热基本方程式可以解释这种方案的工作原理。

若不考虑传热过程中的热损失，则热流体失去的热量应该等于冷流体获得的热量，可写出下列热量平衡方程式

$$Q=G_1c_1(T_1-T_2)=G_2c_2(t_2-t_1) \qquad (4\text{-}2\text{-}1)$$

式中，Q 为单位时间内传递的热量；G_1、G_2 分别为载热体和冷流体的流量；c_1、c_2 分别为载热体和冷流体的比热容；T_1、T_2 分别为载热体的入口和出口温度；t_1、t_2 分别为冷流体的入口和出口温度。

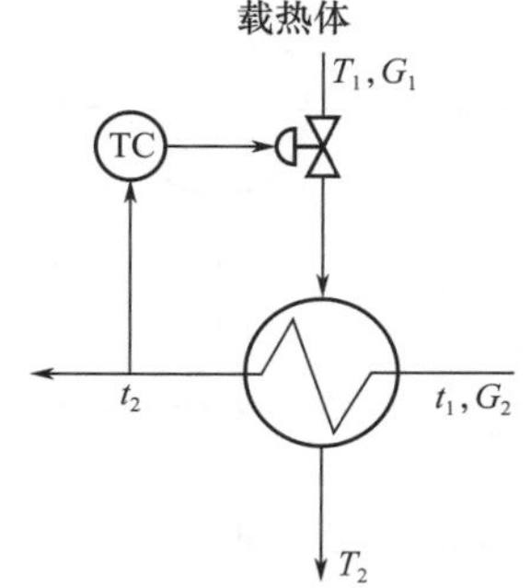

图 4-2-1　改变载热体流量控制温度

另外，传热过程中传热的速率可按式（4-2-2）计算

$$Q=KF\Delta t_m \qquad (4\text{-}2\text{-}2)$$

式中，K 为传热系数；F 为传热面积；Δt_m 为两流体间的平均温差。

由于冷热流体间的传热既符合热量平衡方程式，又符合传热速率方程式，因此有下列关系式

$$G_2c_2(t_2-t_1)=KF\Delta t_m \tag{4-2-3}$$

从式（4-2-3）可以看出，在传热面积 F、冷流体进口流量 G_2、温度 t 及比热容 c_2 一定的情况下，影响冷流体出口温度 t_2 的因素主要是传热系数 K 及平均温差 Δt_m。控制载流体流量实质上是改变 Δt_m。假如由于某种原因使 t_2 升高，控制器 TC 将使阀门关小以减少载体热流量，传热就更加充分，因此载热体的出口温度 T_2 将要下降，这就必然导致冷热流体平均温差 Δt_m 下降，从而使工艺介质出口温度 T_2 也下降。因此这种方案实质上是通过改变 Δt_m 来控制工艺介质出口温度 t_2 的。必须指出，载热体流量的变化也会引起传热系数 K 的变化，只是通常 K 的变化不大，所以讨论中可以忽略不计。

改变载热体流量是应用最为普遍的控制方案，多适用于载热体流量的变化对温度影响较灵敏的场合。

如果载热体本身压力不稳定，可另设稳压系统，或者采用以温度为主变量、流量为副变量的串级控制系统，如图 4-2-2 所示。

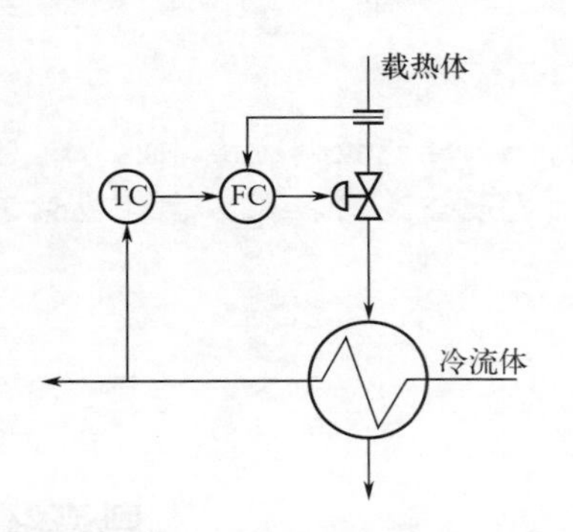

图 4-2-2　换热器串级控制系统

2. 控制载热体旁路流量

当载热体是工艺流体，其流量不允许变动时，可采用图 4-2-3 所示的控制方案。这种方案的工作原理与前一种方案相同，也是利用改变温差 Δt_m 的手段来达到温度控制的目的。这里，采用三通控制阀来改变进入换热器的载流体流量与旁路流量的比例，这样既可以改变进入换热器的载热体流量，又可以保证载热体总流量不受影响。这种方案在载热体为工艺主要介质时，极为常见。

旁路的流量一般不用直通阀来直接进行控制，这是由于在换热器内部流体阻力小的时候，控制阀前后压降很小，这样就使控制阀的口径要选得很大，而且阀的流量特性易发生畸变。

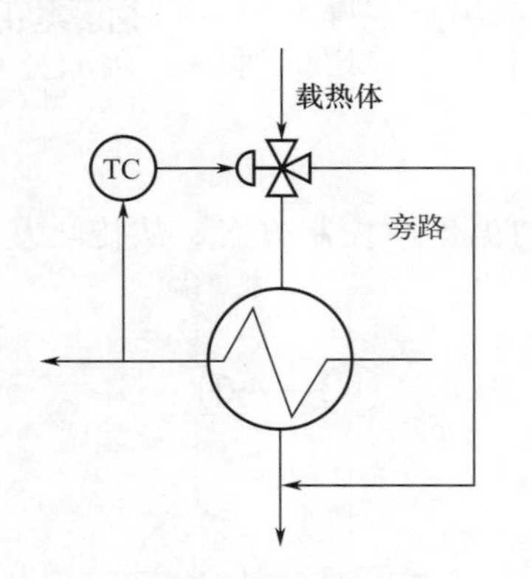

图 4-2-3　用载热体旁路控制温度

3. 控制被加热流体自身流量

如图 4-2-4 所示，控制阀安装在被加热流体进入换热器的管道上。由图可以看出，被加热流体流量 G_2 越大，出口温度 t_2 就越低。这是因为 G_2 越大，流体的流速越快，与热流体换热必然不充分，出口温度一定会下降。这种控制方案，只能用在工艺介质的流量允许变化的场合，否则可考虑采用下一种方案。

4. 控制被加热流体自身流量的旁路

当被加热流体的总流量不允许控制，而且换热器的传热面积有余量时，可将一小部分被加热流体由旁路直接流到出口处，使冷热物料混合来控制温度，如图 4-2-5 所示。这种控制方案从工作原理来说与第三种方案相同，即都是通过改变被加热流体自身流量来控制出口温度的，只是在改变流量的方法上采用三通控制阀，改变进入换热器的被加热介质流量与旁路流量的比例，这一

点与第二种方案相似。

由于此方案中载热体一直处于最大流量，而且要求传热面积有较大的裕量，因此在通过换热器的被加热介质流量较小时，就不太经济。

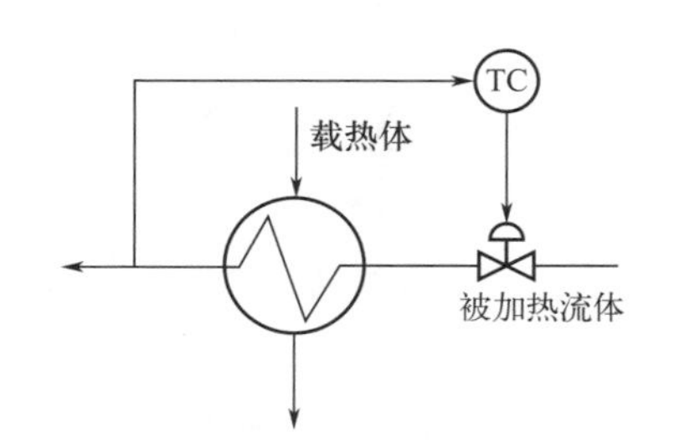

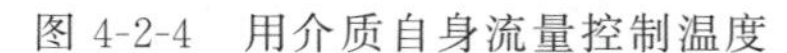
图 4-2-4　用介质自身流量控制温度

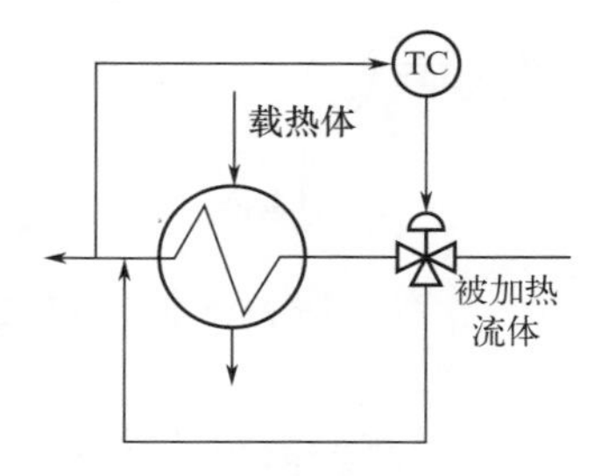

图 4-2-5　用介质旁路控制温度

二、载热体进行冷凝的加热器自动控制

传热设备的
自动控制（二）

利用蒸汽冷凝来加热介质的加热器，在石油、化工中十分常见。在蒸汽加热器中，蒸汽冷凝由汽相变为液相，放出热量，通过管壁加热工艺介质。如果要求加热到 200℃以上或 30℃以下时，常采用一些有机化工物作为载热体。

这种蒸汽冷凝的传热过程不同于两侧均无相变的传热过程。蒸汽在整个冷凝过程中温度保持不变。因此这种传热过程分两段进行，先冷凝后降温。但在一般情况下，由于蒸汽冷凝潜热比凝液降温的显热要大得多，所以有时为简化起见，就不考虑显热部分的热量。当仅考虑汽化潜热时，工艺介质吸收的热量应该等于蒸汽冷凝放出的汽化潜热，于是热量平衡方程式为

$$Q=G_1c_1(t_2-t_1)=G_2A \tag{4-2-4}$$

式中，Q 为单位时间传递的热量；G_1 为被加热介质流量；G_2 为蒸汽流量；c_1 为被加热介质比热容；t_1、t_2 分别为被加热介质的入、出口温度；A 为蒸汽的汽化潜热。

传热速率方程式仍为

$$Q=KF\Delta t_m$$

当被加热介质的出口温度 t_2 为被控变量时，常采用下述两种控制方案：一种是控制进入的蒸汽流量 G_2；另一种是通过改变冷凝液排出量以控制冷凝的有效面积 F。

1. 控制蒸汽流量

这种方案最为常见。当蒸汽压力本身比较稳定时可采用图 4-2-6 所示的简单控制方案。通过改变加热蒸汽量来稳定被加热介质的出口温度。当阀前蒸汽压力有波动时，可对蒸汽总管加设压力定值控制，或者采用温度与蒸汽流量（或压力）的串级控制。一般来说，设压力定值控制比较方便，但采用温度与流量的串级控制另有一个好处，它对于副环内的其余干扰，或者阀门特性不够完善的情况，也能有所克服。

2. 控制换热器的有效换热面积

如图 4-2-7 所示，将控制阀装在凝液管线上。如果被加热物料出口温度高于给定值，说明传热量过大，可将凝液控制阀关小，凝液就会积聚起来，减少了有效的蒸汽冷凝面积，使传热量减少，工艺介质出口温度就会降低。反之，如果被加热物料出口温度低于给定值，可开大凝液控制阀，增大有效传热面积，使传热量相应增加。

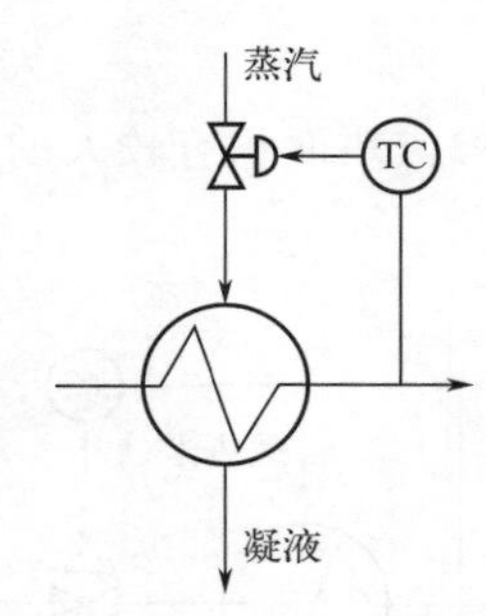

图 4-2-6 用蒸汽流量控制温度

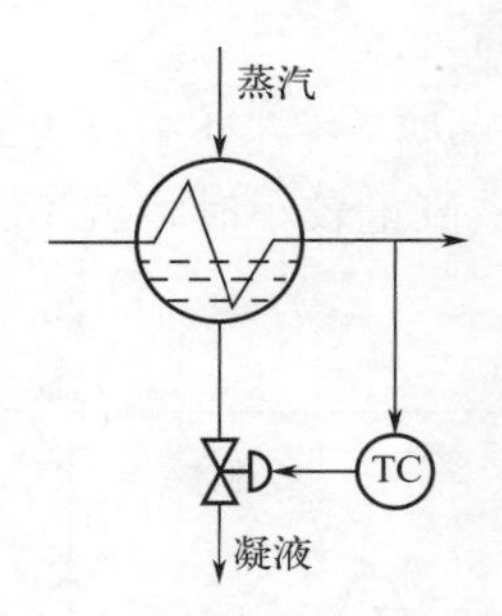

图 4-2-7 用凝液排出量控制温度

这种控制方案，由于凝液至传热面积的通道是个滞后环节，控制作用比较迟钝。当工艺介质温度偏高于给定值后，往往需要很长时间才能校正过来，影响了控制质量。较有效的办法为采用串级控制方案。串级控制有两种方案，图 4-2-8 为温度与凝液的液位串级控制，图 4-2-9 为温度与蒸汽流量的串级控制。串级控制系统克服了进入副回路的主要干扰，改善了对象特性，因而提高了控制品质。

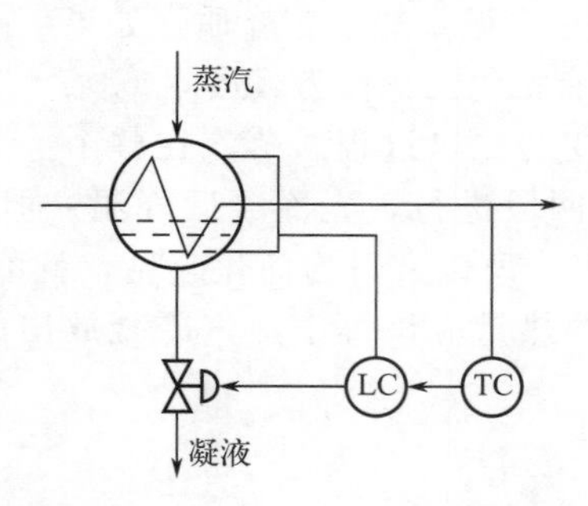

图 4-2-8 温度-液位串级控制系统

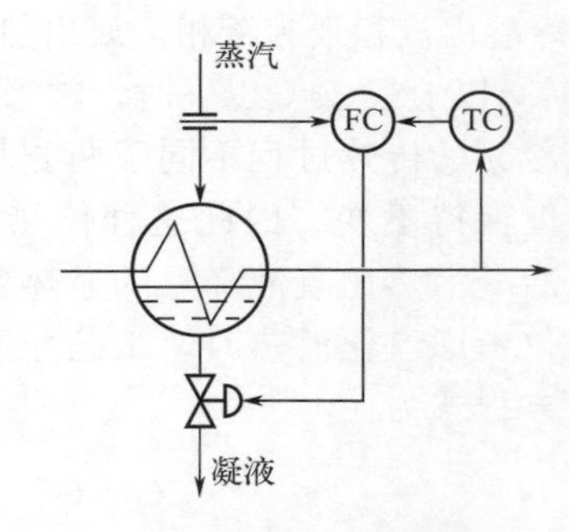

图 4-2-9 温度-蒸汽流量串级控制系统

以上介绍了两种控制方案及其各自改进的串级控制方案，它们各有优缺点。控制蒸汽流量的方案简单易行、过渡过程时间短、控制迅速，缺点是需选用较大的蒸汽阀门、传热量变化比较剧烈，有时凝液冷到 100℃以下，这时加热器内蒸汽一侧会产生负压，造成冷凝液的排放不连续，影响均匀传热。控制凝液排出量的方案，控制通道长、变化迟缓，且需要有较大的传热面积裕量。但由于变化和缓，有防止局部过热的优点，所以对一些过热后会引起化学变化的过敏性介质比较适用。另外，由于蒸汽冷凝后凝液的体积比蒸汽体积小得多，所以可以选用尺寸较小的控制阀门。

三、冷却剂进行汽化的冷却器自动控制

传热设备的自动控制（三）

当用水或空气作为冷却剂不能满足冷却温度的要求时，需要用其他冷却剂。这些冷却剂有液氨、乙烯、丙醇等。这些液体冷却剂在冷却器中由液体汽化为气体时带走大量汽化潜热，从而使另一种物料得到冷却。以液氨为例，当它在常压下汽化时，可以使物料冷却到零下 30℃的低温。

在这类冷却器中，以氨冷器为最常见，下面以它为例介绍几种控制方案。

1. 控制冷却剂的流量

图 4-2-10 所示的方案为通过改变液氨的进入量来控制介质的出口温度。这种方案的控制过程为：当工艺介质出口温度上升时，就相应增加液氨进入量使氨冷器内液位上升，液体

传热面积就增加，因而使传热量增加，介质的出口温度下降。

这种控制方案并不以液位为被控变量，但要注意液位不能过高，液位过高会造成蒸发空间不足，使出去的氨气中夹带大量液氨，引起氨压缩机的操作事故。因此，这种控制方案带有上限液位报警，或采用温度-液位自动选择性控制，当液位高于某上限值时，自动把液氨阀关小或暂时切断。

2. 温度与液位的串级控制

图 4-2-11 所示方案中，操纵变量仍是液氨流量，但以液位作为副变量，以温度作为主变量构成串级控制系统。应用此类方案时对液位的上限值应该加以限制，以保证有足够的蒸发空间。

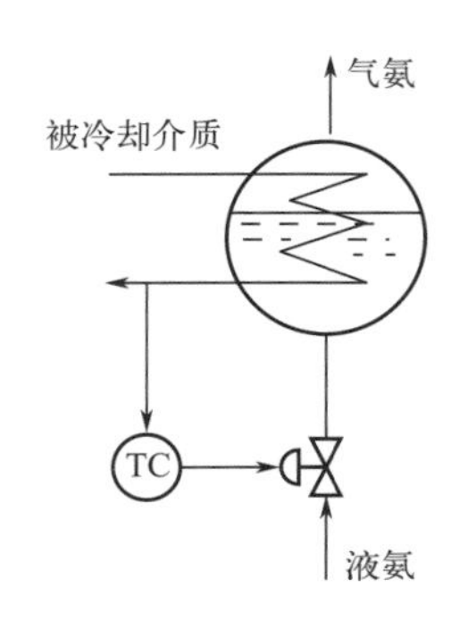

图 4-2-10　用冷却剂流量控制温度

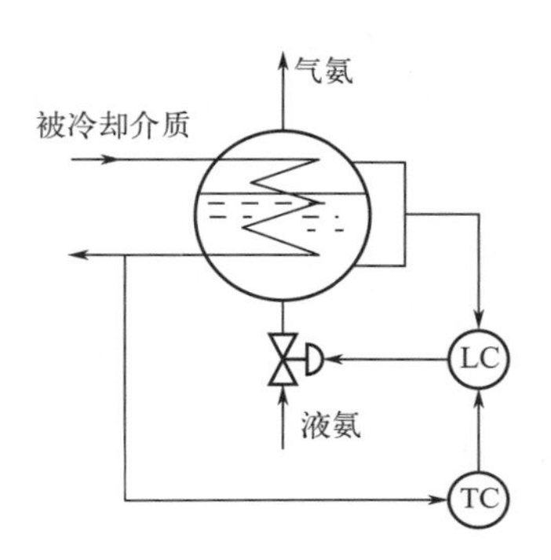

图 4-2-11　温度-液位串级控制

这种方案的实质仍然是改变传热面积。但由于采用了串级控制，将液氨压力变化而引起液位变化的这一主要干扰包含在副环内，从而提高了控制质量。

3. 控制汽化压力

由于氨的汽化温度与压力有关，所以可以将控制阀装在气氨出口管道上，如图 4-2-12 所示。

这种控制方案的工作原理是基于当控制阀的开度变化时，会引起氨冷器内汽化压力改变，于是相应的汽化温度也就改变了。譬如说，当工艺介质出口温度升高偏离给定值时，就开大氨气出口管道上的阀门，使氨冷器内压力下降，液氨温度也就下降，冷却剂与工艺介质间的温差 Δt_m 增大，传热量就增大，工艺介质温度就会下降，这样就达到了控制工艺介质出口温度恒定的目的。为了保证液位不高于允许上限，在该方案中还设有辅助的液位控制系统。

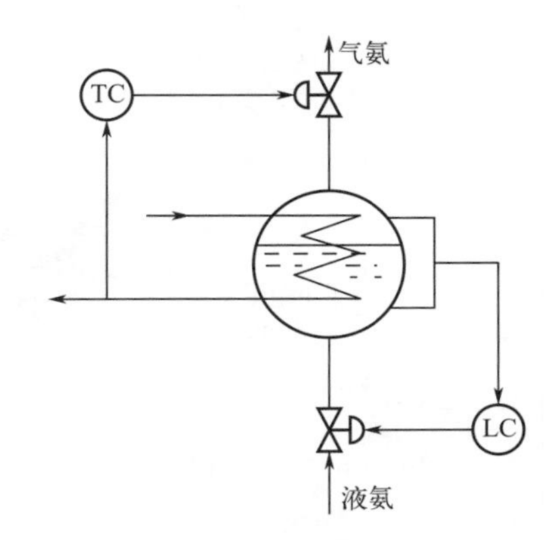

图 4-2-12　用汽化压力控制温度

这种方案控制作用迅速，只要汽化压力稍有变化，就能很快影响汽化温度，达到控制工艺介质出口温度的目的。但是由于控制阀安装在气氨出口管道上，故要求氨冷器要耐压，并且当气氨压力由于整个制冷系统的统一要求不能随意加以控制时，这个方案就不能采用了。

【任务实施】

（一）准备相关设备

工艺仿真软件。

（二）具体操作步骤

工艺流程简介如下：冷物流（92℃）经阀 VB01 进入本单元，由泵 P101A/B，经调节器 FIC101 控制流量送入换热器 E101 壳程，加热到 145℃（20%被汽化）后，经阀 VD04 出系统。热物流（225℃）由阀 VB11 进入系统，经泵 P102A/B，由温度调节器 TIC101 分程控制主线调节阀 TV101A 和副线调节阀 TV101B（两调节阀的分程动作如图 4-2-13 所示）使冷物料出口温度稳定；过主线阀 TV101A 的热物流经换热器 E101 管程后，与副线阀 TV101B 来的热物流混合［混合温度为（177±2)℃］，由阀 VD07 出本单元，工艺流程如图 4-2-14 所示。

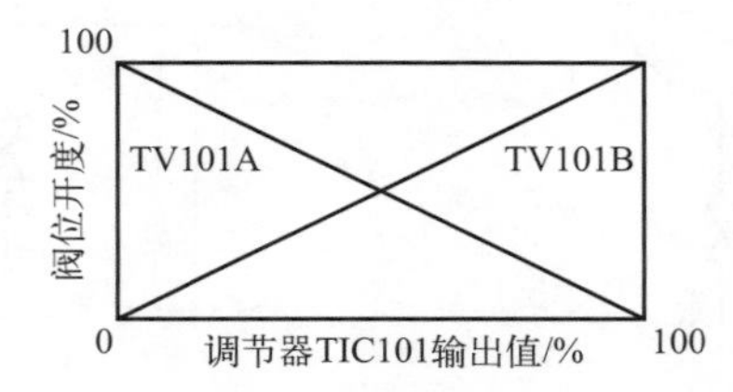

图 4-2-13 调节阀 TV101 分程动作

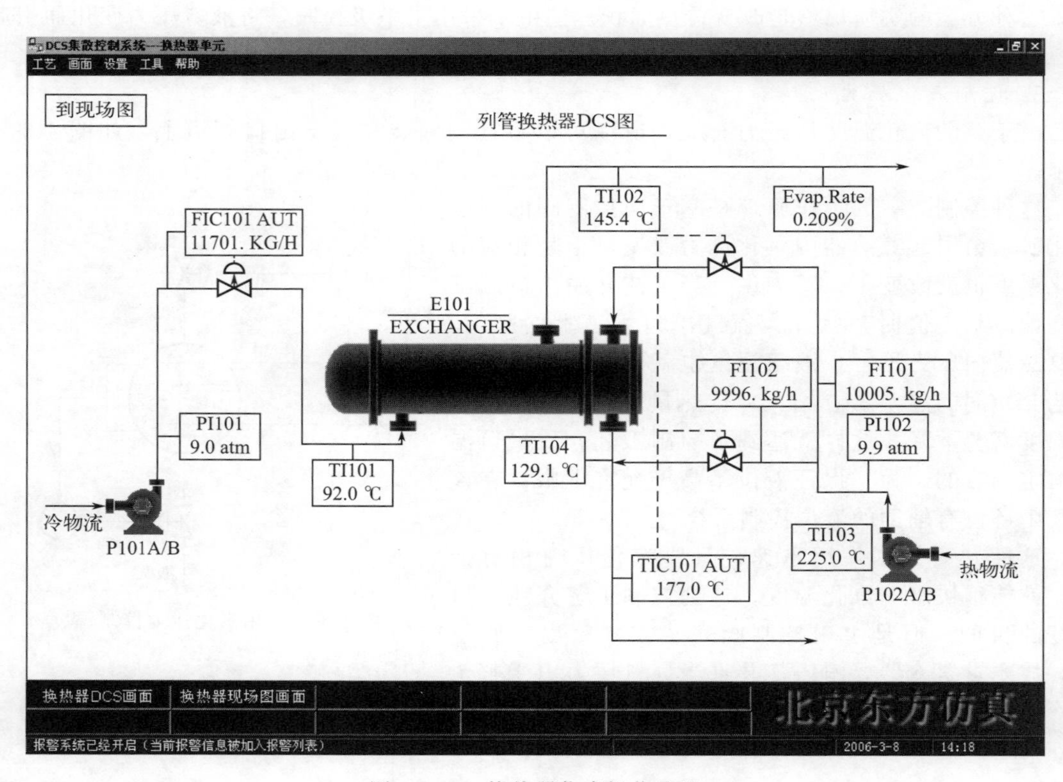

图 4-2-14 换热器仿真操作流程

步骤1　冷态开车。

(1) 启动冷物流进料泵P101A

① 确定所有手动阀已关闭，将所有调节器置于手动状态且输出值为0；

② 开换热器E101壳程排气阀VD03（开度约50%）；

③ 全开泵P101A前阀VB01；

④ 启动泵P101A；

⑤ 当泵P101A出口压力达到9.0atm（表）时，全开P101A后手阀VB03。

(2) 冷物流进料

① 顺序全开调节阀FV101前后手阀VB04和VB05，再逐渐手动打开调节阀FV101；

② 待壳程排气标志块由红变绿时，说明壳程不凝气体排净，关闭VD03；

③ 开冷物流出口阀VD04，开度为50%，同时，手动调节FV101，使FIC101指示值稳定到12000kg/h，FV101投自动（设定值为12000kg/h）。

(3) 启动热物流泵P102A

① 开管程排气阀VD06（开度约50%）；

② 全开泵P102A前阀VB11；

③ 启动泵P102A；

④ 待泵P102A出口压力达到正常值10.0atm（表）时，全开泵P102A后手阀VB10。

(4) 热物流进料

① 依次全开调节阀TV101A和TV101B的前后手阀VB07、VB06、VB09、VB08；

② 待管程排气标志块由红变绿时，管程不凝气排净，关闭VD06；

③ 手动控制调节器TIC101输出值，逐渐打开调节阀TV101A至开度为50%；

④ 打开热物流出口阀VD07至开度50%，同时手动调节TIC101的输出值，改变热物流在主、副线中的流量，使热物流温度分别稳定在(177±2)℃左右，然后将TIC101投自动（设定值为177℃）。

步骤2　正常运行。

熟悉工艺流程，维护各工艺参数稳定；密切注意各工艺参数的变化情况，发现突发事故时，应先分析事故原因，并做及时正确的处理。

步骤3　正常停车。

(1) 停热物流泵P102A

① 关闭泵P102A后阀VB10；

② 停泵P102A。

(2) 停热物流进料

① 当泵P102A出口压力PI102降为0.1atm时，关闭泵P102A前阀VB11；

② 将TIC101置于手动，并关闭TV101A；

③ 依次关闭调节阀TV101A、TV101B的后手阀和前手阀VB06、VB07、VB08、VB09；

④ 关闭E101热物流出口阀VD07。

(3) 停冷物流泵P101A

① 关闭泵P101A后阀VB03；

② 停泵P101A。

(4) 停冷物流进料

① 当泵P101A出口压力PI101指示<0.1atm时，关闭泵P101A前阀VB01；

② 将调节器FIC101投手动；

③ 依次关闭调节阀 FV101 后手阀和前手阀 VB05、VB04；

④ 关闭 E101 冷物流出口阀 VD04。

(5) 换热器 E101 管程排凝　全开管程排气阀 VD06、管程泄液阀 VD05，放净管程中的液体（管程泄液标志块由绿变红）后，关闭 VD05 和 VD06。

(6) 换热器 E101 壳程排凝　全开壳程排气阀 VD03、壳程泄液阀 VD02，放净壳程中的液体（壳程泄液标志块由绿变红）后，关闭 VD02 和 VD03。

（三）任务报告

请各位学习者按照以下要求来进行实训报告内容的填写。

实训报告

1. 使用 DCS 仿真软件画出换热器模拟仿真图。

2. 使用仿真软件模拟换热器控制方案。写出控制方案的特点。

3. 实验心得体会。

【任务评价】

任务评价以自我评价和教师评价相结合的方式进行，指导教师根据任务评价和学生学习成果进行综合评价，并将结果填写于表 4-2-1 中。

表 4-2-1 传热设备的自动控制解析任务评价表

班级：　　　　　　　　第（　　）小组　　　　　　　姓名：　　　　　　　时间：

评价模块	评价内容	分值/分	自我评价	教师评价	综合得分
理论知识	1. 了解两侧均无相变化的换热器控制方案	10			
	2. 了解载热体进行冷凝的加热器自动控制	10			
	3. 了解冷却剂进行汽化的冷却器自动控制	10			
操作技能	1. 能正确选择传热设备的控制方案	25			
	2. 能正确进行传热设备控制方案的调试	25			
职业素养	1. 场地清洁、安全，工具、设备和材料的使用得当	10			
	2. 团队合作与个人防护	10			
总分（自我评价×40%＋教师评价×60%）					
综合评价： 导师或师傅签字：					

4

任务三　精馏塔的自动控制解析

学习目标

1. 了解精馏塔工艺操作的基本原理及工艺要求。
2. 了解精馏塔的干扰因素。
3. 熟悉精馏塔的基本控制。
4. 能设计前馈-反馈控制系统。
5. 经过参数调整，能获得最佳的控制效果，并通过干扰来验证。
6. 培养科学严谨的态度和良好的人际交往能力。

案例导入

精馏塔是应用非常广泛的化工液体分离设备，比如酒精的精馏可以提纯酒精，得到高浓度的酒精。精馏塔的控制比较复杂，目前有多种控制方案，每一种控制方案都有各自的特点，只有对每一种控制方案都有所了解，才能进一步了解化工控制的基础。

问题与讨论：

精馏塔结构比较复杂，采用什么样的控制方案可以提纯酒精，总共有多少种控制方法，分别都有哪些优点和缺点?

4

【知识链接】

一、精馏塔的干扰因素及对自动控制的要求

1. 工艺要求

要对精馏塔实施有效的自动控制，必须首先了解精馏塔的控制目标。一般说来，精馏塔的控制目标，应该在保证产品质量合格的前提下，使塔的总收益（利润）最大或总成本最小。因此，精馏塔的工艺要求应该从质量指标、产品产量和能量消耗三方面考虑。任何精馏塔的操作情况也同时受约束条件的制约，因此，在考虑精馏塔控制方案时一定要把这些因素考虑进去。

（1）保证质量指标　质量指标（即产品纯度）必须符合规定的要求。一般应使塔顶或塔底产品之一达到规定的纯度，另一个产品的纯度也应该维持在规定的范围之内。在某些特定情况下，也有要求塔顶和塔底的产品均应保证一定的纯度要求的。所谓产品的纯度，就二元精馏来说，是指塔顶产品中轻组分的含量和塔底产品中重组分的含量。对多元精馏而言，则以关键组分的含量来表示。关键组分是指对产品质量影响较大的组分，塔顶产品的关键组分是易挥发的，称为轻关键组分；塔底产品的关键组分是不易挥发的，称为重关键组分。

在精馏塔操作中使产品合格很重要。显然，如果产品质量不合格，其价值就将远远低于合格产品。但绝不是说质量越高越好。由于质量超过规定，产品的价值并不因此而增加；而产品产量却可能下降，同时操作成本（主要是能量消耗）会增加很多。因此，总的价值反倒下降了。由此可见，除了要考虑使产品符合规格外，还应同时考虑产品的产量和能量消耗。

（2）产品产量指标　化工产品的生产，要求在达到一定质量指标的前提下，应得到尽可

能高的收率。这对于提高经济效益显然是有利的。由精馏原理可知，用精馏塔进行混合物的分离是要消耗一定能量的，要使分离的产品质量越高，产品产量越多，所需的能量也就越大。故除了产品纯度与产品收率之间的关系，还必须考虑能量消耗因素。

(3) 能耗要求和经济性指标　精馏过程中消耗的能量，主要是再沸器的加热量和冷凝器的冷却量消耗；此外，塔和附属设备及管线也要散失部分能量。

在一定的纯度要求下，增加塔内的上升蒸汽是有利于提高产品回收率的，但同时也意味着再沸器的能量消耗要增大。况且，任何事物总是有一定限度的。在单位进料量的能耗增加到一定数值后，再继续增加塔内的上升蒸汽，则产品回收率就增长不多了。精馏塔的操作情况，必须从整个经济效益来衡量。在精馏操作中，质量指标、产品回收率和能量消耗均是要控制的目标。其中质量指标是必要条件，在质量指标一定的条件下应在控制过程中使产品的产量尽可能提高一些，同时能量消耗尽可能低一些。

(4) 约束条件　为确保精馏塔的正常、安全运行，必须使某些操作参数限制在约束条件之内。常用的精馏塔限制条件为液泛限、漏液限、压力限及临界温差限等。

① 液泛限。也称气相速度限，即塔内气相速度过高时，雾沫夹带十分严重，实际上液相将从下面塔板倒流到上面塔板，产生液泛，破坏正常操作。

② 漏液限。也称最小气相速度限，当气相速度小于某一值时，将产生塔板漏液，使塔板效率下降。为防止液泛和漏液，可以通过塔压降或压差来监视气相速度。

③ 压力限。是指塔的操作压力的限制，一般设最大操作压力限，即塔的操作压力不能过大，否则会影响塔内的气液平衡，若严重超限甚至会影响安全生产。

④ 临界温差限。主要是指再沸器两侧间的温差，当这一温差低于临界温差时，传热系数急剧下降，传热量也随之下降，无法保证塔的正常传热需要。

因此，在确定精馏塔的控制方案时，必须考虑到上述的约束条件，以使精馏塔工作于正常操作区内。

2. 扰动分析

和其他化工过程一样，精馏是在一定的物料平衡和能量平衡的基础上进行的。一切因素均通过物料平衡和能量平衡影响塔的正常操作。影响物料平衡的因素包括进料流量和进料成分的变化，以及顶部馏出物及底部出料的变化。影响能量平衡的因素主要是进料温度（或热焓）的变化、再沸器加热量和冷凝器冷却量的变化，此外还有塔的环境温度变化等。同时，物料平衡和能量平衡之间又是相互影响的。

在上述各扰动因素中，进料流量和进料成分的波动是精馏塔操作的主要扰动，而且往往是不可控的。其余扰动一般较小，而且往往是可控的（或者可以采用一些控制系统预先加以克服）。因此，在精馏塔的整体控制方案确定时，如果工艺允许，能把精馏塔进料量、进料温度或热焓加以定值控制，将对精馏塔的平稳操作极为有利。

二、精馏塔的控制方案

精馏塔的控制方案

1. 精馏塔被控变量的选择

精馏塔被控变量的选择，指的是实现产品质量控制、保证产品质量指标的选择。精馏塔产品质量指标的选择有两类：直接产品质量指标和间接产品质量指标。

精馏塔最直接的质量指标是产品成分。近年来成分检测仪表的发展很快，特别是工业色谱的在线应用，出现了直接按产品成分来控制的方案，此时检测点就可放在塔顶或塔底。然而由于成分分析仪表价格昂贵，维护保养复杂，采样周期较长（即反应缓慢，滞后较大），可靠性不够，再加上成分分析针对不同的产品组分，品种上较难一一满足，因而在应用上受到了一定限制。

基于以上原因，目前在精馏操作中，主要选择间接产品质量指标作为被控变量。在此重点讨论间接产品质量指标的选择。

(1) 采用温度作为间接产品质量指标　最常用的间接产品质量指标是温度。温度之所以可选作间接产品质量指标，是因为对于一个二元组分的精馏塔来说，在一定压力下，沸点和产品成分之间有单值的对应关系。因此，只要塔压恒定，塔板的温度就反映了成分。对于多元精馏塔来说，情况则较为复杂。然而在炼油和石油化工生产中，许多产品都是由一系列碳氢化合物的同系物所组成的，在一定的压力下，保持一定的温度，成分的误差就可忽略不计。在其余情况下，压力的恒定总是使温度参数能够反映成分变化的前提条件。由上述分析可见，在温度作为反映质量指标的控制方案中，压力不能有剧烈波动，除常压塔外，温度控制系统总是与压力控制系统联系在一起的。

采用温度作为间接产品质量指标时，选择塔内哪一点的温度作为被控变量，应根据实际情况加以选择，主要有以下几种。

① 塔顶（或塔底）的温度控制。一般来说，如果希望保持塔顶产品符合质量要求，即主要产品在顶部馏出时，以塔顶温度作为控制指标，可以得到较好的效果。同样，为了保证塔底产品符合质量要求，以塔底温度作为控制指标较好。为了保证另一产品的质量在一定的规格范围内，塔的操作要有一定的裕量。例如，如果主要产品在顶部馏出、操纵变量为回流量的话，再沸器的加热量要有一定的富裕，以使在任何可能的扰动条件下，塔底产品的规格都在一定限度以内。

采用塔顶（或塔底）的温度作为间接质量指标，似乎最能反映产品的情况，实际上并不尽然。当要分离出较纯的产品时，邻近塔顶的各板之间温差很小，所以要求温度检测装置有极高的精确度和灵敏度，这在实际上却很难满足。不仅如此，微量杂质（如某种更轻的组分）的存在，以及塔内压力的波动，会使沸点起相当大的变化，这些扰动很难避免。因此，目前除了像石油产品的分馏即按沸点范围来切割馏分的情况之外，凡是要得到较纯成分的精馏塔，现在往往不将检测点置于塔顶（或塔底）。

② 灵敏板的温度控制。灵敏板的温度控制即在进料板与塔顶（或塔底）之间，选择灵敏板作为温度检测点。所谓灵敏板，是指当塔的操作经受扰动作用（或承受控制作用）时，塔内各板的组分都将发生变化，各板温度亦将同时变化，但变化程度各不相同，达到新的稳态后，温度变化最大的那块板即称为灵敏板。灵敏板与上、下塔板之间的浓度差较大。

灵敏板的位置可以通过逐板计算或计算机静态仿真、依据不同操作工况下各塔板温度的分布曲线比较得出。但是，因为塔板效率不易估准，所以还须结合实践予以确定。具体的办法是先算出大致位置，在它的附近设置若干检测点，然后根据实际运行的情况，从中选择最合适的测量点作为灵敏板。

③ 中温控制。在某些精馏塔上，也有把温度检测点放在加料板附近的塔板上的，甚至以加料板自身的温度作为被控变量，这种做法常称为中温控制。从其设计意图来看，中温控制的目的是希望能及时发现操作线左右移动的情况，并得以兼顾塔顶和塔底成分的效果。在有些精馏塔上，中温控制取得了较好的效果。但当分离要求较高，或是进料浓度变动较大时，中温控制难以正确反映塔顶或塔底的成分。

(2) 采用具有压力补偿的温度参数作为间接产品质量指标　用温度作为间接质量指标有一个前提，即塔内压力应恒定。虽然一般情况下都设有精馏塔的塔压控制系统，但对精密精馏等控制要求较高的场合，微小的压力变化将会影响温度与组分之间的关系，造成产品质量难以满足工艺的要求，为此需对压力的波动加以补偿，常用的有温差控制和双温差控制。

① 温差控制。在精馏中，任一塔板的温度是成分与压力的函数，影响温度变化的因素可以是成分，也可以是压力。在一般塔的操作中，无论是常压塔、减压塔还是加压塔，压力都是维持在很小范围内波动的，所以温度与成分才有对应关系。但在精密精馏中，要求产品纯度很高，两个组分的相对挥发度差值很小，由成分变化引起的温度变化较压力变化引起温度的变化要小得多，所以微小压力波动也会造成明显的效应。例如，苯-甲苯-二甲苯分离时，大气压变化 6.67kPa，苯的沸点变化 2℃，已超过了质量指标的规定。这样的气压变化是完全可能发生的，由此破坏了温度与成分之间的对应关系。所以在精密精馏时，用温度作为被控变量往往得不到好的控制效果，为此应该考虑补偿或消除压力微小波动的影响。

选择温差信号作为间接质量指标时，测温点应按下述方法确定。如塔顶馏出液为主要产品时，一个测温点应放在塔顶（或稍下一些），即成分和温度变化较小、比较恒定的位置；而另一个检测点放在灵敏板附近，即成分和温度变化较大、比较灵敏的位置上。然后取上述两个测温点的温度差 ΔT 作为被控变量，此时压力波动的影响几乎相互抵消。

在石油化工和炼油生产中，温差控制已成功地应用于苯-甲苯-二甲苯、乙烯-乙烷、丙烯-丙烷等精密精馏系统。要应用得好，关键在于选点正确、温差设定值合理（不能过大）及操作工况稳定。

② 温差差值（双温差）控制。在精馏塔进行精密精馏操作时，采用温差控制也存在着不足之处，即当物料的进料流量波动时，会引起塔内成分的变化和塔内压力的变化。这两者均会引起温差变化，这时温差与产品的纯度就不再呈现单值对应关系，温差控制难以满足工艺生产对产品纯度的要求。采用温差差值控制可克服这一不足，满足精密精馏操作的工艺要求。

采用温差差值控制后，由进料流量波动引起塔压变化对温差的影响，在塔的精馏段（上段）和提馏段（下段）同时出现，而精馏段温差减去提馏段温差的差值就消除了压降变化对质量指标的影响。从应用温差差值控制的许多精密精馏生产过程的操作来看，在进料流量波动的影响下仍能获得符合质量指标的控制效果。

2. 精馏塔的控制方案

精馏塔的控制目标是使塔顶和塔底的产品满足工艺生产规定的质量要求。由于生产工艺要求和操作条件的不同，精馏塔的控制方案种类繁多，为简化讨论，这里仅介绍常见的塔顶和塔底均为液相且没有侧线采出的情况。

对于有两个液相产品的精馏塔来说，质量指标控制可以根据主要产品的采出位置不同分为两种情况：一是主要产品从塔顶馏出时可采用按精馏段质量指标的控制方案；二是主要产品从塔底馏出时则可采用按提馏段质量指标的控制方案。

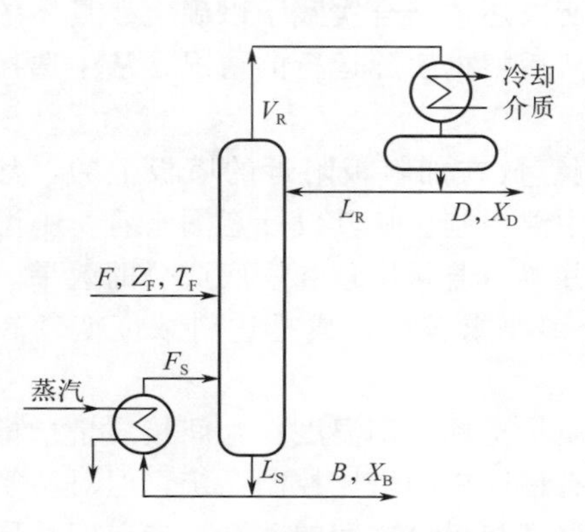

图 4-3-1 精馏塔的物料流程

(1) 按精馏段质量指标的控制方案　当对馏出液的纯度要求较之对釜液为高时，如主要产品为馏出液时，往往按精馏段质量指标进行控制，如图 4-3-1 所示。这时，可以选取精馏段某点的成分或温度作为被控变量，以塔顶的回流量 L_R、馏出量 D 或上升蒸汽量 V_S 作为操纵变量，组成单回路控制系统；也可以根据实际情况选择副被控变量组成串级控制系统，迅速有效地克服进入副环的扰动，并可降低对控制阀特性的要求，这在需要进行精密精馏的控制时常常采用。

在采用这类方案时，于 L_R、D、V_S 及 B（釜

液流量）四者之中，选择一个参数作为控制产品质量指标的手段，选择另一个参数保持流量恒定，其余两个参数则按回流罐和再沸器的物料平衡关系设置液位控制系统加以控制。同时，为了保持塔压的恒定，还应设置塔顶的压力控制系统。

精馏段常用的控制方案可分为以下两类。

① 依据精馏段塔板温度来控制回流量 L_R，并保持上升蒸汽量 V_S 恒定。这是在精馏段控制中最常用的方案，如图 4-3-2 所示。它的主要控制系统以精馏段塔板温度为被控变量，而以回流量为操纵变量。这种控制方案的优点是控制作用的滞后小，反应迅速，所以对克服进入精馏段的扰动和保证塔顶产品的质量是有利的。可是在该方案中，L_R 受温度控制器控制，回流量的波动对精馏塔的平稳操作不利。所以在温度控制器的参数整定时，应采用比例加积分的控制规律，不需加微分作用。此外，再沸器加热量要维持一定而且应足够大，以便精馏塔在最大负荷运行时仍可保证产品的质量指标合格。

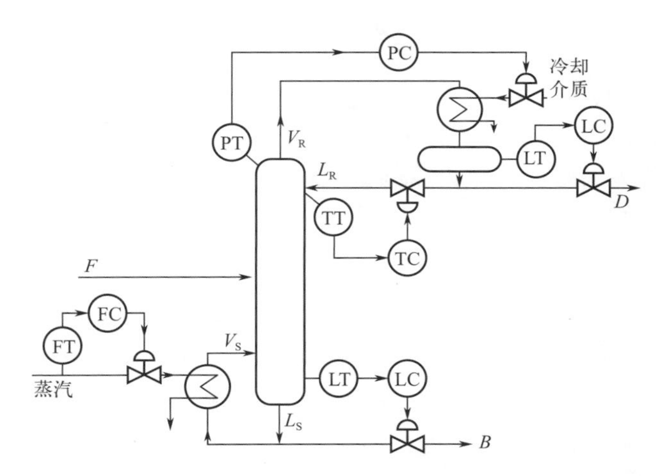

图 4-3-2 精馏段控制方案之一

② 依据精馏段塔板温度来控制馏出量 D，并保持上升蒸汽量 V_S 恒定。如图 4-3-3 所示，这种控制方案的优点是有利于精馏塔的平稳操作，对于在回流比（L_R/D）较大的情况下，控制馏出量 D 要比控制回流量 L_R 灵敏。此外还有一个优点是，当塔顶的产品质量不合格时，如果采用有积分作用的控制器，则塔顶馏出量 D 会自动暂时中断，进行全回流操作，这样可确保得到合格的产品。

然而，这类控制方案的控制通道滞后较大，反应较慢，从馏出量 D 的改变到控制温度的变化，要间接地通过回流罐液位控制回路来实现，特别当回流罐容积较大时，控制响应就更慢，以至于给控制带来困难。同样，该方案也要求再沸器加热量有足够的裕量，以确保在最大负荷运行时的产品质量。

精馏段温度控制的主要特点与使用场合如下所述。

① 由于采用了精馏段温度作为间接质量指标，因此它能较直接地反映精馏段的产品情况。当塔顶产品纯度的要求比塔底严格时，一般宜采用精馏段温度控制方案；

② 如果扰动首先进入精馏段（如气相进料时），由于进料量的变化首先影响塔顶的成分，所以采用精馏段温度控制就比较及时。

（2）按提馏段质量指标的控制方案　当对釜液的成分要求较之对馏出液为高时，如以塔底产品为主要产品时，通常就按提馏段质量指标进行控制。同时，当对塔顶和塔底产品的质量要求相近时，如果是液相进料，也往往采用这类方案。因为在液相进料时，进料量 F 的

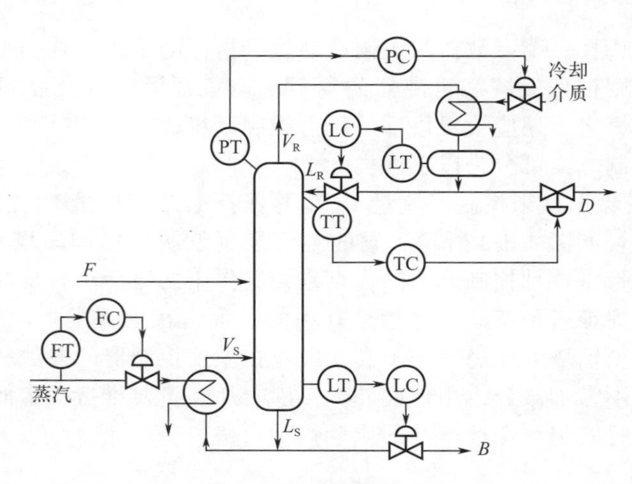

图 4-3-3 精馏段控制方案之二

波动首先影响到釜液的成分 XB，因此用提馏段控制比较及时。

提馏段常用的控制方案也可分为以下两类。

① 按提馏段塔板温度来控制加热蒸汽量，从而控制上升蒸汽量 V_S，并保持回流量 L_R 恒定或回流比恒定。此时，塔顶馏出量 D 和釜液流量 B 都是按物料平衡关系控制的，如图 4-3-4 所示。

这类方案采用塔内上升蒸汽量 V_S 作为控制参数，在动态响应上要比控制回流量 L_R 的滞后小，反应迅速，对克服进入提馏段的扰动和保证塔底的产品质量有利。因此该方案是目前应用最广的精馏塔控制方案，而且它比较简单、迅速，在一般情况下也比较可靠。可是在该方案中，回流量要采用定值控制，而且回流量应当足够大，以便当塔在最大负荷运行时仍可确保产品的质量指标合格。如果进入再沸器的蒸汽压力经常波动，可采用灵敏塔板温度-蒸汽流量串级控制系统。

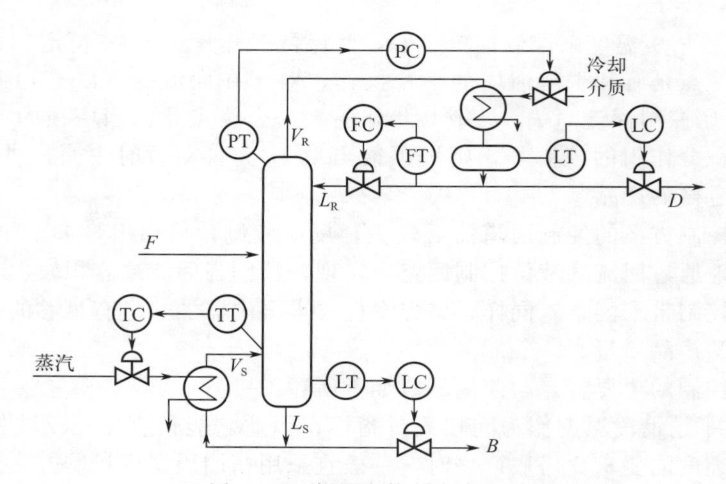

图 4-3-4 提馏段控制方案之一

② 按提馏段温度控制釜液流量 B，并保持回流量 L_R 恒定。此时，塔顶馏出量 D 是按回流罐的液位来控制的，蒸汽量是按再沸器的液位来控制的，如图 4-3-5 所示。

这类方案正像前面所述的按精馏段温度来控制馏出量 D 的方案那样，有其独特的优点

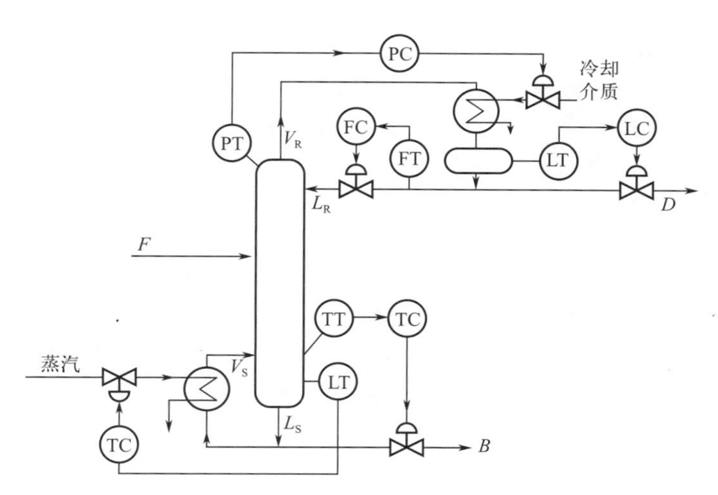

图 4-3-5　提馏段控制方案之二

和一定的缺点。优点是：当塔底采出量 B 较小时，操作比较平稳；当采出量 B 不符合质量要求时，会自行暂停出料；对进料量 F 的波动等扰动控制比较及时。其缺点是滞后较大，而且液位控制回路存在着反向特性。同样，该方案也要求回流量应足够大，以确保在最大负荷运行时的产品质量合格。

提馏段温度控制的主要特点与使用场合如下所述。

a. 由于采用了提馏段温度作为间接质量指标，因此，它能够较直接地反映提馏段产品的情况。将提馏段恒定后，就能较好地确保塔底产品的质量达到规定值。所以，在以塔底采出为主要产品、对塔釜成分要求比对馏出液为高时，常采用提馏段温度控制方案。

b. 当扰动首先进入提馏段时（如在液相进料时），进料量或进料成分的变化首先要影响塔底的成分，故用提馏段温度控制就比较及时，动态过程也比较快。

采用提馏段温度控制时，回流量是足够大的，因而仍能使塔顶质量保持在规定的纯度范围内，这就是经常在工厂中看到的即使塔顶产品质量要求比塔底严格时，仍采用提馏段温度控制的原因。

（3）压力控制　在精馏塔的自动控制中，保持塔压恒定是稳定操作的条件。这主要是由两方面的因素决定的，一是压力的变化将引起塔内气相流量和塔顶上气液平衡条件的变化，导致塔内物料平衡的变化；二是混合组分的沸点和压力间存在一定的关系，而塔板的温度则间接反映了物料的成分。因此，压力恒定是保证物料平衡和产品质量的先决条件。在精馏塔的控制中，往往都设有压力控制系统，以保持塔内压力的恒定。

而在采用成分分析用于产品质量控制的精馏塔控制方案中，则可以在可变压力操作下采用温度控制或对压力变化进行补偿的方法来实现质量控制。其做法是让塔压浮动于冷凝器的约束范围内，而使冷凝器始终接近于满负荷操作。这样，当塔的处理量下降而使热负荷降低或冷凝器冷却介质温度下降时，塔压将维持在比设计要求低的数值。压力的降低可以使塔内被分离组分的挥发度增加，这样使单位处理量所需的再沸器加热量下降，节省能量，提高经济效益。同时塔压的下降使同一组分的平衡温度下降，再沸器两侧的温度差增加，提高了再沸器的加热能力，减轻再沸器的结垢。

3. 复杂控制和新型控制方案在精馏塔中的应用

（1）复杂控制系统在精馏塔中的应用　在精馏塔的实际控制中，除了采用单回路控制外，还采用较多的复杂控制系统，如串级、均匀、前馈、比值、分程、选择性控制等。

① 串级控制。串级控制系统能够迅速克服进入副环的扰动对系统的影响。因此，在精馏塔的与产品质量有关的一些控制系统中，如果扰动对产品质量有影响，而且可以组成串级控制系统的副环时，都可组成串级控制系统。例如，精馏段温度与回流量（或馏出量、回流比）可组成串级控制，提馏段温度与加热蒸汽量或塔底采出量的串级控制，回流罐液位与塔顶馏出量或回流量的串级控制，塔釜液位与采出量的串级控制等。另外，串级均匀控制系统能够对液位（或气相压力）和出料量兼顾，在多塔组成的塔系控制中得到了广泛应用。

② 前馈控制。在反馈控制过程中，精馏塔若遇到进料扰动频繁、控制通道滞后较大等情况，会使控制质量满足不了工艺要求，此时引入前馈控制可以明显改善系统的控制品质，如图 4-3-6 所示。当进料流量增加时，只要成比例增加再沸器的加热蒸汽（即增加 V）和塔顶馏出液 D，就可基本保持塔顶或塔底的产品成分不变。

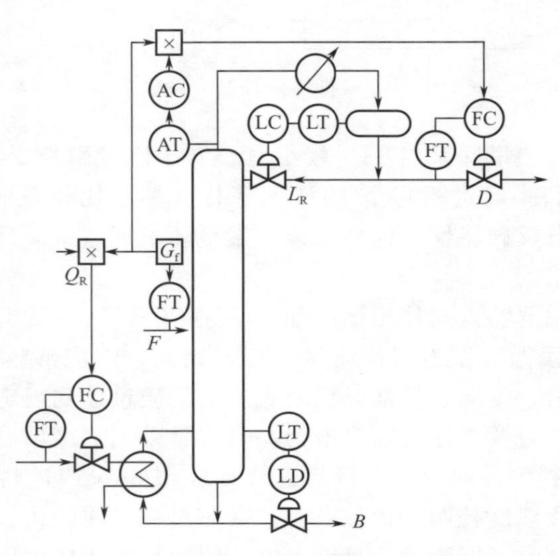

图 4-3-6 精馏塔的前馈-反馈控制方案

精馏塔的大多数前馈信号采用进料量，有些前馈信号也可取馏出量。实践证明，前馈控制可以克服进料流量扰动的大部分影响，余下小部分扰动影响由反馈控制作用予以克服。

③ 选择性控制。精馏塔操作受约束条件制约。当操作参数进入安全软限时，可采用选择性控制系统，使精馏塔操作仍可进行，这是选择性控制系统在精馏塔操作中一类较为广泛的应用。选择性控制系统在精馏塔操作中的另一类应用是控制精馏塔的自动开、停车。

如图 4-3-7 所示，为防止液泛的超驰控制系统。该控制系统的正常控制器是提馏段温度控制器 TC，取代控制器是塔压差控制器 P_dC。正常工况下，由提馏段灵敏板温度控制再沸器加热蒸汽量；当塔压差接近液泛限值时，反作用控制器 P_dC 输出下降，被低选器 LS 选中，由塔压差控制器取代温度控制器，保证精馏塔不发生液泛。

（2）精馏塔的新型控制方案简介　随着现代控制技术的不断发展，新型控制方案、控制算法不断出现，自动化控制技术工具也有了飞速发展，尤其是计算机在工业过程中的应用愈益广泛，使得在精馏过程的控制中新的控制方案不断涌现，如内回流、热焓控制、解耦控制、推断控制、节能控制、最优控制等。控制系统的品质指标也越来越高，使精馏塔的操作收到了明显的经济效益。因篇幅所限，在此不予一一介绍，读者可查阅相关资料。

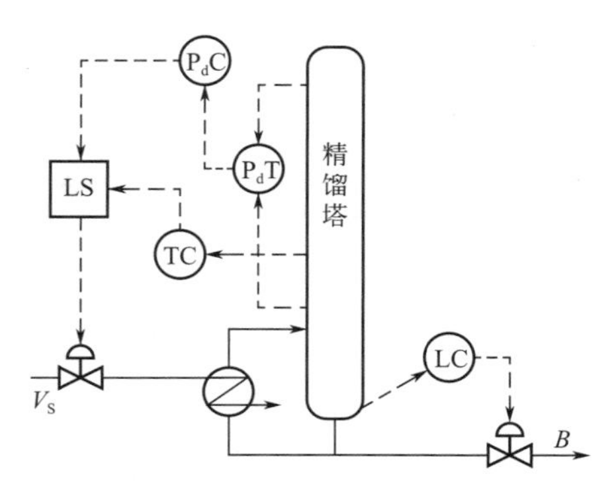

图 4-3-7　防液泛超驰控制

【任务实施】

(一) 准备相关设备

A3000-FS/FBS 现场系统，常规仪表之外的其他控制系统。

(二) 具体操作步骤

1. 测量与控制端连接表

根据表 4-3-1 的内容进行连接。

表 4-3-1　测量与控制端连接表

测量或控制端	测量或控制量标号	使用控制器端口
冷水流量	FT102	AI0
换热器热入	TT101	AI1
热水流量	FT101	AI2
换热器热出	TT103	AI3
调节阀	FV101	AO0

2. 实验方案

被调量为调节阀，控制量是热水流量，控制目标是热水出口温度。首先，实现前馈控制，通过测量换热器热水流量、温度，控制调节阀，使得换热器冷水流量变化跟踪换热器热水流量与温度变化。然后，实现反馈控制，通过测量换热器热水出口温度，控制调节阀，从而把前馈控制不能修正的误差进行修正。

3. 参考结果

在前馈-反馈控制下的控制曲线如图 4-3-8 所示。

具体步骤如下：

① 在 A3000-FS 上，打开手动调节阀 JV104、JV105，使用 DO0 数字输出端口，或直接打开电磁阀 XV101。其余阀门关闭。

② 按照测量与控制端连接表进行连线：在 A3000-FS 上，电磁流量计（或 2＃涡轮流量计）输出端连接到 AI0；涡轮流量计输出端连接 AI2；锅炉水温连接到 AI1；换热器热出端连接到 AI3；AO0 连接到电动调节阀（FV101）。将电动调节阀（FV101）输入端连接到 PID 调节仪上，手动输出，辅助实验。

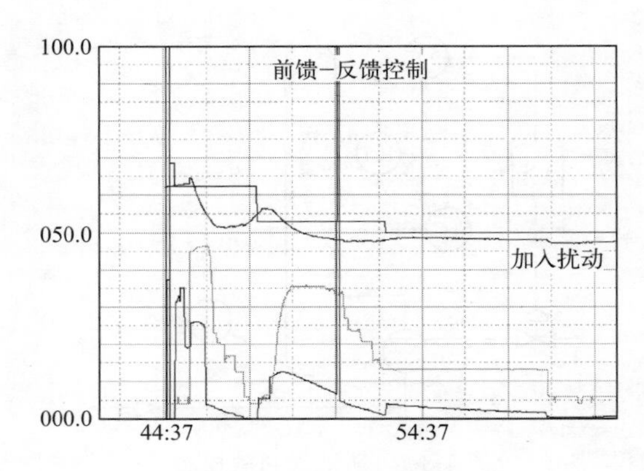

图 4-3-8 前馈-反馈控制曲线

③ 打开 A3000 电源。

④ 在 A3000-FS 上，启动左边水泵，给锅炉 V105 注水。关闭手阀 JV104。

⑤ 启动右边水泵。减小手阀 JV105 开度，使得热水流量大约为 0.3m^3/h。

⑥ 启动锅炉的加热器，可以让外给定的智能调节仪手动给出 20mA 电流加热。当加热到 70℃左右，适当减少手动给出的控制调压器的电流，使温度基本保持在 70℃左右。

⑦ 启动上位机，设置控制器参数，设置前馈系数，记录其实时曲线。

⑧ 突然改变热水流量，观察并记录下曲线的变化。

（三）任务报告

请各位学习者按照以下要求来进行实训报告内容的填写。

实训报告

1. 根据要求画出接线图。通过抓图方法，提交获得的曲线。

2. 按照要求操作，通过抓图方法，提交获得的曲线，并给出最佳控制参数。

3. 实验心得体会。

【任务评价】

任务评价以自我评价和教师评价相结合的方式进行，指导教师根据任务评价和学生学习成果进行综合评价，并将结果填写于表 4-3-2 中。

表 4-3-2 精馏塔温度和换热器前馈-反馈控制系统实验

班级：　　　　第（　　）小组　　　　姓名：　　　　时间：

评价模块	评价内容	分值/分	自我评价	教师评价	综合得分
理论知识	1. 了解精馏塔基本原理	10			
	2. 了解精馏塔基本控制原理	10			
	3. 了解精馏塔前馈-反馈控制原理	10			
操作技能	1. 能正确对精馏塔进行控制	25			
	2. 能正确给出精馏塔控制曲线	25			
职业素养	1. 场地清洁、安全，工具、设备和材料的使用得当	10			
	2. 团队合作与个人防护	10			
总分（自我评价×40%＋教师评价×60%）					
综合评价：					
导师或师傅签字：					

任务四　化学反应器的自动控制解析

学习目标

1. 了解常用的化学反应器。
2. 了解常用的化学反应器结构与类型。
3. 了解常用的化学反应器基本控制方法。
4. 能实现对釜式反应器模拟仿真控制。
5. 培养科学严谨的态度和社会责任感。

案例导入

釜式化学反应器就像一口大锅，把不同的物料按照一定的顺序、一定的时间、一定的剂量投入反应釜中加以一定的压力和温度使之发生化学反应，得到我们希望得到的最终产品。

问题与讨论：

釜式化学反应器的运行是断续的，怎么才能保证每一次生产出来的产品都能符合要求达到合格的标准？

【知识链接】

一、化学反应器的控制要求

在设计化学反应器的自控方案时，一般要考虑下列要求。

1. 质量指标

化学反应器的质量指标一般指反应的转化率或反应生成物的规定浓度。显然，转化率应当是被控变量。如果转化率不能直接测量，就只能选取几个与它有关的参数，经过运算去间接控制转化率。如聚合釜出口温差控制与转化率的关系为

$$y=\frac{\rho gc(\theta_0-\theta_i)}{x_i H}$$

式中，y 为转化率；θ_0、θ_i 分别为进料与出料温度；ρ 为进料密度；g 为重力加速度；c 为物料的比热容；x_i 为进料浓度；H 为每摩尔进料的反应热。

上式表明，对于绝热反应器来说，当进料浓度一定时，转化率与温度差 q 成正比，即 $y=K(q)$。这是由于转化率越高，反应生成的热量也越多，因此物料出口的温度亦越高。

所以，以温差 $\Delta\theta=\theta_0-\theta_i$ 作为被控变量，可用来间接控制转化率的高低。

因为化学反应不是吸热就是放热，反应过程总伴随有热效应。所以，温度是最能够表征质量的间接控制指标。也有用出料浓度作为被控变量的，如焙烧硫铁矿或尾砂，取出口气体中 SO_2 含量作为被控变量。但是就目前情况，在成分仪表尚属薄弱环节的条件下，通常是采用温度为质量的间接控制指标构成各种控制系统，必要时再辅以压力和处理量（流量）等

控制系统，即可保证反应器的正常操作。

以温度、压力等工艺变量作为间接控制指标，有时并不能保证质量稳定。当有干扰作用时，转化率和反应生成物组分等仍会受到影响。特别是在有些反应中，温度、压力等工艺变量与生成物组分间不完全是单值对应关系，这就需要不断地根据工况变化去改变温度控制系统的给定值。在有催化剂的反应器中，由于催化剂的活性变化，温度给定值也要随之改变。

2. 物料平衡

为使反应正常，转化率高，要求维持进入反应器的各种物料量恒定，配比符合要求。为此，在进入反应器前，往往采用流量定值控制或比值控制。另外，在有一部分物料循环的反应系统中，为保持原料的浓度和物料平衡，需另设辅助控制系统。如氨合成过程中的惰性气体自动排放系统。

3. 约束条件

对于反应器，要防止工艺变量进入危险区域或不正常工况。例如，在不少催化接触反应中，温度过高或进料中某些杂质含量过高，将会损坏催化剂；在流化床反应器中，流体速度过高，会将固相吹走，而流速过低，又会让固相沉降等。为此，应当配备一些报警、联锁装置或设置取代控制系统。

二、釜式反应器的温度自动控制

釜式反应器在化学工业中应用十分普遍，除广泛用作进行聚合反应外，在有机染料、农药等行业中还经常采用釜式反应器来进行碳化、硝化、卤化等反应。

反应温度的测量与控制是实现釜式反应器最佳操作的关键问题，下面主要针对温度控制进行讨论。

1. 控制进料温度

图 4-4-1 是这类方案的示意图。物料经过预热器（或冷却器）进入反应釜。通过改变进入预热器（或冷却器）的热剂量（或冷剂量），可以改变进入反应釜的物料温度，从而达到维持釜内温度恒定的目的。

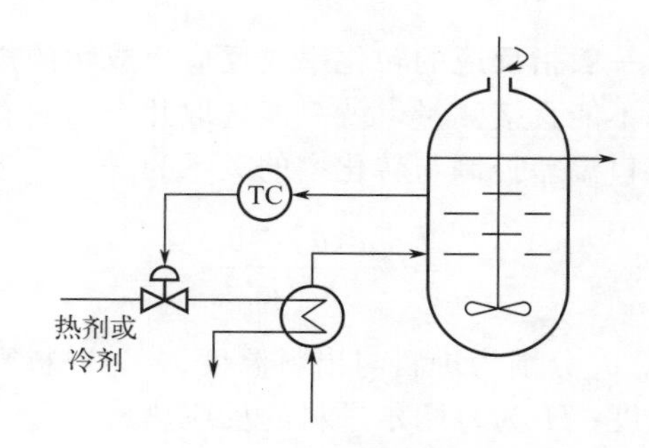

图 4-4-1　改变进料温度控制釜温

2. 改变传热量

由于大多数反应釜均有传热面，以引入或移去反应热，所以用改变引入传热量多少的方法就能实现温度控制。图 4-4-2 为一带夹套的反应釜。当釜内温度改变时，可用改变加热剂（或冷却剂）流量的方法来控制釜内温度。这种方案的结构比较简单，使用仪表少，但由于反应釜容量大，温度滞后严重，特别是当反应釜用来进行聚合反应时，釜内物料黏度大，热传递较差，混合又不易均匀，就很难使温度控制达到严格的要求。

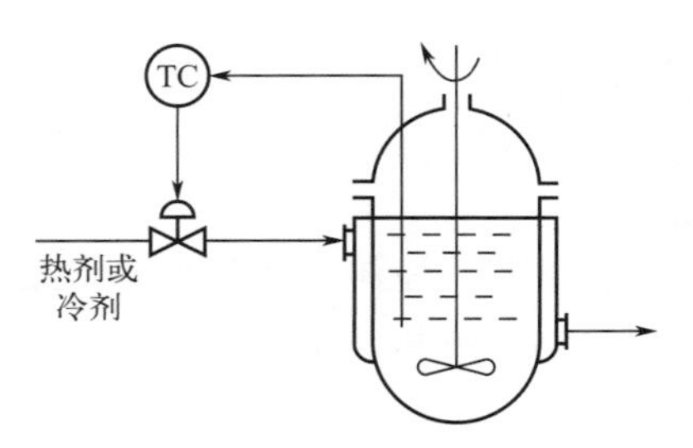

图 4-4-2 改变加热剂或冷却剂流量控制釜温

3. 串级控制

为了针对反应釜滞后较大的特点，可采用串级控制方案。根据进入反应釜的主要干扰的不同情况，可以采用釜温与冷剂（或热剂）流量串级控制（图 4-4-3）、釜温与夹套温度串级控制（图 4-4-4）及釜温与釜压串级控制（图 4-4-5）等。

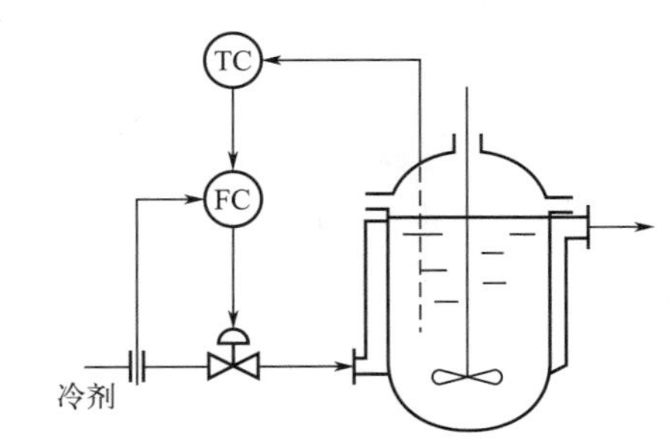

图 4-4-3 釜温与冷剂流量串级控制

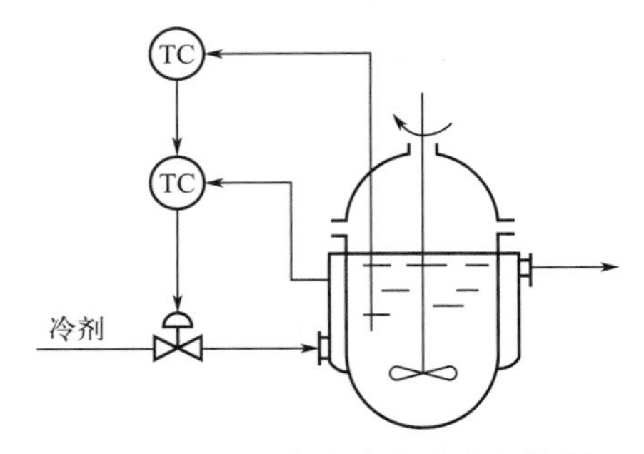

图 4-4-4 釜温与夹套温度串级控制

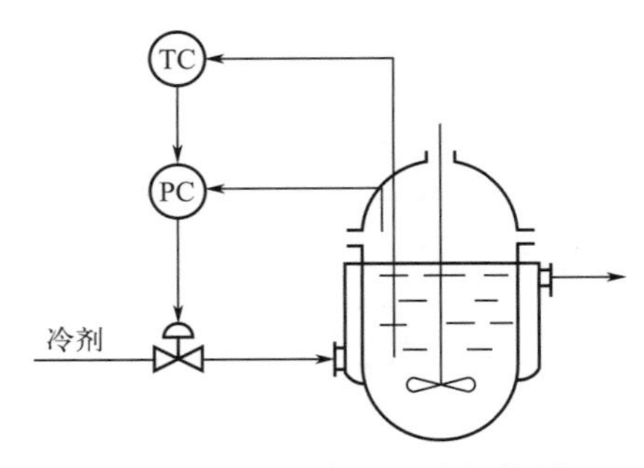

图 4-4-5 釜温与釜压串级控制

三、固定床反应器的自动控制

固定床反应器是指催化剂床层固定于设备中不动的反应器，流体原料在催化剂作用下进行化学反应以生成所需反应物。

固定床反应器的温度控制十分重要。任何一个化学反应都有自己的最适宜温度。最适宜温度综合考虑了化学反应速度、化学平衡和催化剂活性等因素。最适宜温度通常是转化率的函数。

温度控制首要的是要正确选择敏点位置，把感温元件安装在敏点处，以便及时反映整个催化剂床层温度的变化。多段的催化剂床层往往要求分段进行温度控制，这样可使操作更趋合理。常见的温度控制方案有下列几种。

1. 改变进料浓度

对放热反应来说，原料浓度越高，化学反应放热量越大，反应后温度也越高。以硝酸生产为例，当氨浓度在9%～11%范围内时，氨含量每增加1%可使反应温度提高60～70℃。图4-4-6是通过改变进料浓度以保证反应温度恒定的一个实例，改变氨和空气比值就相当于改变进料的氨浓度。

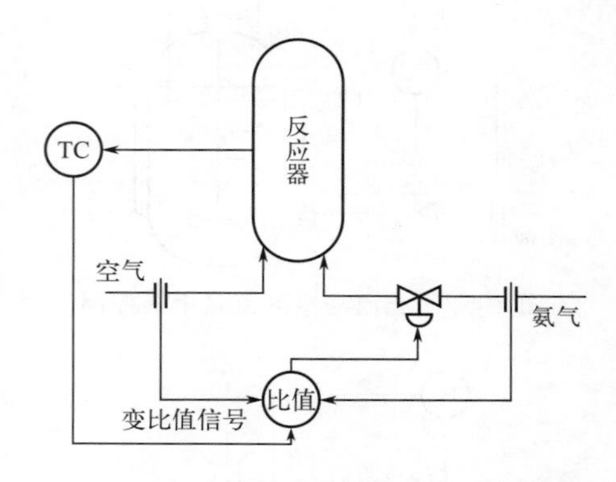

图4-4-6　改变进料浓度控制反应器温度

2. 改变进料温度

改变进料温度，整个床层温度就会变化，这是由于进入反应器的总热量随进料温度变化而改变。若原料进反应器前需预热，可通过改变进入换热器的载热体流量，以控制反应床上的温度，如图4-4-7所示。也有按图4-4-8所示方案用改变旁路流量大小来控制床层温度的。

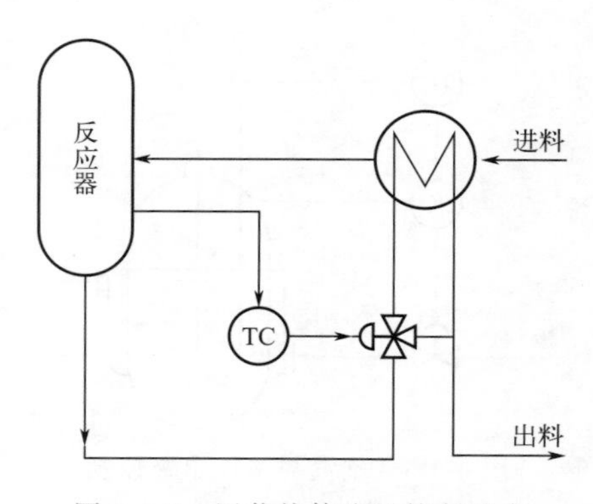

图4-4-7　用载热体流量控制温度

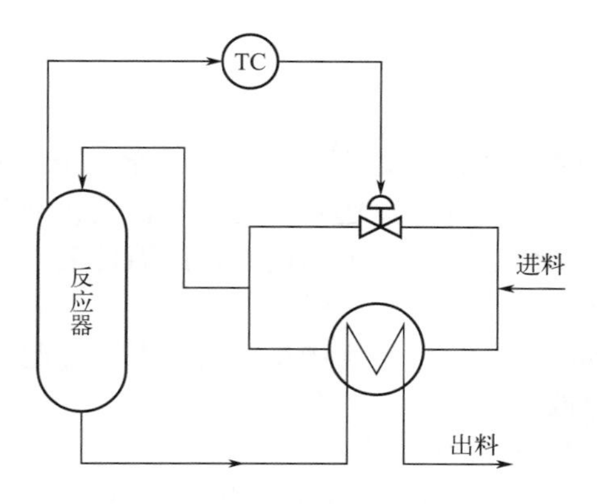

图 4-4-8　用旁路流量控制温度

3. 改变段间进入的冷气量

在多段反应器中，部分冷的原料气可不经预热直接进入段间，与上一段反应后的热气体混合，从而降低下一段入口气体的温度。图 4-4-9 所示为硫酸生产中用 SO_2 氧化成 SO_3 的固定床反应器温度控制方案。这种控制方案由于冷的那一部分原料气少经过一段催化剂层，所以原料气总的转化率有所降低。另外有一种情况，如在合成氨生产工艺中，当用水蒸气与一氧化碳变换成氢气（反应式为 $CO+H_2O \longrightarrow CO_2+H_2$）时，为了使反应完全，进入变换炉的水蒸气往往是过量很多的，这时段间冷气采用水蒸气则不会降低一氧化碳的转化率，图 4-4-10 所示为这种方案的原理图。

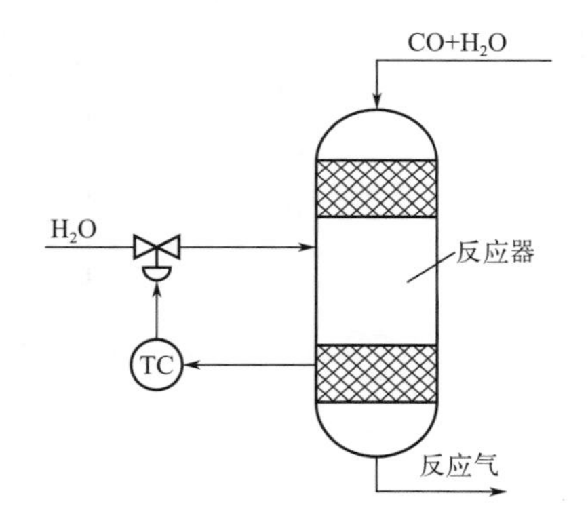

图 4-4-9　用改变段间冷气量控制温度

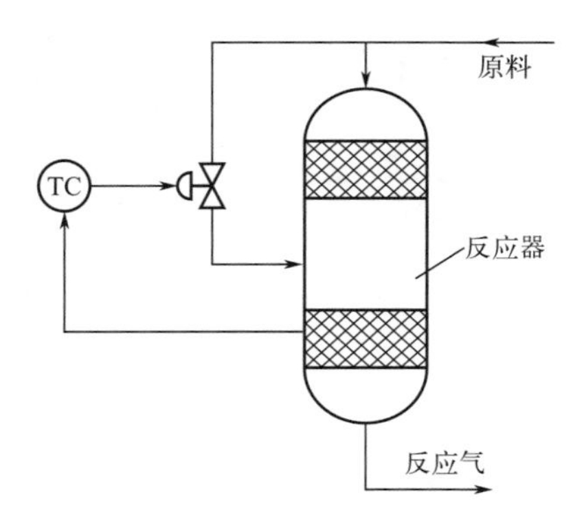

图 4-4-10　用改变段间蒸汽量控制温度

四、流化床反应器的自动控制

图 4-4-11 是流化床反应器的原理示意图。反应器底部装有多孔筛板，催化剂呈粉末状，放在筛板上，当从底部进入的原料气流速达到一定值时，催化剂开始上升呈沸腾状，这种现象称为固体流态化。催化剂沸腾后，由于搅动剧烈，因而传质、传热和反应强度都高，并且有利于连续化和自动化生产。

与固定床反应器的自动控制相似，流化床反应器的温度控制是十分重要的。为了自动控制流化床的温度，可以通过改变原料入口温度（图 4-4-12），也可以通过改变进入流化床的冷剂流量（图 4-4-13），以控制流化床反应器内的温度。

在流化床反应器内，为了了解催化剂的沸腾状态，常设置差压指示系统，如图 4-4-14 所示。在正常情况下，差压不能太小或太大，以防止催化剂下沉或冲跑的现象。当反应器中有结块、结焦和堵塞现象时，也可以通过差压仪表显示出来。

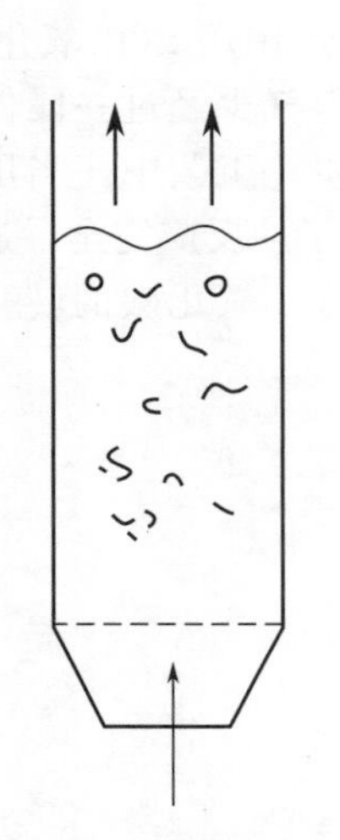

图 4-4-11　流化床反应器原理

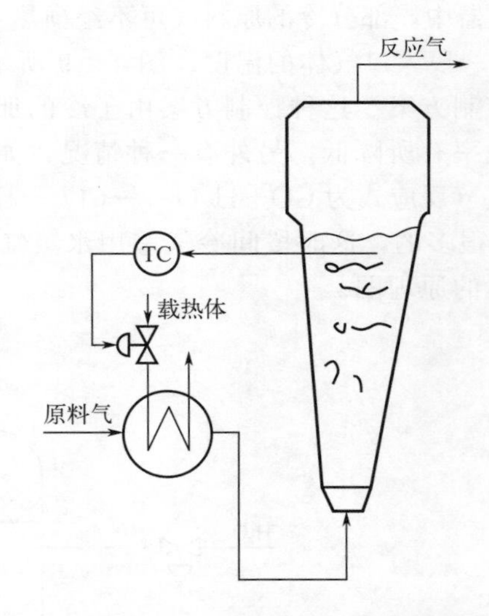

图 4-4-12　改变入口温度控制反应器温度

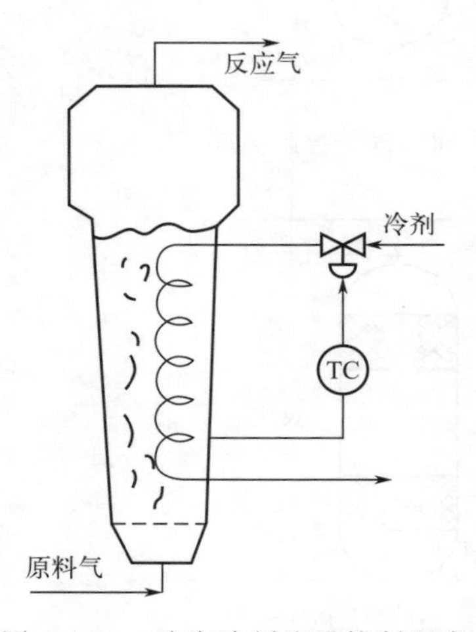

图 4-4-13　改变冷剂流量控制温度

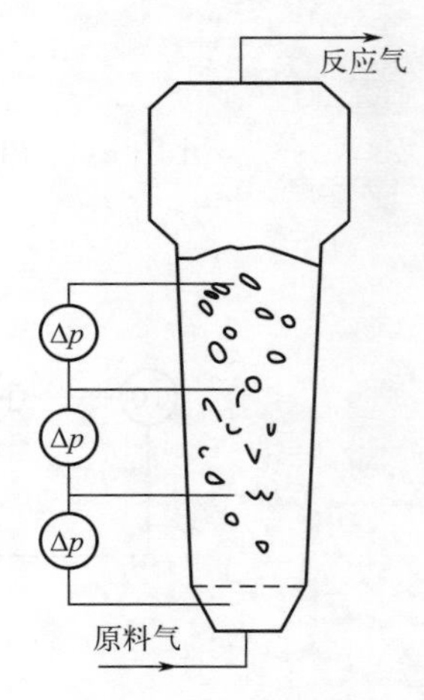

图 4-4-14　流化床差压指示系统

【任务实施】

（一）准备相关设备

工艺仿真软件。

（二）具体操作步骤

1. 工艺原理简述

间歇操作反应器系将原料按一定配比一次加入反应器，待反应达到一定要求后，一次卸出物料。连续操作反应器连续加入原料，连续排出反应产物。当操作达到定态时，反应器内任何位置上物料的组成、温度等状态参数不随时间而变化。半连续操作反应器也称为半间歇操作反应器，介于上述两者之间，通常是将一种反应物一次加入，然后连续加入另一种反应物。反应达到一定要求后，停止操作并卸出物料。

2. 工艺流程简图（图 4-4-15、图 4-4-16）

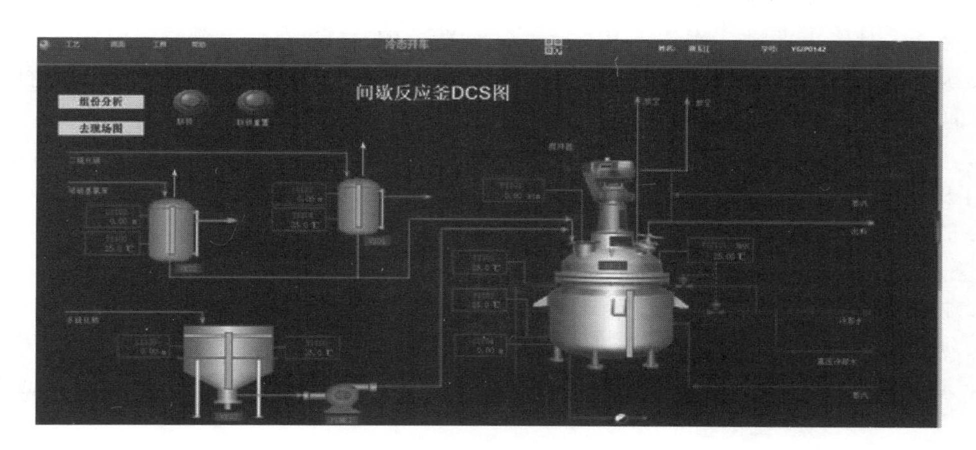

图 4-4-15　间歇反应釜 DCS 图

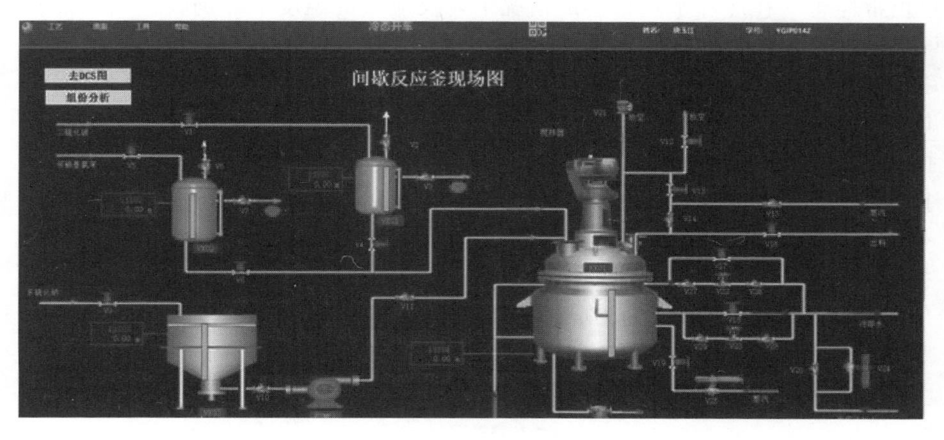

图 4-4-16　间歇反应釜现场图

3. 操作流程

（1）冷态开车　装置开工状态为各计量罐、反应釜、沉淀罐处于常温、常压状态，各种物料均已备好，大部分阀门、机泵处于关停状态（除蒸汽联锁阀外）。

① 备料过程。

a. 向沉淀罐 VX03 进料（Na_2S_n）。(a) 开阀门 V9，向罐 VX03 充液。(b) VX03 液位接近 3.60m 时，关小 V9，至 3.60m 时关闭 V9。(c) 静置 4min（实际 4h）备用。

b. 向计量罐 VX01 进料（CS2）。(a) 开放空阀门 V2。(b) 开溢流阀门 V3。(c) 开进料阀 V1，开度约为 50%，向罐 VX01 充液。液位接近 1.4m 时，可关小 V1。(d) 溢流标志变绿后，迅速关闭 V1。(e) 待溢流标志再度变红后，可关闭溢流阀 V3。

c. 向计量罐 VX02 进料（邻硝基氯苯）。(a) 开放空阀门 V6。(b) 开溢流阀门 V7。(c) 开进料阀 V5，开度约为 50%，向罐 VX01 充液。液位接近 1.2m 时，可关小 V5。(d) 溢流标志变绿后，迅速关闭 V5。(e) 待溢流标志再度变红后，可关闭溢流阀 V7。

② 进料。

a. 微开放空阀 V12，准备进料。

b. 从 VX03 中向反应器 RX01 中进料（Na_2S_n）。(a) 打开泵前阀 V10，向进料泵 PUM1 中充液。(b) 打开进料泵 PUM1。(c) 打开泵后阀 V11，向 RX01 中进料。(d) 至液位小于 0.1m 时停止进料。关泵后阀 V11。(e) 关泵 PUM1。(f) 关泵前阀 V10。

c. 从 VX01 中向反应器 RX01 中进料（CS2）。(a) 检查放空阀 V2 开放。(b) 打开进料阀 V4 向 RX01 中进料。(c) 待进料完毕后关闭 V4。

d. 从 VX02 中向反应器 RX01 中进料（邻硝基氯苯）。(a) 检查放空阀 V6 开放。(b) 打开进料阀 V8 向 RX01 中进料。(c) 待进料完毕后关闭 V8。

e. 进料完毕后关闭放空阀 V12。

③ 开车阶段。

a. 检查放空阀 V12 及进料阀 V4、V8、V11 是否关闭。打开联锁控制。

b. 开启反应釜搅拌电机 M1。

c. 适当打开夹套蒸汽加热阀 V19，观察反应釜内温度和压力上升情况，保持适当的升温速度。

d. 控制反应温度直至反应结束。

(2) 正常停车　在冷却水量很小的情况下，反应釜的温度下降仍较快，则说明反应接近尾声，可以进行停车出料操作了。

① 打开放空阀 V12 5～10s，放掉釜内残存的可燃气体。关闭 V12。

② 向釜内通增压蒸汽。

a. 打开蒸汽总阀 V15。

b. 打开蒸汽加压阀 V13 给釜内升压，使釜内气压高于 4 个大气压。

③ 打开蒸汽预热阀 V14 片刻。

④ 打开出料阀门 V16 出料。

⑤ 出料完毕后保持开 V16 约 10s 进行吹扫。

⑥ 关闭出料阀 V16（尽快关闭，超过 1min 不关闭将不能得分）。

⑦ 关闭蒸汽阀 V15。

（三）任务报告

请各位学习者按照以下要求来进行实训报告内容的填写。

实训报告

1. 使用DCS仿真软件画出釜式反应器模拟仿真图。

2. 使用仿真软件模拟釜式反应器控制方案。写出控制方案的特点。

3. 实验心得体会。

【任务评价】

任务评价以自我评价和教师评价相结合的方式进行，指导教师根据任务评价和学生学习成果进行综合评价，并将结果填写于表 4-4-1 中。

表 4-4-1 化学反应器的自动控制解析任务评价表

班级： 第（ ）小组 姓名： 时间：

评价模块	评价内容	分值/分	自我评价	教师评价	综合得分
理论知识	1. 了解釜式反应器的温度自动控制方案	10			
	2. 了解固定床反应器的自动控制	10			
	3. 了解流化床反应器的自动控制	10			
操作技能	1. 能正确选择化学反应器的控制方案	25			
	2. 能正确进行化学反应器控制方案的调试	25			
职业素养	1. 场地清洁、安全，工具、设备和材料的使用得当	10			
	2. 团队合作与个人防护	10			
总分（自我评价×40%＋教师评价×60%）					
综合评价： 导师或师傅签字：					

【直击工考】

1. 离心泵的控制方案有哪几种？各有什么优缺点？
2. 往复泵的控制方案有哪些？各有什么优缺点？
3. 什么是离心式压缩机的喘振现象？其产生的原因是什么？
4. 什么是防喘振控制？其主要方案有哪些？
5. 两侧均无相变化的换热器的控制方案有哪些？各有什么特点？
6. 精馏塔的自动控制有哪些基本要求？
7. 精馏塔操作的主要干扰有哪些？哪些是可控的？哪些是不可控的？
8. 化学反应器对自动控制的基本要求是什么？
9. 为什么对大多数反应器来说，其主要的被控变量都是温度吗？
10. 生化过程控制有何特点？

模块四 直击工考
参考答案

参考文献

[1] 厉玉鸣，刘慧敏．化工仪表及自动化［M］.6版．北京：化学工业出版社，2022.
[2] 齐卫红．过程控制系统［M］.3版．北京：电子工业出版社，2021.
[3] 李飞．过程检测仪表［M］. 北京：化学工业出版社，2020.
[4] 王克华．过程检测仪表［M］.2版．北京：电子工业出版社，2023.
[5] 董相军．化工仪表与自动控制技术［M］. 山东：中国海洋大学出版社，2021.
[6] 陈运强，杨勇，周明军．自控仪表［M］. 北京：石油工业出版社，2019.
[7] 丁炜．过程控制仪表及装置［M］.4版．北京：电子工业出版社，2022.
[8] 曾蓉，成福群．热工仪表检修［M］. 北京：中国电力出版社，2023.
[9] 王银锁．化工自动化及仪表［M］.2版．北京：石油工业出版社，2020.
[10] 朱小良，方可人．热工测量及仪表［M］.3版．北京：中国电力出版社，2021.